高等学校土木工程专业系列教材

建筑工程概预算与工程量清单计价

（第三版）

杨　静　王炳霞　主编

章慧蓉　主审

中国建筑工业出版社

图书在版编目（CIP）数据

建筑工程概预算与工程量清单计价 / 杨静，王炳霞
主编. —3 版. —北京：中国建筑工业出版社，2020.8（2025.5重印）
高等学校土木工程专业系列教材
ISBN 978-7-112-25281-7

Ⅰ．①建… Ⅱ．①杨… ②王… Ⅲ．①建筑概算定额
—高等学校—教材②建筑预算定额—高等学校—教材③建
筑造价—高等学校—教材 Ⅳ．①TU723.3

中国版本图书馆 CIP 数据核字(2020)第 112402 号

本书共 16 章，内容为：建筑工程定额概述，施工定额，预算定额，概算定额和概算指标，建筑安装工程费用，建筑面积和檐高的计算，建筑工程工程量计算，装饰工程工程量与措施项目计算，建筑工程施工图预算编制，建筑工程设计概算的编制，工程量清单计价概述，建筑工程工程量清单的编制，装饰工程工程量清单和措施项目清单的编制，建筑工程工程量清单计价实例，建设工程承包合同价格，建设工程价款结算等。

本书可作为高等院校及高职学校建筑工程专业的教材或教学参考书，也可作为相关专业技术人员的参考书。

为便于本课程教学，作者自制免费课件资源，请发送至 10858739@qq.com 索取。

* * *

责任编辑：刘平平　朱首明
责任校对：焦　乐

高等学校土木工程专业系列教材
建筑工程概预算与工程量清单计价
（第三版）
杨　静　王炳霞　主编
章慧蓉　主审

*

中国建筑工业出版社出版、发行（北京海淀三里河路 9 号）
各地新华书店、建筑书店经销
北京红光制版公司制版
建工社（河北）印刷有限公司印刷

*

开本：787×1092 毫米　1/16　印张：22¾　字数：548 千字
2020 年 12 月第三版　2025 年 5 月第十六次印刷
定价：**58.00** 元（赠教师课件）
ISBN 978-7-112-25281-7
（35975）

修 订 版 前 言

建筑工程概预算是土木工程专业的主要专业课程之一，在系列课程中占有重要地位。课程的教学内容涉及建筑识图、建筑材料、土木工程施工、建筑施工、房屋建筑学、建筑结构等多个学科，是一门实践性和综合性较强、涉及面广的学科。其目的是培养学生掌握建筑工程施工图预算的编制方法和步骤，熟悉建筑工程工程量清单计价规范，并具有运用所学知识编制企业定额，从事企业经营管理的能力，为日后胜任工作岗位和进一步学习有关知识奠定基础。建筑工程概预算是北京建筑大学的校级精品课程，本书是该课程的指定教材，也是校级重点建设教材。

本书是根据 2014 年出版的《建筑工程概预算与工程量清单计价》（第二版）的基础上，根据土木工程人才培养目标以及课程教学大纲的要求组织编写的。编写时，结合高等学校教育特点，以及《建筑工程施工发包与承包计价管理办法》（住建部令第 16 号）、《建筑工程建筑面积计算规范》GB/T 50353—2013、《建设工程工程量清单计价规范》GB 50500—2013、《房屋建筑与装饰工程工程量计算规范》GB 50854—2013、建安工程费用组成（建标 2013 [44] 号文）、《建设工程施工合同（示范文本）》GF—2017—0201、2012 年北京市建设工程计价依据——房屋建筑与装饰工程预算定额、《关于深化增值税改革有关政策的公告》（财税 [2019] 39 号）等，参阅大量资料，并综合编者多年的教学经验和建筑施工经验编写而成的。

本书在内容上注意先进性和实用性，力求理论与实践紧密结合，图文并茂、语言简练，信息丰富，便于教学和自学。理论知识简洁、明了，例题与理论结合紧密，文字与图表结合，通俗易懂，同时以某一建筑工程施工图预算的编制贯穿于整个内容中，并且还编制了该工程的清单报价书。使学生对定额计价和清单计价有一个全面的认识。

本书内容包括建筑工程定额的基本知识、建筑安装工程费用组成、檐高和建筑面积的计算、房屋建筑与装饰工程预算工程量的计算、单位工程施工图预算的编制、建筑工程设计概算的编制、工程量清单计价的基础知识、房屋建筑与装饰工程工程量清单的编制、清单报价编制实例、招标控制价和标底的编制、合同价款管理以及建设工程价款结算等。每章前提示学习重点、学习要求，每章后附有复习题，便于教师更好地组织教学和方便学生学习。教材所附光盘中包括多媒体课件、PPT、施工图预算书和清单编制实例。

本书由北京建筑大学杨静和王炳霞主编，多位老师共同参与编写。其中，第一、二、四章由张艳霞和曲秀姝编写，第三、七、八、九章的第三节由王炳霞编写，第十一章由侯敬峰编写，第五、六、第九章的第一、二、四节，第十章、第十二章至十六章由杨静、王消雾编写，全书由杨静和王炳霞统稿。北京工业大学章慧蓉主审。

本书获评"北京高等学校优质本科教材课件"，配套习题集（书名：《建筑工程概预算与工程量清单计价习题集》ISBN：978-7-112-27482-6）已出版。

本书在编写过程中得到许多专家的指导，参考了同行的有关书籍和资料，谨此表示诚挚的谢意。同时感谢张旭等同学为本书所做的工作。

尽管本书已经是第三版，但由于时间和作者水平有限，仍难免存在不妥之处，敬请广大学者和同行提出宝贵意见。

第 一 版 前 言

《建筑工程概预算》是土木工程专业的主要专业课程之一，在系列课程中占有重要地位。课程的教学内容涉及建筑识图、建筑材料、土木工程施工、建筑施工、房屋建筑学、建筑结构等多个学科，是一门实践性和综合性较强、涉及面广的学科。其目的是培养学生掌握建筑工程施工图预算的编制方法和步骤，熟悉建筑工程工程量清单计价规范，并具有运用所学知识编制企业定额，从事企业经营管理的能力，为日后胜任工作岗位和进一步学习有关知识奠定基础。

本书是在 2003 年出版的《建筑工程概预算与工程量清单计价》的基础上，根据新世纪土木工程人才培养目标、专业指导委员会对课程设置的意见以及课程教学大纲的要求组织编写的。编写时，结合高等学校教育特点以及 2008 年 12 月实施的《建设工程工程量清单计价规范》GB 50500—2008、2005 年 7 月实施的《建筑工程建筑面积计算规范》GB/T 50353—2005 和北京市现行的建筑工程概预算定额，参阅大量资料，并综合编者多年的教学经验和建筑施工经验编写而成。

本书在内容上注意先进性和实用性，力求理论与实践紧密结合，图文并茂，语言简练，信息丰富，便于教学和自学。理论知识简洁、明了，例题与理论结合紧密，文字与图表结合，通俗易懂，同时以某一建筑工程施工图预算的编制贯穿整个内容中，并且还编制了该工程的清单报价书。使学生对定额计价和清单计价有一个全面的认识。

本书内容包括建筑工程定额的基本知识、建筑安装工程费用组成、檐高和建筑面积的计算、建筑工程和装饰工程预算工程量的计算、单位工程施工图预算的编制、建筑工程设计概算的编制、工程量清单计价的基础知识、建筑工程和装饰装修工程的工程量清单编制及组价、清单报价编制实例、招标控制价和标底的编制、合同价款管理以及建设工程价款结算等。每章前提示学习重点、学习要求，每章后附有复习思考题和习题，便于教师更好地组织教学和方便学生学习。

本书由北京建筑工程学院老师编写，杨静、孙震任主编，侯敬峰、王亮、廖维张任副主编。本书第一章至第四章由张艳霞编写，第五章由王亮编写，第六章、第七章、第九章、第十二章至第十四章由杨静编写，第八章和第十章由孙震编写，第十一章由侯敬峰编写，第十五章和第十六章由杨静、廖维张合作编写，全书由杨静统稿。

本书在编写过程中得到许多专家的指导，参考了同行的有关书籍和资料，谨此表示诚挚的谢意。

由于时间和作者水平有限，书中难免存在不妥之处，敬请广大学者和同行提出宝贵意见。

目　　录

第四篇　工程造价的管理

绪　　论

一、建筑产品及生产的特点

建筑产品和其他工农业产品一样，具有商品的属性。但从其产品和生产的特点看，却具有与一般商品不同的特点，具体表现在：

（一）建筑产品的固定性和施工生产的流动性

建筑物、构筑物是建在土地之上，建筑产品从形成的那一天起，便与土地牢固的结为一体，形成了建筑产品最大的特点，即产品的固定性。

建筑产品的固定性决定了生产的流动性，一支建筑队伍在甲地承担的建筑生产任务完成后（延续时间不论长短），即须转移到乙地、丙地……承接新的施工任务。

上述特点，使工程建设地点的气象、工程地质、水文地质和技术经济条件，直接影响工程的造价。

（二）建筑产品的单件性、多样性

建筑产品的单件性表现在每幢建筑物、构筑物都必须单件设计、单件建造、单独定价并独立存在。

建筑产品根据工程建设业主（买方）的特定要求，在特定的条件下单独设计的。因而建筑产品的形态、功能多样，各具特色。每项工程都有不同的规模、结构、造型、功能、等级和装饰，需要选用不同的材料和设备，即使同一类工程，各个单件也有差别。由于建设地点和设计的不同，必须采用不同的施工方法，单独组织施工。因此，每个工程所需的劳动力、材料、施工机械等各不相同，措施费和企业管理费也有很大差异，每个工程必须单独定价。

（三）建筑产品庞大、生产周期长且露天作业

建筑产品体积庞大，大于任何工业产品。建筑产品又是一个庞大的系统，由土建、水、电、热力、设备安装、室外市政工程等分系统组成一个整体而发挥作用。由此决定了它的生产周期长、消耗资源多、露天作业等特点。

建筑产品生产过程要经过勘察、设计、施工、安装等很多环节，涉及面广，协作关系复杂，施工企业内部要进行多工种综合作业，工序繁多，往往长期地大量地投入人力、物力、财力，致使建筑产品生产周期长。由于建筑产品价格受时间的制约，工期长，价格因素变化大，如国家经济体制改革出现的一些新的费用项目，材料设备价格的调整等，都会直接影响建筑产品的价格。

另外由于建筑施工露天作业，受自然条件、季节性影响较大，也会造成防寒、防冻、防雨等费用的增加，影响到工程的造价。

二、建筑产品价格

（一）建筑产品是商品

如前所述，建筑业是一个物质生产部门，在社会主义市场经济条件下，建筑产品生产

的目的是为了交换。建筑业不论是转让自己开发建设的土地使用权，出售自己建造的房屋，还是按"加工定做"方式交付承建的工程——即先有工程建设单位（买方）订货，再有工程承包企业生产和销售（卖方），都是商品的交换行为，因此建筑产品是商品。它与工程建设业主或使用单位（买方）和工程承包商（卖方）形成建设市场。

（二）建筑产品的价值

建筑产品是商品，它与其他商品一样具有使用价值和价值两种因素。

建筑产品的使用价值，主要表现在它的功能、质量和能满足用户的需要，这是它的自然属性决定的，它是构成社会物质财富的物质内容之一。在商品经济条件下，建筑产品的使用价值是它的价值的物质承担者。

建筑产品的价值应包括物化劳动、活劳动消耗和新创造的价值，即 C（不变资本）＋V（可变资本）＋M（剩余价值）三部分。具体包括：

（1）建造过程中所消耗的生产资料的价值（C），其中包括建筑材料、燃料等劳动对象的耗费和建筑机械等劳动手段的耗费；

（2）劳动者为满足个人需要的生活资料所创造的价值（V），它表现为建筑职工的工资等；

（3）劳动者为社会和国家提供的剩余产品价值（M），它表现为利润等。

（三）建筑产品价格

1. 建筑产品价格及其费用组成

价值是价格的基础。商品的价值用货币形态表现出来，就是价格。

建筑产品的价格与所有商品一样是价值的货币表现，它是由分部分项工程费、措施项目费、其他项目费、规费和税金等五个部分组成。

2. 建筑产品价格的定价原理

由于建筑产品自身的特点，需采用特殊的计价方式单独定价。

确定单位工程建筑产品价格的方法，首先确定单位假定产品即分项工程（如 $10m^3$ 砖墙）的人工、材料、施工机械台班消耗量指标，（即概预算定额），再用货币形式计算出单位假定产品的预算价格（即概预算单位估价表），作为建筑产品计价基础。然后根据施工图纸及工程量计算规则分别计算出各工程项目的工程量，再分别乘以概预算单价，计算出建筑产品的概预算价，接着计算企业管理费、措施费、利润、规费和税金等，汇总后构成建筑产品的完全价格。

关于计价基础（即概预算定额、工程量清单）和计价方法（工料单价法、综合单价法），将作为本教材的重点在以后的有关章节中专门论述。

（四）建筑产品价格的特点

1. 建筑产品需逐个定价且为一次性价格

由于建筑产品及其生产所固有的特性，决定了建筑产品的价格不能像一般工业产品那样有统一规定的价格，一般都需要通过编制工程概预算文件逐个进行定价（计划价格）。实行招标承包的工程，由工程建设单位（买方）编制招标文件，再由受邀的几家工程承包企业（卖方）编制投标文件，价格（在保证质量、工期等前提下）经过竞争、开标、评标、定标，以建设单位和中标单位签订承包合同的形式予以确定（浮动价格）。

在社会主义市场经济条件下，定额价只起参考作用，编制建筑工程概预算价格或者编制投标报价时必须根据市场价格进行调整。建筑产品的最终价格应是工程竣工结算价格（或成交价格），其价格是一次性的。

2. 影响建筑产品价格的因素繁多

构成建筑产品市场价格的因素，除建筑产品本身的功能、特征、级别及其所处地区的水文地质、气象及技术经济条件外，还包括劳动生产率水平，产品质量的优劣，施工方法、工艺技术和管理措施，建设速度及成本消耗，供求关系的变化，利润水平，税收指数等。

这些因素导致了建筑产品价格是一种综合性价格，地区不同，建筑企业的不同，价格水平必然存在着差异，因此建立政府宏观指导，企业自主报价，通过市场竞争形成价格已是大势所趋。

三、《建筑工程概预算与工程量清单计价》的研究对象及任务

随着我国社会主义市场经济逐步完善，建筑产品也是商品这一观念逐步确立，并被人们所接受。建筑产品既然是商品，它就应具有商品价格运动的共有规律，即价值规律和竞争规律。另外，建筑产品除了具有一般商品价值规律外，由于自身生产过程中的特性（产品固定性、生产人员流动性等）决定了其价值确定的特殊性。因此，认识建筑产品价格运动的特殊性，把握建筑产品价格实质，依据建筑工程定额标准，通过编制建筑工程概预算，确立建筑产品合理价格，是本课程研究的对象。

建设工程又叫基本建设，是指新建、改建或扩建的列为固定资产投资并达到国家规定标准的建设项目。建设工程是一个独特的物质生产领域，建设工程与其他物质生产部门的产品相比，具有总体性、单件性和固定性等特点；产品生产过程具有施工流动性、工期长期性、生产连续性的特点。建设工程计价定价方法也与一般商品有所不同。本课程就是运用马克思的再生产理论，社会主义市场经济规律和价值规律，研究建筑产品生产过程中产品的数量和资源消耗之间的关系，探索提高劳动生产率，减少物耗，研究建筑产品合理价格，合理计价定价，有效控制工程造价的学科。通过这种研究，以求达到减少资源消耗、降低工程成本，提高投资效益、企业经济效益和社会经济效益的目的。

本课程所研究的内容，不仅涉及工程技术，而且与社会性质、国家的方针政策、分配制度等都有密切的关系。在它所研究的对象中，既有生产力方面的课题，也有生产关系方面的课题；既有实际问题，又有理论问题；既有技术问题，又涉及方针政策问题。所以，"建筑工程概预算与工程量清单计价"是建设工程管理科学中一门技术性、专业性、实践性、综合性和政策性都很强的课程。

四、《建筑工程概预算与工程量清单计价》研究的内容

本书研究的内容主要包括建筑工程定额原理、建设工程概预算的编制及审查、施工图预算的编制、工程量清单表及工程量清单计价表的编制、建设工程招标投标价格、合同类型及合同价款的约定、工程变更、索赔、调价、结算等内容。

五、本课程与相关课程的联系

本课程与政治经济学、劳动经济学、建筑经济学、数学、统计学、生产工艺与设备、建筑学、建筑结构学、建筑安装工程施工技术与施工组织、建筑材料、建设工程合同管理、制图与识图等课程都有广泛而密切的联系。上述课程的许多内容被应用于本课程中，经过引申，直接为企业管理和建设项目计价定价服务。

随着现代科学技术的发展和管理科学水平的提高，运筹学、系统工程、数理统计学以及计算机技术和录像技术等，已应用到建设工程计价定价和工程造价管理中来；行为科学、管理工程学、工效学、人体工程学、劳动心理学等也在建筑产品价格研究中得到应用。

由于本课程的实践性和政策性都很强，所以研究本课程的基本方法是马克思主义的唯物辩证法，也就是坚持实事求是的科学态度，从实际出发，认真调查研究，在掌握大量数据信息的基础上，经过科学地整理、分析、研究和比较，从而发掘其内在规律，上升为理论以指导实践。

六、课程的重点及难点

1. 课程重点

本教材的核心内容是房屋建筑与装饰工程施工图预算的编制，以及房屋建筑与装饰工程工程量清单及清单计价表的编制，共涉及九章的内容。书中详细地阐述了施工图预算和工程量清单的编制依据、编制方法和具体步骤，使学生在教师指导下，能够独立编制单位工程施工图预算和工程量清单。教学中房屋建筑工程专业和装饰工程专业教师可侧重其一。

2. 课程难点

本课程的难点，有如下四个方面：

（1）预算定额中的人工费、材料费、机械台班费的概念，特别是对材料预算价格的理解。

（2）房屋建筑与装饰工程的定额工程量的计算。应了解定额工程量计算规则，并理解其含义，能够熟练计算工程量。

（3）在编制工程概预算中，结合相关定额的规定，进行定额子目的合理选用。费用的计取和价差的调整。

（4）房屋建筑与装饰工程工程量清单的编制。应了解清单工程量的计算规则，并理解其含义，能够熟练计算工程量。

3. 本课程的学习方法

建筑工程概预算课程学习方法有以下两点：

（1）必须与前期所学课程有机地结合。本课程是一门专业性、技术性很强的专业课程，它要求学生必须与前期课程建筑构造、建筑结构、建筑材料、建筑装饰工程、建筑施工、建筑设备、工程识图、施工技术、施工组织、建筑企业管理等课程有机结合，才能更好地理解和学好本门课程。

（2）学习必须与实践结合。本课程实践性和操作性很强，学生的学习不能只满足于懂原理，必须结合实际工程，动手参与工程概预算的编制工作。在编制中发现问题，解决问题，并在编制中获得对知识的更深入的理解。

第一篇　建　筑　工　程　定　额

第一章　建筑工程定额概述

本章学习重点：建筑工程定额的概念、作用、特点和分类。

本章学习要求：熟悉建筑工程定额的概念、作用、特点；了解建筑工程定额的分类。

一、建筑工程定额的概念

建筑安装工程定额，习惯上称为建筑工程定额，是指在一定的社会生产力发展水平条件下，在正常的施工条件和合理的劳动组织、合理地使用材料及机械的条件下，完成单位合格建筑产品所规定的资源消耗标准。

"一定的社会生产力发展水平"说明了定额所处的时代背景，定额应是这一时期技术和管理的反映，是这一时期的社会生产力水平的反映。

"正常的施工条件"用来说明该单位产品生产的前提条件，如浇筑混凝土是在常温下进行的，挖土深度或安装高度是在正常的范围以内等；否则，定额往往规定在特殊情况下需作相应的调整。

"合理的劳动组织，合理地使用材料和机械"是指定额规定的劳动组织、生产施工应符合国家现行的施工及验收规范、规程、标准，材料应符合质量验收标准，施工机械应运行正常。

"单位合格建筑产品"中的单位是指定额子目中的单位，由于定额类型和研究对象的不同，这个"单位"可以指某一单位的分项工程、分部工程或单位工程。如：$10m^3$ 砖基础，$100m^2$ 场地平整，1座烟囱等。在定额概念中规定了单位产品必须是合格的，即符合国家施工及验收标准和质量评定标准的要求。

"资源消耗标准"是指施工生产中所必须消耗的人工、材料、机械、资金等生产要素的数量标准。

定额中数量标准的多少称为定额水平。确定定额水平是编制定额的核心，定额水平是一定时期生产力的反映，它与劳动生产率的高低成正比，与资源消耗量的多少成反比。不同的定额，定额水平也不相同，一般有平均先进水平、社会平均水平和企业自身水平等。

二、建筑工程定额的作用

1. 定额是编制计划的基础；
2. 定额是确定建筑工程造价的依据；
3. 定额是贯彻按劳分配原则的尺度；
4. 定额是加强企业管理的重要工具；
5. 定额是总结先进生产方法的手段。

三、建筑工程定额的特点

定额具有科学性、法令性、群众性、针对性、相对稳定性和时效性的特点。

四、建设工程定额的分类

建设工程定额的种类很多，按照定额的生产要素、编制程序和用途、专业和主编单位及使用范围的不同，建设工程定额通常分类如下：

1. 按生产要素，分为劳动定额、材料消耗定额、机械台班使用定额。

2. 按编制程序和用途，分为施工定额、预算定额、概算定额、概算指标和估算指标五种。

3. 按编制单位和执行范围划分为全国统一定额、地区统一定额、企业定额和临时定额四种。

4. 按专业不同可分为建筑工程定额、给水排水工程定额、电气照明工程定额、公路工程定额、铁路工程定额和井巷工程定额等。

另外，还有按国家有关规定制定的计取间接费等费用定额（图 1-1）。

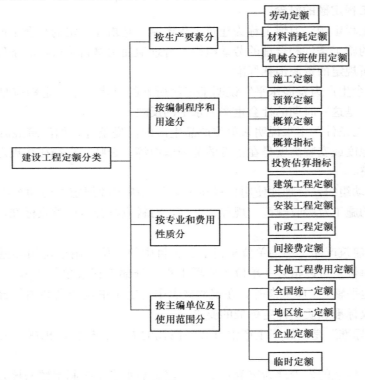

图 1-1　建设工程定额的分类

复　习　题

1. 建筑工程定额的定义如何？它有哪些特点？

2. 建筑工程定额的作用是什么？

3. 建设工程定额有哪些分类？

第二章 施 工 定 额

本章学习重点： 施工定额的组成和编制；劳动定额的编制；材料消耗定额的编制；机械台班消耗定额的编制。

本章学习要求： 了解施工定额的内容；掌握劳动定额、材料消耗定额和机械台班消耗定额的编制；熟悉施工定额的编制。

第一节 劳 动 定 额

一、劳动定额的概念和作用

劳动定额也称人工定额，是指在正常的施工技术组织条件下，生产单位合格产品所需要的劳动消耗量的标准。

劳动定额的作用有：

1. 劳动定额是编制施工定额、预算定额和概算定额的基础；
2. 劳动定额是计算定额用工、编制施工进度计划、劳动工资计划等的依据；
3. 劳动定额是衡量工人劳动生产率、考核工效的主要尺度；
4. 劳动定额是确定定员标准和合理组织生产的依据；
5. 劳动定额是贯彻按劳分配原则和推行经济责任制的依据。

二、劳动定额的表示形式

劳动定额的表示形式有时间定额和产量定额两种。

1. 时间定额

时间定额也称人工定额。是指在一定的施工技术和组织条件下，某工种、某种技术等级的工人班组或个人，完成单位合格产品所必须消耗的工作时间。定额时间包括基本工作时间、辅助工作时间、准备与结束时间、必须休息时间以及不可避免的中断时间。

时间定额以"工日"为单位，如：工日/m、工日/m²、工日/m³、工日/t 等。每个工日现行规定时间为 8 个小时，其计算公式表示如下：

$$单位产品时间定额（工日）= \frac{1}{每工产量} \tag{2-1}$$

或

$$单位产品时间定额（工日）= \frac{小组成员工日数总和}{机械台班产量} \tag{2-2}$$

2. 产量定额

产量定额是指在一定的施工技术和组织条件下，某工种、某种技术等级的工人班组或个人，在单位时间内所应完成合格产品的数量。

产量定额的计量单位是以产品的单位计算，如：m/工日、m²/工日、m³/工日、t/工日等，其计算公式表示如下：

$$小组产量 = \frac{1}{单位产品时间定额（工日）} \quad (2\text{-}3)$$

或
$$小组台班产量 = \frac{小组成员工日数总和}{单位产品时间定额（工日）} \quad (2\text{-}4)$$

3. 时间定额和产量定额的关系

时间定额和产量定额之间的关系是互为倒数关系，即
$$时间定额 \times 产量定额 = 1 \quad (2\text{-}5)$$

4. 综合时间定额和综合产量定额

表 2-1 摘自 2009 年《建设工程劳动定额—建筑工程—砌筑工程》LD/T 72.4—2008。

由表 2-1 可看出，劳动定额按标定的对象不同又可分为单项工序定额和综合定额。综合定额表示完成同一产品中的各单项（工序）定额的综合。计算方法如下：
$$综合时间定额（工日） = \Sigma \ 各单项（工序）时间定额 \quad (2\text{-}6)$$

$$综合产量定额 = \frac{1}{综合时间定额（工日）} \quad (2\text{-}7)$$

砖 墙 时 间 定 额

表 2-1

单位：m³

定额编号	AD0020	AD0021	AD0022	AD0023	AD0024	序号
项　　目	混水内墙					
	1/2 砖	3/4 砖	1 砖	3/2 砖	≥2 砖	
综　　合	1.380	1.340	1.020	0.994	0.917	一
砌　　砖	0.865	0.815	0.482	0.448	0.404	二
运　　输	0.434	0.437	0.440	0.440	0.395	三
调制砂浆	0.085	0.089	0.101	0.106	0.118	四
定额编号	AD0025	AD0026	AD0027	AD0028	AD0029	序号
项　　目	混水外墙					
	1/2 砖	3/4 砖	1 砖	3/2 砖	≥2 砖	
综　　合	1.500	1.440	1.090	1.040	1.010	一
砌　　砖	0.980	0.951	0.549	0.491	0.458	二
运　　输	0.434	0.437	0.440	0.440	0.440	三
调制砂浆	0.085	0.089	0.101	0.106	0.107	四

定额编号	AD0030	AD0031	AD0032	AD0033	AD0034	AD0035	序号
项　　目	多孔砖墙			空心砖墙			
	墙体厚度（mm）						
	≤150	≤250	>250	≤150	≤250	>250	
综　　合	0.967	0.915	0.860	0.965	0.804	0.712	一
砌　　砖	0.500	0.450	0.400	0.556	0.463	0.411	二
运　　输	0.417	0.415	0.410	0.364	0.296	0.256	三
调制砂浆	0.050	0.050	0.050	0.045	0.045	0.045	四

注：多孔砖墙、空心砖墙包括镶砌标准砖。

三、劳动定额制定方法

（一）工人工作时间分析

工人工作时间是指工人在工作班内消耗的工作时间。按性质分为定额时间和非定额时间。

定额时间即必需消耗的时间，指工人在正常施工条件下，为完成一定产品所消耗的时间。

非定额时间即非生产所必需的工作时间，也就是工时损失，它与产品生产无关，而和施工组织和技术上的缺点有关，与工人在施工过程中的过失或某些偶然因素有关。

有关工作时间的分类如图 2-1 所示。

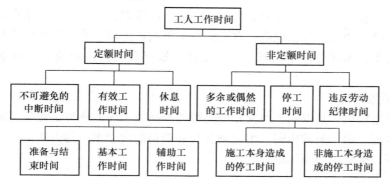

图 2-1　工作时间的分类

1. 定额时间

定额时间由有效工作时间、休息时间及不可避免的中断时间三个部分组成。

（1）有效工作时间。包括准备和结束时间、基本工作时间及辅助工作时间。从生产效果来看，它是与产品生产直接有关的时间消耗。

1）准备和结束工作时间。可分为两部分：一部分为工作班内的准备与结束工作时间，如工作班中的领料、领工具、布置工作地点、检查、清理及交接班等；另一部分为任务内的准备和结束工作时间，如接受任务书、技术交底、熟悉施工图等所消耗的时间。

2）基本工作时间。是人工直接完成一定产品的施工工艺过程所消耗的时间，包括这一施工过程所有工序的工作时间。

3）辅助工作时间。是为了保证基本工作时间的正常进行所必需的辅助性工作的消耗时间。例如：工具校正、机械调整、机器上油、搭设小型脚手架等所消耗的工作时间均属于辅助工作时间。

（2）休息时间。

（3）不可避免的中断时间。是指劳动者在施工活动中，由于工艺上的要求，在施工组织或作业中引起的难以避免的中断操作所消耗的时间。例如：汽车司机在汽车装卸货时的消耗时间，起重机吊预制构件时安装工人等待的时间等。

2. 非定额时间

非定额时间也即损失时间，它由多余和偶然的工作时间、停工时间及违反劳动纪律所损失的时间三部分组成。

（1）多余和偶然工作时间。指在正常施工条件下不应发生或因意外因素所造成的时间消耗。例如：对已磨光的水磨石进行多余磨光，不合格产品的返工等。

（2）停工时间。是指在工作班内停止工作所造成的工时损失。停工时间按其性质可分为施工本身造成的停工时间和非施工本身造成的停工时间。

（3）违反劳动纪律的损失时间。

（二）制定劳动定额的方法

劳动定额的制定方法主要有技术测定法、统计分析法、经验估工法、比较类推法等。其中技术测定法是我国建筑安装工程收集定额基础资料的基本方法。

1. 经验估计法

是由定额专业人员、工程技术人员和有一定生产管理经验的工人三结合，根据个人或集体的经验，经过图纸、施工规范等有关的技术资料，进行座谈、分析讨论和综合计算制定的。其特点是技术简单，工作量小，速度快；缺点是人为因素较多，科学性、准确性较差。

2. 比较类推法

又称典型定额法，是以同类型或相似类型的产品或工序的典型定额项目的定额水平为标准，经过分析比较，类推出同一组定额各相邻项目的定额水平的方法。这种方法适用于同类型规格多、批量小的施工过程。

3. 统计分析法

统计分析法就是把过去施工中同类工程或同类产品的工时消耗的统计资料，与当前生产技术组织条件的变化因素结合起来进行分析研究以制定劳动定额的方法。其特点为方法简单，有一定的准确度；若过去的统计资料不足会影响定额的水平。

4. 技术测定法

技术测定法是在深入施工现场的条件下，根据施工过程合理先进的技术条件、组织条件和施工方法，对施工过程各工序工作时间的各个组成部分进行实地观测，分别测定每一工序的工时消耗，通过测定的资料进行分析计算，并参考以往数据经过科学整理分析以制定定额的一种方法。

技术测定法有较充分的科学技术依据，制定的定额比较合理先进。但是，这种方法工作量较大，使它的应用受到一定限制。

第二节　材料消耗定额

在建筑工程中，材料费用约占工程造价的 $60\%\sim70\%$，材料的运输、存贮和管理在工程施工中占极重要的地位。

一、材料消耗定额的概念和作用

材料消耗定额是指在正常的施工条件下和合理使用材料的情况下，完成单位合格的建筑产品所必需消耗的一定品种、规格的材料，包括原材料、半成品、燃料、配件和水、电等的数量标准。

材料消耗定额的作用有：

1. 材料消耗定额是建筑企业确定材料需要量和储备量的依据；

2. 材料消耗定额是建筑企业编制材料计划，进行单位工程核算的基础；

3. 材料消耗定额是对工人班组签发限额领料单的依据，也是考核、分析班组材料使用情况的依据；

4. 材料消耗定额是推行经济承包制，促进企业合理用料的重要手段。

二、材料消耗定额的组成

材料消耗定额（即总消耗量）包括直接消耗在建筑产品实体上的净用量和在施工现场内运输及操作过程的不可避免的损耗量（不包括二次搬运、场外运输等损耗）。

$$材料总消耗量＝材料净用量＋材料损耗量 \tag{2-8}$$

$$材料损耗量＝材料净用量×材料损耗率 \tag{2-9}$$

即： $$材料总消耗量＝材料净用量×（1＋材料损耗率） \tag{2-10}$$

材料的损耗率是通过观测和统计，由国家有关部门确定。表 2-2 为部分建筑材料、成品、半成品的损耗率参考表。

部分建筑材料、成品、半成品的损耗率参考表 表 2-2

材料名称	工程项目	损耗率（%）	材料名称	工程项目	损耗率（%）
标准砖	基础	0.4	石灰砂浆	抹顶棚	1.5
标准砖	实砖墙	1	石灰砂浆	抹墙及墙裙	1
标准砖	方砖柱	3	水泥砂浆	天棚、梁、柱、腰线	2.5
多孔砖	墙	1	水泥砂浆	抹墙及墙裙	2
白瓷砖		1.5	水泥砂浆	地面、屋面	1
陶瓷锦砖	（马赛克）	1	混凝土（现浇）	地面	1
铺地砖	（缸砖）	0.8	混凝土（现浇）	其余部分	1.5
水磨石板		1	混凝土（预制）	桩基础、梁、柱	1
小青瓦黏土瓦及水泥瓦	（包括脊瓦）	2.5	混凝土（预制）	其余部分	1.5
天然砂		2	钢筋	现浇及预制混凝土	2
砂	混凝土工程	1.5	铁件	成品	1
砾（碎）石		2	钢材		6
生石灰		1	木材	门窗	6
水泥		1	木材	门心板制作	13.1
砌筑砂浆	砖砌体	1	玻璃	配制	15
混合砂浆	抹顶棚	3	玻璃	安装	3
混合砂浆	抹墙及墙裙	2	沥青	操作	1

三、材料消耗定额的制定方法

根据材料使用次数的不同，建筑安装材料分为非周转性材料和周转性材料两类。非周转性材料也称为直接性材料，它是指在建筑工程施工中，一次性消耗并直接构成工程实体的材料，如砖、砂、石、钢筋、水泥等；周转性材料是指在施工中能够多次使用、反复周转但并不构成工程实体的工具性材料，如各种模板、脚手架、支撑等。

(一) 直接性材料消耗定额的制定

常用的制定方法有：观测法、试验法、统计法和计算法。

1. 观测法

观测法是在合理使用材料的条件下，对施工过程中有代表性的工程结构的材料消耗数量，和形成产品的数量进行观测，并通过分析、研究，区分不可避免的材料损耗量和可以避免的材料损耗量，最后确定确切的材料消耗标准，列入定额。

2. 试验法

试验法是指在材料试验室中进行试验和测定数据的方法。例如：以各种原材料为变量因素，求得不同强度等级混凝土的配合比，从而计算出每立方米混凝土的各种材料消耗用量。

3. 统计法

统计法是以现场积累的分部分项工程拨付材料数量、剩余材料数量以及总共完成产品数量的统计资料为基础，经过分析，计算出单位产品的材料消耗标准的方法。

4. 计算法

计算法是根据施工图直接计算材料消耗用量的方法。但理论计算法只能准确算出单位产品的材料净用量，材料的损耗量仍要在理论计算后，结合现场实测取得。二者之和构成材料的总消耗量。

计算确定材料消耗定额举例如下：

(1) 计算每 $1m^3$ 标准砖不同墙厚的砖和砂浆的材料消耗量（表 2-3）。

计算公式如下：

$$砖净用量（块）= \frac{2 \times 墙厚砖数}{墙厚 \times （砖长 + 灰缝）（砖厚 + 灰缝）} \tag{2-11}$$

$$砂浆净用量（m^3）= 1 - 砖净用量 \times 每块砖体积 \tag{2-12}$$

$$砖消耗量 = 砖净用量 \times （1 + 砖损耗率） \tag{2-13}$$

$$砂浆消耗量 = 砂浆净用量 \times （1 + 砂浆损耗率） \tag{2-14}$$

$$每块标准砖体积 = 长 \times 宽 \times 厚 = 0.24 \times 0.115 \times 0.053 = 0.0014628 m^3$$

$$灰缝厚 = 10mm$$

墙厚与墙厚砖数的关系 表 2-3

墙厚砖数	$\frac{1}{2}$	$\frac{3}{4}$	1	$1\frac{1}{2}$	2
墙厚（m）	0.115	0.18	0.24	0.365	0.49

【例 2-1】 计算 $1m^3$ 一砖半厚的标准砖墙的砖和砂浆的消耗量（标准砖和砂浆的损耗率均为 1%）。

【解】

$$砖净用量 = \frac{2 \times 1.5}{0.365 \times （0.24 + 0.01）\times （0.053 + 0.01）} = 521.8 块$$

$$砂浆净用量 = 1 - 521.8 \times 0.0014628 = 0.237 m^3$$

$$砖消耗量 = 521.8 \times (1 + 1\%) = 527 块$$

$$砂浆消耗量 = 0.237 \times (1 + 1\%) = 0.239m^3$$

（2）100m² 块料面层材料消耗量的计算

块料面层一般指瓷砖、地面砖、墙面砖、大理石、花岗石等。通常以 100m² 为计量单位，其计算公式为：

$$面层净用量 = \frac{100}{(块料长 + 灰缝) \times (块料宽 + 灰缝)} \tag{2-15}$$

$$面层消耗量 = 面层净用量 \times (1 + 损耗率) \tag{2-16}$$

【例 2-2】 某工程有 300m² 地面砖，规格为 150mm×150mm，灰缝为 1mm，损耗率为 1.5%，试计算 300m² 地面砖的消耗量是多少？

【解】

$$100m^2 地面砖净用量 = \frac{100}{(0.15 + 0.001) \times (0.15 + 0.001)} \approx 4386 块$$

$$100m^2 地面砖消耗量 = 4386 \times (1 + 1.5\%) = 4452 块$$

$$300m^2 地面砖消耗量 = 3 \times 4452 = 13356 块$$

（二）周转性材料消耗量的计算

周转性材料，是指在施工过程中不是一次性消耗的，而是可多次周转使用，经过修理、补充才逐渐耗尽的材料。如：模板、脚手架、临时支撑等。

周转性材料在单位合格产品生产中的损耗量，称为摊销量。

1. 一次使用量

周转材料的一次使用量是根据施工图计算得出的。它与各分部分项工程的名称、部位、施工工艺和施工方法有关。例如：钢筋混凝土模板的一次使用量计算公式为：

$$一次使用量 = 每 1m^3 构件模板接触面积 \times 每 1m^2 接触面积模板用量 \times$$
$$(1 + 制作损耗率) \tag{2-17}$$

2. 损耗率，又称补损率，是指周转性材料使用一次后，因损坏不能再次使用的数量占一次使用量的百分数。

3. 周转次数，是指周转性材料从第一次使用起可重复使用的次数。

影响周转次数的因素主要有材料的坚固程度、材料的使用寿命、材料服务的工程对象、施工方法及操作技术以及对材料的管理、保养等。一般情况下，金属模板、脚手架的周转次数可达数十次，木模板的周转次数在 5 次左右。

4. 周转使用量

周转使用量是指周转性材料每完成一次生产时所需材料的平均数量。

$$周转使用量 = \frac{一次使用量 + 一次使用量 \times (周转次数 - 1) \times 损耗率}{周转次数}$$

$$= 一次使用量 \times \left[\frac{1 + (周转次数 - 1) \times 损耗率}{周转次数} \right] \tag{2-18}$$

5. 周转回收量

周转回收量是指周转材料在一定的周转次数下，平均每周转一次可以回收的数量。

$$周转回收量 = \frac{一次使用量 - 一次使用量 \times 损耗率}{周转次数}$$

$$= 一次使用量 \times \left[1 - \frac{损耗率}{周转次数} \right] \qquad (2\text{-}19)$$

6. 周转材料摊销量

(1)现浇混凝土结构的模板摊销量的计算

$$摊销量 = 周转使用量 - 周转回收量 \qquad (2\text{-}20)$$

(2)预制混凝土结构的模板摊销量的计算

预制钢筋混凝土构件模板虽然也多次使用反复周转，但与现浇构件模板的计算方法不同，预制构件是按多次使用平均摊销的计算方法，不计算每次周转损耗率。摊销量按下式计算：

$$摊销量 = \frac{一次使用量}{周转次数} \qquad (2\text{-}21)$$

第三节　机械台班消耗定额

一、机械台班消耗定额概念

机械台班消耗定额，是指在正常施工条件、合理劳动组织和合理使用机械的条件下，完成单位合格产品所必须消耗机械台班数量的标准，简称机械台班定额。

机械台班定额以台班为单位，每一个台班按 8h 计算。

二、机械台班定额的表现形式

机械台班定额按其表现形式不同，可分为机械时间定额和机械产量定额。

1. 机械时间定额

机械时间定额是指在正常施工条件下、合理劳动组织和合理使用机械的条件下，完成单位合格产品所必须消耗的台班数量。用公式表示如下：

$$机械时间定额 = \frac{1}{机械台班产量定额} \qquad (2\text{-}22)$$

2. 机械产量定额

机械时间定额是指在正常施工条件下、合理劳动组织和合理使用机械的条件下，单位时间内完成单位合格产品的数量。用公式表示如下：

$$机械台班产量定额 = \frac{1}{机械台班时间定额} \qquad (2\text{-}23)$$

3. 机械台班人工配合定额

由于机械必须由工人小组配合，机械台班人工配合定额是指机械台班配合用工部分，即机械台班劳动定额。其表现形式为：机械台班工人小组的人工时间定额和完成合格产品数量，即：

$$单位产品的时间定额（工日） = \frac{小组成员班组总工日数}{台班产量} \qquad (2\text{-}24)$$

$$机械台班产量定额 = \frac{每台班产量}{班组总工日数} \qquad (2\text{-}25)$$

三、机器工作时间消耗的分类

在机械化施工过程中，对工作时间消耗的分析和研究，除了要对工人工作时间的消耗进行分类研究之外，还需要分类研究机器工作时间的消耗。

机器工作时间的消耗，按其性质也分为必需消耗的时间和损失时间两大类。

（1）在必需消耗的工作时间里，包括有效工作、不可避免的无负荷工作和不可避免的中断三项时间消耗。而在有效工作的时间消耗中又包括正常负荷下、有根据地降低负荷下的工时消耗。

1）正常负荷下的工作时间，是机器在与机器说明书规定的额定负荷相符的情况下进行工作的时间。

2）有根据地降低负荷下的工作时间，是在个别情况下由于技术上的原因，机器在低于其计算负荷下工作的时间。例如，汽车运输重量轻而体积大的货物时，不能充分利用汽车的载重吨位因而不得不降低其计算负荷。

3）不可避免的无负荷工作时间，是由施工过程的特点和机械结构的特点造成的机械无负荷工作时间。例如，筑路机在工作区末端调头等，就属于此项工作时间的消耗。

4）不可避免的中断工作时间是与工艺过程的特点、机器的使用和保养、工人休息有关的中断时间。

① 与工艺过程的特点有关的不可避免中断工作时间，有循环的和定期的两种。循环的不可避免中断，是在机器工作的每一个循环中重复一次。如汽车装货和卸货时的停车。定期的不可避免中断，是经过一定时期重复一次。比如，把灰浆泵由一个工作地点转移到另一工作地点时的工作中断。

有关机械工作时间的分类如图 2-2 所示。

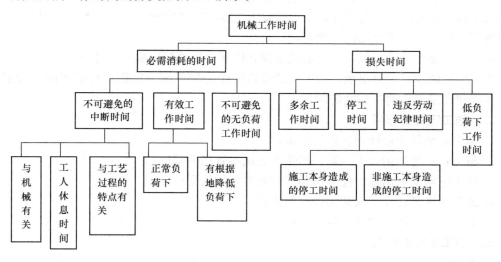

图 2-2　机械工作时间的分类

② 与机器有关的不可避免中断工作时间，是由于工人进行准备与结束工作或辅助工作时，机器停止工作而引起的中断工作时间。它是与机器的使用与保养有关的不可避免中断时间。

③ 工人休息时间前面已经作了说明。这里要注意的是，应尽量利用与工艺过程有关

的和与机器有关的不可避免中断时间进行休息，以充分利用工作时间。

（2）损失的工作时间包括多余工作、停工、违背劳动纪律所消耗的工作时间和低负荷下的工作时间。

1）机器的多余工作时间，一是机器进行任务内和工艺过程内未包括的工作而延续的时间。如工人没有及时供料而使机器空运转的时间；二是机械在负荷下所做的多余工作，如混凝土搅拌机搅拌混凝土时超过规定搅拌时间，即属于多余工作时间。

2）机器的停工时间，按其性质也可分为施工本身造成和非施工本身造成的停工。前者是由于施工组织得不好而引起的停工现象，如由于未及时供给机器燃料而引起的停工。后者是由于气候条件所引起的停工现象．如暴雨时压路机的停工。上述停工中延续的时间均为机械的停工时间。

3）违反劳动纪律引起的机器的时间损失，是指由于工人迟到早退或擅离岗位等原因引起的机器停工时间。

4）低负荷下的工作时间，是由于工人或技术人员的过错所造成的施工机械在降低负荷的情况下工作的时间。例如，工人装车的砂石数量不足引起的汽车在降低负荷的情况下工作所延续的时间。此项工作时间不能作为计算时间定额的基础。

第四节　施　工　定　额

一、施工定额的概念

施工定额是指在正常的施工条件下，以施工过程或工序为标定对象而规定的完成单位合格产品所需消耗的人工、材料和机械台班消耗的数量标准。施工定额是施工企业直接用于建筑工程施工管理的一种定额，是建筑安装企业的生产定额，也是施工企业组织生产和加强管理，在企业内部使用的一种定额。

施工定额是由劳动定额、材料消耗定额和机械台班消耗定额三个部分组成。

施工定额的项目划分很细，是工程建设定额中分项最细、定额子目最多的一种定额，也是工程建设定额中的基础性定额。

二、施工定额的作用

1. 施工定额是企业计划管理的依据；
2. 施工定额是编制施工预算、加强企业成本管理的基础；
3. 施工定额是下达施工任务书和限额领料单的依据；
4. 施工定额是计算工人劳动报酬的依据；
5. 施工定额是编制预算定额的基础。

三、施工定额的编制

1. 编制原则

（1）平均先进原则

所谓平均先进原则，是指在正常的条件下，多数施工班组或生产者经过努力可以达到，少数班组或生产者可以接近，个别班组或生产者可以超过定额的水平。

（2）简明适用原则

简明适用原则是指定额结构合理，定额步距大小适当，文字通俗易懂，计算方法简便，易为群众掌握运用。它具有多方面的适应性，能在较大范围内满足不同情况、不同用途的需要。具体包括：

1）定额项目划分合理；

2）定额步距大小适当。定额步距，是指同类型产品或同类工作过程、相邻定额工作标准项目之间的水平间距；

（3）以专家为主的原则。

2．编制依据

（1）现行的全国建筑安装工程统一劳动定额、材料消耗定额和机械台班消耗定额；

（2）现行的建筑安装工程施工验收规范，工程质量检查评定标准，技术安全操作规程；

（3）有关建筑安装工程历史资料及定额测定资料；

（4）有关建筑安装工程标准图等。

3．编制方法

施工定额的编制方法一般有两种：一是实物法，即施工定额由劳动消耗定额、材料消耗定额和机械台班消耗定额三部分组成；二是实物单价法，即由劳动消耗定额、材料消耗定额和机械台班消耗定额，分别乘以相应单价并汇总得出单位总价，称为"施工定额单价表"。无论采用何种形式，其编制步骤主要如下：

（1）确定定额项目；

（2）选择计量单位；

（3）确定制表方案；

（4）确定定额水平；

（5）写编制说明和附注；

（6）汇编成册、审定、颁发。

四、施工定额的内容

现以北京地区1993年颁发的《北京市建筑工程施工预算定额》为例，此定额属于施工定额范畴，是施工定额的一种形式。主要内容由三部分组成。

1．文字说明部分

文字说明部分又分为总说明、分册（章）说明和分节说明三种。

总说明的基本内容包括定额编制依据、编制原则、用途、适用范围等。

分册说明的基本内容包括分册定额项目、工作内容、施工方法、质量要求、工程量计算规则、有关规定及说明等。

分节说明的主要内容有工作内容、质量要求、施工说明等。

2．分节定额部分

它包括定额的文字说明、定额项目表和附注。文字说明上面已作介绍。

定额项目表是定额中的核心部分。表2-4所示是1993年《北京市建筑工程施工预算定额》中的砖石工程部分。

3．附录

附录一般放在定额分册说明之后，包括有名词解释、图示及有关参考资料。例如，材料消耗计算附表，砂浆、混凝土配合比表等。

定额编号	项目		单位	施工 预 算					主要材料、机械			劳动定额 综合
				预算价值（元）	其 中			预算用工（工日）	红机砖（块）	M2.5混合砂浆（m³）	1:3水泥砂浆（m³）	
					人工费（元）	材料费（元）	机械费（元）		0.23	(97.09)	172.12	
6-1	砌 砖	基础	m³	159.03	16.63	142.40		1.183	507	0.26		1.088 / 0.919
6-2		外墙	m³	165.53	22.19	143.34		1.578	510	0.26		1.351 / 0.74
6-3		内墙	m³	163.66	20.32	143.34		1.445	510	0.26		1.233 / 0.811
6-4		圆弧形墙	m³	167.13	23.79	143.34		1.692	510	0.26		1.441 / 0.694
6-5		1/2砖墙	m³	175.85	30.62	145.23		2.178	535	0.22		1.86 / 0.538
6-6		1/4砖墙	m³	213.76	59.85	153.91		4.257	602	0.15		3.772 / 0.265
6-7		1/2保护墙	m³	26.90	2.85	24.05		0.203	63		0.055	0.169 / 5.926

复 习 题

1. 施工定额的定义如何？它由哪几部分组成？

2. 施工定额有哪些作用？

3. 如何制定劳动定额？

4. 如何制定材料消耗定额？

5. 如何制定机械台班消耗定额？

6. 选择题

（1）制定劳动定额常用的方法有（　　　　）。

A. 理论计算法　　　　B. 技术测定法　　　　C. 统计分析法

D. 经验估计法　　　　E. 比较类推法

（2）拟定定额时间的前提是对工人工作时间按其（　　　　）进行分类研究。

A. 消耗性质　　　　B. 消耗内容　　　　C. 消耗时间　　　　D. 消耗标准

（3）人工挖土方，土壤是潮湿的黏性土，按土壤分类属普通土，测验资料表明，挖1m³需消耗基本工作时间 60min，辅助工作时间，准备与结束工作时间，不可避免中断时间，休息时间分别占工作延续时间 2%、2%、1%、20%，则产量定额为（　　　　）m³/工日。

A. 3　　　　　　　B. 4　　　　　　　C. 6.4　　　　　　　D. 10

第三章　预　算　定　额

本章学习重点：预算定额的概念、应用；预算定额的人工、材料、机械台班消耗量的确定。

本章学习要求：掌握预算定额的应用；熟悉预算定额的人工、材料、机械台班消耗量的确定；了解预算定额的概念及人工、材料和机械台班预算价格的组成与确定；了解北京市2012建设工程预算定额的编制依据、适用范围和作用。

第一节　预算定额概述

一、预算定额的概念

预算定额是指在正常的施工条件下，完成一定计量单位的分项工程或结构构件的人工、材料和机械台班消耗的数量标准。在工程预算定额中，除了规定上述各项资源消耗的数量标准外，还规定了相应的预算单价及应完成的工程内容等。

预算定额是工程建设中一项重要的技术经济文件，它的各项指标，反映了在完成单位分项工程消耗的活劳动和物化劳动的数量限度。这种限度最终决定着单项工程和单位工程的成本和造价。

二、预算定额的作用

1. 预算定额是编制施工图预算，确定和控制建筑安装工程造价的基础；
2. 预算定额是对设计方案进行技术经济比较、技术经济分析的依据；
3. 预算定额是施工企业进行经济活动分析的依据；
4. 预算定额是编制标底、投标报价的基础；
5. 预算定额是编制概算定额和概算指标的基础。

三、预算定额手册的内容

预算定额手册的内容由定额总说明、建筑面积计算规则、分部工程说明、定额项目表及有关的附录、附件（或附表）组成。

1. 预算定额总说明

预算定额总说明一般综合阐述定额的编制原则、指导思想、编制的依据、适用范围以及定额的作用。同时说明编制定额时已考虑和没有考虑的因素与有关规定和使用方法。因此，在使用定额前应首先了解这部分内容。

2. 建筑面积计算规则

建筑面积计算规则是由国家统一制定的，是计算工业与民用建筑面积的依据。

3. 分部工程说明

分部工程定额说明主要说明该分部工程所包括的定额项目内容执行中的一些规定；特殊情况的处理；各分项工程工程量的计算规则等。它是定额的重要组成部分，也是执行定额和进行工程量计算的基础，因而必须全面掌握。

4. 定额项目表

定额项目表是预算定额的主要组成部分，一般由工作内容（分节说明）、定额单位、项目表和附注组成，如表 3-1 和表 3-2 所示。

在项目表中，人工表现形式是以人工单价及工日数表示。材料栏中只列主要材料的消耗量，零星材料以"其他材料费"表示；凡需机械的分部分项工程应列出施工机械的名称及台班数量。

在定额表中还列有根据上述三项指标和取定的工资标准、材料预算价格及机械台班单价等，分别计算出人工费、材料费、机械费及其汇总的预算单价。其计算方法如下：

$$预算单价＝人工费＋材料费＋机械费 \tag{3-1}$$

其中：

$$人工费＝\sum（人工消耗量×人工预算价格） \tag{3-2}$$

$$材料费＝\sum（材料消耗量×相应材料预算价格）＋其他材料费 \tag{3-3}$$

$$机械使用费＝\sum（机械台班消耗量×机械台班价格）＋其他机具费 \tag{3-4}$$

北京市房屋建筑与装饰工程定额摘录

（上册第四章砌筑工程）   表 3-1

第一节　砖砌体（010401）

工作内容：清理基层、砂浆拌合、砌砖、刮缝、材料运输等。　　　　　　单位：m³

定　额　编　号					4-1	4-2	4-3
项　　目					基础	外墙	内墙
预算单价（元）					573.77	595.49	555.53
其中	人工费（元）				103.33	144.44	126.21
	材料费（元）				465.88	444.76	423.79
	机械费（元）				4.56	6.29	5.53
名　　称			单位	单价（元）	数　　量		
人工	87002	综合工日	工日	83.20	1.242	1.736	1.517
材料	040207	烧结标准砖	块	0.58	523.6000	535.5000	510.0000
	400055	砌筑砂浆 DM7.5-HR	m³	658.10	0.2360	—	—
	400054	砌筑砂浆 DM5.0-HR	m³	459.00	—	0.2780	0.2652
	840004	其他材料费	元	—	6.88	6.57	6.26
机械	800138	灰浆搅拌机 200L	台班	11.00	0.0390	0.0460	0.0440
	840023	其他机具费	元	—	4.13	5.78	5.05

第一节　楼地面整体面层及找平层（011101）

一、整体面层

工作内容：基层清理、面层铺设及磨光等。

单位：m²

定　额　编　号			11-1	11-2	11-3	11-4
项　　　　目			DS 砂浆		聚合物水泥浆	搅拌砂浆调整费
			厚度 20mm	每增减 5mm		
预算单价（元）			16.92	4.22	1.65	1.97
其中	人工费（元）		7.18	1.76	0.88	1.87
	材料费（元）		9.41	2.38	0.73	—
	机械费（元）		0.33	0.08	0.04	0.10
名　　称		单位	单价（元）	数　　量		
人工	870003　综合工日	工日	87.90	0.082	0.020	0.010	0.021
材料	400034　DS 砂浆	m³	459.00	0.0202	0.0051	—	—
	810047　素水泥浆	m³	591.60	—	—	0.0010	—
	110166　建筑胶	kg	2.30	—	—	0.0560	—
	840004　其他材料费	元	—	0.14	0.04	0.01	—
机械	840023　其他机具费	元	—	0.33	0.08	0.04	0.10

5. 附录、附件（或附表）

预算定额组成的最后一部分是附录、附件（或附表）。包括建筑机械台班费用定额表、砂浆、混凝土的配合比表、建筑材料名称、规格及预算价格表，用以作为定额换算和补充计算预算单价时使用。

四、预算定额的应用

预算定额的应用方法，一般分为定额的套用、定额的换算和编制补充定额三种情况。

1. 定额的套用

定额的套用分以下三种情况：

（1）当分项工程的设计要求、做法说明、结构特征、施工方法等条件与定额中相应项目的设置条件（如工作内容、施工方法等）完全一致时，可直接套用相应的定额子目。

在编制单位工程施工图预算的过程中，大多数项目可以直接套用预算定额。

（2）当设计要求与定额条件基本一致时，可根据定额规定套用相近定额子目，不允许换算。例如，在 2012 年《北京市房屋建筑与装饰工程预算定额》上册说明中规定：定额已综合考虑了各种土质（山区及近山区除外），执行中不得调整。

（3）当设计要求与定额条件完全不符时，仍要根据定额规定套用相应定额子目，不允许换算。例如，2012 年《北京市房屋建筑与装饰工程预算定额》第五章中规定，梁板式满堂基础的反梁高度在 1.5m 以内时，执行梁的相应子目；反梁高度超过 1.5m 时，单独计算工程量，执行墙的相应定额子目。

2. 定额的换算

当设计要求与定额条件不完全一致时，应根据定额的有关规定先换算、后套用。预算定额规定允许换算的类型一般分为：价差换算和其他换算。

（1）价差换算

价差换算是指设计采用的材料、机械等品种、规格与定额规定不同时所进行的价格换算。例如由于砂浆、混凝土强度等级不同应作的价格换算等。

如在定额中规定：定额中的混凝土、砂浆强度等级是按常用标准列出的，若设计要求与定额不同时，允许换算。换算公式为：

换算后的预算单价＝原预算单价＋（换入材料单价－换出材料单价）×定额材料含量

(3-5)

【例 3-1】 试确定现浇 C35 预拌混凝土基础梁的预算单价。

【解】 由于现浇混凝土梁的定额子目 5-12 是按 C30 预拌混凝土编制的，设计为 C35 预拌混凝土基础梁，与定额不符，根据规定，可以进行如下换算：

查定额 5-12 子目，C30 混凝土基础梁的预算单价为 461.83 元，预拌混凝土的定额含量为 1.0150。C30 预拌混凝土的材料单价为 410.00 元/m³，C35 预拌混凝土的材料单价为 425.00 元/m³（上册定额 5-57 可查得），则：

现浇 C35 预拌混凝土基础梁的预算单价＝461.83＋（425.00－410.00）×1.0150＝477.06 元

（2）其他换算

例如在 2012 年《北京市房屋建筑与装饰工程预算定额》中规定：定额中注明的材质、型号、规格与设计要求不同时，材料价格可以换算。

3. 编制补充定额

根据北京市建设工程造价计价办法规定：在编制建设工程预算、招标标底、投标报价、工程结算时，对于新材料、新技术、新工艺的工程项目，属于定额缺项项目时，应编制补充定额。

第二节　人工、材料、机械台班消耗量的确定

一、预算定额人工消耗量的确定

预算定额中的人工消耗量（定额人工工日）是指完成某一计量单位的分项工程或结构构件所需的各种用工量的总和。定额人工工日不分工种、技术等级一律以综合工日表示。内容包括基本用工、超运距用工和人工幅度差。

1. 基本用工

指完成某一计量单位的分项工程或结构构件所需的主要用工量。按综合取定的工程量和施工劳动定额进行计算。

$$基本用工工日数量＝\sum（工序工程量×时间定额）\qquad(3-6)$$

2. 超运距用工

指预算定额取定的材料、成品、半成品等运距超过劳动定额规定的运距应增加的用工量。

$$超运距＝预算定额规定的运距－劳动定额规定的运距 \tag{3-7}$$
$$超运距用工数量＝\sum（超运距材料数量×时间定额） \tag{3-8}$$

3. 人工幅度差

人工幅度差是指在劳动定额时间未包括而在预算定额中应考虑的在正常施工条件下所发生的无法计算的各种工时消耗。

人工幅度差的计算方法是：

$$人工幅度差＝（基本用工＋超运距用工）×人工幅度差系数 \tag{3-9}$$

国家现行规定的人工幅度差系数为 10％～15％。

二、材料消耗指标的确定

1. 材料分类

预算定额内的材料，按其使用性质、用途和用量大小划分为四类，即：主要材料、辅助材料、周转性材料和零星材料。

2. 材料消耗指标的确定方法

(1) 非周转性材料消耗指标

材料施工损耗量一般测定起来比较烦琐，为简便起见，多根据已往测定的材料施工（包括操作和运输）损耗率来进行计算。一般可按下式进行计算：

$$非周转性材料消耗量＝材料净用量＋材料损耗量 \tag{3-10}$$
$$＝材料净用量×（1＋材料损耗率） \tag{3-11}$$

式中：　材料净用量——一般可按材料消耗净定额或采用观察法、试验法和计算法确定；

材料损耗量——一般可按材料损耗定额或采用观察法、试验法和计算法确定；

材料损耗率——材料损耗量与净用量的百分比，即：

$$材料损耗率＝损耗量/净用量×100％ \tag{3-12}$$

(2) 周转性材料消耗量的确定

在预算定额中，周转性材料消耗指标分别用一次使用量和摊销量两个指标表示。一次使用量是指模板在不重复使用的条件下的一次用量。摊销量是按照多次使用，分次摊销的方法计算。

周转性材料摊销量，一般可按下式进行计算：

$$摊销量 ＝ 周转使用量－回收量×回收折价系数 \tag{3-13}$$

其中，周转使用量和回收量的计算同施工定额。

三、机械台班消耗指标的确定

预算定额机械台班消耗指标，应根据全国统一劳动定额中的机械台班产量编制。

1. 以手工操作为主的工人班组所配备的施工机械，如砂浆、混凝土搅拌机、垂直运输用塔式起重机，为小组配合使用，应以小组产量计算机械台班。

$$分项定额机械台班使用量＝预算定额项目计量单位值/小组总产量 \tag{3-14}$$

式中：

$$小组总产量＝小组总人数×\sum（分项计算取定的比重×劳动定额每工综合产量）$$
$$\tag{3-15}$$

2. 机械化施工过程，如机械化土石方工程、机械打桩工程、机械化运输及吊装工程所用的大型机械及其他专用机械，应在施工定额中的台班定额的基础上另加机械幅度差。

机械幅度差：机械幅度差是指在施工定额（机械台班量）中未曾包括的，而机械在合理的施工组织条件下所必需的停歇时间。在编制预算定额时应予以考虑。

预算定额机械台班使用量＝施工定额机械台班耗用量×（1＋机械幅度差系数）

$$(3-16)$$

常用机械的机械幅度差系数见表 3-3 所示。

机械幅度差系数表　　　　　　　表 3-3

序号	项　目	机械幅度差系数（%）	序号	项　目	机械幅度差系数（%）
1	机械土方	25	4	构件运输	25
2	机械石方	33	5	构件安装：起重机机械及电焊机	30
3	机械打桩	33			

第三节　人工、材料、机械预算价格的确定

一、人工预算价格的确定

人工预算价格也称人工工日单价或定额工资单价，是指一个建筑安装工人一个工作日在预算中应计入的全部人工费用。

定额工资单价包括以下内容：

1. 计时工资或计件工资

是指按计时工资标准和工作时间或对已做工作按计件单价支付给个人的劳动报酬。

2. 奖金

是指对超额劳动和增收节支支付给个人的劳动报酬。如节约奖、劳动竞赛奖等。

3. 津贴补贴

是指为了补偿职工特殊或额外的劳动消耗和因其他特殊原因支付给个人的津贴，以及为了保证职工工资水平不受物价影响支付给个人的物价补贴。如流动施工津贴、特殊地区施工津贴、高温（寒）作业临时津贴、高空津贴等。

4. 加班加点工资

是指按规定支付的在法定节假日工作的加班工资和在法定日工作时间外延时工作的加点工资。

5. 特殊情况下支付的工资

是指根据国家法律、法规和政策规定，因病、工伤、产假、计划生育假、婚丧假、事假、探亲假、定期休假、停工学习、执行国家或社会义务等原因按计时工资标准或计时工资标准的一定比例支付的工资。

二、材料预算价格的确定

材料预算价格是指材料（包括原材料、辅助材料、构配件、零件、半成品、工程设备）由来源地或交货点到达工地仓库或施工现场指定堆放点后的出库价格。其中，工程设备是指构成或计划构成永久工程一部分的机电设备、金属结构设备、仪器装置及其他类似

的设备和装置。

材料预算价格包括材料市场价格和材料采购及保管费。其中，材料市场价格包括含材料（设备）原价及运到指定地点的运杂费、运输损耗费。所以有：

材料预算价格＝材料市场价格＋材料采购及保管费 　　　　　　　(3-17)

＝材料（设备）原价＋运杂费＋运输损耗费＋采购及保管费 　(3-18)

1. 材料（设备）原价

材料（设备）原价是指材料（设备）出厂价、市场采购价或进口材料价。在编制材料预算价格时，考虑材料的不同供应渠道不同来源地的不同原价，材料原价可以根据供应数量比例，按加权平均方法计算，计算公式如下：

$$\overline{P} = \sum_{i=1}^{n} P_i Q_i / \sum_{i=1}^{n} Q_i \tag{3-19}$$

式中　$\overline{P}$——加权平均材料原价；

P_i——各来源地材料原价；

Q_i——各来源地材料数量。

【例3-2】　某工地所需标准砖，由甲、乙、丙三地供应，数量见表3-4。

甲、乙、丙三地供应数量　　　　　　　　表 3-4

货源地	数量（千块）	出厂价（元/千块）
甲地	800	2000.00
乙地	1600	1800.00
丙地	500	2200.00

求标准砖的加权平均原价。

【解】　$\overline{P} = \dfrac{2000 \times 800 + 1800 \times 1600 + 2200 \times 500}{800 + 1600 + 500} = 1924.14$ 元/千块

2. 材料（设备）运杂费

材料（设备）运杂费是指国内采购材料自来源地、国外采购材料自到岸港口运至工地仓库或指定堆放地点发生的费用。含外埠中转运输过程中所发生的一切费用和过境桥费用，包括调车费或驳船费、装卸费、运输费及附加工作等。

加权平均运费的计算

编制地区材料（设备）预算价格时，当同一种材料（设备）有几个货源地时，应按各货源地供应的数量比例和运费单价，计算加权平均运费。

计算公式：　　　　　　$$\overline{P} = \sum_{i=1}^{n} P_i Q_i / \sum_{i=1}^{n} Q_i \tag{3-20}$$

式中　$\overline{P}$——加权平均运费；

P_i——各来源地材料运输单价；

Q_i——各来源地材料供应量。

其他调车费或驳船费、装卸费计算方法与运输费相同。

3. 运输损耗费

在材料的运输中应考虑一定的场外运输损耗费用。这是指材料在运输、装卸和搬运过程中不可避免的损耗。一般按照有关部门规定的损耗率来确定，表 3-5 为部分材料（设备）损耗率参考表。

计算公式：

$$运输损耗费＝（材料原价＋运杂费）×相应材料设备运输损耗率 \qquad (3-21)$$

材料运输损耗率参考表 表 3-5

序号	材料名称	损失率（%）	序号	材料名称	损失率（%）
1	标准砖、空心砖	2	16	人造石及天然石制品	0.5
2	黏土瓦、脊瓦	2.5	17	陶瓷器具	1.0
3	水泥瓦、脊瓦	2.5	18	白石子	1.0
4	水泥	散 2.0 袋 1.5	19	石棉瓦	1.0
5	粗（细）砂	2.0	20	灯具	0.5
6	碎石	1.0	21	煤	1.0
7	玻璃及制品	3.0	22	耐火石	1.5
8	沥青	0.5	23	石膏制品	2.0
9	轻质、加气混凝土块	1.0	24	炉（水）渣	1.0
10	陶土管	1.0	25	混凝土管	0.5
11	耐火砖	0.5	26	白灰	1.5
12	缸砖、水泥砖	0.5	27	石屑、石粉	20
13	瓷砖、小瓷砖	1.0	28	石棉粉	0.5
14	蛭石及制品	1.5	29	耐火碎砖末	2.0
15	珍珠岩及制品	1.5	30	石棉制品	0.5

4. 材料采购及保管费

采购及保管费是指组织材料采购、检验、供应和保管过程中发生的费用，包含：采购费、仓储费、工地管理费和仓储损耗。

材料采购及保管费按材料市场价格的一定比例计算，其计算公式如下：

$$采购及保管费＝材料设备市场价格×采购及保管费率（\%） \qquad (3-22)$$

或

$$采购及保管费＝（材料原价＋运杂费＋运输损耗费）×采购及保管费率（\%） \qquad (3-23)$$

综上所述，材料预算单价的一般计算公式为：

$$材料预算单价＝[（材料原价＋运杂费）×（1＋运输损耗率（\%））]$$
$$×（1＋采购及保管费率（\%）） \qquad (3-24)$$

材料采购及保管费率一般按 2%～3% 计算。

由于我国幅员广阔，建筑材料产地与使用地点的距离各地差异很大，建筑材料采购、保管、运输方式也不尽相同，因此材料单价原则上按地区范围编制。

【例 3-3】 某工地水泥从两个地方采购，其采购量及有关费用见表 3-6，求该工地的水泥预算价格。

采购处	采购量 （t）	原　价 （元/t）	运杂费 （元/t）	运输损耗率 （%）	采购与保管费费率 （%）
来源地 1	300	240	20	0.5	3%
来源地 2	200	250	15	0.4	3%

【解】加权平均原价 $=\dfrac{300\times240+200\times250}{300+200}=244$ 元/t

加权平均运杂费 $=\dfrac{300\times20+200\times15}{300+200}=18$ 元/t

来源地 1 的运输损耗费 $=(240+20)\times0.5\%=1.3$ 元/t

来源地 2 的运输损耗费 $=(250+15)\times0.4\%=1.06$ 元/t

加权平均运输损耗费 $=\dfrac{300\times1.3+200\times1.06}{300+200}=1.204$ 元/t

水泥的预算价格 $=(244+18+1.204)(1+3\%)=271.1$ 元/t

三、施工机械台班预算价格的确定

施工机械使用费是根据施工中耗用的机械台班数量和机械台班单价确定的。施工机械台班耗用量按有关定额规定计算；施工机械台班单价是指一台施工机械，在正常运转条件下一个工作班中所发生的全部费用，每台班按 8 小时工作制计算。正确制定施工机械台班单价是合理确定和控制工程造价的重要方面。

施工机械台班单价由七项费用组成，包括折旧费、大修理费、经常修理费、安拆费及场外运费、人工费、燃料动力费、其他费用等。

1. 折旧费的组成及确定

折旧费是指施工机械在规定使用期限内，陆续收回其原值及购置资金的时间价值。计算公式如下：

$$台班折旧费=\frac{机械预算价格\times（1-残值率）\times时间价值系数}{耐用总台班} \tag{3-25}$$

（1）机械预算价格

1）国产机械的预算价格。国产机械预算价格按照机械原值、供销部门手续费和一次运杂费以及车辆购置税之和计算。

① 机械原值。国产机械原值应按编制期施工企业已购进施工机械的成交价格、编制期国内施工机械展销会发布的参考价格或编制期施工机械生产厂、经销商的销售价格等计算。

② 供销部门手续费和一次运杂费可按机械原值的 5% 计算。

③ 车辆购置税的计算。车辆购置税应按下列公式计算：

$$车辆购置税=计税价格\times车辆购置税率（\%） \tag{3-26}$$

其中，计税价格=机械原值+供销部门手续费+一次运杂费-增值税

车辆购置税应执行编制期间国家有关规定。

2）进口机械的预算价格。进口机械的预算价格按照机械原值、关税、增值税、消费

税、外贸手续费和国内运杂费、财务费、车辆购置税之和计算。

① 进口机械的机械原值按其到岸价格取定。

② 关税、增值税、消费税及财务费应执行编制期国家有关规定，并参照实际发生的费用计算。

③ 外贸手续费和国内一次运杂费应按到岸价格的 6.5% 计算。

④ 车辆购置税的计税价格是到岸价格、关税和消费税之和。

（2）残值率

残值率是指机械报废时回收的残值占机械原值的百分比。残值率按目前有关规定执行：运输机械 2%，掘进机械 5%，特大型机械 3%，中小型机械 4%。

（3）时间价值系数

时间价值系数指购置施工机械的资金在施工生产过程中随着时间的推移而产生的单位增值。其计算公式如下：

$$\text{时间价值系数} = 1 + \frac{(\text{折旧年限} + 1)}{2} \times \text{年折现率}(\%) \tag{3-27}$$

其中，年折现率应按编制期银行年贷款利率确定。

（4）耐用总台班

耐用总台班指施工机械从开始投入使用至报废前使用的总台班数，应按施工机械的技术指标及寿命期等相关参数确定。

机械耐用总台班的计算公式为：

$$\text{耐用总台班} = \text{折旧年限} \times \text{年工作台班} = \text{大修理间隔台班} \times \text{大修理周期} \tag{3-28}$$

大修理次数的计算公式为：

$$\text{大修理次数} = \text{耐用总台班} \div \text{大修理间隔台班} - 1 = \text{大修理周期} - 1 \tag{3-29}$$

年工作台班是根据有关部门对各类主要机械最近 3 年的统计资料分析确定。

大修理间隔台班是指机械自投入使用起至第一次大修理止或自上一次大修理后投入使用起至下一次大修理止，应达到的使用台班数。

大修理周期是指机械正常的施工作业条件下，将其寿命期（即耐用总台班）按规定的大修理次数划分为若干个周期。其计算公式为：

$$\text{大修理周期} = \text{寿命期大修理次数} + 1 \tag{3-30}$$

2. 大修理费的组成及确定

大修理费是指机械设备按规定的大修理间隔台班进行必要的大修理，以恢复机械正常功能所需的费用。台班大修理费是机械使用期限内全部大修理费之和在台班费用中的分摊额，取决于一次大修理费用、大修理次数和耐用总台班的数量，其计算公式为：

$$\text{台班大修理费} = \frac{\text{一次大修理费} \times \text{寿命期内大修理次数}}{\text{耐用总台班}} \tag{3-31}$$

（1）一次大修理费指施工机械一次大修理发生的工时费、配件费、辅料费、油燃料费及送修运杂费。

一次大修理费应以《全国统一施工机械保养修理技术经济定额》为基础，结合编制期市场价格综合确定。

（2）寿命期大修理次数指施工机械在其寿命期（耐用总台班）内规定的大修理次数，

应参照《全国统一施工机械保养修理技术经济定额》确定。

3. 经常修理费的组成及确定

指施工机械除大修理以外的各级保养和临时故障排除所需的费用。包括为保障机械正常运转所需替换与随机配备工具附具的摊销和维护费用，机械运转及日常保养所需润滑与擦拭的材料费用及机械停滞期间的维护和保养费用等。各项费用分摊到台班中，即为台班经常修理费。其计算公式为：

$$台班经常修理费=\frac{\sum(各级保养一次费用×寿命期个级保养总次数)+临时故障排除费}{耐用总台班}$$

$$+替换设备和工具附具台班摊销费+例保辅料费 \tag{3-32}$$

当台班经常修理费计算公式中各项数值难以确定时，也可按下式计算：

$$台班经常修理费=台班大修理费×K \tag{3-33}$$

式中　K——台班经常修理费系数。

（1）各级保养一次费用。分别指机械在各个使用周期内为保证机械处于完好状况，必须按规定的各级保养间隔周期，保养范围和内容进行的一、二、三级保养或定期保养所消耗的工时、配件、辅料、油燃料等费用，应以《全国统一施工机械保养修理技术经济定额》为基础，结合编制期市场价格综合确定。

（2）寿命期各级保养总次数。分别指一、二、三级保养或定期保养在寿命期内各个使用周期中保养次数之和，应按照《全国统一施工机械保养修理技术经济定额》确定。

（3）临时故障排除费。指机械除规定的大修理及各级保养以外，临时故障所需费用以及机械在工作日以外的保养维护所需润滑擦拭材料费，可按各级保养（包括例保辅料费）费用之和的3%计算。

（4）替换设备及工具附具台班摊销费。指轮胎、电缆、蓄电池、运输皮带、钢丝绳、胶皮管、履带板等消耗性设备和按规定随机配备的全套工具附具的台班摊销费用。

（5）例保辅料费。即机械日常保养所需润滑擦拭材料的费用、替换设备及工具附具台班摊销费，例保辅料费的计算应以《全国统一施工机械保养修理技术经济定额》为基础，结合编制期市场价格综合确定。

4. 安拆费及场外运费的组成和确定

安拆费指施工机械在现场进行安装与拆卸所需的人工、材料、机械和试运转费用以及机械辅助设施的折旧、搭设、拆除等费用；场外运费指施工机械整体或分体自停放地点运至施工现场或由一施工地点运至另一施工地点的运输、装卸、辅助材料及架线等费用。

安拆费及场外运费根据施工机械不同分为计入台班单价、单独计算和不计算三种类型。

（1）工地间移动较为频繁的小型机械及部分中型机械，其安拆费及场外运费应计入台班单价。台班安拆费及场外运费应按下列公式计算：

$$台班安拆费及场外运费=\frac{一次安拆费及场外运费×年平均安拆次数}{年工作台班} \tag{3-34}$$

1）一次安拆费应包括施工现场机械安装和拆卸一次所需的人工费、材料费、机械费及试运转费。

2）一次场外运费应包括运输、装卸、辅助材料和架线等费用。

3）年平均安拆次数应以《全国统一施工机械保养修理技术经济定额》为基础，由各地区（部门）结合具体情况确定。

4）运输距离均应按 25km 计算。

（2）移动有一定难度的特、大型（包括少数中型）机械，其安拆费及场外运费应单独计算。

单独计算的安拆费及场外运费除应计算安拆费、场外运费外，还应计算辅助设施（包括基础、底座、固定锚桩、行走轨道枕木等）的折旧、搭设和拆除等费用。

（3）不需安装、拆卸且自身又能开行的机械和固定在车间不需安装、拆卸及运输的机械，其安拆费及场外运费不计算。

（4）自升式塔式起重机安装、拆卸费用的超高起点及其增加费，各地区（部门）可根据具体情况确定。

5. 人工费的组成及确定

人工费指机上司机（司炉）和其他操作人员的工作日人工费及上述人员在施工机械规定的年工作台班以外的人工费。按下列公式计算：

$$台班人工费 = 人工消耗量 \times \left(1 + \frac{年制度工作日 - 年工作台班}{年工作台班} \right) \times 人工日工资单价$$

(3-35)

（1）人工消耗量指机上司机（司炉）和其他操作人员工日消耗量。

（2）年制度工作日应执行编制期国家有关规定。

（3）人工日工资单价应执行编制期工程造价管理部门的有关规定。

【例 3-4】 某载重汽车配司机 1 人，当年制度工作日为 250 天，年工作台班为 230 台班，人工日工资单价为 260 元。求该载重汽车的台班人工费多少？

【解】 台班人工费 $= 1 \times \left(1 + \frac{250 - 230}{230} \right) \times 260 = 282.61$ 元/台班

6. 燃料动力费的组成和确定

燃料动力费是指施工机械在运转作业中所耗用的固体燃料（煤、木柴）、液体燃料（汽油、柴油）及水、电等费用。计算公式如下：

$$台班燃料动力费 = 台班燃料动力消耗量 \times 相应单价$$ (3-36)

（1）燃料动力消耗量应根据施工机械技术指标及实测资料综合确定，可采用下列公式：

$$台班燃料动力消耗量 = （实测数 \times 4 + 定额平均值 + 调查平均值）\div 6$$ (3-37)

（2）燃料动力单价应执行编制期工程造价管理部门的有关规定。

7. 其他费用的组成和确定

其他费用是指按照国家和有关部门规定应交纳的养路费、车船使用税、保险费及年检费用等。其计算公式为：

$$台班其他费用 = \frac{年养路费 + 年车船使用税 + 年保险费 + 年检费用}{年工作台班}$$ (3-38)

（1）年养路费、年车船使用税、年检费用应执行编制期有关部门的规定。

（2）年保险费执行编制期有关部门强制性保险的规定，非强制性保险不应计算在内。

第四节　2012年《北京市建设工程计价依据——预算定额》概述

一、定额内容

2012年《北京市建设工程计价依据——预算定额》（以下简称北京市预算定额）共分七部分二十四册，包括：

01　房屋建筑与装饰工程预算定额：房屋建筑与装饰工程共一册；

02　仿古建筑工程预算定额：仿古建筑工程共一册；

03　通用安装工程预算定额：机械设备安装工程，热力设备安装工程，静置设备与工艺金属结构制作安装工程，电气设备安装工程，建筑智能化工程，自动化控制仪表安装工程，通风空调工程，工业管道工程，消防工程，给排水、采暖、燃气工程，通信设备及线路工程，刷油、防腐蚀、绝热工程共十二册；

04　市政工程预算定额：市政道路、桥梁工程，市政管道工程共两册；

05　园林绿化工程预算定额：庭园工程，绿化工程共两册；

06　构筑物工程预算定额：构筑物工程共一册；

07　城市轨道交通工程预算定额：土建工程，轨道工程，通信、信号工程，供电工程，智能与控制、机电工程共五册。

及与之配套使用的《北京市建设工程和房屋修缮材料预算价格》和《北京市建设工程和房屋修缮机械台班费用定额》。

二、定额的编制依据

北京市预算定额是在全国和北京市有关定额的基础上，结合多年来的执行情况，以及行之有效的新技术、新工艺、新材料、新设备的应用，并根据正常的施工条件、国家颁发的施工及验收规范、质量评定标准和安全技术操作规程，施工现场文明安全施工及环境保护的要求，现行的标准图、通用图等为依据编制。

北京市预算定额是根据目前北京市施工企业的装备设备水平、成熟的施工工艺、合理的施工工艺、合理的劳动组织条件制定的，除各章另有说明外，均不得因上述因素的差异而对定额子目进行调整或换算。

三、定额的适用范围

北京市预算定额适用于北京市行政区域内的工业与民用建筑、市政、园林绿化、轨道交通工程的新建、扩建；复建仿古工程；建筑整体更新改造；市政改建以及行道新辟栽植和旧园林栽植改造等工程。不适用于房屋修缮工程、临时性工程、山区工程、道路及园林养护工程等。

四、定额的作用

北京市预算定额作为北京市行政区域内编制施工图预算、进行工程招标、国有投资工程编制标底或最高投标限价（招标控制价）、签订建设工程承包合同、拨付工程款和办理竣工结算的依据；是统一本市建设工程预（结）算工程量计算规则、项目名称及计量单位的依据；是完成规定计量单位分项工程计价所需的人工、材料、施工机械台班消耗量的标准；也是编制概算定额和估算指标的基础；是经济纠纷调解的参考依据。

五、定额消耗量的规定

定额消耗量的确定及包括的内容

1. 人工消耗量包括：基本用工、超运距用工和人工幅度差。不分列工种和技术等级，以综合工日表示。

2. 材料消耗量包括：主要材料、辅助材料和零星材料等，并计入了相应的损耗，其内容和范围包括从工地仓库、现场集中堆放地点或现场加工地点至操作或安装地点的运输损耗、施工操作损耗和施工现场堆放损耗。

3. 机械台班消耗量是按正常合理的机械配备综合取定的。

4. 本定额中包括材料（设备）自施工现场仓库或现场指定堆放点运至安装地点的水平和垂直运输。

六、定额单价及其组成

预算定额单价包括人工费、材料费和机械费三部分。

（一）人工费：指直接从事建筑安装工程施工的生产工人开支的各项费用。

人工单价包括：计时工资或计件工资、奖金、津贴补贴、加班加点工资、特殊情况下支付的工资。

（二）材料费：指施工过程中消费的原材料、辅助材料、构配件、零件、半成品、工程设备的费用。工程设备是指构成或计划构成永久工程一部分的机电设备、金属结构设备、仪器装置及其他类似的设备和装置。内容包括：材料（设备）原价、运杂费、运输损耗费、采购及保管费。

1. 定额材料单价是指材料预算价格。材料预算价格包括：材料市场价格和材料采购及保管费。

2. 材料（设备）市场价格包括含材料（设备）原价及运到指定地点的运杂费、运输损耗费。

3. 材料采购及保管费按材料市场价格的 2% 计算。

4. 其他材料费包括：零星材料和辅助材料的费用。

（三）机械费：指施工作业所发生的施工机械使用费或其租赁费和仪器仪表使用费。

1. 其他机具费包括：指小型机械使用费、生产工具使用费。

2. 仪器仪表使用费：指工程所需安装、测试的仪器仪表摊销及维修费用。

七、其他规定

（一）定额中的模板、脚手架和机械是按租赁编制的。

（二）定额各章工程量计算规则中带底纹字体部分是同国家标准工程量清单计量规范中的工程量计算规则一致的内容。

（三）定额中对工程量计算规则中的计量单位和工程量计算有效位数统一规定如下：

1. "以体积计算"的工程量以"m^3"为计量单位，工程量保留小数点后两位数字。

2. "以面积计算"的工程量以"m^2"为计量单位，工程量保留小数点后两位数字。

3. "以长度计算"的工程量以"m"为计量单位，工程量保留小数点后两位数字。

4. "以质量计算"的工程量以"t"为计量单位,工程量保留小数点后三位数字。

5. "以数量计算"的工程量以"台、块、个、套、件、根、组、系统"等为计量单位,工程量应取整数。

定额各章计算规则另有具体规定,以其规定为准。

(四)机械台班单价中不包括柴油、汽油等动力燃料费,柴油、汽油已列入材料费中,实际使用中定额消耗量不允许调整。

(五)措施项目中的安全文明施工费根据有关文件规定,投标时不允许让利。

(六)各专业定额建设工程费用标准分别列入各册定额附录中。适用范围、有关规定、计算规则及费用标准详见各专业定额附录。

(七)凡定额内未注明单价的材料,基价中均不包括其价格,应根据"( )"内的用量,按材料预算价格列入工程预算。

(八)定额工作内容除各章节已说明的主要工序外,还包括施工准备、配合质量检验、工种间交叉配合等次要工序。

(九)定额中凡注明"×××以内(下)"者,均包括"×××"本身;注明"×××以外(上)"者,则不包括"×××"本身。

八、房屋建筑与装饰分册说明

1. 房屋建筑与装饰工程预算定额包括:土石方工程,地基处理与边坡支护工程,桩基工程,砌筑工程,混凝土及钢筋混凝土工程,金属结构工程,木结构工程,门窗工程,屋面及防水工程,保温、隔热、防腐工程,楼地面装饰工程,墙、柱面装饰与隔断、幕墙工程,天棚工程,油漆、涂料、裱糊工程,其他装饰工程,工程水电费,措施项目共十七章。

2. 定额的工效是按建筑物檐高 25m 以下为准编制的,超过 25m 的高层建筑物,另按规定计算超高施工增加费。

3. 定额装饰工程章节中已综合了层高 3.6m 以下的简易脚手架,层高超过 3.6m 时,另执行定额第十七章措施项目相应定额子目。

4. 定额中已综合了一般成品保护费用,不得另行计算。

5. 定额中注明材料的材质、型号、规格与设计要求不同时,材料价格可以换算。

6. 预拌混凝土价格中不包括外加剂的费用,发生时另行计算。

7. 地基处理与边坡支护工程、桩基工程、金属结构工程、施工排水、降水工程中综合了工程水、电费,其他章节的工程水电费执行第十六章工程水电费相应定额子目。

8. 定额中凡注明厚度的子目,设计要求的厚度与定额不同时,执行增减厚度定额子目。

9. 定额已综合考虑了各种土质(山区及近山区除外),执行中不得调整。

10. 金属构件、预制构件价格中包括了加工厂至安装地点的运输费用。

11. 镶贴石材、块料中的磨边、倒角费用已包含在材料价格中,不得另行计算。

12. 室外道路、停车场工程执行市政工程预算定额相应定额子目。

13. 室外管道工程执行通用安装工程预算定额相应定额子目。

14. 室外各种窨井、化粪池执行构筑物工程预算定额相应定额子目。

15. 建筑工程中设计有部分仿古项目的,执行仿古建筑工程定额相应子目。

复 习 题

1. 预算定额的定义、作用各是什么?
2. 人工、材料、机械台班消耗量如何确定?
3. 人工、材料、机械预算价格如何确定?
4. 如何进行定额单价的换算?
5. 北京市 2012 建设工程预算定额的内容、编制依据、适用范围和作用是什么?

第四章 概算定额和概算指标

本章学习重点：概算定额和概算指标的作用和编制依据。
本章学习要求：熟悉概算定额和概算指标的作用和编制依据。

第一节 概 算 定 额

一、概算定额的概念

概算定额全称是建筑安装工程概算定额，亦称扩大结构定额。它是按一定计量单位规定的，扩大分部分项工程或扩大结构部分的人工、材料和机械台班的消耗量标准和综合价格。

概算定额是在预算定额基础上的综合和扩大，是介于预算定额和概算指标之间的一种定额。它是在预算定额的基础上，根据施工顺序的衔接和互相关联性较大的原则，确定定额的划分。按常用主体结构工程列项，以主要工程内容为主，适当合并相关预算定额的分项内容，进行综合扩大，较之预算定额具有更为综合扩大的性质，所以又称为"扩大结构定额"。

概算定额的编制水平是社会平均水平，与预算定额水平幅度差在 5％以内。

例如，在概算定额中的砖基础工程，往往把预算定额中的砌筑基础、敷设防潮层、回填土、余土外运等项目，合并为一项砖基础工程；在概算定额中的预制钢筋混凝土矩形梁，则综合了预制钢筋混凝土矩形梁的制作、钢筋调整、安装、接头、梁粉刷等工作内容。

二、概算定额的作用

1. 概算定额是初步设计阶段编制设计概算和技术设计阶段编制修正概算的依据；
2. 概算定额是设计方案比较的依据；
3. 概算定额是编制主要材料需要量的基础；
4. 概算定额是编制概算指标和投资估算指标的依据。

三、概算定额的编制依据

1. 现行的有关设计标准、设计规范、通用图集、标准定型图集、施工验收规范、典型工程设计图等资料；
2. 现行的预算定额、施工定额；
3. 原有的概算定额；
4. 现行的定额工资标准、材料预算价格和机械台班单价等；
5. 有关的施工图预算或工程结算等资料。

四、概算定额的内容

建筑工程概算定额的主要内容包括总说明、建筑面积计算规则、册章节说明、定额项目表和附录、附件等。

1. 总说明。主要是介绍概算定额的作用、编制依据、编制原则、适用

4-1

35

范围、有关规定等内容。

2. 建筑面积计算规则。规定了计算建筑面积的范围、计算方法，不计算建筑面积的范围等。建筑面积是分析建筑工程技术经济指标的重要数据，现行建筑面积的计算规则，是由国家统一规定的。

3. 册章节说明。册章节（又称各章分部说明）主要是对本章定额运用、界限划分、工程量计算规则、调整换算规定等内容进行说明。

4. 概算定额项目表。定额项目表是概算定额的核心，它反映了一定计量单位扩大结构或构件扩大分项工程的概算单价，以及主要材料消耗量的标准。表4-1为2016年《北京市建设工程计价依据概算定额》房屋建筑与装饰工程分册第四章砌筑工程中有关项目表。表头部分有工程内容，表中有项目计量单位、概算单价、主要工程量及主要材料用量等。

概算定额的第四章砌筑工程　　　　　　　　　　　　　　表 4-1

第一节　砖砌体

工程内容：1. 砖基础包括：砖砌体、圈梁、构造柱、钢筋、模板等。2. 砖墙包括：砖砌体、过梁、圈梁、构造柱、抱框柱、加固带、钢筋、模板等。

单位：见表

定　额　编　号			4-1	4-2
项　　　目			基础	保护墙 115mm 厚
			m³	m²
概算基价(元)			609.59	70.06
其中	人工费(元)		165.79	23.14
	材料费(元)		434.55	45.93
	机械费(元)		9.25	0.99
主要工程量	混凝土(m³)		0.1436	
	砌体(m³)		0.8365	0.1156
名　　称		单位	单价(元)	数　量
人工	870001　综合工日	工日	—	0.186	
	870002　综合工日	工日	—	1.541	0.241
材料	010001　钢筋 φ10 以内	kg	2.62	3.1232	—
	010002　钢筋 φ10 以外	kg	2.48	12.6157	—
	030001　板方材	m³	2077.00	0.0074	
	040207　烧结标准砖	块	0.50	437.9743	65.0673
	400009　C30 预拌混凝土	m³	349.51	0.1456	—
	400054　砌筑砂浆 DM5.0－HR	m³	388.89	—	0.0327
	400055　砌筑砂浆 DM7.5－HR	m³	405.98	0.1974	—
	810238　同混凝土等级砂浆(综合)	m³	438.97	0.0001	
	830075　复合木模板	m²	27.10	0.2100	
	840027　摊销材料费	元	—	6.42	
	840028　租赁材料费	元	—	9.90	
	100321　柴油	kg	5.41	0.1545	
	840004　其他材料费	元	—	6.80	0.68
机械	800102　汽车起重机 16t	台班	811.97	0.0019	—
	840023　其他机具费	元	—	7.71	0.99

5. 附录、附件。附录一般列在概算定额手册的后面，包括砂浆、混凝土配合比表、各种材料、机械台班单价表等有关资料，供定额换算、编制施工作业计划等使用。

第二节 概 算 指 标

一、概算指标的概念

概算指标是比概算定额更综合、扩大性更强的一种定额指标。它是以每 $100m^2$ 建筑面积或 $1000m^3$ 建筑体积、构筑物以座为计算单位规定出人工、材料、机械消耗数量标准或定出每万元投资所需人工、材料、机械消耗数量及造价的数量标准。

二、建筑工程概算指标的作用

1. 概算指标作为编制初步设计概算的主要依据；

2. 概算指标作为基本建设计划工作的参考；

3. 概算指标作为设计机构和建设单位选厂和进行设计方案比较的参考；

4. 概算指标作为投资估算指标的编制依据。

三、建筑工程概算指标的内容及表现形式

4-2

概算指标的内容包括总说明、经济指标、结构特征和建筑物结构示意图等。总说明包括概算指标的编制依据、适用范围、指标的作用、工程量计算规则及其他有关规定；经济指标包括工程造价指标、人工、材料消耗指标；结构特征及适用范围可作为不同结构间换算的依据。

概算指标在表现方法上，分综合指标与单项指标两种形式。综合指标是按照工业与民用建筑或按结构类型分类的一种概括性较大的指标。而单项指标是一种以典型的建筑物或构筑物为分析对象的概算指标。单项概算指标附有工程结构内容介绍，使用时，若在建项目与结构内容基本相符，还是比较准确的。

复 习 题

1. 什么是概算定额？它的作用如何？

2. 什么是概算指标？它的作用如何？

3. 将各类定额的区别，填在表 4-2 中。

表 4-2

区别	施工定额	预算定额	概算定额	概算指标
1. 标定对象（研究对象）				
2. 项目划分				
3. 定额步距				
4. 编制水平				
5. 使用单位				
6. 作用				

第二篇 定 额 计 价

第五章 建筑安装工程费用

本章学习重点：建筑安装工程费的组成和计算。
本章学习要求：掌握建筑安装工程费的组成；熟悉建筑安装工程费的计算。

第一节 建筑安装工程费用的组成（按费用构成要素划分）

为适应深化工程计价改革的需要，根据国家有关法律、法规及相关政策，住房和城乡建设部和财政部颁布了《建筑安装工程费用项目组成》（建标［2013］44 号文），于 2013年 7 月 1 日起实施。

建筑安装工程费按照费用构成要素由人工费、材料（包含工程设备，下同）费、施工机具使用费、企业管理费、利润、规费和税金组成。其中人工费、材料费、施工机具使用费、企业管理费和利润包含在分部分项工程费、措施项目费、其他项目费中（见图 5-1）。

一、**人工费**：是指按工资总额构成规定，支付给从事建筑安装工程施工的生产工人和附属生产单位工人的各项费用。内容包括：

1. 计时工资或计件工资：是指按计时工资标准和工作时间或对已做工作按计件单价支付给个人的劳动报酬。

2. 奖金：是指对超额劳动和增收节支支付给个人的劳动报酬。如节约奖、劳动竞赛奖等。

3. 津贴补贴：是指为了补偿职工特殊或额外的劳动消耗和因其他特殊原因支付给个人的津贴，以及为了保证职工工资水平不受物价影响支付给个人的物价补贴。如流动施工津贴、特殊地区施工津贴、高温（寒）作业临时津贴、高空津贴等。

4. 加班加点工资：是指按规定支付的在法定节假日工作的加班工资和在法定日工作时间外延时工作的加点工资。

5. 特殊情况下支付的工资：是指根据国家法律、法规和政策规定，因病、工伤、产假、计划生育假、婚丧假、事假、探亲假、定期休假、停工学习、执行国家或社会义务等原因按计时工资标准或计时工资标准的一定比例支付的工资。

二、**材料费**：是指施工过程中耗费的原材料、辅助材料、构配件、零件、半成品或成品、工程设备的费用。内容包括：

1. 材料原价：是指材料、工程设备的出厂价格或商家供应价格。

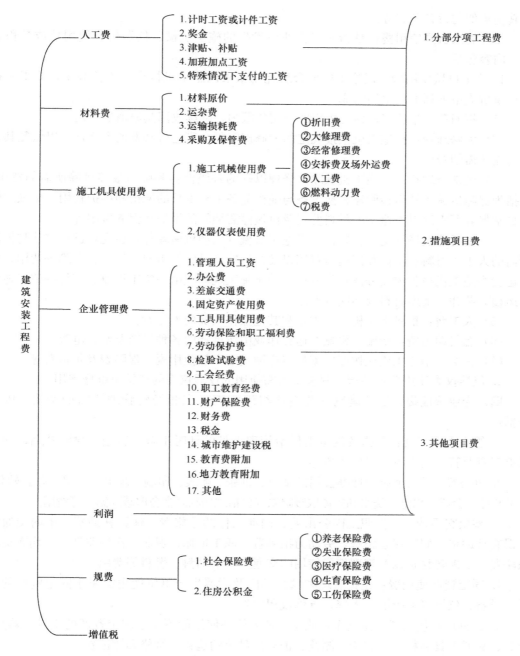

图 5-1　建筑安装工程费用项目组成图（按费用构成要素划分）

2. 运杂费：是指材料、工程设备自来源地运至工地仓库或指定堆放地点所发生的全部费用。

3. 运输损耗费：是指材料在运输装卸过程中不可避免的损耗。

4. 采购及保管费：是指为组织采购、供应和保管材料、工程设备的过程中所需要的各项费用。包括采购费、仓储费、工地保管费、仓储损耗。

工程设备是指构成或计划构成永久工程一部分的机电设备、金属结构设备、仪器装置及其他类似的设备和装置。

三、施工机具使用费：是指施工作业所发生的施工机械、仪器仪表使用费或其租赁费。内容包括：

1. 施工机械使用费：以施工机械台班耗用量乘以施工机械台班单价表示，施工机械台班单价应由下列七项费用组成：

（1）折旧费：指施工机械在规定的使用年限内，陆续收回其原值的费用。

（2）大修理费：指施工机械按规定的大修理间隔台班进行必要的大修理，以恢复其正常功能所需的费用。

（3）经常修理费：指施工机械除大修理以外的各级保养和临时故障排除所需的费用。包括为保障机械正常运转所需替换设备与随机配备工具附具的摊销和维护费用，机械运转中日常保养所需润滑与擦拭的材料费用及机械停滞期间的维护和保养费用等。

（4）安拆费及场外运费：安拆费指施工机械（大型机械除外）在现场进行安装与拆卸所需的人工、材料、机械和试运转费用以及机械辅助设施的折旧、搭设、拆除等费用；场外运费指施工机械整体或分体自停放地点运至施工现场或由一施工地点运至另一施工地点的运输、装卸、辅助材料及架线等费用。

（5）人工费：指机上司机（司炉）和其他操作人员的人工费。

（6）燃料动力费：指施工机械在运转作业中所消耗的各种燃料及水、电等。

（7）税费：指施工机械按照国家规定应缴纳的车船使用税、保险费及年检费等。

2. 仪器仪表使用费：是指工程施工所需使用的仪器仪表的摊销及维修费用。

四、企业管理费：是指建筑安装企业组织施工生产和经营管理所需的费用。内容包括：

1. 管理人员工资：是指按规定支付给管理人员的计时工资、奖金、津贴补贴、加班加点工资及特殊情况下支付的工资等。

2. 办公费：是指企业管理办公用的文具、纸张、账表、印刷、邮电、书报、办公软件、现场监控、会议、水电、烧水和集体取暖降温（包括现场临时宿舍取暖降温）等费用。

3. 差旅交通费：是指职工因公出差、调动工作的差旅费、住勤补助费，市内交通费和误餐补助费，职工探亲路费，劳动力招募费，职工退休、退职一次性路费，工伤人员就医路费，工地转移费以及管理部门使用的交通工具的油料、燃料等费用。

4. 固定资产使用费：是指管理和试验部门及附属生产单位使用的属于固定资产的房屋、设备、仪器等的折旧、大修、维修或租赁费。

5. 工具用具使用费：是指企业施工生产和管理使用的不属于固定资产的工具、器具、家具、交通工具和检验、试验、测绘、消防用具等的购置、维修和摊销费。

6. 劳动保险和职工福利费：是指由企业支付的职工退职金、按规定支付给离休干部的经费，集体福利费、夏季防暑降温、冬季取暖补贴、上下班交通补贴等。

7. 劳动保护费：是企业按规定发放的劳动保护用品的支出。如工作服、手套、防暑降温饮料以及在有碍身体健康的环境中施工的保健费用等。

8. 检验试验费：是指施工企业按照有关标准规定，对建筑以及材料、构件和建筑安装物进行一般鉴定、检查所发生的费用，包括自设试验室进行试验所耗用的材料等费用。不包括新结构、新材料的试验费，对构件做破坏性试验及其他特殊要求检验试验的费用和建设单位委托检测机构进行检测的费用，对此类检测发生的费用，由建设单位在工程建设其他费用中列支。但对施工企业提供的具有合格证明的材料进行检测不合格的，该检测费用由施工企业支付。

9. 工会经费：是指企业按《工会法》规定的全部职工工资总额比例计提的工会经费。

10. 职工教育经费：是指按职工工资总额的规定比例计提，企业为职工进行专业技术和职业技能培训，专业技术人员继续教育、职工职业技能鉴定、职业资格认定以及根据需要对职工进行各类文化教育所发生的费用。

11. 财产保险费：是指施工管理用财产、车辆等的保险费用。

12. 财务费：是指企业为施工生产筹集资金或提供预付款担保、履约担保、职工工资支付担保等所发生的各种费用。

13. 税金：是指企业按规定缴纳的房产税、车船使用税、土地使用税、印花税等。

14. 城市维护建设税

城市维护建设税是为了加强城市的维护建设，扩大和稳定城市维护建设资金来源的地方附加税以增值税和消费税为税基乘以相应的税率计算。城市维护建设税税率分别为：纳税人所在地为市区者，税率为7%；纳税人所在地为县镇者，税率为5%；纳税人所在地不在市区、县镇的，税率为1%。

15. 教育费附加：是对缴纳增值税、消费税的单位和个人征收的一种附加费。其作用是为了发展地方性教育事业、扩大地方教育经费的资金来源。以纳税人实际缴纳的增值税、消费税的税额为计费依据，教育费附加的征收率为3%。

16. 地方教育附加：按照《关于统一地方教育附加政策有关问题的通知》（财综〔2010〕98号）要求，各地统一征收地方教育附加，地方教育附加征收标准为单位和个人实际缴纳的增值税和消费税税额的2%。

17. 其他：包括技术转让费、技术开发费、投标费、业务招待费、绿化费、广告费、公证费、法律顾问费、审计费、咨询费、保险费等。

五、利润： 是指施工企业完成所承包工程获得的盈利。

六、规费： 是指按国家法律、法规规定，由省级政府和省级有关权力部门规定必须缴纳或计取的费用。包括：

1. 社会保险费

（1）养老保险费：是指企业按照规定标准为职工缴纳的基本养老保险费。

（2）失业保险费：是指企业按照规定标准为职工缴纳的失业保险费。

（3）医疗保险费：是指企业按照规定标准为职工缴纳的基本医疗保险费。

（4）生育保险费：是指企业按照规定标准为职工缴纳的生育保险费。

（5）工伤保险费：是指企业按照规定标准为职工缴纳的工伤保险费。

2. 住房公积金：是指企业按规定标准为职工缴纳的住房公积金。

其他应列而未列入的规费，按实际发生计取。

七、增值税

建筑安装工程费用的增值税是指国家税法规定应计入建筑安装工程造价内的增值税销项税额。税前工程造价为人工费、材料费、施工机具使用费、企业管理费、利润和规费之和，各费用项目均以不包含增值税（可抵扣进项税额）的价格计算。

第二节　建筑安装工程费用项目组成（按造价形成划分）

建筑安装工程费按照工程造价形成由分部分项工程费、措施项目费、其他项目费、规费、税金组成，分部分项工程费、措施项目费、其他项目费包含人工费、材料费、施工机具使用费、企业管理费和利润（见图 5-2）。

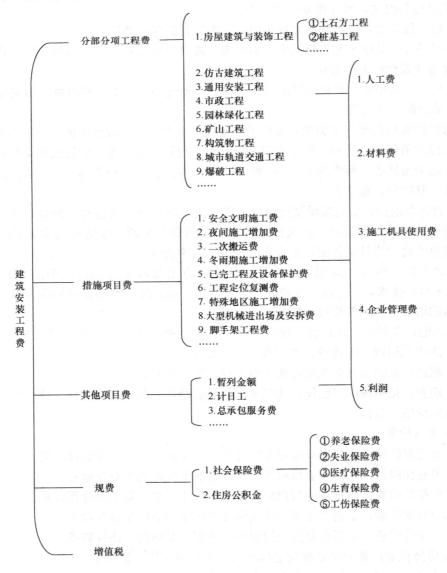

图 5-2　建筑安装工程费用项目组成图（按造价形成划分）

一、分部分项工程费：是指各专业工程的分部分项工程应予列支的各项费用。

1. 专业工程：是指按现行国家计量规范划分的房屋建筑与装饰工程、仿古建筑工程、通用安装工程、市政工程、园林绿化工程、矿山工程、构筑物工程、城市轨道交通工程、爆破工程等各类工程。

2.分部分项工程：指按现行国家计量规范对各专业工程划分的项目。如房屋建筑与装饰工程划分的土石方工程、地基处理与桩基工程、砌筑工程、钢筋及钢筋混凝土工程等。

各类专业工程的分部分项工程划分见现行国家或行业计量规范。

二、措施项目费：是指为完成建设工程施工，发生于该工程施工前和施工过程中的技术、生活、安全、环境保护等方面的费用。内容包括：

1.安全文明施工费

（1）环境保护费：是指施工现场为达到环保部门要求所需要的各项费用。

（2）文明施工费：是指施工现场文明施工所需要的各项费用。

（3）安全施工费：是指施工现场安全施工所需要的各项费用。

（4）临时设施费：是指施工企业为进行建设工程施工所必须搭设的生活和生产用的临时建筑物、构筑物和其他临时设施费用。包括临时设施的搭设、维修、拆除、清理费或摊销费等。

（5）建筑工人实名制管理费：是指实施建筑工人实名制管理所需费用。

2.夜间施工增加费：是指因夜间施工所发生的夜班补助费、夜间施工降效、夜间施工照明设备摊销及照明用电等费用。

3.二次搬运费：是指因施工场地条件限制而发生的材料、构配件、半成品等一次运输不能到达堆放地点，必须进行二次或多次搬运所发生的费用。

4.冬雨期施工增加费：是指在冬季或雨季施工需增加的临时设施、防滑、排除雨雪、人工及施工机械效率降低等费用。

5.已完工程及设备保护费：是指竣工验收前，对已完工程及设备采取的必要保护措施所发生的费用。

6.工程定位复测费：是指工程施工过程中进行全部施工测量放线和复测工作的费用。

7.特殊地区施工增加费：是指工程在沙漠或其边缘地区、高海拔、高寒、原始森林等特殊地区施工增加的费用。

8.大型机械设备进出场及安拆费：是指机械整体或分体自停放场地运至施工现场或由一个施工地点运至另一个施工地点，所发生的机械进出场运输及转移费用及机械在施工现场进行安装、拆卸所需的人工费、材料费、机械费、试运转费和安装所需的辅助设施的费用。

9.脚手架工程费：是指施工需要的各种脚手架搭、拆、运输费用以及脚手架购置费的摊销（或租赁）费用。

措施项目及其包含的内容详见各类专业工程的现行国家或行业计量规范。

三、其他项目费

1.暂列金额：是指建设单位在工程量清单中暂定并包括在工程合同价款中的一笔款项。用于施工合同签订时尚未确定或者不可预见的所需材料、工程设备、服务的采购，施工中可能发生的工程变更、合同约定调整因素出现时的工程价款调整以及发生的索赔、现场签证确认等的费用。

2. 计日工：是指在施工过程中，施工企业完成建设单位提出的施工图纸以外的零星项目或工作所需的费用。

3. 总承包服务费：是指总承包人为配合、协调建设单位进行的专业工程发包，对建设单位自行采购的材料、工程设备等进行保管以及施工现场管理、竣工资料汇总整理等服务所需的费用。

四、规费：同第一节。

五、增值税：同第一节。

第三节　建筑安装工程费用的计算方法和计价程序

一、各费用构成要素计算方法

（一）人工费

计算方法一：

$$人工费 = \sum(工日消耗量 \times 日工资单价) \tag{5-1}$$

其中：

$$日工资单价 = \frac{生产工人平均月工资(计时、计件) + 平均月(奖金+津贴补贴+特殊情况下支付的工资)}{年平均每月法定工作日}$$

$$\tag{5-2}$$

注：式(5-1)、式(5-2)主要适用于施工企业投标报价时自主确定人工费，也是工程造价管理机构编制计价定额确定定额人工单价或发布人工成本信息的参考依据。

计算方法二：

$$人工费 = \sum(工程工日消耗量 \times 日工资单价) \tag{5-3}$$

其中：日工资单价是指施工企业平均技术熟练程度的生产工人在每工作日（国家法定工作时间内）按规定从事施工作业应得的日工资总额。

工程造价管理机构确定日工资单价应根据工程项目的技术要求，通过市场调查，参考实物工程量人工单价综合分析确定，最低日工资单价不得低于工程所在地人力资源和社会保障部门所发布的最低工资标准的：普工1.3倍、一般技工2倍、高级技工3倍。

工程计价定额不可只列一个综合工日单价，应根据工程项目技术要求和工种差别，适当划分多种日人工单价，确保各分部工程人工费的合理构成。

注：公式（5-3）适用于工程造价管理机构编制计价定额时确定定额人工费，是施工企业投标报价的参考依据。

（二）材料费

1. 材料费

$$材料费 = \sum(材料消耗量 \times 材料单价) \tag{5-4}$$

$$材料单价 = \{(材料原价+运杂费) \times [1+运输损耗率(\%)]\} \times [1+采购保管费率(\%)]$$

$$\tag{5-5}$$

2. 工程设备费

$$工程设备费 = \sum(工程设备量 \times 工程设备单价) \tag{5-6}$$

$$工程设备单价 = (设备原价+运杂费) \times [1+采购保管费率(\%)] \tag{5-7}$$

（三）施工机具使用费

1. 施工机械使用费

$$施工机械使用费=\sum(施工机械台班消耗量\times机械台班单价) \tag{5-8}$$

其中：机械台班单价＝台班折旧费＋台班大修费＋台班经常修理费＋台班安拆费及场外运费＋台班人工费＋台班燃料动力费＋台班车船税费 $\tag{5-9}$

注：工程造价管理机构在确定计价定额中的施工机械使用费时，应根据《建筑施工机械台班费用计算规则》结合市场调查编制施工机械台班单价。施工企业可以参考工程造价管理机构发布的台班单价，自主确定施工机械使用费的报价，如租赁施工机械，公式为：施工机械使用费＝$\sum$（施工机械台班消耗量×机械台班租赁单价）。

2. 仪器仪表使用费

$$仪器仪表使用费=工程使用的仪器仪表摊销费+维修费 \tag{5-10}$$

（四）企业管理费费率

1. 以分部分项工程费为计算基础

$$企业管理费费率(\%)=\frac{生产工人年平均管理费}{年有效施工天数\times人工单价}\times人工费占分部分项工程费比例(\%)$$

$$\tag{5-11}$$

2. 以人工费和机械费合计为计算基础

$$企业管理费费率(\%)=\frac{生产工人年平均管理费}{年有效施工天数\times(人工单价+每一工日机械使用费)}\times100\%$$

$$\tag{5-12}$$

3. 以人工费为计算基础

$$企业管理费费率(\%)=\frac{生产工人年平均管理费}{年有效施工天数\times人工单价}\times100\% \tag{5-13}$$

注：式（5-11）、式（5-12）、式（5-13）适用于施工企业投标报价时自主确定管理费，是工程造价管理机构编制计价定额确定企业管理费的参考依据。

工程造价管理机构在确定计价定额中企业管理费时，应以定额人工费或（定额人工费＋定额机械费）作为计算基数，其费率根据历年工程造价积累的资料，辅以调查数据确定，列入分部分项工程和措施项目中。

（五）利润

1. 施工企业根据企业自身需求并结合建筑市场实际自主确定，列入报价中。

2. 工程造价管理机构在确定计价定额中利润时，应以定额人工费或（定额人工费＋定额机械费）作为计算基数，其费率根据历年工程造价积累的资料，并结合建筑市场实际确定，以单位（单项）工程测算，利润在税前建筑安装工程费的比重，可按不低于5%且不高于7%的费率计算。利润应列入分部分项工程和措施项目中。

（六）规费

规费包括社会保险费和住房公积金。

社会保险费和住房公积金应以定额人工费为计算基础，根据工程所在地省、自治区、直辖市或行业建设主管部门规定费率计算。

$$社会保险费和住房公积金 = \sum(工程定额人工费 \times 社会保险费和住房公积金费率)$$

$$(5-14)$$

式中：社会保险费和住房公积金费率可以每万元发承包价的生产工人人工费和管理人员工资含量与工程所在地规定的缴纳标准综合分析取定。

（七）增值税

在中华人民共和国境内销售服务、无形资产或者不动产的单位和个人，为增值税纳税人，应当按照营业税改征增值税试点实施办法缴纳增值税，不缴纳营业税。

单位以承包、承租、挂靠方式经营的，承包人、承租人、挂靠人（以下统称承包人）以发包人、出租人、被挂靠人（以下统称发包人）名义对外经营并由发包人承担相关法律责任的，以该发包人为纳税人。否则，以承包人为纳税人。

纳税人分为一般纳税人和小规模纳税人。应税行为的年应征增值税销售额超过财政部和国家税务总局规定标准的纳税人为一般纳税人，未超过规定标准的纳税人为小规模纳税人。

纳税人销售货物、劳务、服务、无形资产、不动产（以下统称应税销售行为），应纳税额为当期销项税额抵扣当期进项税额后的余额。应纳税额计算公式：

$$应纳税额 = 当期销项税额 - 当期进项税额 \qquad (5-15)$$

当期销项税额小于当期进项税额不足抵扣时，其不足部分可以结转下期继续抵扣。

纳税人发生应税销售行为，按照销售额和增值税暂行条例规定的税率计算收取的增值税额，为销项税额。销项税额计算公式：

$$销项税额 = 销售额 \times 税率 \qquad (5-16)$$

销售额为纳税人发生应税销售行为收取的全部价款和价外费用，但是不包括收取的销项税额。

销售额以人民币计算。纳税人以人民币以外的货币结算销售额的，应当折合成人民币计算。

纳税人购进货物、劳务、服务、无形资产、不动产支付或者负担的增值税额，为进项税额。

下列进项税额准予从销项税额中抵扣：

（1）从销售方取得的增值税专用发票上注明的增值税额。

（2）从海关取得的海关进口增值税专用缴款书上注明的增值税额。

（3）购进农产品，除取得增值税专用发票或者海关进口增值税专用缴款书外，按照农产品收购发票或者销售发票上注明的农产品买价和10%的扣除率计算的进项税额，国务院另有规定的除外。进项税额计算公式：

$$进项税额 = 买价 \times 扣除率 \qquad (5-17)$$

（4）自境外单位或者个人购进劳务、服务、无形资产或者境内的不动产，从税务机关或者扣缴义务人取得的代扣代缴税款的完税凭证上注明的增值税额。

准予抵扣的项目和扣除率的调整，由国务院决定。

纳税人购进货物、劳务、服务、无形资产、不动产，取得的增值税扣税凭证不符合法律、行政法规或者国务院税务主管部门有关规定的，其进项税额不得从销项税额中抵扣。

下列项目的进项税额不得从销项税额中抵扣：

（1）用于简易计税方法计税项目、免征增值税项目、集体福利或者个人消费的购进货物、劳务、服务、无形资产和不动产；

（2）非正常损失的购进货物，以及相关的劳务和交通运输服务；

（3）非正常损失的在产品、产成品所耗用的购进货物（不包括固定资产）、劳务和交通运输服务；

（4）国务院规定的其他项目。

建筑安装工程费用的增值税是指国家税法规定应计入建筑安装工程造价内的增值税销项税额。增值税的计税方法，包括一般计税方法和简易计税方法。一般纳税人发生应税行为适用一般计税方法计税。小规模纳税人发生应税行为适用简易计税方法计税。

1. 一般计税方法

当采用一般计税方法时，建筑业增值税税率为9％。计算公式为：

$$增值税销项税额＝税前造价×9％ \tag{5-18}$$

税前造价为人工费、材料费、施工机具使用费、企业管理费、利润和规费之和，用项目均不包含增值税可抵扣进项税额的价格计算。

2. 简易计税方法

简易计税方法的应纳税额，是指按照销售额和增值税征收率计算的增值税额，不扣进项税额。

当采用简易计税方法时，建筑业增值税征收率为3％。计算公式为：

$$增值税＝税前造价×3％ \tag{5-19}$$

税前造价为人工费、材料费、施工机具使用费、企业管理费、利润和规费之和，用项目均以包含增值税进项税额的含税价格计算。

二、建筑安装工程计价公式

（一）分部分项工程费

$$分部分项工程费＝\sum（分部分项工程量×综合单价） \tag{5-20}$$

式中：综合单价包括人工费、材料费、施工机具使用费、企业管理费和利润以及一定范围的风险费用(下同)。

（二）措施项目费

1. 国家计量规范规定应予计量的措施项目，其计算公式为：

$$措施项目费＝\sum（措施项目工程量×综合单价） \tag{5-21}$$

2. 国家计量规范规定不宜计量的措施项目计算方法为：

（1）安全文明施工费

$$安全文明施工费＝计算基数×安全文明施工费费率(％) \tag{5-22}$$

计算基数应为定额基价（定额分部分项工程费＋定额中可以计量的措施项目费）、定额人工费或（定额人工费＋定额机械费），其费率由工程造价管理机构根据各专业工程的特点综合确定。

（2）夜间施工增加费

$$夜间施工增加费＝计算基数×夜间施工增加费费率(％) \tag{5-23}$$

（3）二次搬运费

$$二次搬运费＝计算基数×二次搬运费费率(\%) \tag{5-24}$$

（4）冬雨期施工增加费

$$冬雨期施工增加费＝计算基数×冬雨期施工增加费费率(\%) \tag{5-25}$$

（5）已完工程及设备保护费

$$已完工程及设备保护费＝计算基数×已完工程及设备保护费费率(\%) \tag{5-26}$$

上述（2）～（5）项措施项目的计费基数应为定额人工费或（定额人工费＋定额机械费），其费率由工程造价管理机构根据各专业工程特点和调查资料综合分析后确定。

（三）其他项目费

1. 暂列金额由建设单位根据工程特点，按有关计价规定估算，施工过程中由建设单位掌握使用、扣除合同价款调整后如有余额，归建设单位。

2. 计日工由建设单位和施工企业按施工过程中的签证计价。

3. 总承包服务费由建设单位在招标控制价中根据总包服务范围和有关计价规定编制，施工企业投标时自主报价，施工过程中按签约合同价执行。

（四）规费和税金

建设单位和施工企业均应按照省、自治区、直辖市或行业建设主管部门发布标准计算规费和税金，不得作为竞争性费用。规费、税金项目清单与计价表（表5-1）

规费、税金项目清单与计价表   表 5-1

工程名称：   标段：   第 页 共 页

序号	项目名称	计算基础	计算基数	费率（%）	金额（元）
1	规费	定额人工费			
1.1	社会保险费	定额人工费			
（1）	养老保险费	定额人工费			
（2）	失业保险费	定额人工费			
（3）	医疗保险费	定额人工费			
（4）	工商保险费	定额人工费			
（5）	生育保险费	定额人工费			
1.2	住房公积金	定额人工费			
2	增值税				
合计					

三、建筑安装工程计价程序

建筑安装工程计价程序见表5-2、表5-3、表5-4。

建设单位工程招标控制价计价程序   表 5-2

工程名称：   标段：

序号	内 容	计算方法	金额（元）
1	分部分项工程费	按计价规定计算	
1.1			
1.2			
1.3			
2	措施项目费	按计价规定计算	
2.1	其中：安全文明施工费	按规定标准计算	

序号	内　容	计算方法	金额（元）
3	其他项目费		
3.1	其中：暂列金额	按计价规定估算	
3.2	其中：专业工程暂估价	按计价规定估算	
3.3	其中：计日工	按计价规定估算	
3.4	其中：总承包服务费	按计价规定估算	
4	规费	按规定标准计算	
5	税金（扣除不列入计税范围的工程设备金额）	税前工程造价×税率（或征收率）×税率	

招标控制价合计＝1＋2＋3＋4＋5

施工企业工程投标报价计价程序　　　　　　　　表 5-3

工程名称：　　　　　　　　　　　　标段：

序号	内　容	计算方法	金额（元）
1	分部分项工程费	自主报价	
1.1			
1.2			
1.3			
2	措施项目费	自主报价	
2.1	其中：安全文明施工费	按规定标准计算	
3	其他项目费		
3.1	其中：暂列金额	按招标文件提供金额计列	
3.2	其中：专业工程暂估价	按招标文件提供金额计列	
3.3	其中：计日工	自主报价	
3.4	其中：总承包服务费	自主报价	
4	规费	按规定标准计算	
5	税金（扣除不列入计税范围的工程设备金额）	税前工程造价×税率（或征收率）×税率	

投标报价合计＝1＋2＋3＋4＋5

竣工结算计价程序　　　　　　　　表 5-4

工程名称：　　　　　　　　　　　　标段：

序号	汇总内容	计算方法	金额（元）
1	分部分项工程费	按合同约定计算	
1.1			
1.2			
1.3			
2	措施项目	按合同约定计算	
2.1	其中：安全文明施工费	按规定标准计算	

序号	汇总内容	计算方法	金额（元）
3	其他项目		
3.1	其中：专业工程结算价	按合同约定计算	
3.2	其中：计日工	按计日工签证计算	
3.3	其中：总承包服务费	按合同约定计算	
3.4	索赔与现场签证	按发承包双方确认数额计算	
4	规费	按规定标准计算	
5	税金（扣除不列入计税范围的工程设备金额）	税前工程造价×税率（或征收率）×税率	

竣工结算总价合计＝1＋2＋3＋4＋5

复 习 题

1. 建筑安装工程费用的组成按造价形成划分为哪些内容？
2. 建筑安装工程费用的组成按费用构成要素划分为哪些内容？
3. 人工费、材料费、施工机具费各包括哪些内容？如何计算？
4. 综合单价包括哪些内容？分部分项工程费包括哪些内容？
5. 措施费包括哪些内容？如何计算？投标时是否可以竞争？
6. 规费包括哪些内容？如何计算？投标时是否可以竞争？
7. 增值税如何计算？
8. 利润的计算方法有哪些？
9. 企业管理费包括哪些内容？如何计算？
10. 施工企业投标报价时，哪些费用不得竞争？
11. 其他项目费中的暂定金额、计日工和总承包服务费是指什么？
12. 建筑安装工程费用的计价程序有哪些？
13. 选择题：
(1) 工地材料保管人员的工资属于（　　）。
A. 措施费　　　　　　　B. 企业管理费　　　　　C. 其他人工费　　　　D. 材料费
(2) 住房公积金属于（　　）。
A. 其他项目费　　　　　B. 企业管理费　　　　　C. 规费　　　　　　　D. 利润
(3) 按照建标 2013 [44] 号文的规定，人工费单价中包括（　　）。
A. 计件工资　　　　　　B. 奖金　　　　　　　　C. 加班加点的工资
D. 劳动保护费　　　　　E. 交通补助
(4) 对施工中的建筑材料、试块进行相关实验，以验证其质量，则该项试费用应在（　　）中支出。
A. 业主方的研究试验费　　　　　　　　　B. 施工方的材料费
C. 业主方的建设管理费　　　　　　　　　D. 施工方的企业管理费
(5) 下列各项费用中，属于措施费的有（　　）。

A. 安全文明施工费　　　　　　　　　B. 夜间施工费
C. 建设单位的临时办公室　　　　　　　D. 已完工程及设备保护费
E. 工程排污费

（6）下列各项费用中，属于规费的有（　　　）。

A. 安全文明施工费　　　B. 住房公积金　　　C. 二次搬运费
D. 已完工程及设备保护费　　　　　　E. 工程排污费

第六章 建筑面积和檐高的计算

本章学习重点： 建筑面积；檐高、层高。

本章学习要求： 掌握建筑面积的计算；熟悉檐高、层高的计算；熟悉工程量计算注意事项。

第一节 工程量计算注意事项

确定工程项目和计算工程量，是编制预算的重要环节。工程项目划分的是否齐全，工程量计算的正确与否将直接影响预算的编制质量及速度。一般应注意以下几点：

1. 计算口径要一致

计算工程量时，根据施工图纸列出的分项工程的口径与定额中相应分项工程的口径相一致，因此在划分项目时一定要熟悉定额中该项目所包括的工程内容。如楼地面装饰工程中的楼梯面层，北京市2012年预算定额中包括了踏步、休息平台和楼梯踢脚线，因此在计算踢脚线时，楼梯间的踢脚线就不应另列项目重复计算。

2. 计量单位要一致

按施工图纸计算工程量时，各分项工程的工程量计量单位，必须与定额中相应项目的计算单位一致，不能凭个人主观臆断随意改变。计算公式要正确，取定尺寸来源要注明部位或轴线。如现浇钢筋混凝土构造柱定额的计量单位是立方米，工程量的计量单位也应该是立方米。另外还要正确地掌握同一计量单位的不同含义，如阳台栏杆与楼梯栏杆虽然都是以延长"米"为计量单位，但按定额的含义，前者是图示长度，而后者是指水平投影长度。

3. 严格执行定额中的工程量计算规则

在计算工程量时，必须严格执行工程量计算规则，以免造成工程量计算中的误差，从而影响工程造价的准确性。如计算墙体工程量时应按立方米计算，并扣除门窗洞口面积，以及0.3m² 以外的孔洞及钢筋混凝土圈梁、过梁、梁、挑梁、柱等所占的体积（其中门窗为门窗洞口的面积，而不是门窗框外围的面积）。定额中凡注明"×××以内（下）"者，均包括"×××"本身；注明"×××以外（上）"者，则不包括"×××"本身。

4. 计算必须要准确

在计算工程量时，计算底稿要整洁，数字要清楚，项目部位要注明，计算精度要一致。北京市2012年预算定额对工程量计算规则中的计量单位和工程量计算有效位数做了统一规定：

（1）"以体积计算"的工程量以"m³"为计量单位，工程量保留小数点后两位数字；

（2）"以面积计算"的工程量以"m²"为计量单位，工程量保留小数点后两位数字；

（3）"以长度计算"的工程量以"m"为计量单位，工程量保留小数点后两位数字；

（4）"以质量计算"的工程量以"t"为计量单位，工程量保留小数点后三位数字；

（5）"以数量计算"的工程量以"台、块、个、套、件、根、组、系统"为计量单位，工程量应取整数。

5. 尽量利用一数多用的计算原则，以加快计算速度

（1）重复使用的数值，要反复核对后再连续使用。否则据以计算的其他工程量也都错了。

（2）对计算结果影响大的数字，要严格要求其精确度，如长×宽，面积×高，则对长或高的数字，就要求正确无误，否则差值很大。

（3）计算顺序要合理，利用共同因数计算其他有关项目。

6. 核对门窗及洞口的数量和尺寸

门窗和洞口要结合建筑平、立面图对照清点，列出数量、面积明细表，以备扣除门窗洞口面积、0.3m² 以外的洞口面积之用。

7. 计算时要做到不重不漏

为防止工程量计算中的漏项和重算，计算时应预先确定合理的计算顺序，通常采用以下几种方法：

（1）从平面图左上角开始，按顺时针方向逐步计算，绕一周后再回到左上角为止，这种方法适用于计算外墙、外墙基础、外墙装修、楼地面、天棚等工程量。

（2）按先横后竖、先上后下、先左后右，先外墙后内墙，先从施工图纵轴顺序计算，后从施工图横轴顺序计算。此种方法适用于计算内墙、内墙基础、和各种间壁墙、保温墙等工程量。

（3）按图纸上注明不同类别的构件、配件的编号顺序进行计算，这种方法适用于计算打桩工程、钢筋混凝土柱、梁、板等构件，金属构件、钢木门窗及建筑构件等。如结构图示，柱 Z1……Zn，梁 L1……Ln，建筑图示，门窗编号 M1……Mn，C1……Cn，MC 等。

工程量的计算和汇总，都应该分层、分段（以施工分段为准）计算，分别计列分层分段的数量，然后汇总。这样既便于核算，又能满足其他职能部门业务管理上的需要。

为了便于整理核对，工程量计算顺序，使用时也可综合使用：

（1）按施工顺序。先计算建筑面积，再计算基础、结构、屋面、装修（先室内后室外）、台阶、散水、管沟、构筑物等。

（2）结合图纸，结构分层计算，内装修分层、分房间计算，外装修分立面计算。

（3）按预算定额分部顺序。

关于分部分项工程量汇总应根据定额和费用定额取费标准分别计算，首先将建筑工程与装饰工程区分开，一般按照定额的分部工程顺序来汇总。即：

（1）基础工程（含土石方、地基处理、桩基及边坡支护、垫层、基础、回填土等）；

（2）结构工程（含砌筑、钢筋混凝土及混凝土、金属结构等）；

（3）屋面及防水工程（含保温、找坡、找平、防水、保护层、排水等）；

（4）室外道路停车场及管道工程；

（5）工程水电费、模板及支架、脚手架、垂直运输，高层建筑超高施工、施工排水及降水、安全文明施工等。

装饰工程可按下列顺序：

（1）门窗工程（含制作、安装、后塞口、玻璃安装、五金安装等）；

（2）楼地面工程、天棚工程、墙面、柱面、隔断、幕墙；

（3）油漆、涂料、裱糊等；

（4）栏杆、栏板及扶手、装饰线、浴厕配件、暖气罩等；

（5）工程水电费、脚手架、垂直运输、高层建筑超高、安全文明施工等。

无论采用哪种计算顺序或方法，都应以不漏项，不重复为原则。在实际工作中，可根据自己的习惯和经验灵活掌握。

第二节 层高与檐高

一、建筑物层高的计算方法

层高是定额中计算结构工程、装修工程的主要依据，计算方法如下：

1. 建筑物的首层层高，按室内设计地坪标高至首层顶部的结构层（楼板）顶面的高度，如图 6-1 所示。

2. 其余各层的层高，均为上下结构层顶面标高之差，如图 6-1 所示。

二、建筑物檐高的计算方法

由于建筑物檐高的不同，则选择垂直运输机械的类型也有所差异，同时也影响到劳动力和机械的生产效率，所以准确地计算檐高，对工程造价的确定有着重要的意义，计算方法如下：

6-1

1. 平屋顶带挑檐者，从室外设计地坪标高算至挑檐下皮的高度，如图 6-2 所示。

2. 平屋顶带女儿墙者，从室外设计地坪标高算至屋顶结构板上皮的高度，如图 6-3 所示。

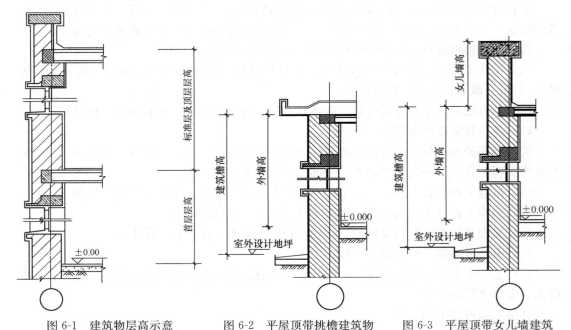

图 6-1 建筑物层高示意　　图 6-2 平屋顶带挑檐建筑物　　图 6-3 平屋顶带女儿墙建筑
　　　　　　　　　　　　　　　檐高、外墙高示意　　　　　物檐高、外墙高示意

3. 坡屋面或其他曲面屋顶，从室外设计地坪标高算至墙（支撑屋架的墙）的中心线与屋面板交点的高度。

4. 阶梯式建筑物，按高层的建筑物计算檐高。

5. 突出屋面的水箱间、电梯间、楼梯间、亭台楼阁等均不计算檐高。

第三节　建筑面积计算规则

一、建筑面积的概念及作用

6-2

建筑面积是指建筑物（包括墙体）所形成的楼地面面积。包括使用面积、辅助面积和结构面积。

使用面积：是指建筑物各层平面中直接为生产或生活使用的净面积之和。例如，住宅建筑中的各居室、客厅等。

辅助面积：是指建筑物各层平面中为辅助生产或辅助生活所占净面积之和。例如，住宅建筑中的楼梯、走道、厨房、厕所等。使用面积与辅助面积的总和称为有效面积。

结构面积：是指建筑物各层平面中的墙、柱等结构所占面积的总和。

建筑面积是在统一计算规则下计算出来的重要指标，是用来反映基本建设管理工作中其他技术指标的基础指标。国家用建筑面积指标的数量计算和控制建设规模；设计单位要按单位建筑面积的技术经济指标评定设计方案的优劣；物质管理部门按照建筑面积分配主要材料指标；统计部门要使用建筑面积指标进行各种数据统计分析；施工企业用每年开、竣工建筑面积表达其工作成果；建设单位要用建筑面积计算房屋折旧或收取房租。因此学习和掌握建筑面积的计算规则是十分重要的。

二、计算建筑面积的规定

《建筑工程建筑面积计算规范》GB/T 50353—2013 自 2014 年 7 月 1 日起实施。该规范为工业与民用建筑工程面积的统一计算方法，适用于新建、扩建、改建的工业与民用建筑工程建设全过程的建筑面积计算，包括工业厂房、仓库、公共建筑、居住建筑、农业生产用房、车站等建筑面积的计算。建筑物透视图如图 6-4 所示。

1. 建筑物的建筑面积应按自然层外墙结构外围水平面积之和计算。

注：自然层是指按楼地面结构分层的楼层。

单层建筑物应按不同的结构高度计算其建筑面积，多层建筑物应根据楼层按不同的结构高度分别计算其建筑面积。计算时，对建筑结构高度划分总体规定如下 2 条原则：

1）结构层高在 2.20m 及以上的，应计算全面积；结构层高在 2.20m 以下的，应计算 1/2 面积。

结构层高指楼面或地面结构层上表面至上部结构层上表面之间的

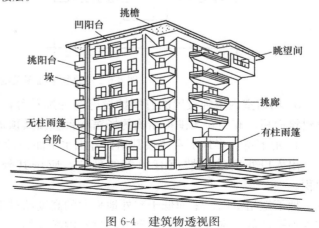

图 6-4　建筑物透视图

垂直距离。建筑物最底层的结构层高，有基础底板的按基础底板上表面结构至上层楼面的结构标高之间的垂直距离；没有基础底板的按地面标高至上层楼面结构标高之间的垂直距离。最上一层的结构层高是其楼面结构标高至屋面板板面结构标高之间的垂直距离。

2）对于外壳倾斜结构下的建筑空间，结构净高在 2.10m 及以上的部位应计算全面积；结构净高在 1.20m 及以上至 2.10m 以下的部位应计算 1/2 面积；结构净高在 1.20m 以下的部位不应计算建筑面积。

计算建筑面积时，应将建筑空间按不同结构净高分别计算。结构净高指楼面或地面结构层上表面至上部结构层下表面之间的垂直距离。

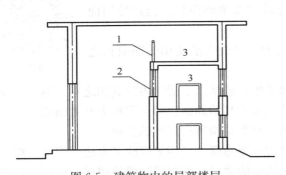

图 6-5　建筑物内的局部楼层

1—围护设施；2—围护结构；3—局部楼层

注：围护结构指围合建筑空间四周的墙体、门、窗等。围护设施指为保障安全而设置的栏杆、栏板等围挡。

建筑外壳倾斜的结构，如坡屋顶、场馆看台下的建筑空间、斜围护结构（斜墙）等下面的建筑空间，因其上部结构多为斜板，在划分高度上，采用的是"结构净高"尺寸划定建筑面积的计算范围和对应规则，与其他正常平楼层按"结构层高"划分不同。

2. 建筑物内设有局部楼层时，对于局部楼层的二层及以上楼层，有围护结构的应按其围护结构外围水平面积计算，无围护结构的应按其结构底板水平面积计算。建筑物内的局部楼层如图 6-5。

【例 6-1】　建筑物内有局部 2 层楼，层高均为 3m，如图 6-6 所示。其建筑面积为 $a \times b + a' \times b'$。

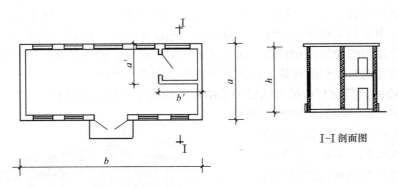

图 6-6　建筑物平面图及剖面图

3. 场馆室内单独设置的有围护设施的悬挑看台，应按看台结构底板水平投影面积计算建筑面积。有顶盖无围护结构的场馆看台应按其顶盖水平投影面积的 1/2 计算面积。

4. 地下室、半地下室应按其结构外围水平面积计算。

出入口外墙外侧坡道有顶盖的部位，应按其外墙结构外围水平面积的 1/2 计算面积。

地下室指室内地平面低于室外地平面的高度超过室内净高的 1/2 的房间。半地下室指室内地平面低于室外地平面的高度超过室内净高的 1/3，且不超过 1/2 的房间。

出入口坡道分有顶盖出入口坡道和无顶盖出入口坡道。顶盖以设计图纸为准，无顶盖出入口坡道以及对后增加和建设单位自行增加的顶盖等，不计算建筑面积。顶盖不分材料种类（如钢筋混凝土顶盖、彩钢板顶盖、阳光板顶盖等）。出入口坡道顶盖的挑出长度，为顶盖结构外边线至外墙结构外边线的长度。地下室出入口如图6-7所示。

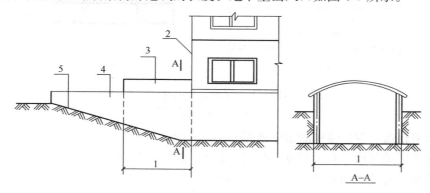

图 6-7　地下室出入口

1—计算 1/2 投影面积部位；2—主体建筑；3—出入口顶盖；
4—封闭出入口侧墙；5—出入口坡道

5. 建筑物架空层及坡地建筑物吊脚架空层，应按其顶板水平投影计算建筑面积。既适用于建筑物吊脚架空层、深基础架空层建筑面积的计算，也适用于目前部分住宅、学校教学楼等工程在底层架空或在二楼或以上某个甚至多个楼层架空，作为公共活动、停车、绿化等空间的建筑面积的计算。建筑物吊脚架空层如图6-8所示。

注：架空层是指仅有结构支撑而无外围护结构的开敞空间层。

6. 建筑物的门厅、大厅应按一层计算建筑面积，门厅、大厅内设置的走廊应按走廊结构底板水平投影面积计算建筑面积。大厅内走廊如图6-9所示。

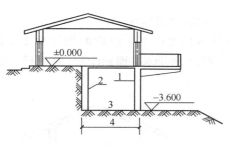

图 6-8　建筑物吊脚架空层

1—柱；2—墙；3—吊脚架空层；
4—计算建筑面积部位

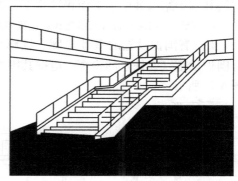

图 6-9　大厅内走廊

7. 建筑物间的架空走廊，有顶盖和围护结构的，应按其围护结构外围水平面积计算全面积；无围护结构、有围护设施的，应按其结构底板水平投影面积计算 1/2 面积。

注：架空走廊指专门设置在建筑物的二层或二层以上，作为不同建筑物之间水平交通的空间。

【例6-2】　计算图6-10架空走廊的建筑面积。

【解】　架空走廊的建筑面积计算如下：

一层为建筑物通道：不计算建筑面积

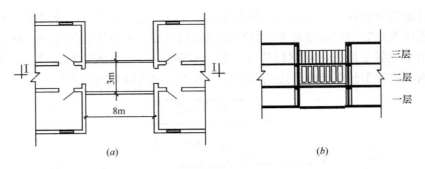

图 6-10 架空走廊示意

(a) 平面图；(b) I-I 剖面图

二层为有顶盖和围护结构的架空走廊：$8 \times 3 = 24 m^2$

三层为无围护结构、有围护设施的架空走廊：$8 \times 3 \times 0.5 = 12 m^2$

架空走廊的建筑面积共计：$24 + 12 = 36 m^2$

8. 立体书库、立体仓库、立体车库，有围护结构的，应按其围护结构外围水平面积计算建筑面积；无围护结构、有围护设施的，应按其结构底板水平投影面积计算建筑面积。无结构层的应按一层计算，有结构层的应按其结构层面积分别计算。

起局部分隔、存储等作用的书架层、货架层或可升降的立体钢结构停车层均不属于结构层，故该部分分层不计算建筑面积。

9. 有围护结构的舞台灯光控制室、附属在建筑物外墙的落地橱窗和门斗应按其围护结构外围水平面积计算建筑面积。门斗如图 6-11 所示。

注：落地橱窗指突出外墙面且根基落地的橱窗，如在商业建筑临街面设置的下槛落地、可落在室外地坪也可落在室内首层地板，用来展览各种样品的玻璃窗。门斗指建筑物入口处两道门之间的空间。

10. 窗台与室内楼地面高差在 0.45m 以下且结构净高在 2.10m 及以上的凸（飘）窗，应按其围护结构外围水平面积计算 1/2 面积。

注：凸窗（飘窗）为房间采光和美化造型而设置的凸出建筑物外墙面的窗户。

11. 有围护设施的室外走廊（挑廊），应按其结构底板水平投影面积计算 1/2 面积；有围护设施（或柱）的檐廊，应按其围护设施（或柱）外围水平面积计算 1/2 面积。檐廊如图 6-12 所示。

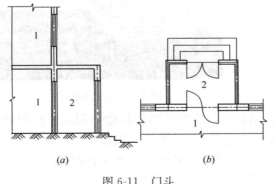

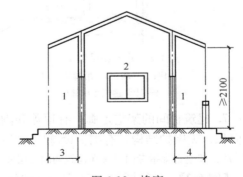

图 6-11 门斗

1—室内；2—门斗

图 6-12 檐廊

1—檐廊；2—室内；3—不计算建筑面积部位；

4—计算 1/2 建筑面积部位

注：挑廊指挑出建筑物外墙的水平交通空间。檐廊指建筑物挑檐下的水平交通空间。

12. 门廊应按其顶板的水平投影面积的1/2计算建筑面积；有柱雨篷应按其结构板水平投影面积的1/2计算建筑面积；无柱雨篷的结构外边线至外墙结构外边线的宽度在2.10m及以上的，应按雨篷结构板的水平投影面积的1/2计算建筑面积。

注：门廊指建筑物入口前有顶棚的半围合空间。

雨篷分为有柱雨篷（包括独立柱雨篷、多柱雨篷、柱墙混合支撑雨篷、墙支撑雨篷）和无柱雨篷（悬挑雨篷）。有柱雨篷，没有出挑宽度的限制，也不受跨越层数的限制，均计算建筑面积。无柱雨篷，其结构板不能跨层，并受出挑宽度的限制，设计出挑宽度大于或等于2.10m时才计算建筑面积。出挑宽度指雨篷结构外边线至外墙结构外边线的宽度，弧形或异形时，取最大宽度。

如凸出建筑物，且不单独设立顶盖，利用上层结构板（如楼板、阳台底板）进行遮挡，则不视为雨篷，不计算建筑面积。对于无柱雨篷，如顶盖高度达到或超过两个楼层时，也不视为雨篷，不计算建筑面积。

13. 围护结构不垂直于水平面的楼层，应按其底板面的外墙外围水平面积计算。

目前很多建筑设计追求新、奇、特，造型越来越复杂，很多时候根本无法明确区分什么是围护结构、什么是屋顶，因此对于斜围护结构（斜墙）与斜屋顶采用相同的计算规则，即只要外壳倾斜，就按结构净高划段，分别计算建筑面积。斜围护结构如图6-13。

14. 建筑物的室内楼梯、电梯井、提物井、管道井、通风排气竖井、烟道，应并入建筑物的自然层计算建筑面积。

有顶盖的采光井按一层计算面积。特别说明的是，其结构净高在2.10m及以上的，应计算全面积；结构净高在2.10m以下的，应计算1/2面积。

建筑物的楼梯间层数按建筑物的层数计算。有顶盖的采光井包括建筑物中的采光井和地下室采光井。地下室采光井如图6-14。

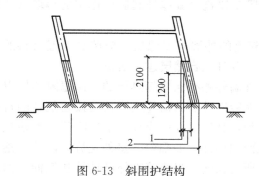

图6-13 斜围护结构
1—计算1/2建筑面积部位；2—不计算建筑面积部位

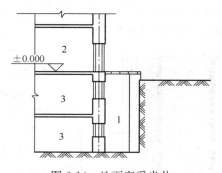

图6-14 地下室采光井
1—采光井；2—室内；3—地下室

15. 室外楼梯应并入所依附建筑物自然层，并应按其水平投影面积的1/2计算建筑面积。

室外楼梯作为连接该建筑物层与层之间交通不可缺少的基本部件，无论从其功能、还是工程计价的要求来说，均需计算建筑面积。层数为室外楼梯所依附的楼层数，即梯段部分投影到建筑物范围的层数。利用室外楼梯下部的建筑空间不得重复计算建筑面积；利用地势砌筑的室外踏步，不计算建筑面积。

16. 在主体结构内的阳台，应按其结构外围水平面积计算全面积；在主体结构外的阳台，应按其结构底板水平投影面积计算 1/2 面积。

建筑物的阳台，不论其形式如何，均以建筑物主体结构为界分别计算建筑面积。

17. 有顶盖无围护结构的车棚、货棚、站台、加油站、收费站等，应按其顶盖水平投影面积的 1/2 计算建筑面积。

计算车棚、货棚、站台、加油站、收费站等的面积时，由于建筑技术的发展，出现许多新型结构，如柱不再是单纯的直立的柱，而出现正 V 形柱、倒 V 形柱等不同类型的柱，此时建筑面积应依据顶盖的水平投影面积的 1/2 计算。在车棚、货棚、站台、加油站、收费站内设有围护结构的管理室、休息室等的建筑面积，另按相应规则计算。

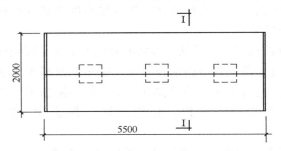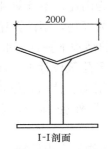

图 6-15　单排柱站台示意

【例 6-3】　如图 6-15 中，计算单排柱站台的建筑面积。

【解】　单排柱站台的建筑面积＝$2 \times 5.5 \times 1/2 = 5.5 \text{m}^2$

18. 以幕墙作为围护结构的建筑物，应按幕墙外边线计算建筑面积。

幕墙以其在建筑物中所起的作用和功能来区分，直接作为外墙起围护作用的幕墙（围护性幕墙），按其外边线计算建筑面积；设置在建筑物墙体外起装饰作用的幕墙（装饰性幕墙），不计算建筑面积。

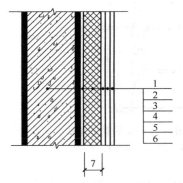

图 6-16　建筑外墙外保温
1—墙体；2—粘结胶浆；3—保温材料；
4—标准网；5—加强网；6—抹面胶浆；
7—计算建筑面积部位

19. 建筑物的外墙外保温层，应按其保温材料的水平截面积计算，并计入自然层建筑面积。

建筑物外墙外侧有保温隔热层的，保温隔热层以保温材料的净厚度乘以外墙结构外边线长度按建筑物的自然层计算建筑面积，其外墙外边线长度不扣除门窗和建筑物外已计算建筑面积构件（如阳台、室外走廊、门斗、落地橱窗等部件）所占长度。当建筑物外已计算建筑面积的构件（如阳台、室外走廊、门斗、落地橱窗等部件）有保温隔热层时，其保温隔热层也不再计算建筑面积。外墙是斜面者按楼面楼板处的外墙外边线长度乘以保温材料的净厚度计算。外墙外保温以沿高度方向满铺为准，某层外墙外保温铺设高度未达到全部高度时（不包括阳台、室外走廊、门斗、落地橱窗、雨篷、飘窗等），不计算建筑面积。保温隔热层的建筑面积是以保温隔热材料的厚度来计算的，不包含抹灰层、防潮层、保护层（墙）的厚度。建筑外墙外保温如图 6-16。

20. 与室内相通的变形缝，应按其自然层合并在建筑物建筑面积内计算。对于高低联跨的建筑物，当高低跨内部连通时，其变形缝应计算在低跨面积内。

注：变形缝一般分为伸缩缝、沉降缝、抗震缝三种。室内相通的变形缝是指暴露在建筑物内，在建筑物内可以看得见的变形缝。

如图 6-17 中，(a) 图的高跨宽为 b_1，(b) 图的高跨宽为 b_4。

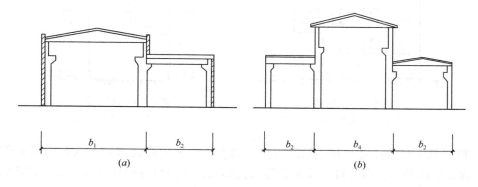

图 6-17　高低跨单层建筑物建筑面积计算示意

21. 设在建筑物顶部的、有围护结构的楼梯间、水箱间、电梯机房等，结构层高在 2.20m 及以上的应计算全面积，结构层高在 2.20m 以下的，应计算 1/2 面积。

22. 对于建筑物内的设备层、管道层、避难层等有结构层的楼层，结构层高在 2.20m 及以上的，应计算全面积；结构层高在 2.20m 以下的，应计算 1/2 面积。如图 6-18 所示。

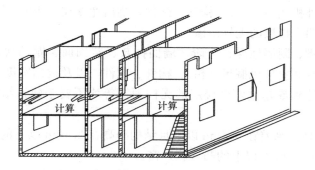

图 6-18　建筑物内的设备管道夹层示意

注：设备层、管道层的具体功能虽与普通楼层不同，但在结构上及施工消耗上并无本质区别，且自然层为"按楼地面结构分层的楼层"，因此，设备、管道楼层归为自然层，其计算规则与普通楼层相同。在吊顶空间内设置管道的，则吊顶空间部分不能被视为设备、管道层。

三、不计算建筑面积的项目

1. 与建筑物内不相连通的建筑部件。即依附于建筑物外墙外不与户室开门连通，起装饰作用的敞开式挑台（廊）、平台，以及不与阳台相通的空调室外机搁板（箱）等设备平台部件。

2. 骑楼、过街楼底层的开放公共空间和建筑物通道。骑楼如图 6-19 所示，过街楼如图 6-20 所示。

注：骑楼指建筑底层沿街面后退且留出公共人行空间的建筑物。过街楼指跨越道路上空并与两边建筑相连接的建筑物。建筑物通道为穿过建筑物而设置的空间。

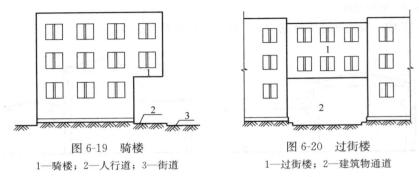

图 6-19　骑楼　　　　　　　　　图 6-20　过街楼

1—骑楼；2—人行道；3—街道　　　　1—过街楼；2—建筑物通道

3. 舞台及后台悬挂幕布和布景的天桥、挑台等。影剧院的舞台及为舞台服务的可供上人维修、悬挂幕布、布置灯光及布景等搭设的天桥和挑台等构件设施不计算建筑面积。

4. 露台、露天游泳池、花架、屋顶的水箱及装饰性结构构件。

注：露台指设置在屋面、首层地面或雨篷上的供人室外活动的有围护设施的平台。

5. 建筑物内的操作平台、上料平台、安装箱和罐体的平台。

建筑物内不构成结构层的操作平台、上料平台（包括工业厂房、搅拌站和料仓等建筑中的设备操作控制平台、上料平台等），其主要作用为室内构筑物或设备服务的独立上人设施，因此不计算建筑面积。

6. 勒脚、附墙柱、垛、台阶、墙面抹灰、装饰面、镶贴块料面层、装饰性幕墙，主体结构外的空调室外机搁板（箱）、构件、配件，挑出宽度在 2.10m 以下的无柱雨篷和顶盖高度达到或超过两个楼层的无柱雨篷。

突出墙外的勒脚、附墙柱垛、台阶、墙面抹灰、装饰面、镶贴块料面层、装饰性幕墙，主体结构外的空调室外机搁板（箱）、构件、配件，以及挑出宽度在 2.10m 以下的无柱雨篷和顶盖高度达到或超过两个楼层的无柱雨篷等均不属于建筑结构，不应计算建筑面积。

7. 窗台与室内地面高差在 0.45m 以下且结构净高在 2.10m 以下的凸（飘）窗，窗台与室内地面高差在 0.45m 及以上的凸（飘）窗。

凸窗（飘窗）既作为窗，就有别于楼（地）板的延伸，也就是不能把楼（地）板延伸出去的窗称为凸窗（飘窗）。凸窗（飘窗）的窗台应只是墙面的一部分且距（楼）地面应有一定的高度。

8. 室外爬梯、室外专用消防钢楼梯。

室外钢楼梯需要区分具体用途，如专用于消防楼梯，则不计算建筑面积。如果是建筑物唯一通道，兼用于消防，则需要按室外楼梯计算建筑面积。

9. 无围护结构的观光电梯。

无围护结构的观光电梯本身属于设备，不宜计算建筑面积。

10. 建筑物以外的地下人防通道，独立的烟囱、烟道、地沟、油（水）罐、气柜、水塔、贮油（水）池、贮仓、栈桥等构筑物。

复 习 题

1. 为什么要计算建筑物的檐高？如何计算？
2. 建筑物的哪些部位应计算一半的建筑面积？
3. 建筑物的哪些部位是按自然层计算建筑面积？
4. 建筑物的哪些部位不计算建筑面积？
5. 试述建筑面积计算时，对建筑结构高度划分的原则。
6. 地下室和半地下室如何区分，其建筑面积如何计算？
7. 如何计算建筑物间架空走廊的建筑面积？
8. 如何计算雨篷、阳台的建筑面积？
9. 对于建筑物内的设备层、管道层、避难层等有结构层的楼层，是否应计算建筑面积，如何计算？
10. 设在建筑物顶部的、有围护结构的楼梯间、水箱间、电梯机房等是否计算檐高？是否计算建筑面积，如何计算？
11. 选择题：

(1) 封闭挑阳台的建筑面积计算规则是（　　　）。

A. 按净空面积的一半计算　　　　　　　B. 按水平投影面积计算

C. 按水平投影面积的一半计算　　　　　D. 不计算

(2) 平屋顶带女儿墙和电梯间的建筑物，计算檐高从室外设计地坪作为计算起点，算至（　　　）。

A. 女儿墙顶部标高　　　　　　　　　　B. 电梯间结构顶板上皮标高

C. 墙体中心线与屋面板交点的高度　　　D. 屋顶结构板上皮标高

(3) 在建筑面积计算规则中，以下（　　　）部位要计算建筑面积。

A. 宽度 2.2m 的雨篷　　　　　　　　　B. 平台、台阶

C. 层高 2.3m 的设备层　　　　　　　　D. 烟囱、水塔

E. 电梯井　　　　　　　　　　　　　　F. 室外爬梯

(4) 需要计算檐高的有（　　　）。

A. 突出屋面的电梯间、楼梯间　　　　　B. 突出屋面的亭、阁

C. 层高小于 2.2 米的设备层　　　　　　D. 女儿墙

E. 挑檐

(5) 平屋顶带挑檐建筑物的檐高应从（　　　）算至（　　　）。

A. 室内地坪　　　　　　　　　　　　　B. 室外地坪

C. 挑檐上表面　　　　　　　　　　　　D. 屋面板结构层上表面

第七章 建筑工程工程量计算

本章学习重点：房屋建筑工程各分部工程的工程量计算。

本章学习要求：掌握土石方工程、砌筑工程、混凝土及钢筋混凝土工程、门窗工程、屋面工程及防水工程的工程量计算规则；熟悉地基处理及边坡支护工程、桩基工程、保温隔热防腐工程的工程量计算规则；了解金属结构工程、木结构工程的工程量计算规则。

本章以 2012 年北京市《房屋建筑与装饰工程预算定额》（上册）为例，介绍如何计算房屋建筑工程的工程量。

第一节 土 石 方 工 程

一、定额说明

（一）本节包括：土方工程、石方工程、回填、运输 4 小节共 53 个子目。

（二）挖土方定额子目中综合了干土、湿土，执行中不得调整。

（三）土壤含水率大于 40％的土质执行挖淤泥（流砂）定额子目。

（四）平整场地是指室外设计地坪与自然地坪平均厚度≤±300mm 的就地挖、填、找平；平均厚度＞±300mm 的竖向土方，执行挖一般土方相应定额子目。

（五）定额中不包括地上、地下障碍物处理及建筑物拆除后的垃圾清运，发生时应另行计算。

（六）土方工程无论是否带挡土板均执行本定额。

（七）挖沟槽、基坑、一般土方的划分标准：

1. 底宽≤7m，底长＞3 倍底宽，执行挖沟槽相应定额子目；

2. 底长≤3 倍底宽，底面积≤150m²，执行挖基坑相应定额子目；

3. 超出上述范围执行挖一般土方相应定额子目；

4. 石方工程的划分按土方工程标准执行。

（八）基坑内用于土方运输的汽车坡道已包括在相应定额子目中，执行时不得另行计算。

（九）混合结构的住宅工程和柱距 6m 以内的框架结构工程，设计为带形基础或独立柱基，且基础槽深＞3m 时，按外墙基础垫层外边线内包水平投影面积乘以槽深以体积计算，不再计算工作面及放坡土方增量，执行挖一般土方相应定额子目。

（十）管沟土方执行沟槽土方相应定额子目。

（十一）土方回填定额子目中不包括外购土的费用，发生时另行计算。

（十二）土（石）方运输子目中不包括渣土消纳费用，渣土消纳费应按有关部门相关规定另行计算。

（十三）人工土（石）方定额子目中已包含打钎拍底，机械土（石）方的打钎拍底另执行本节相应定额子目。

（十四）石方工程中不分岩石种类，定额中已综合考虑了超挖量。

（十五）土方、石方（碴）运输规定：

1. 机械挖沟槽、基坑、一般土方，运距超过15km时执行定额第四小节土（石）方运输每增5km定额子目。

2. 回填土回运执行定额第四小节土方回运运距1km以内及每增5km定额子目。

3. 石方（碴）运输执行定额第四小节石方（碴）运输相应定额子目。

（十六）打基础桩工程，设计桩顶标高至基础垫层下表面标高的土方执行挖桩间土相应定额子目。

（十七）坑底挖槽子目适用于人工坑底挖沟槽的项目。

（十八）竖向布置挖石或山坡凿石的厚度＞±300mm时执行挖一般石方定额子目。

二、工程量计算规则

（一）平整场地：建筑物按设计图示尺寸以建筑物首层建筑面积计算。

地下室单层建筑面积大于首层建筑面积时，按地下室最大单层建筑面积计算。

（二）基础挖土方：按挖土底面积乘以挖土深度以体积计算。挖土深度超过放坡起点1.5m时，另计算放坡土方增量，局部加深部分并入土方工程量中，放坡土方增量折算厚度见表7-1。

1. 挖土底面积：

（1）一般土方、基坑按图示垫层外皮尺寸加工作面宽度的水平投影面积计算，基础施工所需工作面宽度计算见表7-2。

（2）沟槽按基础垫层宽度加工作面宽度（超过放坡起点时应再加上放坡增量）乘以沟槽长度计算。

（3）管沟按管沟底部宽度乘以图示中心线长度计算，窨井增加的土方量并入管沟工程量中。管沟底部宽度设计有规定的按设计规定尺寸计算，设计无规定的按表7-3管沟底部宽度表计算。

2. 挖土深度：

（1）室外设计地坪标高与自然地坪标高≤±300mm时，挖土深度从基础垫层下表面标高算至室外设计地坪标高。

（2）室外设计地坪标高与自然地坪标高＞±300mm时，挖土深度从基础垫层下表面标高算至自然地坪标高。

3. 放坡增量：

（1）土方、基坑放坡土方增量按放坡部分的基坑下口外边线长度（含工作面宽度）乘以挖土深度再乘以放坡土方增量折算厚度以体积计算，放坡土方增量折算厚度见表7-1。

（2）沟槽（管沟）放坡土方增量按放坡部分的沟槽长度（含工作面宽度）乘以挖土深度再乘以放坡土方增量折算厚度以体积计算。

（3）挖土方深度超过13m时，放坡土方增量按13m以外每增1m的折算厚度乘以超过的深度（不足1m按1m计算），并入到13m以内的折算厚度中计算。

（三）挖桩间土按打桩部分的水平投影面积计算乘以厚度（设计桩顶面至基础垫层下表面标高）以体积计算，扣除桩所占体积。

（四）挖淤泥、流砂按设计图示的位置、界限以体积计算。

（五）挖一般石方按设计图示尺寸以体积计算。

（六）挖基坑石方按设计图示尺寸基坑底面积乘以挖石深度以体积计算。

（七）挖沟槽石方按设计图示尺寸沟槽底面积乘以挖石深度以体积计算。挖管沟石方按设计图示尺寸沟槽底面积乘以挖石深度以体积计算。

（八）打钎拍底按设计图示基础垫层水平投影面积计算。

（九）场地碾压、原土打夯按设计图示碾压或打夯面积计算。

（十）回填土：

1. 基础回填土按挖土体积减去室外设计地坪以下埋设的基础体积、建筑物、构筑物、垫层所占的体积以体积计算。地下管道管径＞500mm 时按表 7-4 管沟体积换算表的规定扣除管道所占体积。

2. 房心回填土按主墙间的面积（扣除暖气沟及设备所占面积）乘以室外设计地坪至首层地面垫层下表面的高度以体积计算。

3. 地下室内回填土按设计图示尺寸以体积计算。

4. 场地填土按设计图示回填面积乘以平均回填厚度以体积计算。

（十一）土（石）方、淤泥、流砂、护壁泥浆运输按挖方工程量以体积计算。

放坡土方增量折算厚度表　　　　　　　　　　表 7-1

单位：m

基础类型	挖土深度	放坡土方增量折算厚度
沟槽（双面）	2 以内	0.59
	2 以外	0.83
基坑	2 以内	0.48
	2 以外	0.82
土方	5 以内	0.7
	8 以内	1.37
	13 以内	2.38
	13 以外每增 1m	0.24
喷锚护壁	5 以内	0.25
	8 以内	0.40
	8 以外	0.65

基础施工所需工作面宽度计算表　　　　　　　　　　表 7-2

单位：mm

基础材料	每边各增加工作面宽度	基础材料	每边各增加工作面宽度
砖基础	200	基础垂直面做防水层	1000（防水面层）
浆砌毛石、条石基础	150	坑底打钢筋混凝土预制桩	3000
混凝土基础及垫层支模板	300	坑底螺旋钻孔桩	1500

单位：m

管井（mm）	铸铁管、钢管	混凝土管	其他
50～70	0.60	0.80	0.70
100～200	0.70	0.90	0.80
250～350	0.80	1.00	0.90
400～450	1.00	1.30	1.10
500～600	1.30	1.50	1.40
700～800	1.60	1.80	—

管沟体积换算表　　表 7-4

单位：m³

管道名称	管道直径（mm）	
	501～600	601～800
钢管	0.21	0.44
铸铁管	0.24	0.49
混凝土管及其他管	0.33	0.60

三、定额执行中应注意的问题

（一）平整场地

2012 北京市预算定额为了与 2013 清单计算规范在计算规则上保持一致，平整场地工程量计算规则取消了 1.4 的系数，直接按设计图示尺寸以建筑物首层建筑面积计算（地下室单层建筑面积大于首层建筑面积时，按地下室最大单层面积计算）；而构筑物的场地平整也将按基础底面积乘以系数 2 调整为按基础底面积乘以系数 1.43。

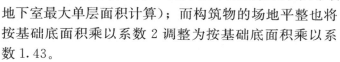

7-1

（二）挖土工程量计算

1. 基础施工时需增加的工作面，即：根据基础施工的需要，向周边放出一定范围的操作面，作为工人施工时的操作空间，可参照施工组织设计按表 7-2 计算。如图 7-1 所示，其中 c 为工作面。

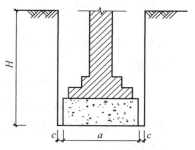

图 7-1　基础工作面示意

2. 挖土方、沟槽、基坑需放坡（当土方开挖深度超过 1.5m 时，将土壁做成具有一定坡度的边坡，防止土壁坍塌）时，应根据施工验收规范规定参照施工组织设计按表 7-1 计算放坡土方增量，如图 7-2 所示。

（1）土方、基坑放坡土方增量按放坡部分的外边线长度（含工作面宽度）乘以挖土深度再乘以放坡土方增量折算厚度以立方米计算。

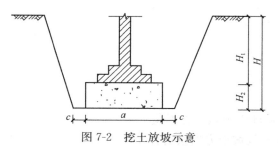

图 7-2　挖土放坡示意

（2）沟槽（管沟）放坡土方增量按放坡部分的沟槽长度（含工作面宽度）乘以挖土深度再乘以放坡土方增量折算厚度以立方米计算。

（3）挖土方深度超过13m时，放坡土方增量按13m以外每增1m的折算厚度乘以超过的深度（不足1m按1m计算），并入到13m以内的折算厚度中计算。

（4）挖土方或挖基坑工程量计算公式：

①不放坡

$$V = (L + 2c) \times (W + 2c) \times H$$

式中　V——挖土体积；

　　　L——垫层长；

　　　W——垫层宽；

　　　c——工作面宽度；

　　　H——挖土深度。（下同）

②放坡

$$V = (L + 2c) \times (W + 2c) \times H + 放坡土方增量$$

$$放坡土方增量 = 2 \times (L + 2c) \times H \times 放坡土方增量折算厚度$$
$$+ 2 \times (W + 2c) \times H \times 放坡土方增量折算厚度$$
$$= 2 \times (L + W + 4c) \times H \times 放坡土方增量折算厚度$$

（5）挖沟槽工程量计算公式：

①不放坡

$$V = (a + 2c) \times L \times H$$

式中　V——挖土体积；

　　　L——沟槽长度，外墙基础挖土按中心线长度、内墙基础挖土按净长线计算；

　　　a——垫层宽；

　　　c——工作面宽度；

　　　H——挖土深度。（下同）

②放坡

$$V = (a + 2c) \times L \times H + 放坡土方增量$$

$$放坡土方增量 = L \times H \times 放坡土方增量折算厚度$$

（6）挖管沟工程量计算公式：

①不放坡

$$V = (a + 2c) \times L \times H$$

式中　V——挖土体积；

　　　a——管沟宽；

　　　L——管沟中心线长度；

　　　c——工作面宽度；

　　　H——挖土深度。（下同）

②放坡

$$V = (a + 2c) \times L \times H + 放坡土方增量$$

$$放坡土方增量 = L \times H \times 放坡土方增量折算厚度$$

（三）回填土

回填土是指基础回填土，即基坑、土方和沟槽的肥槽回填土部分。见图 7-3 槽坑回填土部分。定额是按回填土土质进行划分并设置定额子目，夯填主要以人工操作蛙式打夯机进行夯实。含量按通常打夯两遍为准测算。计算公式为：

$$基础回填土 = 挖土体积 - 室外设计地坪以下被埋设的基础和垫层体积 \quad (7\text{-}1)$$

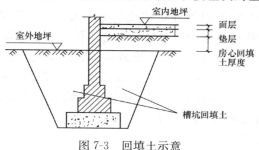

图 7-3　回填土示意

（四）房心回填

房心回填土指室外设计地坪标高以上、室内地面垫层标高以下的房心部位回填土，见图 7-4。计算公式为：

$$房心回填体积 = 室内主墙之间的净面积 \times 回填厚度 \ h$$

$$回填厚度 = 设计室内地坪标高 - 设计室外地坪标高 - 地面面层厚度 - 地面垫层厚度$$

$$= 室内外高差 - 地面做法厚度$$

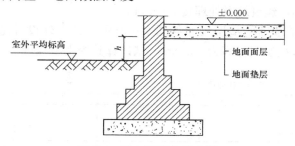

图 7-4　房心回填土示意图

（五）地下室内回填

地下室内回填土按设计图示尺寸以立方米计算。如图 7-5 所示。

（六）场地回填

场地回填是指按设计要求进行分层回填，由推土机将土推平，压路机进行碾压，定额已综合考虑了密实度。计算公式为：

$$场地回填 = 回填面积 \times 平均回填厚度 \quad (7\text{-}2)$$

（七）弃土（石）运输项目

1. 土石方工程施工中不发生场外运输的土（石）方，土（石）方运输仍按 2012 年《房屋建筑与装饰工程预算定额》（以下简称"2012 年建筑装饰定额"），区分不同挖土（石）方形式分别

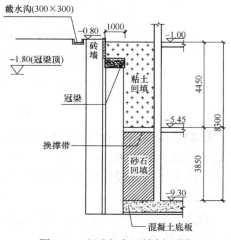

图 7-5　地下室内回填剖面图

执行运距 1km 以内的相关定额子目。

2. 土石方工程施工中需要场外运输的土方，土方开挖按不同挖土形式分别执行 1-54～1-59 挖土方的相应定额子目；土方运输执行 1-60 土方场外运输运距 15km 以内的定额子目；运距超过 15km 时，执行 2012 年建筑装饰定额第一章第四节第一部分土（石）方运输子目及相关规定。

3. 土石方工程施工中发生的场外运输土（石）方，经专家论证须消纳处置的弃土（石）方，消纳数量和单价按专家论证通过的弃土（石）运输处置方案和弃土（石）方的密度、《北京市发展和改革委员会　北京市市政市容管理委员会关于调整本市非居民垃圾处理收费有关事项的通知》（京发改〔2013〕2662 号）的规定计算确定。不须消纳处置的外运土石方，按定额子目 1-60 执行时，弃土或渣土消纳的消耗量清零。

4. 2012 年建筑装饰定额的定额子目 1-9、1-11、1-13、1-15、1-19、1-22 停止使用。

（八）渣土运输和消纳

1. 渣土按定额子目 1-61 挖渣土、1-62 渣土运输（运距 15km 以内）分别编制，运距超过 15km 时，执行 2012 年建筑装饰定额第一章第四节第一部分土（石）方运输子目及相关规定。2012 年建筑装饰定额子目 1-45 渣土外运（运距 15km 以内）停止使用。

2. 渣土消纳单价按《北京市发展和改革委员会　北京市市政市容管理委员会关于调整本市非居民垃圾处理收费有关事项的通知》（京发改〔2013〕2662 号）和渣土自然密实状态密度计算确定。自 2014 年 1 月 1 日起，建筑垃圾清运费为距离 6 公里以内 6 元/t，6 公里以外 1 元/t·km，建筑垃圾处理费 30 元/t。

【例 7-1】　某满堂基础的垫层尺寸如图 7-6 所示，其室外设计地坪标高为－0.45m，自然地坪为－0.65m，垫层底标高为－5.8m，试计算其挖土工程量。

图 7-6　基础垫层平面图

【解】　由图中可看出原基础垫层面积为 40m×20m，加工作面（每边加 300mm）后，其挖土的底面积为 $40.6 \times 20.6 = 838.36m^2$，周边长度为 $(40.6 + 20.6) \times 2 = 122.4m$，挖土深度由于室外设计标高与自然标高相差在 ±0.3m 以内，所以挖土深度为（－0.45）－（－5.8）＝5.35m。

查表 7-1 放坡土方增量折算厚度表可知，挖土深度 8m 以内的放坡土方增量折算厚度为 1.37 故其挖土体积为：

70

$$838.36 \times 5.35 + 122.4 \times 5.35 \times 1.37 = 5382.36 m^3$$

上例如果挖土方采取基坑支护不需要放坡时，则其挖土工程量为：

$$838.36 \times 5.35 = 4485.23 m^3$$

如果采用喷锚护壁支护时，查表 7-1 放坡土方增量折算厚度表可知，挖土深度 8m 以内喷锚护壁的放坡土方增量折算厚度为 0.40，故其挖土体积为：

$$838.36 \times 5.35 + 122.4 \times 5.35 \times 0.40 = 4747.16 m^3$$

【例 7-2】 某砖混结构 2 层住宅，基础平面图见图 7-7，基础剖面图见图 7-8，室外地坪标高为 -0.2m，自然地坪标高为 -0.3m，混凝土垫层施工留工作面。试求以下工程量：
(1) 平整场地；(2) 人工挖沟槽；(3) 混凝土垫层；(4) 打钎拍底。

【解】

(1) 平整场地工程量计算。

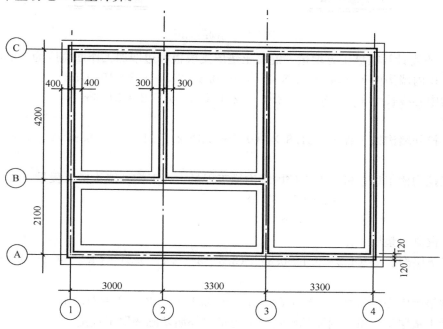

图 7-7 基础平面图

平整场地工程量＝首层建筑面积

$$= (2.1 + 4.2 + 0.12 \times 2) \times (3 + 3.3 + 3.3 + 0.12 \times 2)$$

$$= 6.54 \times 9.84 = 64.35 m^2$$

(2) 人工挖沟槽工程量计算

查表 7-2 可知，混凝土垫层支模板每边增加工作面宽度为 300mm。由于计算内墙沟槽净长时要减去与其两端相交墙体的垫层和工作面宽度，所以

内墙沟槽净长＝ $(4.2 - 0.4 - 0.3 - 0.3 \times 2) + (3.3 + 3 - 0.4 - 0.3 - 0.3 \times 2)$

$$+ (4.2 + 2.1 - 0.4 - 0.4 - 0.3 \times 2)$$

$$= 12.8m$$

已知室外地坪标高为 -0.2m 则挖土深度为 1.5 - 0.2 = 1.3m 不超过放坡起点

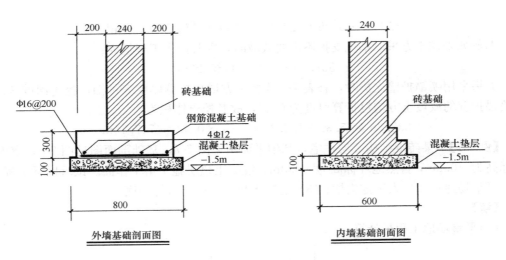

图 7-8　基础剖面图

（1.5m），不需计算放坡土方增量，混凝土垫层支模板每边增加工作面宽度为 300mm。

人工挖内墙沟槽工程量 ＝12.8×（0.6＋0.3×2）×1.3＝19.97m³

外槽中心线长＝（3＋3.3＋3.3＋2.1＋4.2）×2＝31.8m

则有：

人工挖外墙沟槽工程量＝31.8×（0.8＋0.3×2）×1.3＝57.88m³

故：

人工挖沟槽工程总量＝人工挖内墙沟槽工程量＋人工挖外墙沟槽工程量

$$＝19.97＋57.88$$

$$＝77.85m³$$

（3）混凝土垫层

内墙垫层净长＝（4.2－0.4－0.3）＋（3.3＋3－0.4－0.3）＋（4.2＋2.1－0.4－0.4）＝14.6m

外槽垫层中心线长＝（3＋3.3＋3.3＋2.1＋4.2）×2＝31.8m

混凝土垫层工程量＝内墙基础垫层工程量＋外墙基础垫层工程量

$$＝(0.6×0.1×14.6)＋(0.8×0.1×31.8)$$

$$＝3.42m³$$

（4）打钎拍底

按基础垫层水平投影面积以平方米计算。

打钎拍底工程量＝(0.6×14.6)＋(0.8×31.8)＝34.2m²

第二节　地基处理与边坡支护工程

一、定额说明

（一）本节包括：地基处理，基坑与边坡支护 2 小节共 52 个字目。

（二）本节适用于一般工业与民用建筑工程的地基处理及基坑支护工程，不适用于室内打桩及观测桩等。

（三）定额中不包括复合地基、基坑与边坡的检测，变形观测等费用，发生时另行计算。

（四）土层、岩层分类根据岩土工程勘察报告确定。

（五）设计要求钢腰梁的型钢，喷射混凝土、喷射水泥砂浆中的钢筋用量与定额含量不同时，允许调整。

（六）土钉护坡子目是按照斜坡打土钉考虑的，设计要求垂直面打土钉时，综合工日乘以系数1.15。

（七）地下连续墙成槽的护壁泥浆是按普通泥浆编制的，设计采用其他泥浆时，允许换算。

（八）地下连续墙导墙的挖土、回填运土及泥浆外运执行定额第一章土石方工程相应定额子目。

（九）地下连续墙导墙砌筑执行定额第四章砌筑工程相应定额子目。

（十）地下连续墙钢筋制作安装执行定额第五章混凝土及钢筋混凝土工程相应定额子目。

（十一）地下连续墙挖土成槽、混凝土浇筑定额子目中已包含超灌量0.5m。

（十二）钢筋混凝土护坡桩、人工扩孔护坡桩执行定额第三章桩基工程相应定额子目。

（十三）护坡用混凝土挡土墙执行定额第五章混凝土及钢筋混凝土工程相应定额子目，护坡用砖挡土墙执行定额第四章砌筑工程中外墙定额子目。

（十四）打桩中的空桩执行钻孔定额子目。

空桩长度＝成孔深（孔深为自然地坪至设计桩底的深度）－桩长（包含桩尖）

二、工程量计算规则

（一）换填垫层按设计图示尺寸以体积计算。

（二）强夯按设计图示强夯处理范围以面积计算。

（三）砂石桩、水泥粉煤灰碎石桩、深层搅拌桩、粉喷桩、夯实水泥土桩、灰土挤密桩均按设计桩长（含桩尖）乘以桩截面面积以体积计算。

（四）高压喷射注浆桩按设计图示尺寸以桩长计算。旋喷桩按设计图示尺寸以桩长计算。

（五）地下连续墙的挖土成槽、混凝土浇筑按设计图示墙中心线长度乘以厚度乘以槽深以体积计算。

（六）锁口管吊拔、清底置换按设计图示尺寸以段计算。

（七）锚杆（锚索）、土钉按设计图示尺寸以钻孔深度计算。

（八）喷射混凝土、水泥砂浆按设计图示尺寸以面积计算。

（九）护坡钢管桩按设计图示尺寸以桩长计算。

（十）褥垫层设计图示尺寸以体积计算。

（十一）钢腰梁按设计图示尺寸以长度计算。

（十二）钻孔按空桩长度计算。

三、定额执行中应注意的问题

（一）深层搅拌桩、粉喷桩、夯实水泥土桩、高压喷射注浆桩（2-16～2-21子目），定额中水泥强度等级是按 42.5 考虑的，水泥强度等级与定额不同时，可以进行调整。

（二）砂石桩、CFG 桩、夯实水泥土桩、灰土挤密桩定额子目中已包括成孔的费用，执行时不得另行计算成孔费用；高压喷射注浆桩、旋喷桩定额子目不包括成孔的费用，执行定额时应另行计算成孔费用，分别套用钻孔定额子目 2-21、2-25。

（三）水泥粉煤灰碎石桩

是由水泥、粉煤灰、碎石、石屑或砂等混合料加水拌合形成高粘结强度桩，并由桩、桩间土和褥垫层一起组成复合地基的地基处理方法。套用定额时，碎石褥垫层单独列项，按设计图示尺寸以体积计算。

（四）地下连续墙

是指形成建筑物或构筑物的永久性地下承重结构或围护结构（如地下室外墙）构件的地下连续墙。施工工艺：导墙施工→槽段开挖→清孔→插入接头管和钢筋笼→水下浇筑混凝土→（初凝后）拔出接头管。地下连续墙施工过程如图 7-9 所示。

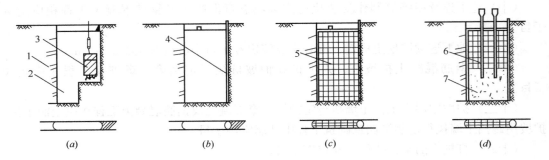

图 7-9　地下连续墙施工过程示意
（a）成槽；（b）插入接头管；（c）放入钢筋笼；（d）浇筑混凝土
1—已完成的单元槽段；2—泥浆；3—成槽机；4—接头管；5—钢筋笼；6—导管；
7—浇筑的混凝土

（五）护坡钢管桩

护坡钢管桩指直径在 ϕ70mm～300mm，采用钻孔施工，插入钢管或型钢后，注入纯水泥浆或水泥砂浆，通常以单排或多排的形式布置的一种灌注桩。定额中的钢管桩是按 ϕ150mm 考虑的，实际施工的规格与定额不同时，可根据施工方案进行调整。

护坡钢管桩的具体工艺流程为：平整场地→注浆钢管制作焊接→测量放线→孔距定位→钻孔机就位钻孔（每 2m 接钻杆一次）→清孔→注浆机安装→安装下放钢管→安装注浆管→拌制水泥浆→注水泥浆→二次加压注浆→三次加压注浆直至上口翻浆。施工剖面示意图如图 7-10 所示。

（六）预应力锚杆

由杆体（钢绞线、预应力螺纹钢筋、普通钢筋或钢管）、注浆固结体、锚具、套管所组成的一端与支护结构构件连接，另一端锚固在稳定岩体内的受拉杆件。杆体采用钢绞线时，亦可称为锚索。如图 7-11 所示。

（七）土钉

是指植入土中并注浆形成的承受拉力与剪力的杆件。土钉支护一般垂直于土体斜面自上至下有三排土钉，其长度为 5m 左右。如图 7-12 所示。

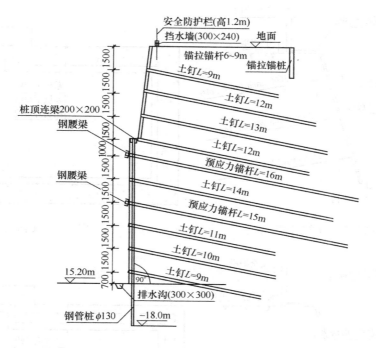

图 7-10　护坡钢管桩剖面示意

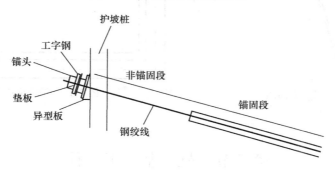

图 7-11　锚杆示意图

（八）喷射混凝土、水泥砂浆

按设计图示尺寸以面积计算，计算方法如例 7-3。

【例 7-3】　某工程基坑深度 3.00m，护坡设计方案为挂网喷射混凝土，平面图、剖面图如图 7-13、7-14 所示，计算本工程挂网喷射混凝土的工程量。

【解】

1. 斜面长 $=\sqrt{(喷射混凝土支护深度×坡度系数)^2+(喷射混凝土支护深度)^2}$

$=\sqrt{(3×0.3)^2+3^2}=3.132$（m）

2. 支护长度按护坡面中心线长度计算，如图 7-15 所示，经图纸测量计算，护坡面中线长度为 213m。

3. 喷射混凝土工程量 = 支护斜面长度 × 护坡面中线长度 = 3.132 × 213 = 667.116m³

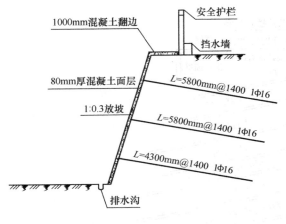

图 7-12　土钉示意

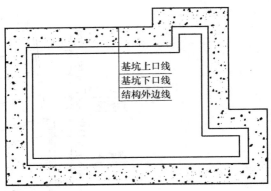

图 7-13　平面图

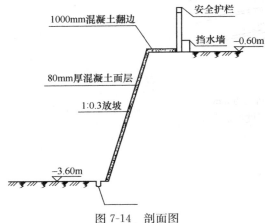

图 7-14　剖面图

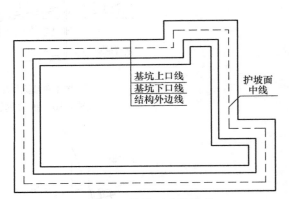

图 7-15　护坡面中线示意

第三节　桩　基　工　程

一、定额说明

（一）本节包括：打桩，灌注桩 2 小节共 38 个子目。

（二）本节适用于一般工业与民用建筑工程的桩基工程，不适用室内打桩及观测桩等。

（三）定额中已综合了对单位工程原桩位打试验桩，不得另行计算。设计要求在出图之前打实验桩的，应另行计算。

（四）本节定额子目中不含桩基检测费，发生时另行计算。

（五）设计要求做桩尖时，执行本节相应定额子目。

（六）施工中已按设计要求的贯入度打完预制桩，设计要求复打桩时，应根据实际台班量另行计算。

（七）截桩及凿桩定额子目中不包括桩头运输费用，应执行定额第一章土石方工程的相应定额子目。

（八）灌注桩成孔施工过程中如遇孤石或地下障碍物等，应按实际发生另行计算。

（九）灌注桩成孔的土（石）方运输执行定额第一章土石方工程相应定额子目。

（十）人工挖孔桩定额子目中综合了安全防护措施。

（十一）泥浆护壁混凝土灌注桩、螺旋钻孔灌注桩及人工成孔混凝土护壁定额子目已综合了充盈系数。

（十二）人工成孔桩护壁钢筋及灌注桩钢筋笼应另行计算，执行定额第五章混凝土及钢筋混凝土工程相应定额子目。人工成孔桩混凝土护壁定额子目中已包括模板费用，不得另行计算。

（十三）定额中灌注桩桩底压浆是按照每根桩 1600kg 水泥进行编制，设计用量与定额不同时，可按设计要求进行调整。

（十四）桩顶与承台的连接钢筋及钢板托，分别执行定额第五章混凝土及钢筋混凝土中的钢筋、预埋铁件相应定额子目。

（十五）泥浆护壁成孔中旋挖、回旋钻适用于除岩层外的所有土质，冲击钻适用于岩层。

二、工程量计算规则

（一）预制钢筋混凝土管桩按设计图示桩长（包括桩尖）以长度计算。

（二）钢桩尖、钢板托（含钢筋）按设计图示尺寸乘以理论重量以质量计算。

（三）接桩按桩的接头个数以数量计算。

（四）预制钢筋混凝土管桩桩芯混凝土按设计图示截面面积乘以设计深度以体积计算。

（五）截桩、凿桩头按图示数量计算。

（六）泥浆护壁灌注桩成孔、螺旋钻孔成孔按设计图示截面面积乘以钻孔长度（包括桩尖）以体积计算。

（七）人工挖孔桩成孔按设计图示截面面积（含护壁、扩大头）乘以挖孔深度以体积计算。

（八）人工成孔桩增加费按遇水、遇岩部位的体积以体积计算。

（九）人工成孔灌注桩护壁混凝土按设计图示护壁尺寸以体积计算。

（十）灌注桩混凝土浇筑按设计图示尺寸以体积计算。

（十一）灌注桩后压浆按桩的数量计算。

三、定额执行中应注意的问题

（一）预制桩

预制桩分实心桩和管桩。实心桩多为方桩，断面一般在 200mm×200mm～450mm×450mm。单根桩长度有 8m、12m、18m 等，目前最长的方桩不超过 30m。较短的桩一般在工厂预制，长的一般在现场预制。当桩设计长度大于预制桩长度时，就需要接桩。接桩的方法主要有焊接法和浆锚法（硫磺胶泥）。焊接法用钢材较多，操作也较烦琐。浆锚法接桩操作简便，省时省料，是目前大量采用的接桩法。打桩时，为了使桩顶达到设计标高，还需要送桩或凿打、切割桩头。管桩一般在工厂采用离心法制作。管桩外径一般为400～500mm 多种，与实心桩相比，管桩有重量轻的特点。

打桩工程目前均以机械为动力，打桩前首先根据土壤性质、工程大小、施工期限、动力供应等情况，选择打桩机械。其次，按照设计要求、现场地形、桩的布置和桩架移动等条件提出打桩顺序。打桩方法有锤击法、振动法、静力压桩法。

1. 打桩

预制钢筋混凝土管桩按设计图示尺寸（包括桩尖）以长度计算。

（1）正常情况：L＝实际压桩长度＋桩尖长度（见图 7-16）

（2）非正常情况：施工过程中可能会遇到土质复杂，整桩不能全部压入设计高程的情况，遇到此类问题时：

L＝有效桩长＋截桩长度＋桩尖长度（见图 7-17）

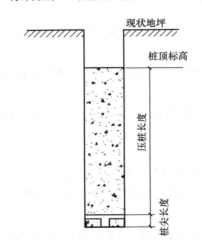

图 7-16　正常打桩示意

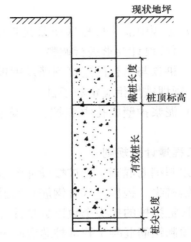

图 7-17　非正常打桩示意

2. 接桩：按桩的接头个数以数量计算。

3. 截桩：按图示数量计算。

4. 桩芯混凝土：预制钢筋混凝土管桩桩芯混凝土按设计图示截面面积乘以设计深度以体积计算。

（二）灌注桩

灌注桩一般专指混凝土灌注桩，是一种直接在现场设计桩位上就地成孔，然后在孔内浇筑混凝土或安放钢筋笼后再浇筑混凝土而成的桩。北京地区常见的三种灌注桩是泥浆护壁成孔灌注桩、螺旋钻孔灌注桩和人工挖孔桩。灌注桩具有施工噪声小、振动小、直径大以及在各种地基上均可使用等优点。

1. 泥浆护壁灌注桩成孔、螺旋钻孔成孔按设计图示截面面积乘以钻孔长度（包括桩尖）以体积计算。

2. 灌注桩混凝土浇筑按设计图示尺寸以体积计算。

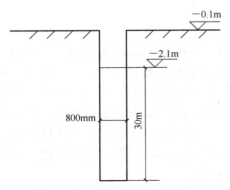

图 7-18　灌注桩桩孔示意图

【例 7-4】　如图 7-18 所示，螺旋钻孔灌注桩，直径 800mm，设计桩长 30m，桩顶标高－2.1m，自然地平标高－0.1m。求灌注桩成孔和混凝土浇筑工程量。

【解】

$$V_{成孔} = \pi \frac{D^2}{4} H = 3.14 \times 0.8^2 / 4 \times [(2.1 - 0.1) + 30] = 16.08 \text{m}^3$$

$$V_{灌注} = \pi \frac{D^2}{4} L = 3.14 \times 0.8^2 / 4 \times 30 = 15.07 \text{m}^3$$

式中　$V_{成孔}$——灌注桩成孔工程量；

　　　$V_{灌注}$——灌注桩灌注混凝土工程量；

　　　D——灌注桩的直径；

　　　H——灌注桩钻孔长度此处不变；

　　　L——灌注桩设计桩长。

第四节　砌　筑　工　程

7-3

一、说明

（一）本节包括：砖砌体，砌块砌体，石砌体，垫层 4 小节共 76 个子目。

（二）定额砖墙中综合了一般艺术形式的墙及砖垛、附墙烟囱、门窗套、窗台、虎头砖、砖碹、砖过梁、腰线、挑檐、压顶、封山泛水槽等所增加的工料因素。

（三）定额中砂浆按干拌砂浆编制，设计与定额不同时可以换算。

（四）定额中的墙体砌筑高度按 3.6m 编制，超过 3.6m 时，其超过部分工程量的定额综合工日乘以系数 1.3。

（五）砌筑工程中墙体加固筋、钢筋网片、植筋，执行定额第五章混凝土及钢筋混凝土工程相应定额子目。

（六）混凝土垫层执行定额第五章混凝土及钢筋混凝土工程相应定额子目，其他材质的基础、楼地面垫层执行本节相应定额子目。

（七）砌块墙中的混凝土抱框柱执行定额第五章混凝土及钢筋混凝土工程相应定额子目。

（八）空花墙项目适用于各种砖砌空花墙，混凝土花格砌筑的空花墙执行定额第五章混凝土及钢筋混凝土工程相应定额子目。

（九）附墙砖砌烟囱、通风道并入所依附的墙体工程量中。

（十）填充墙、框架间墙执行内墙相应定额子目。

（十一）台阶、台阶挡墙、梯带、蹲台、池槽、池槽腿、砖胎模、花台、花池、楼梯栏板、阳台栏板、地垄墙、垃圾箱、屋面伸缩缝砌砖及 0.3m² 以内的砌体及孔洞填塞等，执行零星砌砖相应定额子目。

（十二）基础与墙身的划分：

1. 基础与墙（柱）身使用同一种材料时，以室内设计地面为界（有地下室的，以地下室室内设计地面为界），以下为基础，以上为墙（柱）身，如图 7-19 所示；基础与墙（柱）身使用不同种材料时，当设计室内地面高度≤±300mm 时，以材料为分界线，当室内设计地面高度＞±300mm 时，以室内设计地面为分界线，如图 7-20 所示。

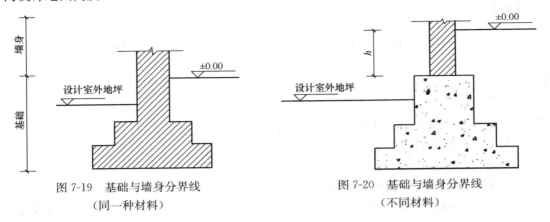

图 7-19　基础与墙身分界线　　　　　图 7-20　基础与墙身分界线
（同一种材料）　　　　　　　　　　　　（不同材料）

2. 围墙以设计室外地坪为界，以下为基础，以上为墙身。

3. 石基础、石勒脚、石墙：基础与勒脚以设计室外地坪为分界线；勒脚与墙身应以设计室内地面为分界线。石围墙内外地坪高度不一致时，以较低地坪为分界线，以下为基础；有挡土墙时，挡土墙以上为墙身。

（十三）标准砖、KP1 多孔砖的墙体厚度按表 7-5 规定计算：

标准砖、KP1 多孔砖墙厚度计算表　　　　　　表 7-5

砖数（厚度）	1/4	1/2	3/4	1	1½	2	2½	3
计算厚度（mm）	53	115	180	240	365	490	615	740

（十四）DM 多孔砖、混凝土空心砌块、轻集料砌块及轻集料免抹灰砌块的墙体厚度按表 7-6 对应厚度计算：

DM 多孔砖、混凝土空心砌块、轻集料砌块及轻集料免抹灰砌块的墙体厚度计算表　　表 7-6

图示厚度（mm）	100	150	200	250	300	350
计算厚度（mm）	90	140	190	240	290	340

（十五）加气块墙体厚度按设计图示尺寸计算。

（十六）定额中水泥砂浆板通风道及组逆阀规格与设计不同时可以换算。

二、工程量计算规则

（一）基础按设计图示尺寸以体积计算。包括附墙垛基础宽出部分体积，扣除地梁（圈梁）、构造柱所占体积，不扣除基础大放脚 T 形接头处的重叠部分及嵌入基础内的钢筋、铁件、管道、基础砂浆防潮层和单个面积≤0.3m² 的孔洞所占体积，靠墙暖气沟的挑檐不增加。

基础长度：外墙按外墙中心线计算，内墙按内墙净长线计算。

（二）墙体按设计图示尺寸以体积计算。扣除门窗洞口、过人洞、空圈、嵌入墙内的钢筋混凝土柱、梁、圈梁、挑梁、过梁及凹进墙内的壁龛、管槽、暖气槽、消火栓箱所占体积，不扣除梁头、板头、檩头、垫木、木楞头、沿椽木、木砖、门窗走头、砖墙内加固钢筋、木筋、铁件、钢管及单个面积≤0.3m² 的孔洞所占的体积。凸出墙面的腰线、挑檐、压顶、窗台线、虎头砖、门窗套的体积亦不增加。凸出墙面的砖垛并入墙体体积内计算。

1. 墙长度：外墙按中心线、内墙按净长计算。

2. 墙高度：

(1) 外墙：斜（坡）屋面无檐口天棚者算至屋面板底；有屋架且室内外均有天棚者算至屋架下弦底另加 200mm；无天棚者算至屋架下弦底另加 300mm，出檐宽度超过 600mm 时按实砌高度计算；有钢筋混凝土楼板隔层者算至板顶；平屋顶算至钢筋混凝土板底。

(2) 内墙：位于屋架下弦者，算至屋架下弦底；无屋架者算至天棚底另加 100mm；有钢筋混凝土楼板隔层者算至楼板顶；有框架梁时算至梁底。

(3) 女儿墙：从屋面板上表面算至女儿墙顶面（如有混凝土压顶时算至压顶下表面）。

(4) 内、外山墙：按其平均高度计算。

(5) 围墙：高度算至压顶上表面（如有混凝土压顶时算至压顶下表面），围墙柱并入围墙体积内。

3. 框架间墙：按设计图示尺寸以填充墙外形体积计算。

4. 圆弧形墙：按设计图示墙中心线长乘以高度再乘以厚度以体积计算。

（三）空花墙按设计图示尺寸以空花部分外形体积计算，不扣除空洞部分体积。

（四）填充墙按设计图示尺寸以填充墙外形体积计算。

（五）砖柱按设计图示尺寸以体积计算。扣除混凝土及钢筋混凝土梁垫、梁头、板头所占体积。

（六）零星砌砖按设计图示尺寸截面积乘以长度以体积计算。

（七）砖散水、地坪按设计图示尺寸以面积计算。

（八）砖地沟、明沟、砖坡道按设计图示尺寸以体积计算。

（九）水泥砂浆板通风道按设计图示长度计算。

（十）石勒脚按设计图示尺寸以体积计算，扣除单个面积＞0.3m² 的孔洞所占的体积。

（十一）石护坡、石台阶等按设计图示尺寸以体积计算。

（十二）石地沟（明沟）按设计图示尺寸以体积计算。

（十三）石坡道按设计图示以水平投影面积计算。

（十四）垫层按设计图示尺寸以体积计算。

表 7-7 为砖基础大放脚增加断面计算表。

砖基础大放脚折加高度和增加断面表 表 7-7

放脚层数	折加高度（m）								增加断面（m²）	
	1/2 砖		1 砖		1½ 砖		2 砖			
	等高	不等高	等高	不等高	等高	不等高	等高	不等高	等高	不等高
一	0.137	0.137	0.066	0.066	0.043	0.043	0.032	0.032	0.01575	0.01575
二	0.411	0.342	0.197	0.164	0.129	0.108	0.096	0.08	0.04725	0.03938

放脚层数	折加高度（m）								增加断面（m²）	
	1/2 砖		1 砖		1½ 砖		2 砖			
	等高	不等高	等高	不等高	等高	不等高	等高	不等高	等高	不等高
三			0.394	0.328	0.259	0.216	0.193	0.161	0.0945	0.07875
四			0.656	0.525	0.432	0.345	0.321	0.253	0.1575	0.126
五			0.984	0.788	0.647	0.518	0.482	0.38	0.2363	0.189
六			1.378	1.083	0.906	0.712	0.672	0.53	0.3308	0.2599
七			1.838	1.444	1.208	0.949	0.9	0.707	0.441	0.3465
八			2.363	1.838	1.553	1.208	1.157	0.9	0.567	0.4411
九			2.953	2.297	1.942	1.51	1.447	1.125	0.7088	0.5513
十			3.61	2.789	2.372	1.834	1.768	1.366	0.8663	0.6694

三、定额执行中应注意的问题

（一）砂浆的有关说明

2012 预算定额第四章砌筑工程中砂浆种类有砌筑砂浆（DM 砂浆）和地面砂浆（DS 砂浆）。其中砌筑砂浆有普通砌筑砂浆、专用砌筑砂浆和专用保温砌筑砂浆三种。专用保温砂浆适用于免抹灰保温砌块，专用砌筑砂浆适用于免抹灰砌块，其他均采用普通砌筑砂浆。普通砌筑砂浆按保水性能又分为：高保水性砌筑砂浆 DMXX-HR 用于加气混凝土砌块、烧结多孔砖；中保水性砌筑砂浆 DMXX-MR 用于混凝土砌块和轻质混凝土砌块；低保水性砌筑砂浆代号为 DMXX-LR 用于灰砂砖。

定额选用了一般常用的砂浆标号，设计与定额不同时可以换算。

（二）在同一墙体中出现不同材质的材料时的计算说明

在建筑工程中常常会出现同一墙体中有两种不同材质的材料。如基础为毛石混凝土，墙体为砖墙；砖墙与加气混凝土砌块墙、砖墙与预制混凝土墙板等不同的组合形式。如在同一墙中出现不同材质的材料时，应按设计要求分别计算。另外，基础与墙的划分界限也与材料有关，见说明的第十二条。

（三）关于砖基础工程量计算方法

砖基础是由基础墙及大放脚组成，其剖面一般都做成阶梯形，这个阶梯形通常叫作大放脚。

基础大放脚分为等高与不等高二种。等高大放脚，每步放脚层数相等，均以墙厚为基础，每挑宽 1/4 砖，挑出砖厚为 2 皮砖。如图 7-21 (a) 所示。

不等高大放脚即每步放脚高度不等且互相交替的放脚，每挑宽 1/4 砖，挑出砖厚为 1 皮与 2 皮相间。如图 7-21 (b) 所示。

砖基础工程量包括砖基础墙工程量与大放脚工程量之和。砖柱基础工程量为基础部分

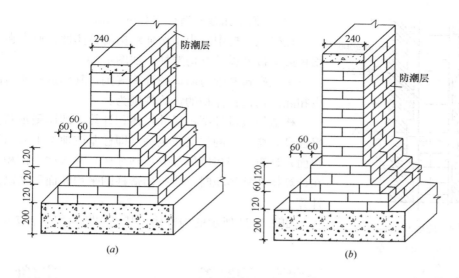

图 7-21 基础大放脚

(a) 等高式大放脚；(b) 不等高式大放脚

柱身工程量与四边大放脚工程量之和。

带形砖基础的体积通常用基础断面的面积乘以基础长度来计算，其基础断面面积计算如下，如图 7-22 所示。

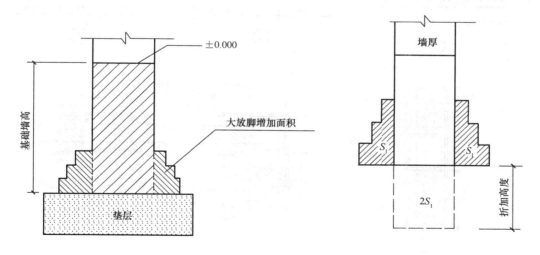

图 7-22 砖基断面图

砖基断面面积＝ 基础墙面积＋大放脚增加面积＝基础墙高×基础墙厚＋大放脚增加面积

或 砖基断面面积＝ 基础墙墙厚×（砖基础高＋大放脚折加高度）

其中：基础墙体若为标准砖或 KP1 多孔砖砌筑，其标准墙厚可通过表 7-5 查得，砖基础大放脚折加高度和增加面积可通过表 7-7 查得。

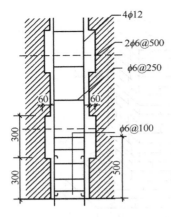

图 7-23 砖墙与构造柱咬接
（马牙槎）示意

（四）关于扣减构造柱体积的计算

在砖混结构中，为了增强结构的整体性，通常在砖墙的拐角或交接处设计有构造柱，如图 7-23。

按照砌筑基础与墙体的计算规则，其构造柱所占的体积应扣除。构造柱体积的计算规则为：

构造柱按设计图示尺寸以体积计算，即用图示断面积乘以柱高，构造柱的柱高按全高（即柱基或地梁上表面算至柱顶面）计算，嵌接墙体部分（马牙槎）并入柱身体积。因此在计算构造柱体积时，应按构造柱的平均断面积乘以柱高来计算。

如图 7-24 所示的构造柱，其平均断面积见表 7-8。

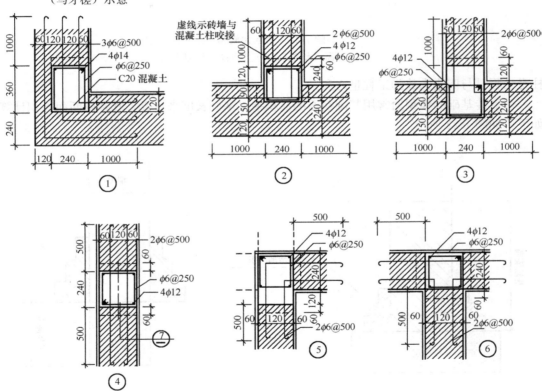

图 7-24　砖墙内构造柱断面详图

构造柱平均断面积　　　　　　　　　　　　　表 7-8

详图号	计算式	平均断面积（m²）
①	$(0.36+0.03) \times 0.24 + 0.12 \times 0.03$	0.0972
②	$(0.24+0.06) \times 0.24$	0.072
③	$(0.36+0.09) \times 0.24$	0.108
④	$(0.24+0.06) \times 0.24$	0.072

详图号	计 算 式	平均断面积（m²）
⑤	(0.36＋0.06)×0.24	0.1008
⑥	(0.24＋0.09)×0.24	0.079

【例 7-5】 某砖混结构二层住宅，首层平面图见图 7-25，二层平面图见图 7-26，基础平面图见图 7-27，基础剖面图见图 7-28，内墙砖基础为两步等高大放脚。每层层高 3.0米，外墙构造柱从钢筋混凝土基础上生根，外墙砖基础中构造柱的体积为 1.2m³；内外墙厚均为 240mm；外墙上均有女儿墙，高 600mm，厚 240mm；外墙上的过梁、圈梁和构造柱的总体积为 2.5m³；内墙上的过梁体积为 1.2m³、构造柱体积为 1.5m³；现浇钢筋混凝土板厚 100mm；地面做法厚度为 160mm。门窗洞口尺寸：C1 为 1500mm×1200mm，M1 为 900mm×2000 mm，M2 为 1000mm×2100mm。计算以下工程量：1. 建筑面积；2. 砖基础；3. 砖外墙；4. 砖内墙；5. 房心回填土。

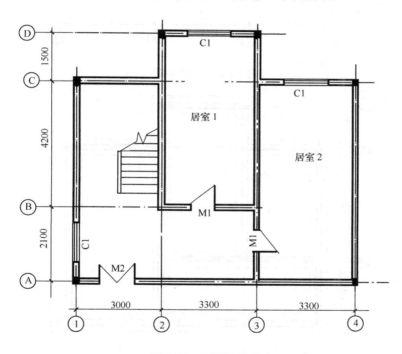

图 7-25　首层平面图

【解】　1. 建筑面积

$$[(2.1＋4.2＋0.12×2)×(3＋3.3＋3.3＋0.12×2)＋1.5×(3.3＋0.12×2)]×2$$
$$=[6.54×9.84＋5.31]×2＝139.33m²$$

2. 砖基础

外墙砖基础中心线长

$$L_{外}＝(3＋3.3＋3.3＋2.1＋4.2＋1.5)×2＝34.8m$$

已知外墙砖基础中构造柱的体积为 1.2m³

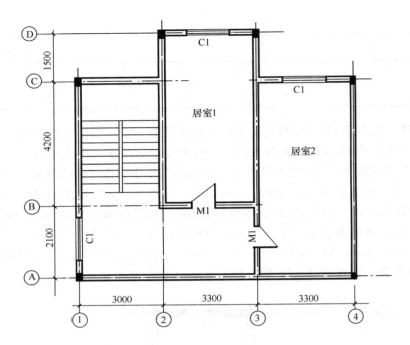

图 7-26　二层平面图

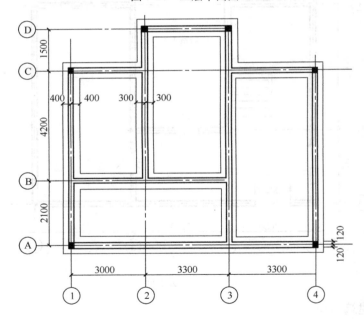

图 7-27　基础平面图

外墙砖基础：$0.24 \times (1.5 - 0.3 - 0.3) \times 34.8 - 1.2 = 6.32 \text{m}^3$

内墙砖基础净长

$L_{内} = 4.2 - 0.12 \times 2 + (3.3 + 3) - 0.12 \times 2 + (4.2 + 2.1) - 0.12 \times 2 = 16.08 \text{m}$

查表可知二层等高大放脚一砖厚折加高度为 0.197m

内墙砖基础：$0.24 \times (1.5 - 0.3 + 0.197) \times 16.08 = 5.39 \text{m}^3$

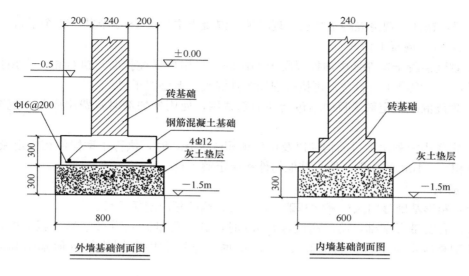

图 7-28　基础剖面图

砖基础总工程量：6.32＋5.39＝11.71m³

3. 砖外墙

外墙中心线长：（2.1＋4.2＋3＋3.3＋3.3）×2＋1.5×2 ＝ 34.8m

外墙门窗洞口面积：1.50×1.20×3×2＋1.00×2.10 ＝ 10.8＋2.10＝12.9m²

外墙高为 6m，外墙上的过梁、圈梁、构造柱体积为 2.5m³，则

砖外墙工程量：（34.8×6－12.9）×0.24－2.5 ＝ 44.52m³

注意：砖女儿墙的工程量单列，其工程量为：34.8×0.6×0.24 ＝5.01m³

4. 砖内墙

内墙净长：4.2＋（4.2＋2.1－0.12×2）＋（3.3－0.12×2）＝13.32m

内墙门洞口面积：0.90×2.00×2×2 ＝ 7.2m²

内墙高为 2.9m，内墙上的过梁体积为 1.2m³、构造柱体积为 1.5m³，则

砖内墙工程量：（13.32×2.9×2－7.2）×0.24－1.5－1.2 ＝ 14.11m³

5. 房心回填土

回填厚度＝0.5－0.16＝0.34m

室内主墙间的净面积＝（4.2－0.24）(3－0.24)＋（4.2＋1.5－0.24)(3.3－0.24)

　　　　　　　　　＋(4.2＋2.1－0.24)(3.3－0.24)

　　　　　　　　　＋(2.1－0.24)(3＋3.3－0.24)＝57.45m²

房心回填体积＝0.34×57.45＝19.53m³

第五节　混凝土及钢筋混凝土工程

一、说明

（一）本节包括：现浇混凝土基础，现浇混凝土柱，现浇混凝土梁，现浇混凝土墙，现浇混凝土板，现浇混凝土楼梯，现浇混凝土其他构件，现浇混凝土后浇带，预制混凝土柱，预制混凝土梁，预制混凝土屋架，预制混凝土板，预制混凝土楼梯，其他预制构件，

钢筋工程，铁件，现浇混凝土垫层，现场搅拌混凝土增加费 18 小节共 154 个子目。

（二）现浇混凝土构件

1. 现浇混凝土构件是按预拌混凝土编制的，采用现场搅拌时，执行相应的预拌混凝土子目，换算混凝土材料费，再执行现场搅拌混凝土调整费子目。

2. 现浇混凝土定额子目中不包括外加剂费用，使用外加剂时其费用应并入混凝土价格中。

3. 定额中未列出项目的构件以及单件体积≤0.1m³ 时，执行小型构件相应定额子目；单件体积＞0.1m³ 的构件，执行其他构件相应定额子目。

4. 基础

（1）箱形基础分别执行满堂基础、柱、梁、墙的相应定额子目。

（2）有肋带形基础，肋的高度≤1.5m 时，其工程量并入带形基础工程量中，执行带形基础相应定额子目；肋的高度＞1.5m 时，基础和肋分别执行带形基础和墙定额子目。

（3）梁板式满堂基础的反梁高度≤1.5m 时，执行梁相应定额子目；反梁高度＞1.5m 时，执行墙相应定额子目。

（4）带形桩承台、独立桩承台分别执行带形基础、独立基础相应定额子目，综合工日乘以系数 1.05。

（5）框架式设备基础，分别执行独立基础、柱、梁、墙、板相应定额子目。

（6）现浇混凝土基础不扣除伸入承台基础的桩头所占体积。

（7）杯形基础定额子目中已综合了杯口底部找平的工、料，不得另行计算。

5. 钢筋混凝土结构中，梁、板、柱、墙分别计算，执行各自相应定额子目，和墙连在一起的暗梁、暗柱并入墙体工程量中，执行墙定额子目；突出墙或梁的装饰线，并入相应定项目工程量内。

6. 斜梁、折梁执行拱形梁定额子目。

7. 短肢剪力墙是指截面厚度不大于 300mm、各肢截面高度与厚度之比的最大值大于 4 但不大于 8 的剪力墙；各肢截面高度与厚度之比的最大值不大于 4 的剪力墙执行柱定额子目。

8. 现浇混凝土结构板的坡度＞10°时，应执行斜板定额子目，15°＜板的坡度≤25°时，综合工日乘以系数 1.05，板的坡度＞25°时，综合工日乘以系数 1.1。

9. 现浇空心楼板执行混凝土板的相应定额子目，综合工日和机械分别乘以系数 1.1。

10. 劲性混凝土结构中现浇混凝土除执行本节相应定额子目外，综合工日和机械分别乘以系数 1.05；型钢骨架执行定额第六章金属结构工程中相应定额子目。

11. 现浇混凝土挑檐、天沟、雨篷、阳台与屋面板或楼板连接时，以外墙外边线为分界线；与圈梁或其他梁连接时，以梁外边线为分界线；分别执行相应定额子目。

12. 阳台、雨篷立板高度≤500mm 时，其体积并入阳台、雨篷工程量内；立板高度＞500mm 时，执行栏板相应定额子目。

13. 看台板后浇带执行梁后浇带定额子目，综合工日乘以系数 1.05。

14. 定额中楼梯踏步及梯段厚度是按 200mm 编制的，设计厚度不同时，按梯段部分的水平投影面积执行每增减 10mm 定额子目。

15. 楼梯与现浇板的划分界限：楼梯与现浇混凝土板之间有梯梁连接时，以梁的外边线为分界；无梯梁连接时，以楼梯的最后一个踏步边缘加 300mm 为分界线。

16. 架空式混凝土台阶执行楼梯定额子目，栏板和挡墙另行计算。

17. 散水、坡道、台阶定额子目中，不包括面层的工料费用，面层执行定额第十一章楼地面装饰工程相应定额子目。

18. 后浇带定额子目中已包括金属网，不得另行计算。

（三）预制混凝土构件

1. 预制板缝宽＜40mm 时，执行接头灌缝定额子目；40mm＜缝宽≤300mm 执行补板缝定额子目；缝宽＞300mm 时执行板定额子目。

2. 圆孔板接头灌缝定额子目中已综合了空心板堵孔的工料费用及灌入孔内的混凝土，执行时不得另行计算。

3. 定额中未列出项目的构件以单件体积≤0.1m³ 时，执行小型构件相应定额子目；单件体积＞0.1m³ 的构件，执行其他构件相应定额子目。

（四）钢筋

1. 定额中钢筋是按手工绑扎编制的，采用机械连接时，应单独计算接头费用，不再计算搭接用量。

2. 现浇混凝土伸出构件的锚固钢筋、预制构件的吊钩等并入钢筋用量中。

3. 劲性混凝土中的钢筋安装，除执行相应定额子目外，综合工日乘以系数 1.25。

4. 劲性钢柱的地脚埋铁，执行定额第六章金属结构工程中钢柱预埋件定额子目。

二、工程量计算规则

（一）现浇混凝土

1. 现浇混凝土工程量除另有规定外，均按设计图示尺寸以体积计算，不扣除构件内钢筋、预埋铁件、螺栓及 0.3m² 以内的孔洞所占体积；型钢混凝土结构中，每吨型钢应扣减 0.1m³ 混凝土体积。

7-4

2. 现浇混凝土基础：按设计图示尺寸以体积计算。不扣除构件内钢筋、预埋铁件和伸入承台基础的桩头所占体积。

（1）带形基础：外墙按中心线，内墙按净长线乘以基础断面面积以体积计算；带形基础肋的高度自基础上表面算至肋的上表面。

（2）满堂基础：局部加深部分并入满堂基础体积内。

（3）杯形基础：应扣除杯口所占体积。

3. 现浇混凝土柱：按设计图示尺寸以体积计算。不扣除构件内钢筋，预埋铁件所占体积。型钢混凝土柱扣除构件内型钢所占体积。依附柱上的牛腿并入柱身体积计算。

（1）柱高的规定：

①有梁板应自柱基上表面（或楼板上表面）至上一层楼板上表面之间的高度计算；

②无梁板应自柱基上表面（或楼板上表面）至柱帽下表面之间的高度计算；

③框架柱应自柱基上表面至柱顶高度计算；

④构造柱按全高计算，嵌接墙体部分（马牙槎）并入柱身体积；

⑤空心砌块墙中的混凝土芯柱按孔的图示高度计算。

（2）钢管混凝土柱按设计图示尺寸以体积计算。

4. 现浇混凝土梁：按设计图示尺寸以体积计算。不扣除构件内钢筋、预埋铁件所占体积，伸入墙内的梁头、梁垫并入梁体积内。型钢混凝土梁扣除构件内型钢所占体积。

（1）梁长的规定：

①梁与柱连接时，梁长算至柱侧面；

②主梁与次梁连接时，次梁长算至主梁侧面；

③梁与墙连接时，梁长算至墙侧面；

④圈梁的长度外墙按中心线，内墙按净长线计算；

⑤过梁按设计图示尺寸计算。

（2）圈梁代过梁者其过梁体积并入圈梁工程量内。

（3）迭合梁按设计图示二次浇筑部分的体积计算。

5. 现浇混凝土墙：按设计图示尺寸以体积计算。不扣除构件内的钢筋、预埋铁件所占体积，扣除门窗洞口及单个面积＞0.3m² 的孔洞所占体积，墙垛及突出墙面部分并入墙体体积计算。

（1）墙长：外墙按中心线、内墙按净长线计算。

（2）墙高的规定：

①墙与板连接时，墙高从基础（基础梁）或楼板上表面算至上一层楼板上表面；

②墙与梁连接时，墙高算至梁底；

③女儿墙：从屋面板上表面算至女儿墙的上表面，女儿墙压顶、腰线、装饰线的体积并入女儿墙工程量内。

6. 现浇混凝土板：按设计图示尺寸以体积计算，不扣除构件内钢筋、预埋铁件及单个面积≤0.3m² 的柱、垛以及孔洞所占体积。压形钢板混凝土楼板应扣除构件内压形钢板所占体积。无梁板的柱帽并入板体积内。

（1）板的图示面积按下列规定确定：

①有梁板按主梁间的净尺寸计算。

②无梁板按板外边线的水平投影面积计算。

③平板按主墙间的净面积计算。

④板与圈梁连接时，算至圈梁侧面；板与砖墙连接时，伸出墙面的板头体积并入板工程量内。

（2）有梁板的次梁并入板的工程量内。

（3）叠合板按设计图示板和肋合并后的体积计算。

（4）看台板按图示尺寸以体积计算，看台板的梁并入看台板工程量内。

（5）压型钢板上现浇混凝土，板厚应从压型钢板的板面算至现浇混凝土板的上表面，压型钢板凹槽部分混凝土体积并入板体积内。

（6）斜板按设计图示尺寸以体积计算。

（7）雨篷、悬挑板、阳台板：按设计图示尺寸以墙外部分体积计算，包括伸出墙外的牛腿和雨篷返挑檐的体积。

（8）栏板、天沟、挑檐：按设计图示尺寸以体积计算。

（9）各类板伸入墙内的板头并入板体积内，薄壳板的肋、基梁并入薄壳体积内计算。

（10）其他板：按设计图示尺寸以体积计算；空心板应扣除空心部分体积。

（11）空心板中的芯管按设计图示长度计算。

7. 楼梯（包括休息平台、平台梁、斜梁及楼梯的连接梁），按设计图示尺寸以水平投影面积计算。不扣除宽度≤500mm的楼梯井，伸入墙内部分不计算。

8. 散水、坡道、台阶、电缆沟、地沟、扶手、压顶、其他构件、小型构件按设计图示体积计算。不扣除构件内钢筋、预埋铁件所占体积。

9. 补板缝按预制板长度乘以板缝宽度再乘以板厚以体积计算，预制板边八字角部分的体积不得另行计算。

10. 柱、梁、板及其他构件接头灌缝按预制构件体积以体积计算；杯形基础灌缝按个计算。

11. 后浇带按设计图示尺寸以体积计算。

（二）预制混凝土

1. 预制混凝土柱、梁、屋架按设计图示尺寸以体积计算，不扣除构件内钢筋、预埋铁件所占体积。

2. 预制混凝土板及外墙按设计图示尺寸以体积计算。不扣除构件内钢筋、预埋铁件及单个面积≤300mm×300mm的孔洞所占体积。

3. 预制沟盖板、井盖板、井圈：按设计图示尺寸以体积计算。不扣除构件内钢筋、预埋铁件所占体积。

4. 预制混凝土楼梯：按设计图示尺寸以体积计算。不扣除构件内钢筋、预埋铁件所占体积，扣除空心踏步板空洞体积。

5. 预制混凝土漏空花格按设计图示垂直投影面积计算。

6. 预应力混凝土构件按设计图示尺寸以体积计算，不扣除灌浆孔道所占体积。

（三）钢筋

1. 现浇构件的钢筋、钢筋网片、钢筋笼均按设计图示钢筋（网）长度（面积）乘以单位理论质量计算。现浇构件中伸出构件的锚固钢筋应并入钢筋工程量内。

2. 钢筋搭接应按设计图纸注明或规范要求计算；图纸未注明搭接的按以下规定计算搭接数量：

（1）钢筋 ϕ12 以内，按 12m 长计算 1 个搭接；

（2）钢筋 ϕ12 以外，按 8m 长计算 1 个搭接；

（3）现浇钢筋混凝土墙，按楼层高度计算搭接。

3. 预应力钢丝束、钢绞线及张拉按设计图示长度乘以单位理论质量计算。

（1）钢筋（钢纹线）采用 JM、XM、QM 型锚具，钢丝束采用锥形锚具，孔道长度≤20m 时，钢筋长度按孔道长度增加 1m 计算，孔道长度>20m 时，钢筋长度增加 1.8m 计算；

（2）钢丝束采用墩头锚具时，钢丝束长度按孔道长度增加 0.35m 计算。

4. 支撑钢筋（铁马）按钢筋长度乘以单位理论质量计算。

5. 锚具安装以孔计算。

6. 预埋管孔道铺设按构件设计图示长度计算。

7. 铁件

（1）预埋铁件按设计图示尺寸以质量计算。

（2）钢筋接头机械连接按数量计算。

（3）植筋以根计算。

（四）垫层

1. 基础垫层：按设计图示尺寸以体积计算。不扣除构件内钢筋、预埋铁件和伸入承台基础的桩头所占体积。

（1）满堂基础垫层如遇基础局部加深，其加深部分的垫层体积并入垫层工程量内。

（2）带形基础垫层长度的确定：外墙按垫层中心线，内墙按垫层净长线计算。

2. 楼地面混凝土垫层按室内房间净面积乘以厚度以体积计算。应扣除沟道、设备基础等所占的体积；不扣除柱垛、间壁墙和附墙烟囱、风道及≤0.3m² 以内孔洞所占体积，但门洞口、暖气槽和壁龛的开口部分所占的垫层体积内也不增加。

（五）现场搅拌混凝土增加费按混凝土使用量以体积计算。

三、混凝土定额执行中应注意的问题

（一）各类混凝土基础的区分

混凝土基础包括满堂基础、带形基础、独立基础和设备基础。

1. 满堂基础：

分为板式满堂基础、筏形满堂基础和箱形基础，其中筏形满堂基础和

箱形满堂基础如图 7-29（a）、（b）所示。

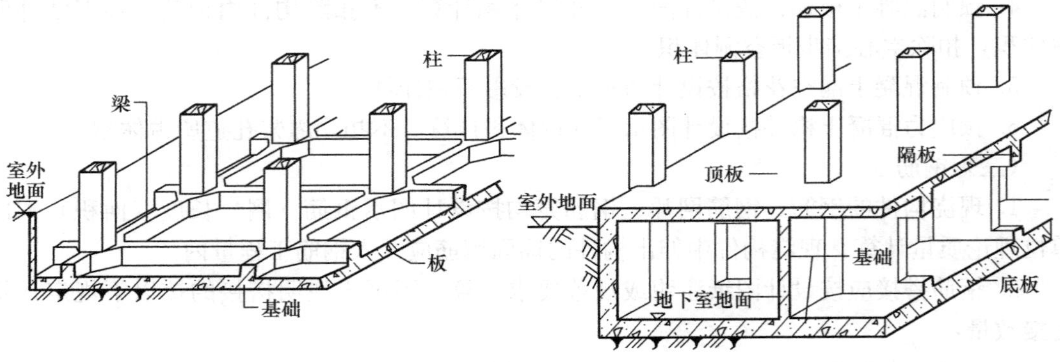

7-5

图 7-29　满堂基础

（a）筏形满堂基础；（b）箱形满堂基础

箱形基础是由钢筋混凝土底板、顶板、侧墙及一定数量的内隔墙构成封闭的箱体，基础中部可在内隔墙开门洞作地下室。这种基础整体性和刚度较好，调整不均匀沉降的能力及抗震能力较强，可消除因地基变形使建筑物开裂的可能性，减少基底处原有地基自重应力，降低总沉降量。这种基础其底板按满堂基础计算，顶板按楼板计算，内外墙按混凝土墙计算。

2. 带形基础

带形基础区分为墙下带形混凝土基础和柱下带形基础，如图 7-30（a）、（b）所示。

柱下带形基础常用钢筋混凝土材料。当土质差，上部荷载大时可作成十字交叉式布

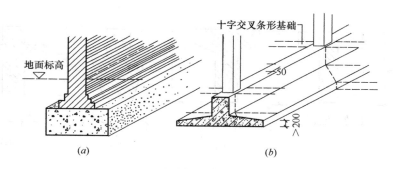

图 7-30 带形基础

(a) 墙下带形基础；(b) 柱下带形基础

置，构成柱下井格式带形基础，如图 7-31 所示。

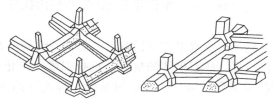

图 7-31 柱下井格式带形基础示意

3. 独立基础

分为现浇柱下独立基础和预制柱下独立基础，如图 7-32 (a)、(b) 所示。预制柱下独立基础亦称杯形基础或杯口基础。

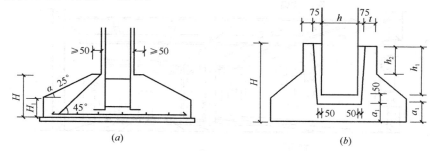

图 7-32 独立基础示意图

(a) 现浇柱下独立基础；(b) 预制柱下独立基础

(二) 混凝土柱

现浇钢筋混凝土柱，分承重柱和构造柱。承重柱分为钢筋混凝土柱和劲性钢骨架柱（用于升板结构），构造柱、芯柱一般用于混合结构中，它与圈梁组成一个框架，为加强结构的整体性，以减缓地震的灾害。承重柱常见于框架结构中。

(三) 混凝土梁

1. 现浇钢筋混凝土梁的断面，如图 7-33 所示。

2. 框架梁

在框架结构工程中，与柱子相连接的承重梁称为框架梁，梁的端点在柱子上。计算梁的长度时，梁与柱连接时，梁长算至柱侧面；主梁与次梁连接时，次梁长算至主梁侧面；

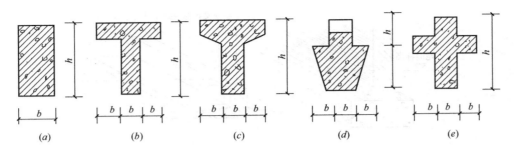

图 7-33 混凝土梁断面示意

(a) 矩形梁；(b) T 形梁一；(c) T 形梁二；(d) 花篮梁；(e) 十字梁

如图 7-34 所示。

有梁板的主梁套用梁的定额子目，次梁并入板的工程量内执行有梁板的定额子目。

3. 圈梁

砌体结构房屋中，在砌体内沿水平方向设置封闭的钢筋混凝土梁，以提高房屋空间刚度、增加建筑物的整体性、提高砖石砌体的抗剪、抗拉强度，防止由于地基不均匀沉降、地震或其他较大振动荷载对房屋的破坏。在房屋基础上部连续的钢筋混凝土梁叫基础圈梁，也叫地圈梁（DQL）；而在墙体上部，紧挨楼板的钢筋混凝土梁叫上圈梁。计算圈梁的长度时，外墙按中心线、内墙按净长线计算。

（四）混凝土板

常见的板有有梁板、无梁板、平板、叠合板等。如图 7-35～图 7-37 所示。

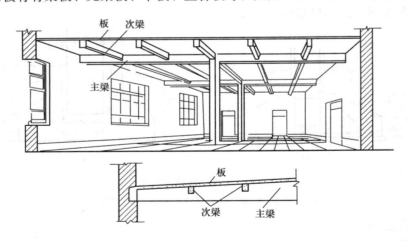

图 7-34 框架结构柱与有梁板示意

现浇混凝土板按设计图示尺寸以体积计算，即用板的面积乘以板的厚度来计算，其中板的面积规则为：有梁板按主梁间的净尺寸计算；无梁板按板外边线的水平投影面积计算；平板按主墙间的净面积计算；板与圈梁连接时，算至圈梁侧面；板与砖墙连接时，伸出墙面的板头体积并入板工程量内。

注意，无梁板的柱帽并入板体积内计算。

叠合板按设计图示板和肋合并后的体积计算，如图7-37所示。

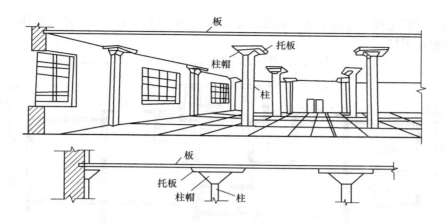

图 7-35　无梁板示意

压型钢板混凝土板是利用凹凸相间的压型薄钢板做衬板与现浇混凝土浇筑在一起支承在钢梁上构成整体型楼板，主要由楼面层、组合板和钢梁三部分组成。压型钢板混凝土楼板应扣除构件内压型钢板所占体积。如图 7-38 所示。

（五）混凝土墙

现浇混凝土墙包括直形墙、弧形墙、短肢剪力墙和挡土墙，短肢剪力墙结构只适用于小高层建筑，不适用于高层建筑，如图 7-39 所示。

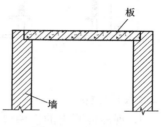

图 7-36　平板示意

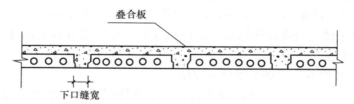

图 7-37　叠合板示意

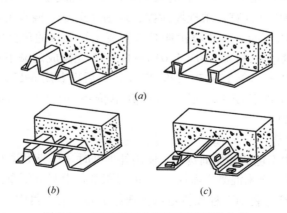

图 7-38　压型钢板上现浇钢筋混凝土板

（*a*）无附加抗剪措施的压型板；（*b*）带锚固件的压型钢板；（*c*）有抗剪键的压型钢板

注意，和墙连在一起的暗梁、暗柱（是指与墙同厚度的梁、柱）并入墙体工程量中，执行墙的定额子目。

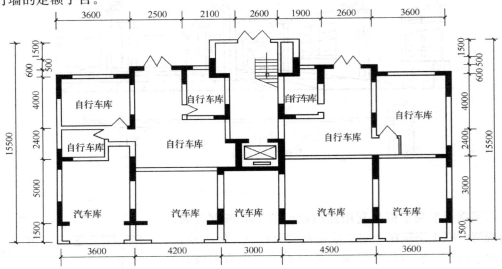

图 7-39 短肢剪力墙平面布置示意图

（六）楼梯

1. 现浇混凝土的楼梯包括休息平台、平台梁、斜梁及楼梯的连接梁，按设计图示尺寸以水平投影面积计算，不扣除宽度不大于 500mm 的楼梯井，伸入墙内部分不计算。楼梯与现浇板的划分界限为：楼梯与现浇混凝土板之间有梯梁连接时以梁的外边线为分界线；无梯梁连接时，以楼梯的最后一个踏步边缘加 300mm 为分界线。

2. 预制混凝土楼梯按设计图示尺寸以体积计算。与现浇混凝土的计算规则不同，在计算工程量时要注意。

（七）现场搅拌混凝土增加费子目的应用

北京市 2012 预算定额中现浇混凝土构件是按预拌混凝土编制的，采用现场搅拌时，执行相应的预拌混凝土子目，先换算混凝土材料费，再执行现场搅拌混凝土调整费子目，该项目调整的是现场搅拌混凝土所增加的人工费，按照混凝土的使用量按体积计算。

【例 7-6】 按基期价格计算，求现场搅拌、现场浇筑 C30 混凝土矩形梁的预算单价。

【解】 先套用 5-13 子目，知现浇预拌 C30 混凝土矩形梁的预算单价为 461.82 元，将子目中的 C30 预拌混凝土材料费 410×1.015＝416.15 元换成定额下册附录 C30 混凝土配比表中的材料基期价 293.96×1.015＝298.37 元，然后再套用 5-154 子目。即：

C30 现场搅拌、浇筑混凝土矩形梁的预算单价＝461.82－（416.15－298.37）＋44.58×1.015＝389.29 元

（八）混凝土外加剂

现浇混凝土子目中不包括外加剂费用，使用外加剂时，其费用并入混凝土预算价格中。

【例 7-7】 已知每立方米混凝土需加 25 元的膨胀剂，求 C30 混凝土矩形柱的预算价格。

【解】 查房屋建筑与装饰工程预算定额上册第五章 5-7 子目中 C30 预拌混凝土的单价 478.71 元，其中 C30 预拌混凝土的单价为 410.00 元，加入膨胀剂的 C30 混凝土的单价为 410.00＋25＝435.00 元。

故加入膨胀剂的 C30 混凝土柱的预算价格为 478.71＋（435.00－410.00）×0.9860 ＝503.36 元。

【例 7-8】 某四层钢筋混凝土现浇框架办公楼，图 7-40 为平面结构示意图和独立柱基础断面图，轴线即为梁、柱的中心线。已知楼层高均为 3.60m；柱顶标高为 14.40m；柱断面为 400mm×400mm；L_1 宽 300mm，高 600mm；L_2 宽 300mm，高 400mm。试求主体结构柱、梁的混凝土工程量。

【解】
（1）钢筋混凝土柱混凝土工程量＝柱断面面积×每根柱长×根数
$$＝（0.4×0.4）×（14.4＋2.0－0.3－0.3）×9$$
$$＝0.16×15.8×9$$
$$＝22.75m^3$$

（2）梁的混凝土工程量 ＝ [L_1 梁长×L_1 断面面积×L_1 根数＋L_2 梁长×L_2 断面面积× L_2 根数]×层数
$$＝[（9.0－0.2×2）×（0.3×0.6）×（2×3）＋（6.0－0.2×2）$$
$$×（0.3×0.4）×（2×3）]×4$$
$$＝[9.288＋4.032]×4$$
$$＝53.28m^3$$

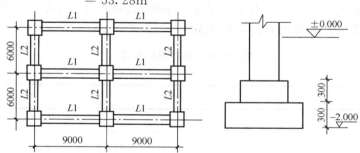

图 7-40　某办公楼结构图

四、钢筋工程定额执行中应注意的问题

（一）钢筋工程量计算原理

混凝土构件中的钢筋按设计图示长度乘以单位理论质量计算，钢筋单位理论质量见表 7-9，可以直接套用，因此我们在计算钢筋工程量时，其关键就是计算钢筋的长度。钢筋长度的计算原理如图 7-41 所示。

7-6

7-7

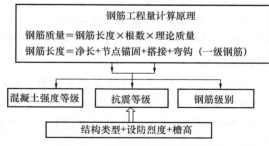

图 7-41　钢筋工程量计算原理图

钢筋的公称直径与单位理论质量表　　　　　表 7-9

公称直径 (mm)	单根钢筋理论重量 (kg/m)	公称直径 (mm)	单根钢筋理论重量 (kg/m)
6	0.222	20	2.47
6.5	0.26	22	2.98
8	0.395	25	3.85
10	0.617	28	4.83
12	0.888	32	6.31
14	1.21	36	7.99
16	1.58	40	9.87
18	2	50	15.42

（二）有关构造要求

1. 混凝土保护层

受力钢筋的混凝土保护层最小厚度（从钢筋的外边缘算起）要受环境的影响，混凝土在不同环境中的保护层厚度可查表 7-10 确定。

混凝土保护层的最小厚度　　　　　表 7-10

单位：mm

环境类别	板、墙、壳	梁、柱、杆
一 a	15	20
二 a	20	25
二 b	25	35
三 a	30	40
三 b	40	50

注：1. 表中混凝土保护层厚度指是外层钢筋外边缘至混凝土表面的距离，适用于设计使用年限为 50 年的混凝土结构。

2. 构件中受力钢筋的保护层厚度不应小于钢筋的公称直径。

3. 设计使用年限为 100 年的混凝土结构，一类环境中、最外层钢筋的保护层厚度不应小于表中数值的 1.4 倍；二、三类环境中，应采取专门的有效措施。

4. 混凝土强度等级不大于 C25 时，表中保护层厚度数值应增加 5mm。

5. 基础底面钢筋的保护层厚度，有混凝土垫层时应从垫层顶面算起，且不应小于 40mm。

2. 受拉钢筋的锚固长度

钢筋混凝土工程中，钢筋与混凝土的结合主要是依靠钢筋与混凝土之间的粘结力（即握裹力），使之共同工作，承受荷载。为了保证钢筋与混凝土能够有效地粘结，钢筋必须有足够的锚固长度。计算钢筋的工程量时，一定要考虑钢筋的锚固长度。有抗震要求的纵向受拉钢筋的锚固长度见表 7-11。

表 7-11

纵向受拉钢筋抗震锚固长度 l_{aE}

钢筋种类与直径 混凝土强度与抗震等级	抗震等级	HPB300 普通钢筋	HRB335 普通钢筋 d≤25	HRB335 普通钢筋 d>25	HRB335 环氧树脂涂层钢筋 d≤25	HRB335 环氧树脂涂层钢筋 d>25	HRB400 普通钢筋 d≤25	HRB400 普通钢筋 d>25	HRB400 环氧树脂涂层钢筋 d≤25	HRB400 环氧树脂涂层钢筋 d>25	HRB500 普通钢筋 d≤25	HRB500 普通钢筋 d>25	HRB500 环氧树脂涂层钢筋 d≤25	HRB500 环氧树脂涂层钢筋 d>25
C20	一、二级抗震等级	45d	44d	49d	55d	61d	—	—	—	—	—	—	—	—
C20	三级抗震等级	41d	40d	45d	51d	56d	—	—	—	—	—	—	—	—
C25	一、二级抗震等级	39d	38d	42d	48d	53d	46d	51d	58d	63d	55d	61d	69d	76d
C25	三级抗震等级	36d	35d	39d	44d	48d	42d	46d	53d	58d	50d	55d	63d	69d
C30	一、二级抗震等级	35d	33d	37d	42d	46d	40d	44d	51d	56d	49d	54d	62d	68d
C30	三级抗震等级	32d	31d	34d	39d	43d	37d	41d	47d	51d	45d	50d	56d	62d
C35	一、二级抗震等级	32d	31d	34d	39d	43d	37d	41d	47d	51d	45d	50d	56d	62d
C35	三级抗震等级	29d	28d	31d	35d	39d	34d	38d	43d	47d	41d	45d	51d	56d
C40	一、二级抗震等级	29d	29d	32d	36d	39d	33d	37d	43d	46d	41d	45d	51d	56d
C40	三级抗震等级	26d	26d	29d	33d	36d	30d	34d	38d	42d	38d	42d	47d	52d
C45	一、二级抗震等级	28d	26d	30d	34d	37d	32d	35d	40d	44d	39d	43d	49d	54d
C45	三级抗震等级	25d	24d	27d	30d	33d	29d	32d	37d	40d	36d	39d	45d	49d
C50	一、二级抗震等级	26d	25d	29d	32d	36d	31d	34d	39d	43d	37d	41d	46d	51d
C50	三级抗震等级	24d	23d	25d	29d	32d	28d	31d	35d	39d	34d	38d	43d	47d
C55	一、二级抗震等级	25d	24d	27d	31d	34d	30d	33d	37d	41d	36d	40d	45d	50d
C55	三级抗震等级	23d	22d	25d	28d	31d	27d	30d	34d	38d	33d	36d	41d	45d
≥C60	一、二级抗震等级	24d	24d	27d	30d	33d	29d	31d	36d	40d	35d	38d	43d	48d
≥C60	三级抗震等级	22d	22d	24d	28d	30d	26d	29d	33d	36d	32d	35d	40d	44d

注：1. 当钢筋在混凝土施工过程中易受扰动（如滑模施工）时，其锚固长度乘以修正系数 1.1；

2. 在任何情况下，锚固长度不得小于 250mm；

3. d 为纵向钢筋直径。

【例 7-9】　KL1 平法施工图如图 7-42 所示，求钢筋的长度。计算条件见表 7-12 所示。

计 算 条 件　　　　　　　　　　　　　　　　　表 7-12

计算条件	值
混凝土强度	C25
抗震等级	一级抗震
纵筋连接方式	对焊（本题纵筋钢筋接头只按定尺长度计算接头个数，不考虑钢筋的实际连接位置）
钢筋定尺长度	8000mm
h_c	柱宽
h_b	梁高

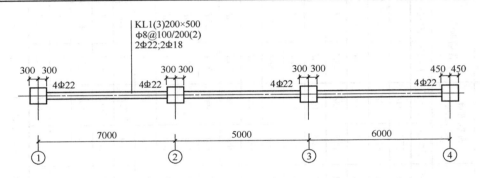

图 7-42　KL1 平法施工图

【解】（1）计算参数如下：

①查表 7-10，知柱混凝土保护层厚度 $c=30$mm；

②梁混凝土保护层厚度 $c=30$mm；

③查表 7-11，知 $l_{aE}=38d$；

④双肢箍长度计算公式：$(b-2c+d)\times2+(h-2c+d)\times2+(1.9d+10d)\times2$；

⑤箍筋起步距离 $=50$mm。

⑥箍筋加密区长度：

抗震等级为一级：$\geqslant2.0h_b$，且 $\geqslant500$mm；

抗震等级为二～四级：$\geqslant1.5h_b$，且 $\geqslant500$mm。

（2）钢筋计算过程

1）上部通长筋 2 Φ 22

①判断两端支座锚固方式：

根据梁通长筋端支座锚固构造规定（见表 7-13），可知：

左端支座 $600<l_{aE}$，因此左端支座内弯锚；右端支座 $900>l_{aE}$，因此右端支座内直锚。

<table>
<tr><td colspan="3" style="text-align:center">梁通长筋端支座锚固构造　　　　表 7-13</td></tr>
</table>

类　型	识　图	构　造　要　点
端支座弯锚	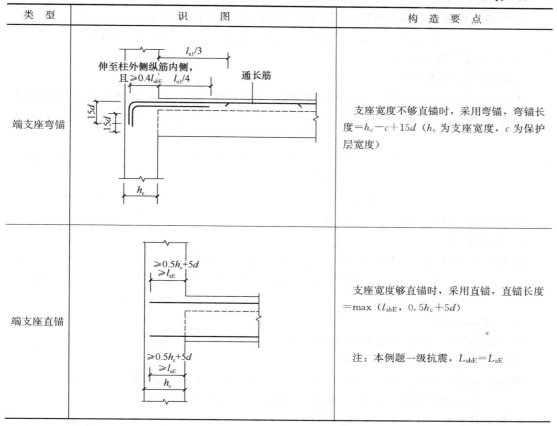	支座宽度不够直锚时，采用弯锚，弯锚长度$=h_c-c+15d$（h_c 为支座宽度，c 为保护层宽度）
端支座直锚		支座宽度够直锚时，采用直锚，直锚长度$=\max\,(l_{abE}, 0.5h_c+5d)$ 注：本例题一级抗震，$L_{abE}=L_{aE}$

②上部通长筋长度：

$=7000+5000+6000-300-450+(600-30+15d)+\max(38d，300+5d)$

$=7000+5000+6000-300-450+(600-30+15\times22)+\max(38\times22，300+5\times22)$

$=18986\text{mm}$

接头个数$=18986/8000-1=2$ 个

2）支座 1 负筋 2 Φ 22

①左端支座锚固同上部通长筋；跨内延伸长度为 $l_n/3$

②支座负筋长度$=600-30+15d+(7000-600)/3$

$\qquad\qquad=600-30+15\times22+(7000-600)/3=3034\text{mm}$

3）支座 2 负筋 2 Φ 22

长度$=$第一跨延伸长度$+$柱宽$+$第二跨延伸长度

$\quad=(7000-600)/3+600+(5000-600)/3$

$\quad=2134+600+1467=4201\text{mm}$

4）支座 3 负筋 2 Φ 22

长度$=$第二跨延伸长度$+$柱宽$+$第三跨延伸长度

$\quad=(5000-600)/3+600+(6000-750)/3$

$\quad=1467+600+1750=3817\text{mm}$

5）支座 4 负筋 2Φ22

支座负筋长度＝右端支座锚固同上部通长筋＋跨内延伸长度 $l_n/3$

$$=\max(38\times22；300+5\times22)+(6000-750)/3=2586\text{mm}$$

6）下部通长筋 2Φ18

①判断两端支座锚固方式。

左端支座 $600<l_{aE}$，因此左端支座内弯锚；右端支座 $900>l_{aE}$，因此右端支座内直锚。

②下部通长筋长度$=7000+5000+6000-300-450+(600-30+15d)+\max(38d,$

$$300+5d)$$

$$=7000+5000+6000-300-450+(600-30+15\times18)+\max(38$$

$$\times18，300+5\times18)$$

$$=18774\text{mm}$$

接头个数$=18774/8000-1=2$ 个

7）箍筋长度

箍筋长度$=(b-2c+d)\times2+(h-2c+d)\times2+(1.9d+10d)\times2$

$$=(200-2\times30+8)\times2+(500-2\times30+8)\times2+2\times11.9\times8=1382.4$$

$$=1383\text{mm}$$

8）每跨箍筋根数

①箍筋加密区长度$=2\times500=1000\text{mm}$

②第一跨根数$=22+21=43$ 根

其中：加密区根数$=2\times[(1000-50)/100+1]=2\times11$ 根$=22$ 根

非加密区根数$=(7000-600-2000)/200-1=21$ 根

③第二跨根数$=22+11=33$ 根

其中：加密区根数$=2\times[(1000-50)/100+1]=2\times11$ 根$=22$ 根

非加密区根数$=(5000-600-2000)/200-1=11$ 根

④第三跨根数$=22+16=38$ 根

其中：加密区根数$=2\times[(1000-50)/100+1]=2\times11$ 根$=22$ 根

非加密区根数$=(6000-750-2000)/200-1=16$ 根

⑤总根数$=43+33+38=114$ 根

则箍筋总长$=1383\times114=157662\text{mm}=157.66\text{m}$

第六节　金属结构工程

7-8

一、说明

（一）本节包括：钢网架，钢屋架及钢桁架，钢柱，钢梁，钢板楼板及墙板，钢构件，金属制品，金属结构探伤，金属结构现场除锈及其他 9 小节共 101 个子目。

（二）金属结构构件均以工厂制品为准编制，单价中已包括加工损耗和加工厂至安装地点的运输费用。

（三）定额中钢材是按照 Q235B 考虑，设计与定额材质不同时，构件价格可进行换算。

（四）各种钢构件（除网架外）安装均按刚接与铰接综合考虑，执行中不得调整。

（五）单榀重量≤1t的钢屋架执行轻钢屋架定额子目，单榀重量＞1t的钢屋架执行桁架定额子目；建筑物间的架空通廊执行钢桥架定额子目。

（六）实腹钢柱（梁）、空腹钢柱（梁）、型钢混凝土组合结构钢柱（梁）的相关说明：

1. 实腹钢柱（梁）是指H形，T形，L形，十字形，组合形等。

2. 空腹钢柱（梁）是指箱形，多边形，格构型等。

3. 型钢混凝土组合结构钢柱（梁）形式包括H形、O形、箱形、十字形、组合形等。

（七）金属构件安装定额子目中除另有说明外均不包含工程永久性高强螺栓连接副、机制螺栓、销轴等紧固连接件，发生时材料费另行计算。

（八）螺栓球节点网架中的球节点、锥头、封板、杆件及与杆件连接的高强螺栓、顶丝已包括在网架的构件价格中。

（九）型钢混凝土内钢柱（梁）、压型钢板楼板等构件中不包括栓钉，栓钉另行计算执行相应定额子目。

（十）钢网架、钢屋架、钢桁架、钢桥架等大型构件需要现场拼装时，除执行相应的安装子目外，还应执行现场拼装定额子目。

（十一）埋入式（或与预埋件焊接）钢筋踏棍安装套用零星钢构件定额子目。

（十二）定额中金属构件安装均按建筑物跨内吊装考虑，若需跨外吊装时，按相应定额综合工日乘以系数1.15。

（十三）定额中金属构件安装均按建筑物檐高≤25m考虑。建筑物檐高＞25m时，按照表7-14系数调整综合工日含量。

高层建筑综合工日调整表 表7-14

建筑物檐高 （H） （m）	25＜H≤45	45＜H≤80	80＜H≤100	100＜H≤200	200＜H≤300	H＞300
系数	1.05	1.1	1.15	1.2	1.3	1.4

（十四）金属构件安装定额子目均不包括为安装构件所搭设的临时性脚手架、支撑、平台、爬梯、吊篮以及为构件安装所设置的吊环、吊耳等零部件，发生时另行计算。

（十五）金属构件安装定额子目不包括油漆、防火涂料，设计有防腐、防火要求时应执行定额第十四章油漆、涂料、裱糊中的相应定额子目。

（十六）后浇带金属网已包括在定额第五章混凝土与钢筋混凝土工程的相应子目中，不得另行计算。

（十七）金属结构探伤适用于金属构件现场安装焊接后对焊接部位进行的超声波探伤检查。

（十八）金属结构节点除锈适用于金属构件现场安装后对节点进行的除锈处理。

（十九）金属结构现场焊接预热、后热处理适用于金属构件现场安装焊接前后进行的预热、后热处理。

二、工程量计算规则

（一）钢网架按设计图示尺寸以质量计算。不扣除孔眼的质量，焊条、铆钉、螺栓等不另增加质量。

依附在钢网架上的支撑点钢板及立管、节点板并入网架工程量中。

（二）钢屋架、钢托架、钢桁架、钢桥架按设计图示尺寸以质量计算，不扣除孔眼的质量，焊条、铆钉、螺栓等不另增加质量。

钢屋架、钢托架、钢桁架、钢桥架上的节点板、加强板分别并入相应构件工程量中。

（三）实腹钢柱、空腹钢柱按设计图示尺寸以质量计算。不扣除孔眼的质量，焊条、铆钉、螺栓等不另增加质量。依附在钢柱上的牛腿及悬臂梁等并入钢柱工程量内。

钢梁上的柱脚板、劲板、柱顶板、隔板、肋板并入钢柱工程量内。

（四）钢管柱按设计图示尺寸以质量计算。不扣除孔眼的质量，焊条、铆钉、螺栓等不另增加质量，钢管柱上的节点板、加强环、内衬管、牛腿等并入钢管柱工程量内。

（五）实腹钢梁、空腹钢梁按设计图示尺寸以质量计算。不扣除孔眼的质量，焊条、铆钉、螺栓等不另增加质量。制动梁、制动板、制动桁架、车挡并入钢吊车梁工程量内。

钢梁上的劲板、隔板、肋板、连接板等并入钢梁工程量中。

（六）钢构件按设计图示尺寸以质量计算。不扣除孔眼质量，焊条、铆钉、螺栓等不另增加质量。

依附在漏斗或天沟的型钢并入漏斗或天沟工程量内。

（七）钢管桁架杆件长度按设计图示中心线长度计算。

（八）金属构件安装用垫板、衬板、衬管按设计图示尺寸以质量计算。

（九）型钢混凝土组合结构钢柱（梁）、压型钢板楼板的栓钉安装按设计图示规格数量计算。

（十）钢板楼板按设计图示规格尺寸以铺设水平投影面积计算。不扣除单个面积≤0.3m² 柱、垛及孔洞所占面积。

（十一）钢板墙板按设计图示规格尺寸以铺挂面积计算。不扣除单个面积≤0.3m² 的梁、孔洞所占面积，包角、包边、窗台泛水，女儿墙顶等不另加面积。

（十二）钢梁、钢柱预埋铁件按设计图示尺寸以质量计算。

（十三）空调金属百页护栏、成品栅栏按设计图示尺寸等以框外围展开面积计算。

（十四）金属网栏按设计图示尺寸以框外围展开面积计算。

（十五）砌块墙钢丝网加固按设计图示尺寸以面积计算。

（十六）金属板材对接焊缝探伤检查按设计图示焊缝长度计算。

（十七）金属管材对接焊缝探伤检查按设计图示焊缝数量计算。

（十八）金属板材板面探伤检查按检查材料面积计算。

（十九）金属构件现场节点除锈按设计图示全部质量计算。

（二十）金属构件现场焊接预热、后热处理按设计图示焊缝长度计算。

三、定额执行中应注意的问题

金属结构是指主体结构为金属制品的结构形式。如：钢结构、铝合金结构、铜合金结构等。目前在我国使用的大多数为钢结构。2012 预算定额主要包括钢网架，钢屋架、桁架，钢柱，钢梁，钢板楼板、墙板，钢构件，金属制品，金属结构探伤，金属结构现场除锈等。

（一）钢网架

由于钢网架设计复杂，杆件及球节点数量多，计算烦琐，工程量计算时可按照设计图纸材料表给出的尺寸和重量计算，也可按照下列方法计算，如图 7-43～图 7-45 所示。

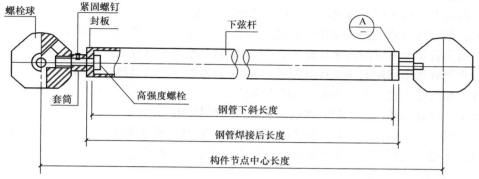

图 7-43　杆件组装示意（一）

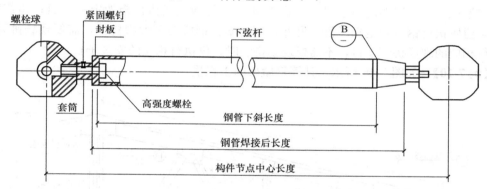

图 7-44　杆件组装示意（二）

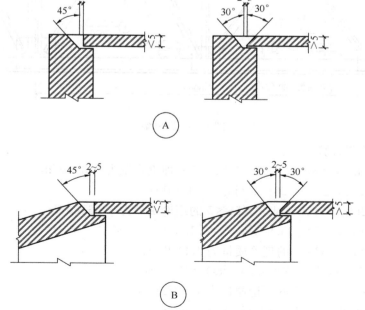

图 7-45　杆件组装示意（三）

（1）网架杆件质量：$T=$实际长度×相应规格的理论质量

实际长度＝两个网架球之间连接杆的实际净长度。

无缝钢管每米质量的快速计算公式：0.02466×壁厚×（外径－壁厚）

不锈钢管每米质量的快速计算公式：0.02491×壁厚×（外径－壁厚）

合金制管每米质量的快速计算公式：0.02483×壁厚×（外径－壁厚）

（2）螺栓球质量：$T=$球体积×理论质量

其中：计算球体积时不扣除切削面和螺栓孔的体积。

（3）焊接空心球重量：$T=$图示球体表面积×壁厚×理论质量

（4）支托节点板重量：$T=$图示钢板尺寸×壁厚×理论质量

（二）钢屋架、桁架

定额包括门式钢屋架、轻钢屋架、钢托架、钢管桁架、钢桥架等，其中单榀重量≤1t的钢屋架执行轻钢屋架定额子目，单榀重量＞1t的钢屋架执行桁架定额子目；建筑物间的架空通廊执行钢桥架定额子目。另外，钢桁架、钢桥架等大型构件，需要现场拼装时，应执行相应的现场拼装子目，不需要现场拼装时，仅执行相应的安装子目。

【例 7-10】 如图 7-46 所示，计算钢屋架的工程量。

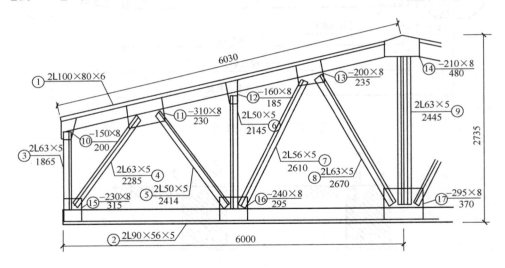

图 7-46 钢屋架

【解】 工程量计算如下：

（1）上弦 2L100×80×6：L100×80×6 的理论质量为 8.35kg/m

＝8.35×6.03×2×2＝201.4（kg）＝0.2014t

（2）下弦 2L90×56×5：L90×56×5 的理论质量为 5.661kg/m

＝5.661×6×2×2＝135.9（kg）＝0.1359t

（3）2L63×5：L63×5 的理论质量为 4.822kg/m

＝4.822×1.865×2×2＝3.36（kg）＝0.036t

（4）2L63×5：L63×5 的理论质量为 4.822kg/m

＝4.822×2.285×2×2＝44（kg）＝0.044t

（5）2L50×5：L50×5 的理论质量为 3.77kg/m

＝3.77×2.414×2×2＝36.4（kg）＝0.0364t

（6）2L50×5：L50×5的理论质量为3.77kg/m

＝3.77×2.145×2×2＝32.3（kg）＝0.0323t

（7）2L56×5：L56×5的理论质量为4.251kg/m

＝4.251×2.61×2×2＝44.4（kg）＝0.0444t

（8）2L63×5：L63×5的理论质量为4.822kg/m

＝4.822×2.67×2×2＝51.5（kg）＝0.0515t

（9）2L63×5：L63×5的理论质量为4.822kg/m

＝4.822×2.445×2＝23.6（kg）＝0.0236t

（14）、（17）板：

＝（0.48×0.21＋0.37×0.295）×0.008×7.85＝0.0132t

（10）、（11）、（12）、（13）、（15）、（16）板面积为

＝2×（0.15×0.2＋0.31×0.23＋0.16×0.185＋0.2×0.235＋0.315×0.23＋0.295×

0.24）

＝0.6423m²

其质量＝0.6423×0.008×7.85＝0.0403t

合计＝0.659t

（三）钢柱

钢柱按截面形式可分为实腹柱、空腹柱、格构柱、钢管柱、型钢混凝土组合结构柱。

（1）实腹柱具有整体截面，最常用的有工形截面、T形截面、L形截面、十字形截面以及组合形截面如图7-47所示。

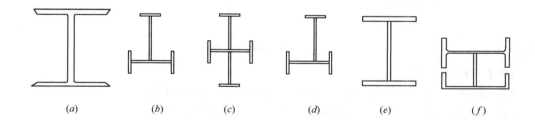

图7-47　实腹柱的截面形式

（a）工形截面；（b）T形截面；（c）十字形截面；（d）L形截面；（e）H字形截面；（f）组合截面

（2）空腹钢柱的形式包括两类，一类是指截面相对封闭的箱形、多边形、日字形、田字形、目字形等，如图7-48所示。另一类指格构形截面柱，简称格构柱，如图7-49所示。

格构柱属于压弯构件，多用于厂房框架柱和独立柱，截面一般为型钢或钢板设计成双轴对称或单轴对称的截面；格构体系构件由两肢或多肢组成，各肢间用缀条或缀板连接组成。当荷载较大、柱身较宽时，钢材用量较省，可以很好地节

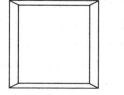

图7-48　箱形柱截面形式

约材料。

图 7-49 格构柱截面形式

【例 7-11】 如图 7-50 所示，计算 H 型钢柱（等截面）首节重量。

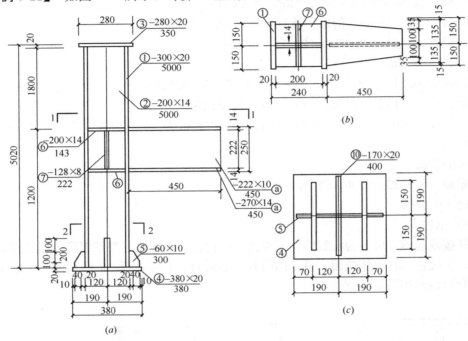

图 7-50 H 型钢柱示意

【解】 工程量计算如下：

(1) 翼缘（—300×20）：$0.3 \times 5.0 \times 0.02 \times 7.85 \times 2 = 0.471$t

(2) 腹板（—200×14）：$0.2 \times 0.014 \times 5.0 \times 7.85 = 0.1099$t

(3) 柱顶板（—280×20）：$0.28 \times 0.35 \times 0.02 \times 7.85 = 0.015$t

(4) 柱脚板（—380×20）：$0.38 \times 0.38 \times 0.02 \times 7.85 = 0.0227$t

(5) 加劲板 1（—60×10）：$\left[(0.02+0.06) \times 0.2 \times \frac{1}{2} + 0.1 \times 0.06\right] \times 0.01 \times 7.85 \times 2 = 0.0022$t

(6) 加劲板 2（—200×14）：$0.2 \times 0.014 \times 0.143 \times 7.85 \times 4 = 0.0126$t

(7) 加劲板 3（—128×8）：$0.128 \times 0.222 \times 0.008 \times 7.85 \times 2 = 0.00357$t

(8) 牛腿腹板（—222×10）：$0.45 \times 0.222 \times 0.01 \times 7.85 = 0.0078$t

(9) 牛腿翼缘（—270×14）：$0.45 \times (0.27+0.2) \div 2 \times 0.014 \times 7.85 \times 2 = 0.0232$t

(10) 加劲板 4（—170×20）：$0.17 \times 0.4 \times 0.02 \times 7.85 \times 2 = 0.021$t

合计 $= 0.689$t

（四）钢梁

钢梁分为实腹梁、空腹梁、型钢混凝土组合结构梁、吊车梁。

（1）实腹梁具有整体截面，最常用的有工形截面、T形截面、L形截面、十字形截面以及组合形截面。

（2）空腹钢梁的形式包括两类，一类是指截面相对封闭的箱形、多边形、日字形等；另一类是指格构形截面梁。

（3）型钢混凝土结构型钢梁又称劲性梁，或叫混凝土劲性梁，有的还叫混凝土钢骨梁。常见的一般有H形、十字形、箱形、T形、L形、组合型等，一般在钢梁上焊上栓钉后再浇筑混凝土。

（4）吊车梁通常是指用于专门装载在厂房内部吊车的梁。

【例 7-12】 如图 7-51 所示，计算 H 形钢梁的工程量。

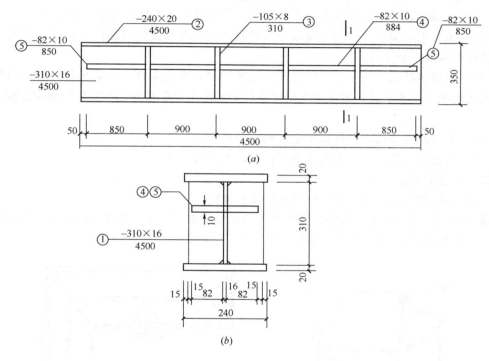

图 7-51　H 形钢梁示意

（a）立面图；（b）1-1 剖面图

【解】 工程量计算如下：

①腹板（－310×16）：0.31×0.016×4.5×7.85＝0.1752t

②翼缘（－240×20）：0.24×0.02×4.5×7.85×2＝0.3391t

③纵向加劲肋（－105×8）：0.105×0.008×0.31×7.85×8＝0.0164t

④横向加劲肋 1（－82×10）：0.082×0.01×0.85×7.83×4＝0.0219t

⑤横向加劲肋 2（－82×10）：0.082×0.01×0.884×7.85×6＝0.0342t

合计＝0.587t

第七节 木 结 构 工 程

一、说明

（一）本节包括：木屋架，木构件，屋面木基层 3 小节共 23 个子目。

（二）屋架跨度是指屋架上、下弦杆中心线两交点之间的长度。

（三）钢木屋架的钢拉杆、铁件、垫铁等均已综合在定额中，不得另行计算。

（四）圆木屋架连接的挑檐木、支撑等设计为方木时，其方木部分应乘以系数 1.7 折成原木并入屋架工程量内。

（五）定额中屋架均按不刨光考虑，设计要求刨光时按每立方米木材体积增加 0.05m³ 计算；但附属于屋架的木夹板、垫木等不得增加。

（六）木制品如采用现场刨光，人工按相应子目的综合工日数量乘以系数 1.4。

（七）本节木屋架按工厂制品现场安装编制，采用现场拼装时相应定额子目的人工和机械消耗量乘以系数 1.35。

（八）楼梯包括踏步、平台、踢脚线，楼梯柱梁分别按木柱、木梁另行计算，执行木柱、木梁的相应定额子目，木扶手木栏杆执行定额第十五章其他装饰工程的相应定额子目执行。

（九）单独的木挑檐，执行檩木定额相应子目。

（十）木檩托已综合在檩木的定额子目中，不得另计算。

二、工程量计算规则

（一）木屋架按设计图示的规格尺寸以体积计算。

带气楼的屋架和马尾、折角、正交部分的半屋架以及与屋架连接的挑檐木、支撑等木构件并入相连的屋架工程量中。如图 7-52、图 7-53 所示。

图 7-52　四坡屋面

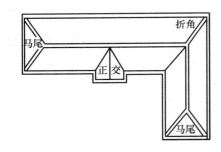

图 7-53　屋架平面图

（二）木柱、木梁、木檩按设计图示尺寸以体积计算。简支檩长度设计无规定时，按屋架或山墙中距增加 200mm 计算，如两端出山，檩条长度算至博风板；连续檩条长度按设计长度计算，其接头长度按全部连续檩木总体积的 5% 计算。

（三）木楼梯按设计图示尺寸以水平投影面积计算。不扣除宽度≤300mm 的楼梯井，伸入墙内部分不计算。

（四）封檐板、博风板（如图 7-54 所示）按设计图示长度计算，设计无规定时，封檐

板按檐口外围长度、博风板按斜长至出
檐相交点（即博风板与封檐板相交处）
的长度计算。

（五）封檐盒按设计图示尺寸以面
积计算。

（六）屋面木基层按设计图示尺寸
斜面积以面积计算。不扣除房上烟囱、
风帽底座、风道、小气窗、斜沟等所占
面积，小气窗的出檐部分不增加面积。

三、定额执行中应注意的问题

（一）木结构组成

木结构是由木材或主要由木材承受

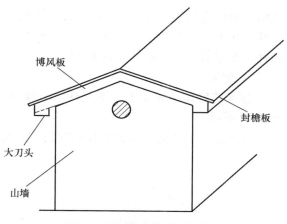

图 7-54　封檐板、博风板示意

荷载的结构，通过各种金属连接件或榫卯手段进行连接和固定。由于采用天然材料，受材
料本身条件的限制较大，因而木结构多用在民用和中小型工业厂房的屋盖中。木屋盖结构
包括木屋架、支撑系统、挂瓦条及屋面板等。2012 年北京市预算定额木结构工程包括了
木屋架、木构件、屋面木基层 3 小节共 23 个子目。

1. 木屋架包括：普通木屋架、钢木屋架。普通木屋架又分为圆木、方木屋架，定额
分跨度（10m 以内、10m 以外）分别设置定额子目。钢木屋架按方木、圆木划分子目
（跨度为 18m 以内）。

2. 木构件包括：木柱、木梁、檩木、木楼梯、钢木楼梯、封檐板（博风板）、封檐
盒等。

3. 屋面木基层包括椽子及屋面板两项，屋面板分为满铺和花铺，如图 7-55 所示。其

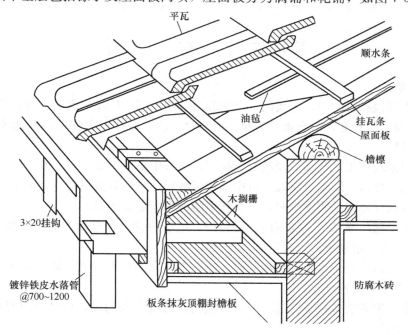

图 7-55　屋面木基层示意

111

组成由屋面构造和使用要求决定，通常包括檩木上钉椽子及挂瓦条，檩木上钉屋面板（满铺）及钉瓦条，檩木上钉屋面板、防水卷材及瓦条，檩木上花铺屋面板、防水卷材及瓦条等四种，在编制工程预算时应分别选用。

（二）屋架

1. 屋架跨度是指屋架上、下弦杆中心线两交点之间的长度，不是结构开间的长度，如图 7-56 所示。

2. 屋架的安装不含支座的制作和安装，其支座应单独计算。

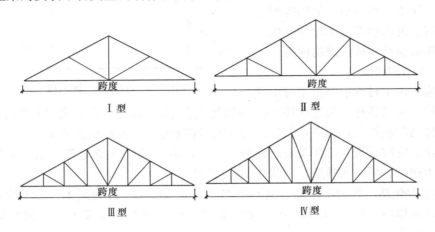

图 7-56　屋架跨度示意

（三）木构件安装

木构件的安装指对未进行油漆或防护涂层的构件安装，如设计要求为对已刷涂层的构件进行安装，安装后的修补另执行定额第十四章油漆、涂料、裱糊工程相应定额子目。

第八节　门　窗　工　程

一、说明

（一）本节包括：木门，金属门，金属卷帘（闸）门，厂库房大门、特种门，其他门，木窗，金属窗，门窗套，窗台板，窗帘、窗帘盒、轨，特殊五金安装，其他项目 12 小节共 151 个子目。

（二）门窗均按工厂制品、现场安装编制，执行中不得调整。

（三）铝合金窗、塑钢窗定额子目中不包括纱扇，纱扇另执行相应定额子目。

（四）窗设计要求采用附框时，另执行窗附框相应定额子目。

（五）电子感应横移门、卷帘门、旋转门、电子对讲门、电动伸缩门定额子目中不包括电子感应装置、电动装置，发生时另行计算。

（六）防火门定额子目中不包括门锁、闭门器、合页、顺序器、暗插销等特殊五金及防火玻璃，发生时另行计算。

（七）木门窗安装包括了普通五金，不包括特殊五金及门锁，设计要求时执行特殊五金相应定额子目。

（八）铝合金门窗、塑钢门窗、彩板门窗、特种门的配套五金已包括在门窗材料预算价格中。

（九）人防混凝土门和挡窗板定额子目均包括钢门窗框及预埋铁件。

（十）厂库房大门、围墙大门上的五金铁件、滑轮、轴承的价格均包括在门的价格中。厂库房大门的轨道制作及安装另执行地轨定额子目。

（十一）门窗套、筒子板不包括装饰线及油漆，发生时分别执行定额第十五章其他装饰工程及定额第十四章油漆、涂料、裱糊工程中的相应定额子目。

（十二）门窗定额子目中含门窗框安装，木门窗不包含现场油漆，发生时另执行定额第十四章油漆、涂料、裱糊、相应定额子目。

（十三）阳台门联窗，门和窗分别计算，执行相应的门、窗定额子目。

（十四）冷藏库门、冷藏冻结间门、防辐射门包括筒子板制作安装。

（十五）推拉门定额子目中不包含滑轨、滑轮安装，另执行推拉门滑轨定额子目。

二、工程量计算规则

（一）门窗按设计图示洞口尺寸以面积计算。

混凝土人防密闭门、混凝土防密门、活门槛混凝土人防密闭门、钢质人防密闭门、活门槛钢质人防密闭门、人防挡窗板、悬板活门、金属卷帘闸门按框（扇）外围以展开面积计算。

（二）围墙铁丝网门、钢质花饰大门按设计图示门框或扇尺寸以面积计算。

（三）飘（凸）窗、橱窗按设计图示尺寸以框外围展开面积计算。

（四）纱窗按设计图示洞口尺寸以面积计算。

（五）窗台板、门窗套、筒子板按设计图示尺寸以展开面积计算。

（六）窗帘按图示尺寸以成活后展开面积计算。

（七）窗帘盒、窗帘轨按设计图示尺寸以长度计算。

（八）门锁按设计图示数量计算。

（九）其他门中的旋转门按设计图示数量计算；伸缩门按设计图示长度计算。

（十）窗附框按设计图示洞口尺寸以长度计算。

（十一）防火玻璃按设计图示面积计算。

（十二）门窗后塞口按设计图示洞口面积计算。

（十三）窗框间填消声条按设计图示长度计算。

（十四）防火门灌浆按设计图示洞口尺寸以面积计算。

三、门窗分类

（一）门

门和窗是建筑物围护结构系统中重要的组成部分，门是指安装在建筑物出入口上能开关的装置，其主要功能是围护、分隔和交通疏散，并兼有通风、采光和装饰功能。门的组成如图7-57所示。

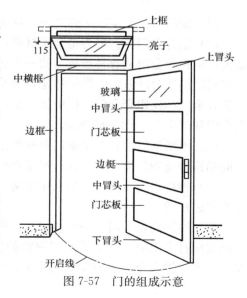

图 7-57　门的组成示意

门一般可以按材质、用途、开启方式及立面形式等进行划分。

1. 按材质划分

（1）木门：一般采用松木，高级采用硬杂木。木材应该是最完美的窗体框架材质，从自然花纹、隔热、隔声等角度来说都有明显的优势。高档原木指门的所有部位都采用"胡桃木"、"柚木"、"樱桃木"之类名贵木材，精工细作而成的门，这种门质感丰富，外观档次高，环保性能好。常见的木门如图7-58所示。

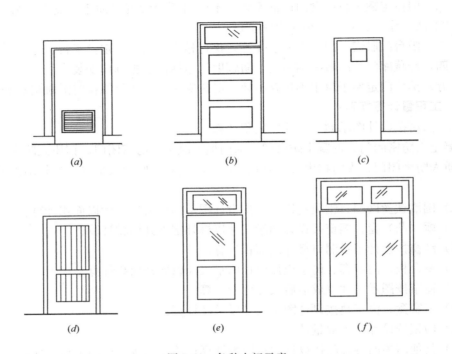

图7-58　各种木门示意

（a）半截百叶门；（b）带亮子镶板门；（c）带观察窗胶合板门；（d）拼板门；（e）半玻门；（f）全玻门

（2）钢门窗：有空腹实腹之分，目前普通钢门窗用得比较少。

（3）铝合金门窗：因为是金属材质，所以不会存在老化问题，而且坚固、耐撞击，强度大。但铝合金窗最容易被攻击的一个弱点就是隔热性能，因为金属是热的良导体，外界与室内的温度会随着窗的框架传递，普通铝合金门窗目前使用逐渐减少，取而代之的是断桥铝合金（即在铝合金门窗框中加一层树脂材料，彻底断绝了导热的途径）门窗。常见的铝合门如图7-59、图7-60所示。

（4）不锈钢门窗：不锈钢门窗有极强的防腐性能，且独具不锈钢的光泽，保温性能优于同结构普通钢门窗。常见的有焊接和插接两种加工形式。

（5）钢板户门，户门一般采用四防门，进户门也称防盗门，目前大多数住宅竣工时都安装了进户门。

（6）塑钢门窗，因为是塑料材质，所以重量小，隔热性能好，耐老化。门窗经常要面对风吹雨打太阳晒，高品质的塑钢窗的使用年限可达一百年左右。塑钢窗是近几年从木窗、钢窗、铝合金窗之后发展起来的，它具有节约能源和钢材、防腐蚀、隔声、密封性

图 7-59　各种铝合金门示意

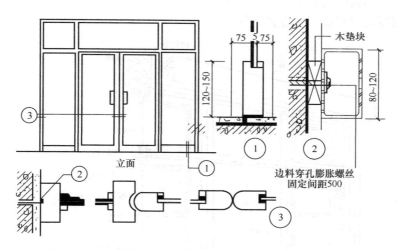

图 7-60　铝合金弹簧门的构造

好、开启灵活、清洁方便、装饰性强等优点，为第四代新型门窗。

（7）全钢化玻璃门，一般分有框和无框两种。

（8）人防门，包括混凝土人防门和钢制人防门。

（9）钢木门，是一种钢质内芯，外加木纹面处理的室内门，与实木复合门相仿，但品质与档次要远低于实木复合门，钢木门的环保性能也不错。

（10）免漆门（模压门等不需要刷漆的门），顾名思义就是不需要再油漆的木门。目前市场上的免漆门绝大多数是指 PVC 贴面门，它是将实木复合门或模压门最外面采用 PVC 贴面真空吸塑加工而成。

2. 按用途划分

分为常用门、阁楼门、防火门、防盗门窗、安全门、厂库房大门、特种门、隔声门、保温门、冷藏库门、变电室门、防射线门、人防门、电子对讲门、壁柜门、厕浴门、围墙钢丝网门等。

3. 按开启方式划分

分为自由门、折叠门、平开门、推拉门、弹簧门、卷帘（闸）门、提升门、横移门、转门、伸缩门等

4. 按立面形式划分

分为镶板门、企口板门、胶合板门、贴面装饰门、全玻门、半玻门、模压木门、多玻璃门、带亮子门、无框木门、单玻门、双玻门、彩板组角门、有轨伸缩门、无轨伸缩门、拼板门、百叶（页）门、一玻一纱门等。

5. 按位置划分

分为外门、内门、进户门、大门、二门、角门、耳门、侧门等。

（二）窗

窗是指安装在建筑物墙或屋顶上的装置，其主要作用是通风和采光。在采光方面应满足不同用途房间的使用要求。在通风方面南方气温高，要求通风面积大些，可以将窗洞面积全部做成活动窗扇；北方气温低，可以将部分窗扇固定。窗的组成如图7-61所示。

窗一般可以按材料或开启方式划分。

7-9

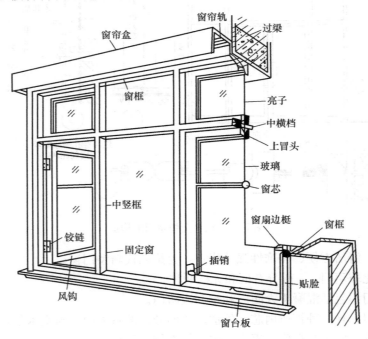

图 7-61　窗的组成示意

1. 按材料划分

分为木窗、钢窗、铝合金窗和塑钢窗。其中木窗构造如图7-62所示，铝合金推拉窗

构造如图 7-63 所示。

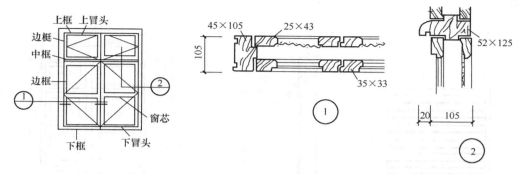

图 7-62 木窗构造示意

2. 按开启方式划分

分为固定窗、平开窗、悬窗和推拉窗、百叶窗等，如图 7-64 所示。

四、定额执行中应注意的问题

（一）门窗除另有规定外均按设计图示洞口尺寸以面积计算。这与 2013 的清单规范规定是一致的，计算工程量时应注意计算规则的变化。

（二）铝合金窗、塑钢窗定额子目不包括纱扇，纱扇应另行计算；木窗的材料预算价格中包括纱扇，纱扇不得单独列项计算。

（三）金属卷帘（闸）门按框（扇）外围展开面积计算。

【例 7-13】 如图 7-65 所示，求金属卷闸门的工程量。

【解】 根据定额规定，金属卷闸门的工程量应按照框（扇）的外围展开面积计算，故有：

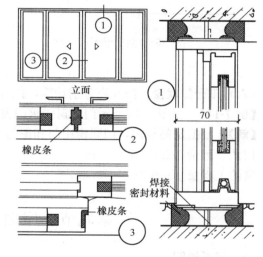

图 7-63 铝合金推拉窗构造示意

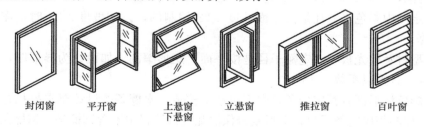

图 7-64 各种窗示意

金属卷闸门的工程量＝3.2×（3.6＋0.6）＝3.2×4.2＝13.44m²

（四）筒子板、窗帘盒均按工厂制品现场安装编制。

（五）木门窗安装定额子目已经包括普通五金（如合页等），特殊五金应按定额第十一节相应项目执行；金属门窗的配套五金已包括在门窗的材料预算价格中，不得另行计算。

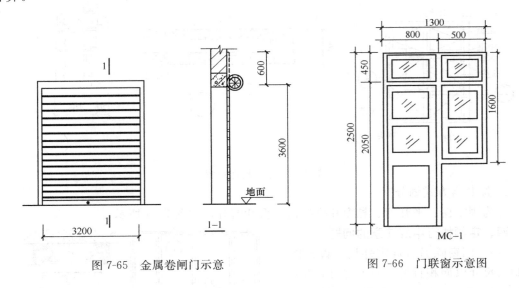

图 7-65　金属卷闸门示意　　　　　　图 7-66　门联窗示意图

（六）阳台门联窗，门和窗分别计算，执行相应的门窗定额子目。

【例 7-14】　如图 7-66 所示门联窗，求门窗的工程量。

【解】　根据定额规定，门联窗中门和窗的工程量应分别计算，故有：

门的工程量＝2.5×0.8＝2m²

窗的工程量＝1.6×0.5＝0.8m²

第九节　屋面及防水工程

一、定额说明

（一）本节包括瓦、型材及其他屋面，屋面防水及其他，墙面防水、防潮，楼（地）面防水、防潮，防水保护层，变形缝 6 小节共 278 个子目。

（二）定额中彩色水泥瓦是按屋面坡度≤22°编制的，设计坡度＞22°时，需增加费用应另行计算。

（三）型材及阳光板屋面定额子目是按平面、矩形编制。如设计为异形时，相应定额子目的综合工日乘以系数 1.15。

（四）彩色波形沥青瓦定额子目中不包括木檩条，木檩条按设计要求另执行定额第七章木结构工程的相应定额子目；T 形复合保温瓦定额子目中不含钢檩条，钢檩条按设计要求另执行定额第六章金属结构工程的相应定额子目。

（五）有筋混凝土屋面中的钢筋可按设计图纸用量进行调整。

（六）屋面的保温及找坡执行定额第十章保温、隔热、防腐工程的相应定额子目，找平层执行定额第十一章楼地面装饰工程的相应定额子目，隔汽层执行本节第二小节屋面防水及其中的相应定额子目。

（七）膜结构屋面仅指膜布热压胶结及安装，设计膜片材料与定额不同时可进行换算。膜结构骨架及膜片与骨架、索体之间的钢连接件应另行计算，执行定额第六章金属结构工程中钢管桁架相应定额子目。

（八）屋面铸铁弯头、出水口按成套产品编制，均包含立算子等配件。

（九）虹吸式雨水斗按成套产品编制，包括导流罩、整流器、防水压板、雨水斗法兰、斗体等所有配件。

（十）风帽子目适用于出屋面安装在通风道顶部的成品风帽。

（十一）屋面排水沟的钢盖算子、钢盖板子目，应与纤维水泥架空板凳定额子目配套使用。

（十二）满堂红基础（筏形基础）防水、防潮适用于反梁在满堂红基础的下面且形成井字格的满堂红筏形基础，局部有反梁的执行满堂红基础（平板）防水定额子目。

（十三）挑檐、雨篷防水执行屋面防水相应定额子目；阳台防水执行楼（地）面防水、防潮相应定额子目。

（十四）蓄水池、游泳池等构筑物防水，分别执行楼（地）面和墙面防水定额子目。构筑物防水面积小于 20m² 时，相应定额综合工日乘以系数 1.15。定额中不包括池类项目闭水试验用水，发生时应另行计算。

（十五）种植屋面（防水保护层以上）执行园林绿化工程预算定额相应定额子目。

（十六）变形缝定额是按工厂制品现场安装编制的，包括盖板、止水条、阻火带等全部配件以及嵌缝。

（十七）变形缝的封边木线及油漆（涂料）等，发生时分别执行定额第十五章其他装饰工程和定额第十四章油漆、涂料、裱糊工程的相应定额子目。

（十八）内墙面、顶棚变形缝层高超过 3.6m 时，相应定额的综合工日系数乘以 1.05；超过 6m 时，相应定额的综合工日乘以系数 1.1。

二、工程量计算规则

（一）瓦屋面、型材屋面按设计图示尺寸以斜面积计算。不扣除房上烟囱、风帽底座、风道、小气窗、斜沟等所占面积。小气窗的出檐部分不增加面积。

（二）阳光板、玻璃钢屋面按设计图示以斜面积计算。不扣除面积≤0.3m² 孔洞所占面积。

（三）膜结构屋面按设计图示尺寸以需要覆盖的水平投影面积计算。

（四）屋面纤维水泥架空板凳按图示尺寸以平方米计算，与其配套的排水沟钢盖算子、钢盖板按设计图示尺寸以长度计算。

（五）屋面防水按设计图示尺寸以面积计算。

1. 斜屋面（不包括平屋面找坡）按斜面积计算，平屋面按水平投影面积计算。

2. 不扣除屋面烟囱、风帽底座、风道、屋面小气窗和斜沟所占面积。

3. 屋面女儿墙、伸缩缝和天窗等处的弯起部分，并入屋面工程量内。

（六）防水布按设计图示面积计算。

（七）屋面排水管按设计图示尺寸以长度计算。设计未标注尺寸的，以檐口至设计室外散水上表面垂直距离计算。

（八）空调冷凝水管按设计图示长度计算，各种水斗、弯头、下水口按数量计算。

（九）屋面排（透）气管、泄（吐）水管及屋面出人孔按设计图示数量计算。

（十）通风道顶部的风帽及屋面出人孔按设计图示数量计算。

（十一）屋面天沟、檐沟按设计图示尺寸以展开面积计算。

（十二）排水零件按设计图示尺寸以展开面积计算，设计无标注时按表 7-15 计算。

镀锌铁皮、不锈钢排水零件单位面积计算表　　　　　表 7-15

名　　　称	单位	水落管沿沟	天沟	斜沟	烟囱泛水	滴水	天窗窗台泛水	天窗侧面泛水	滴水沿头	下水口	水斗	透气管泛水	漏斗
		m								个			
镀锌铁皮（不锈钢）排水零件	m²	0.3	1.3	0.9	0.8	0.11	0.5	0.7	0.24	0.45	0.4	0.22	0.16

（十三）墙面防水按设计图示尺寸以面积计算。应扣除＞0.3m² 孔洞所占的面积。附墙柱、墙垛侧面并入墙体工程量内。

（十四）楼（地）面防水按设计图示尺寸以面积计算。

1. 楼（地）面按主墙间净空面积计算，扣除凸出地面的构筑物、设备基础等所占面积，不扣除间壁墙及单个面积≤0.3m² 柱、垛、烟囱和孔洞所占面积。

2. 楼（地）面防水反边高度≤300mm 时执行楼（地）面防水，反边高度＞300mm 时，立面工程量执行墙面防水相应定额子目。

3. 满堂红基础防水按设计图示尺寸以面积计算，反梁（井字格）部分按展开面积并入相应工程量内。

4. 桩头防水按设计图示数量计算。

5. 防水保护层按设计图示面积计算。

6. 蓄水池、游泳池等构筑物的防水按设计图示尺寸以面积计算。

（十五）止水带、变形缝按设计图示长度计算。

三、屋面及防水做法

（一）屋面及屋面防水

屋面是房屋最上层的覆盖物，起着防水、保温和隔热等作用，用以抵抗雨雪、风沙的侵袭和减少烈日寒风等室外气候对室内的影响。

7-10

屋面依其外形可以分为平屋面、坡屋面、曲面形屋面、多波式折板屋面等。

1. 平屋面的层次及其构造

平屋面一般由隔汽层、找坡层、保温层、找平层、防水层、保护层组成，其构造如图 7-67 所示。

（1）隔汽层。当屋顶设保温层时，须防止水分进入松散的保温层，降低它的保温能力，因此要在屋面板上设置隔汽层。

隔汽层依其做法套用防水层的定额子目。

（2）找坡层。为了顺利地排除屋面的雨水，在平屋顶上通常都做一层找坡层，工程量按设计图示水平投影面积乘以平均厚度以体积计算。

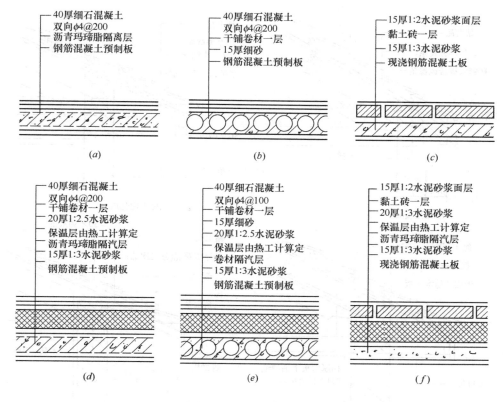

图 7-67 平屋面构造示意

（3）保温层。保温层应干燥、坚固、不变形。2012 预算定额中的保温层项目分干铺加气混凝土块、聚苯乙烯泡沫板、水泥珍珠岩块、水泥蛭石板等，其工程量按设计图示尺寸以面积计算。

（4）找平层。为使防水卷材有一个平整而坚实的基层，便于卷材的铺设及防止破损，在保温层上抹 1∶3 水泥砂浆找平、压实。

（5）防水层。按所用防水材料的不同，可以分为柔性防水屋面及刚性防水屋面。柔性防水屋面系指采用油毡、沥青等柔性材料铺设和粘结的防水屋面。刚性防水屋面系指用细石混凝土、防水水泥砂浆等刚性材料做成的防水屋面。

（6）保护层。对防水层起保护作用。

2．坡屋面的构造

坡屋面的构造如图 7-68 所示。

坡屋顶屋面顶层一般铺设瓦，根据材料不同，有彩色水泥瓦、玻纤胎沥青瓦、小青瓦、琉璃瓦等。

（二）地下室及墙、柱面防水做法

1．地下室防水

一般情况下，如果地下室的深度低于地下水位线，地下室就应该做防水层。地下室防水层的设置如图 7-69、图 7-70 所示。

7-11

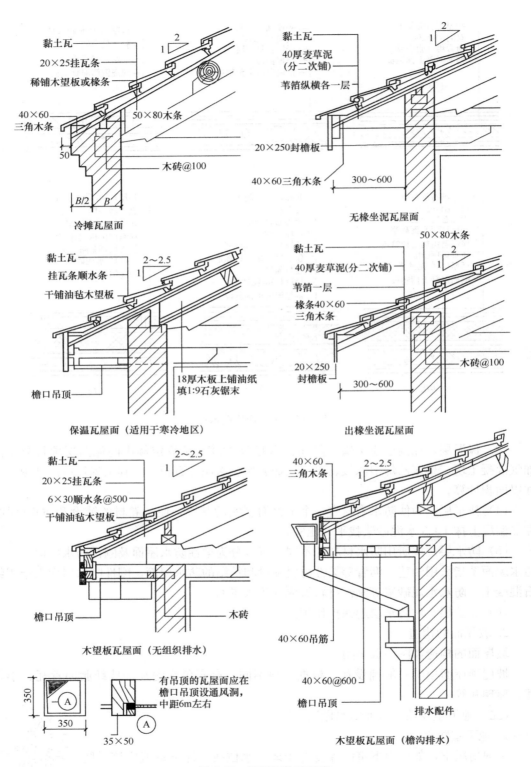

图 7-68　坡屋面构造示意

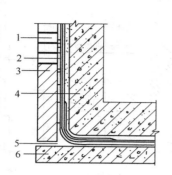

图 7-69　外防外贴法

1—临时保护墙；2—卷材防水层；
3—永久保护墙；4—建筑结构；
5—油毡；6—垫层

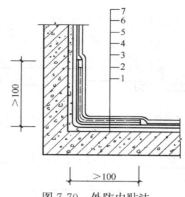

图 7-70　外防内贴法

1—需防水结构；2—水泥砂浆找平层；
3—底层涂料（底胶）；4—增强涂布；
5—玻璃纤维布；6—第一道涂膜防水层；
7—第二道涂膜防水层

2. 墙、柱防水

墙、柱防水做法如图 7-71、图 7-72 所示。

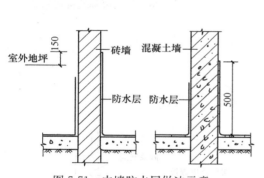

图 7-71　内墙防水层做法示意

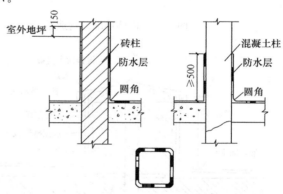

图 7-72　柱的防水做法示意

（三）变形缝

变形缝包括沉降缝、伸缩缝和抗震缝，根据位置可以划分为楼地面变形缝、墙面变形缝和屋面变形缝。其设置如图 7-73～图 7-76 所示。

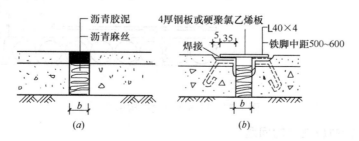

图 7-73　地面变形缝

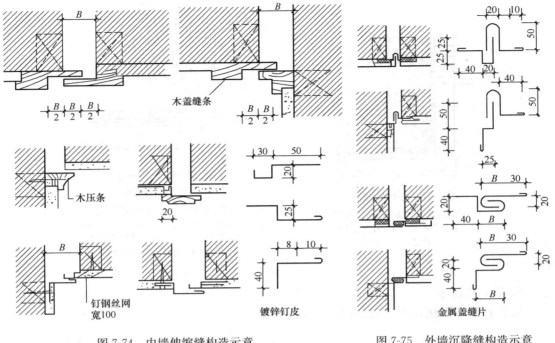

图 7-74　内墙伸缩缝构造示意　　　　图 7-75　外墙沉降缝构造示意

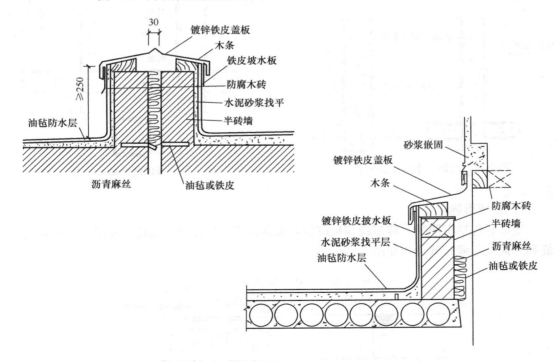

图 7-76　屋面变形缝结构示意

四、定额执行中应注意的问题

（一）彩色波形沥青瓦按定额子目中如设计有木檩条时，另执行定额第七章木结构工程的相应子目；T形复合保温瓦定额子目中如设计有钢檩条时，另执行定额第六章金属结构工程中的相应子目。瓦的固定（挂瓦条、顺水条）是按标准图集做法编制的，如设计与标准图集不符时，可进行相应调整。

（二）彩色水泥瓦的基层是指用爱舍宁瓦做基层，不含其他基层做法。

（三）屋面出人孔的结构部分，执行其他相应章节的定额子目。

（四）卷材防水子目中已包括附加层；每增一层子目中已扣除了基层处理的相应内容。

（五）含有钢筋的子目，钢筋用量可按设计图示用量进行调整。

（六）定额中的防水材料是按材质及不同施工方法，且具有代表性、常用的防水材料进行编制的。具体做法与定额不同时，可进行换算。

（七）屋面保温及找坡执行定额第十章保温、隔热、防腐工程相应子目；找平层执行定额第十一章楼地面装饰工程相应子目。

（八）膜结构骨架中的钢连接件另行计算，执行定额第六章金属结构工程中钢管桁架子目。

（九）池类项目的闭水实验应另行计算。

（十）楼（地）面防水按主墙间净空面积计算，楼（地）面防水反边高度≤300mm时执行楼（地）面防水，反边高度＞300mm时，立面工程量执行墙面防水相应定额子目。

【例7-15】 如图7-77所示，求地面聚氨酯防水涂料2mm厚的工程量。

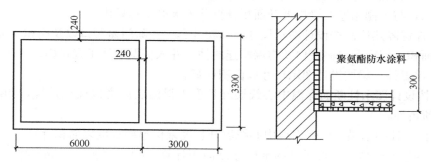

图7-77 某建筑工程防水示意

【解】 防水工程量：（6.0－0.24）×（3.3－0.24）＋（3.0－0.24）×（3.3－0.24）
+0.3×［（6.0+3.0－0.48）×2+（3.3－0.24）×4］
=17.63+8.45+0.3×（17.04+2.24）
=34.86m²

第十节 保温、隔热、防腐工程

7-12

一、说明

（一）本节包括：保温、隔热，防腐面层，其他防腐，隔声吸声4小节共191个子目。

（二）屋面保温定额子目是按屋面坡度≤22°编制的，设计为坡度＞22°时按相应定额子目综合工日乘以系数1.079。

（三）保温柱、梁适用于独立柱、梁的保温；与墙和天棚相连的柱、梁保温分别执行保温隔热墙面和保温隔热天棚相应定额子目；柱帽保温隔热并入天棚工程量内。

（四）保温隔热墙面包括保温层的基层处理，不包括底层抹灰，设计要求抹灰时，执行定额第十二章墙、柱面装饰与隔断、幕墙工程中的相应定额子目。

（五）玻纤网格布及钢丝网与保温墙面中的罩面砂浆配套使用，其他砂浆抹面执行定额第十二章墙、柱面装饰与隔断、幕墙工程中的相应定额子目。

（六）耐酸砖防腐面层中包括结合层，平面及立面找平层分别执行定额第十一章楼地面装饰工程和定额第十二章墙、柱面装饰与隔断、幕墙工程中的相应定额子目。

（七）定额中大模内置专用挤塑聚苯板墙面保温中包括界面剂、插丝等辅料。

（八）砌块墙中的夹心保温执行保温隔热墙面中相应定额子目。

（九）其他保温隔热适用于龙骨式隔墙或吊顶龙骨间填充保温材料。

（十）天棚隔声吸声定额是按50mm厚编制的，设计厚度不同时材料消耗量可进行调整。

（十一）屋面找坡执行保温隔热屋面相应定额子目。DS砂浆找坡执行定额第九章屋面及防水工程第五小节防水保护层相应定额子目。

二、工程量计算规则

（一）保温隔热屋面按设计图示尺寸以面积计算。扣除面积＞0.3m² 孔洞及占位面积。屋面找坡按设计图示水平投影面积乘以平均厚度以体积计算。

（二）保温隔热天棚按设计图示尺寸以面积计算。扣除面积＞0.3m² 以上柱、垛、孔洞所占面积，与天棚相连的梁按展开面积计算并入天棚工程量内。

（三）保温隔热墙面按设计图示尺寸以面积计算。扣除门窗洞口以及面积＞0.3m² 梁、孔洞所占面积；门窗洞口侧壁以及与墙相连的柱，并入保温墙体工程量内。

（四）保温柱、梁按设计图示尺寸以面积计算。

1. 柱按设计图示柱断面保温中心线展开长度乘保温层高度以面积计算，扣除面积＞0.3m² 梁所占面积。

2. 梁按设计图示梁断面保温层中心线展开长度乘保温层长度以面积计算。

（五）保温隔热楼地面按设计图示尺寸以面积计算。扣除面积＞0.3m² 柱、垛、孔洞所占面积。

（六）其他保温隔热按设计图示尺寸以展开面积计算。扣除面积＞0.3m² 孔洞及占位面积。

（七）防火带按设计图示尺寸以面积计算。

（八）防腐面层按设计图示尺寸以面积计算。

1. 平面防腐：扣除凸出地面的构筑物、设备基础以及面积＞0.3m² 孔洞、柱、垛所占面积。

2. 立面防腐：扣除门、窗、洞口以及面积＞0.3m² 孔洞、梁所占面积，门、窗、洞口侧壁、垛突出部分按展开面积并入墙面积内。

3. 隔离层按设计图示尺寸以面积计算。

（九）踢脚线按设计图示长度乘以高度以面积计算。

（十）池、槽块料防腐面层按设计图示尺寸以展开面积计算。

（十一）天棚隔声吸声层按图示尺寸以面积计算。扣除＞0.3m² 柱、垛、孔洞所占面积，与天棚相连的梁侧面并入天棚工程量中。

三、定额执行中应注意的问题

（一）保温隔热屋面定额子目按设计图示尺寸以面积计算，并且设置了基本厚度定额子目、每增减厚度定额子目，可根据设计厚度要求进行调整。

【例 7-16】 屋面保温工程做法为 60mm 厚挤塑聚苯板 DEA 胶粘砂浆粘贴，计算 1m² 屋面保温的预算单价。

【解】 查定额子目 10-2、10-3 知，粘贴 50mm 厚挤塑聚苯板的预算单价为 46.96 元，每增加 5mm 的预算单价为 3.49，所以有：

60mm 厚挤塑聚苯板屋面保温的预算单价＝46.96＋3.49×2＝53.94 元/m²。

（二）保温隔热墙面定额子目中，保温层基本厚度定额子目的工作内容为：基层清理、抹保温砂浆、喷刷或粘贴保温材料等。将网格布、钢丝网、保温层罩面砂浆单独列项，根据设计做法要求，分别套用相应的定额子目。设计要求抹灰时，另执行定额第十二章墙、柱面装饰与隔断、幕墙工程中的相应定额子目。

【例 7-17】 墙面保温工程做法为 70mm 厚挤塑聚苯板用 2mm 厚 DEA 砂浆粘贴，5mm 厚 DBI 砂浆嵌入耐碱玻纤网格布罩面，计算 1m² 墙面保温的预算单价。

【解】 查定额子目 10-33、10-34、10-47、10-48、10-45，已知粘贴 50mm 厚挤塑聚苯板的预算单价为 59.03 元，每增加 10mm 的预算单价为 9.68 元，3mm 厚 DBI 砂浆保温层罩面预算单价为 19.32 元，每增加 1mm 预算单价为 5.21 元，另外嵌入的网格布的预算单价为 3.57 元。所以，

1m² 墙面保温的预算单价＝59.03＋9.68×2＋19.32＋5.21×2＋3.57＝111.7(元/m²)。

（三）防火带定额子目中，其基本厚度定额子目中包括耐碱涂塑玻纤网格布粘贴。

（四）保温柱、梁项目适用于独立柱、梁项目。与墙和天棚相连的柱、梁保温分别并入保温隔热墙面和保温隔热天棚中。

【例 7-18】 独立柱保温的工程做法为 70mm 厚挤塑聚苯板，使用 2mm 厚 DEA 砂浆粘贴，5mm 厚 DBI 砂浆嵌入耐碱玻纤网格布，计算 1m² 独立柱保温的预算单价。

【解】 查定额子目 10-61、10-62、10-75、10-76、10-73，已知柱外粘贴 50mm 厚挤塑聚苯板的预算单价为 62.54 元，每增加 10mm 的预算单价为 10.43 元，3mm 厚 DBI 砂浆保温层罩面预算单价为 20.70 元，每增加 1mm 预算单价为 11.16 元，另外嵌入的网格布的预算单价为 3.77 元。所以，

1m² 柱面保温的预算单价＝62.54＋10.43×2＋20.70＋11.16×2＋3.77＝130.19(元/m²)。

（五）防腐面层、其他防腐章节中的踢脚子目，如：耐酸砖踢脚、聚氨酯涂层踢脚的计量单位均为 m²，在计算工程量时应注意。

【例 7-19】 某平屋顶屋面做法如图 7-78，试计算屋面工程量。

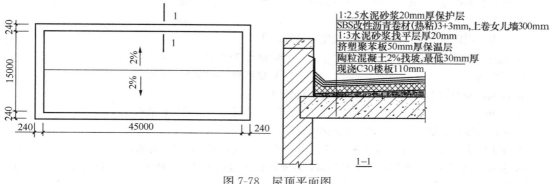

图 7-78 屋顶平面图

【解】 （1）陶粒混凝土找坡层

其最低处 30mm，最高处为 $\dfrac{15000}{2} \times 2\% + 30 = 180$mm

则其平均厚度为 $\dfrac{30 + 180}{2} = 105$mm

陶粒混凝土的铺设面积为：$15 \times 45 = 675$m^2

则其工程量为 $0.105 \times 675 = 70.88$m^3

（2）挤塑聚苯板保温层厚为 50mm，其工程量为 675m^2

（3）1∶3 水泥砂浆找平层：

平面面积 $= 15 \times 45 = 675$m^2

立面面积 $= (15 + 45) \times 2 \times 0.3 = 36$m^2

合计 $= 675 + 36 = 711$m^2

（4）SBS 改性沥青卷材防水层 $= 675 + (15 + 45) \times 2 \times 0.3 = 711$m^2

（5）1∶2.5 水泥砂浆保护层：同 SBS 改性沥青卷材防水层的工程量 $= 711$m^2

复 习 题

一、建筑物基础的类型有几种，其相应的各分项工程的工程量如何计算？

二、砌筑工程量如何计算？砌块墙体高度如何确定？基础和结构的划分界限在哪里？

三、钢筋工程的工程量如何计算？

四、屋面工程如何计算工程量？屋面工程中的水泥砂浆找平层执行什么子目？屋面工程中的隔汽层执行什么子目？

五、防水工程如何计算工程量？楼地面防水工程量计算时应注意什么问题？

六、混凝土工程量计算中柱高、梁长、墙高是如何规定计算尺寸的？

七、如何区分平板、无梁板、有梁板和叠合板？这些板的图示面积是如何计算的？

八、柱帽的体积应并入什么工程量内？

九、当梯井宽度大于多少时，计算楼梯的混凝土工程量应扣除梯井？

十、小型构件和其他构件如何区分？

十一、选择题

1. 平整场地是按（　　）计算的。

A. 地下室建筑面积 　　　　　　　　　B. 首层建筑面积

C. 地下室建筑面积的 1.2 倍 　　　　　D. 首层建筑面积的 1.4 倍

2. 在计算基础挖土方时，当挖土深度超过（　　）米时，应计算放坡土方增量。

A. 1.5 　　　　　B. 1.2 　　　　　C. 2.0 　　　　　D. 2.5

3. 土方工程定额中不包括（　　），发生时另行计算。

A. 地上、地下障碍物的处理 　　　　　B. 建筑物拆除后的工程垃圾清理

C. 挖淤泥 　　　　　　　　　　　　　D. 建筑施工中的渣土清运

4. 柱帽混凝土的工程量应并入（　　）的工程量中。

A. 平板 　　　　　B. 柱子 　　　　　C. 无梁板 　　　　　D. 有梁板

5. 基础与墙身的划分，以下表述不正确的是（　　）。

A. 基础与墙（柱）身使用同一种材料时，以室外设计地面为界，以下为基础，以上为墙（柱）身

B. 基础与墙（柱）身使用同一种材料时，以室内设计地面为界（有地下室的，以地下室室内设计地面为界），以下为基础，以上为墙（柱）身

C. 基础与墙（柱）身使用不同种材料时，当设计室内地面高度≤±300mm 时，以室内设计地面为分界线，当室内设计地面高度＞±300mm 时，以为材料分界线

D. 基础与墙（柱）身使用不同种材料时，当设计室内地面高度≤±500mm 时，以材料为分界线，当室内设计地面高度＞±500mm 时，以室内设计地面为分界线

6. 墙体按设计图示尺寸以体积计算，不扣除（　　）。

A. 门窗洞口、过人洞、空圈　　　　　B. 嵌入墙内的钢筋混凝土柱、梁、圈梁

C. 凹进墙内的壁龛、管槽、暖气槽　　D. 梁头、板头、檩头、垫木

7. 现浇混凝土工程量按设计图示尺寸以体积计算，应扣除（　　）所占体积。

A. 构件内钢筋　　　　　　　　　　　B. 构件内预埋铁件、螺栓

C. 混凝土结构中的型钢　　　　　　　D. 0.3m² 以内的孔洞

8. 楼（地）面防水按主墙间净空面积计算，不扣除（　　）所占面积。

A. 凸出地面的构筑物　　　　　　　　B. 设备基础

C. 间壁墙　　　　　　　　　　　　　D. 单个面积≤0.3m² 柱、垛、烟囱和孔洞

9. 防腐面层按设计图示尺寸以面积计算。以下表述不正确的是（　　）。

A. 平面防腐扣除凸出地面的构筑物、设备基础以及面积＞0.3m² 孔洞、柱、垛所占面积

B. 扣除门、窗、洞口以及面积＞0.3m² 孔洞、梁所占面积

C. 立面防腐门、窗、洞口侧壁、垛突出部分按展开面积并入墙面积内

D. 立面防腐扣除门、窗、洞口、孔洞、梁所占面积，门、窗、洞口侧壁、垛突出部分不增加

10. 瓦屋面、型材屋面按设计图示尺寸以斜面积计算，不扣除（　　）等所占面积。

A. 房上烟囱　　　　B. 风帽底座　　　　C. 风道

D. 斜沟　　　　　　E. 小气窗的出檐部分

11. 以下工程量中按设计图示洞口面积计算的有（　　）。

A. 窗附框　　　　　B. 防火玻璃　　　　C. 门窗后塞口

D. 门窗　　　　　　E. 窗框间填消声条

12. 桩基工程中，按个数计算工程量的项目有（　　）。

A. 打预制桩　　　　B. 凿桩头　　　　　C. 截桩

D. 接桩　　　　　　E. 现浇桩

十二、根据 2012 年北京市预算定额，计算附图 7-80（一）、7-80（二）的工程量及套用相应的定额编号。

（一）计算内容

1. 建筑面积　2. 檐高　3. 平整场地　4. 人工挖沟槽　5. 灰土垫层、打钎拍底　6. 渣土外运　7. 房心回填土　8. 基础回填土　9. 构造柱　10. 圈梁　11. 过梁　12. 现浇楼板　13. 现浇楼梯　14. 砖基础　15. 砖外墙　16. 砖内墙　17. 砖女儿墙　18. 屋面 DS 砂浆保护层　19. 50 厚挤塑聚苯板保温层　20. 陶粒混凝土屋面找坡层　21. 20 厚 DS 砂浆找平层　22. 三元乙丙橡胶卷材防水

（二）门窗表（表 7-16）

表 7-16

门窗代号	门窗类型	洞口尺寸（mm）	框外围尺寸（mm）
C1	一玻一纱、松木窗	1800×1500	1780×1480
C2	一玻一纱、松木窗	1500×1500	1480×1480
M1	半截玻璃松木门、单玻	1500×2400	1480×2390
M2	半截玻璃松木门、单玻	1000×2400	980×2390

门窗代号	门窗类型	洞口尺寸（mm）	框外围尺寸（mm）
洞口		2400×2700	2400×2700
MC	单层玻璃松木门窗	见图	见图

（三）建筑结构做法说明

1. 楼板为现浇混凝土板（110mm 厚），楼板与外墙圈梁相连接，内墙满压楼板（图 7-79～图 7-81）。

2. 楼梯为现浇混凝土，阳台、雨罩均为现浇混凝土（阳台未封闭）。

3. 洞口过梁为现场搅拌混凝土现浇，尺寸（高×宽×长，单位：mm）如下：

C1 上过梁为 360×240×2300　　C2 上过梁为 360×240×2000

M1 上过梁为 360×240×2000　　M2 上过梁为 180×240×1500

空洞洞口上过梁为 240×240×2900　　MC 上过梁为 360×240×2300

4. 室外地坪−0.75m。每层层高均为 3.30m。女儿墙高 1m。

5. 室内墙面为抹灰底层，面层为多彩花纹涂料。

6. 首层地面为 3:7 灰土垫层 100 厚，C10 混凝土垫层 50 厚，面层 20 厚 1:2.5 水泥砂浆（无素浆）。二层楼面为现场搅拌细石混凝土 35 厚，随打随抹光。一、二层楼地面的踢脚为水泥踢脚。楼梯抹水泥砂浆。

7. 屋面做法为：陶粒混凝土 2‰找坡层，最低 30mm 厚；50mm 厚挤塑聚苯板保温（干铺），DS 砂浆找平层，三元乙丙橡胶卷材防水（冷粘两层）、上卷女儿墙 300mm，DS 砂浆保护层。

8. 门窗油漆为底油一遍，调合漆两遍，用填充剂做后塞口。

9. 室外墙面为涂料。

10. 天棚抹灰，满刮腻子，涂料。

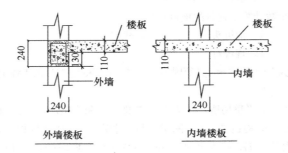

图 7-79　楼板示意

11. 构造柱断面详图见图 7-24，其平均断面积见表 7-8。

12. 所有混凝土构件的强度等级为 C30，均为预拌混凝土。

13. 砖砌体采用烧结标准砖。

14. 入口处台阶为五个踏步，宽×高＝300mm×150mm。

15. 门窗框宽取 100mm，沿外墙内边线安装或内墙中心线安装。

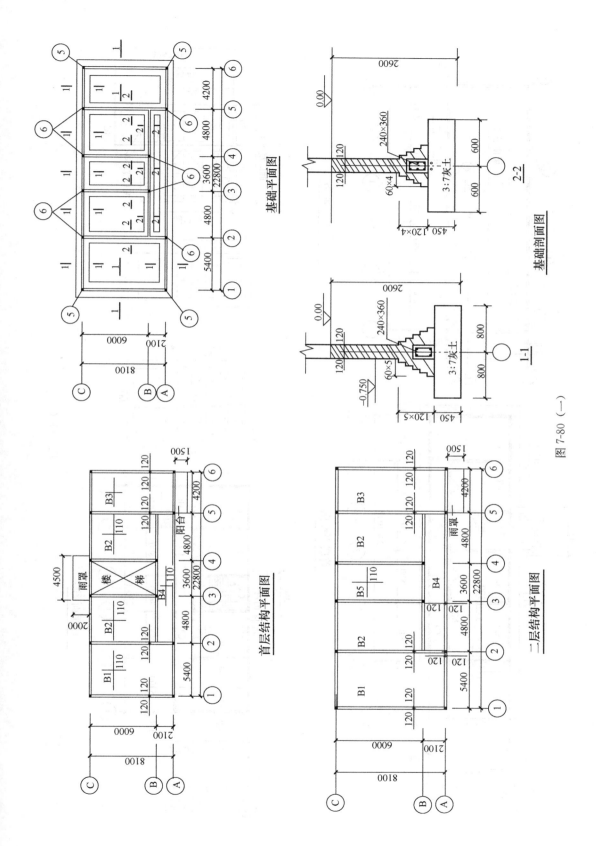

基础平面图

基础剖面图

1-1

2-2

首层结构平面图

二层结构平面图

图 7-80 （一）

131

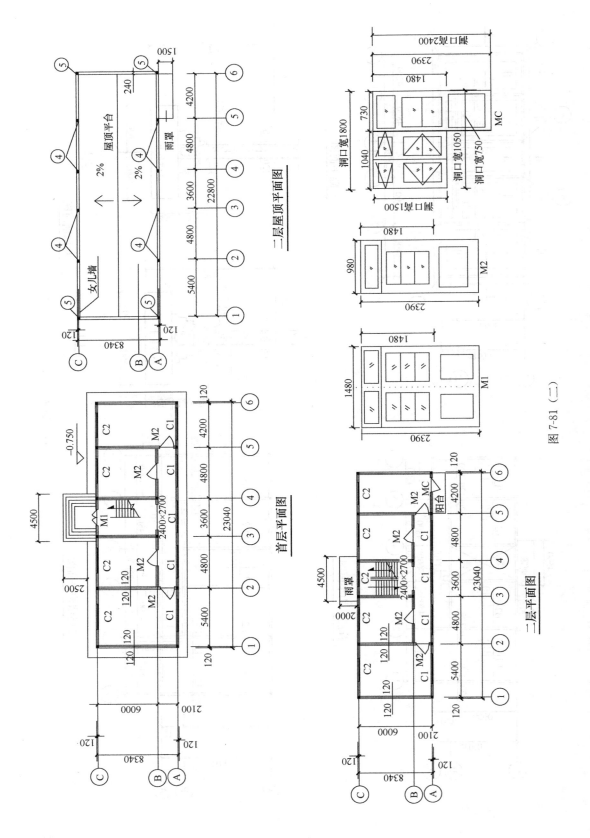

二层屋顶平面图

首层平面图

二层平面图

图 7-81 （二）

第八章　装饰工程工程量与措施项目计算

本章学习重点：装饰工程与措施项目的计算。

本章学习要求：掌握楼地面装饰工程、墙柱面装饰与隔断幕墙工程、天棚工程的工程量计算规则；熟悉措施项目的计算；了解油漆涂料裱糊工程、其他装饰工程和工程水电费的工程量计算规则；熟悉各分部工程量计算的注意事项；了解各分部工程的工程内容。

本章以 2012 年北京市《房屋建筑与装饰工程预算定额》（中、下册）为例，介绍如何计算装饰工程工程量及措施项目费用的计算。

第一节　楼地面装饰工程

一、说明

（一）本节包括：楼地面整体面层及找平层，楼地面镶贴，橡塑面层，其他材料面层，踢脚线，楼梯面层，台阶装饰，零星装饰项目 8 小节共 119 个子目。

（二）整体面层及混凝土散水定额子目中已包括一次压光的工料费用。

（三）楼梯面层定额子目中包括了踏步、休息平台和楼梯踢脚线，但不包括楼梯底面及踏步侧边装饰，楼梯底面装饰执行定额第十三章天棚工程中相应定额子目，踏步侧边装饰执行定额第十二章墙、柱面装饰与隔断、幕墙工程中零星装饰相应定额子目。

（四）楼地面、台阶、坡道、散水定额子目中不包括垫层，垫层按设计图示做法分别执行定额第四章砌筑工程及定额第五章混凝土及钢筋混凝土工程中相应定额子目。

（五）本节除现浇水磨石楼地面外，均按干拌砂浆编制，设计砂浆品种与定额不同时，可以换算。

（六）现拌砂浆调整费的使用说明：采用现场搅拌砂浆时，执行干拌砂浆换算砂浆材料费后再执行现拌砂浆调整费定额子目。

（七）定额中地毯子目按单层编制，设计有衬垫时，另执行地毯衬垫定额子目。

（八）木地板楼地面子目的面层铺装不包括油漆及防火涂料，设计要求时，另执行定额第十四章油漆、涂料、裱糊工程中相应定额子目。

（九）零星装饰项目适用楼梯、台阶嵌边以及侧面≤0.5m² 镶贴块料面层，均不包括底层抹灰。

二、工程量计算规则

（一）整体面层按设计图示尺寸以面积计算。扣除凸出地面构筑物、设备基础、室内管道、地沟等所占面积，不扣除间壁墙（墙厚≤120mm）及≤0.3m² 柱、垛、附墙烟囱及孔洞所占面积。门洞、空圈、暖气包槽、壁龛的开口部分不增加面积。

（二）找平层按设计图示尺寸以面积计算。

（三）镶贴面层、橡塑面层、其他材料面层按设计图示尺寸以面积计算。门洞、空圈、暖气包槽、壁龛的开口部分并入相应的工程量内。

（四）踢脚线按设计图示尺寸以长度计算。

（五）楼梯面层按设计图示尺寸以楼梯（包括踏步、休息平台及≤500mm的楼梯井）水平投影面积计算。楼梯与楼地面相连时，算至梯口梁内侧边沿；无梯口梁者，算至最上一层踏步边沿加300mm。

（六）台阶按设计图示尺寸以台阶（包括最上层踏步边沿加300mm）水平投影面积计算。

（七）零星装饰按设计图示尺寸以面积计算。

（八）坡道、散水按设计图示水平投影面积计算。

（九）楼地面分隔线及防滑条按设计图示长度计算。

三、定额执行中应注意的问题

（一）楼地面

地面的基本构造为面层、垫层和地基；楼面的基本构造层为面层和楼板。根据使用和构造要求可增设相应的构造层（结构层、找平层、防水层、保温隔热层等），其层次如图8-1所示。

图8-1　楼地面构造示意

楼地面各构造层次的作用如下：

面层：直接承受各种物理和化学作用的表面层，分整体和块料两类。

结合层：面层与下层的连结层，分胶凝材料和松散材料两类。

找平层：在垫层、楼板或轻质松散材料上起找平或找坡作用的构造层。

防水层：防止楼地面上液体透过面层的构造层。

防潮层：防止地基潮气透过地面的构造层，应与墙身防潮层相连接。

保温隔热层：改变楼地面热工性能的构造层。设在地面垫层上、楼板上或吊顶内。

隔声层：隔绝楼面撞击声的构造层。

管道敷设层：敷设设备暗管线的构造层（无防水层的地面也可敷设在垫层内）。

垫层：承受并传布楼地面荷载至地基或楼板的构造层，分刚性、柔性两类。

基层：楼板或地基（当土层不够密实时须做加强处理）。

1. 整体面层楼地面

定额包括DS砂浆楼地面、细石混凝土楼地面、水磨石楼地面、自流平楼地面等，其构造如图8-2、图8-3所示。

2. 镶贴面层楼地面

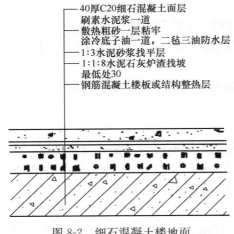

40厚C20细石混凝土面层
刷素水泥浆一道
敷热粗砂一层粘牢
涂冷底子油一道，二毡三油防水层
1:3水泥砂浆找平
1:1:8水泥石灰炉渣找坡
最低处30
钢筋混凝土楼板或结构整热层

图8-2　细石混凝土楼地面

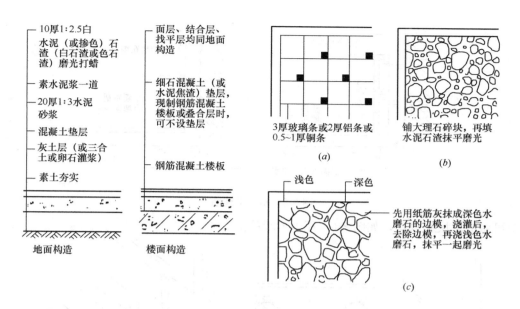

图 8-3 现制美术水磨石楼地面

(a) 有分割条；(b) 混合石渣；(c) 无分割条

包括镶贴石材、镶贴块料、玻璃装饰砖、陶瓷锦砖楼地面等，如图 8-4 所示。

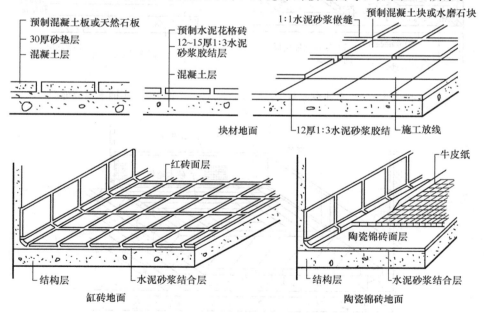

图 8-4 镶贴面层楼地面

3. 橡塑楼地面

橡塑楼地面包括橡胶楼地面和塑料楼地面等，如图 8-5 所示。

4. 木楼地面

木楼地面面层分为实木地板和复合木地板等。构造方式有实铺、空铺、粘贴等。根据

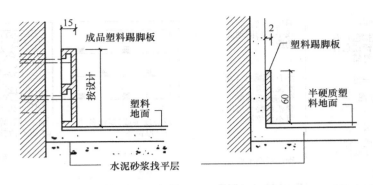

图 8-5 塑料楼地面

需要可做成单层和双层，如图 8-6～图 8-8 所示。

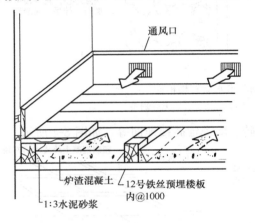

图 8-6 架空木地板地面

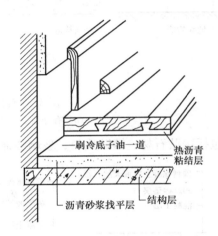

图 8-7 实铺木地板地面

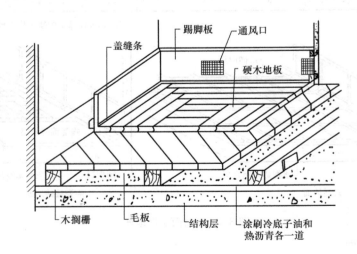

图 8-8 双层木地板交错铺设地面

注意：

（1）楼地面定额子目中不包括垫层，垫层按设计图示做法分别执行定额第四章砌筑工程及定额第五章混凝土及钢筋混凝土工程中相应定额子目。

（2）整体面层及混凝土散水定额子目中均包括一次压光的工料费用。

（3）面层材料及价格可按设计要求调整材质及价格。相同材质的面层装饰材料可根据实际情况调整材料名称及价格。主材定额消耗量中已包括一般施工情况损耗（不含排砖损耗及非规格产品的加工损耗）。

（4）地毯定额只含面层铺装，基层套用相应基层子目。地毯面层子目按单层编制，设计有衬垫时，另执行地毯橡胶衬垫相应子目。

（5）木地板楼地面子目的面层铺装不包括油漆及防火涂料，设计要求时，另执行油漆、涂料、裱糊工程中相应定额子目。

（6）镶贴石材块料子目中磨边倒角等费用应综合在相应材料预算价格中。

（二）踢脚线

为了防止在清扫时污染墙面，室内地面与墙面接触处，应设置高 100～150mm 的踢脚板，其材料一般与地面材料相同，踢脚按构造、施工的方式不同，包括 DS 砂浆踢脚、石材踢脚、块料踢脚、塑料板踢脚、橡胶踢脚、木质踢脚、金属和防静电踢脚、踢脚木基层等，如图 8-9 所示。

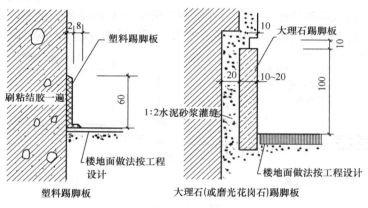

图 8-9　踢脚

注意，定额中踢脚子目按面层材料铺装编制，踢脚木基层另执行相应定额子目。

（三）台阶、坡道和散水

1. 台阶

一般建筑物的室内地面都高于室外地面，为了便于出入，设置台阶，在台阶和出入口之间一般设置平台作为缓冲。台阶面层按构造、施工的方式不同，包括 DS 砂浆台阶、块料台阶、石材块料台阶、剁假石和条石。台阶构造如图 8-10 所示。

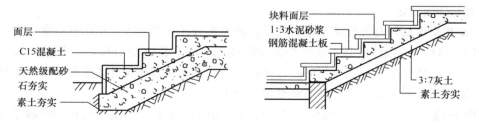

图 8-10　台阶构造形式

2. 坡道

为了便于车辆进出，室内外门前常做坡道。也有台阶和坡道并用，平台两侧做坡道，平台正面做台阶或在台阶两侧做坡道。坡道面层按构造、施工的方式不同，包括石材坡道、块料（地砖）坡道、DS 砂浆坡道、细石混凝土坡道、防滑涂料坡道。坡道构造如图 8-11 所示。

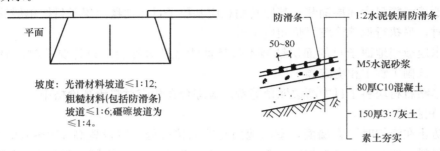

图 8-11 坡道

3. 散水

为防止雨水渗入基础或地下室，沿外墙四周的室外地面必须做散水。散水层按构造、施工方式不同，包括混凝土散水、DS 砂浆散水、石材散水等，其构造如图 8-12 所示。

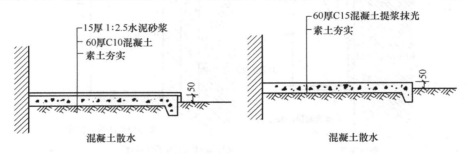

图 8-12 散水

注意，台阶、坡道、散水定额子目中不包括垫层，垫层按设计图示做法分别执行定额第四章砌筑工程及定额第五章混凝土及钢筋混凝土工程中相应定额子目。

（四）楼梯

楼梯面层定额子目中，包括踏步、休息平台和楼梯踢脚线，但不包括楼梯底面及踏步侧边装饰，楼梯底面装饰执行定额第十三章天棚工程中相应定额子目，踏步侧边装饰执行定额第十二章墙、柱面装饰与隔断、幕墙工程中零星装饰的相应定额子目。

（五）砂浆规定

根据北京市现行有关政策规定，北京市绝大部分区域均要求使用干拌砂浆（干拌砂浆总代号为"D"）或预拌砂浆，所以结合实际情况，除现浇水磨石楼地面外，均按干拌砂浆编制，设计砂浆品种与定额不同时，可以换算。如采用现场搅拌砂浆时，执行干拌砂浆换算砂浆材料费后再执行现拌砂浆调整费定额子目。

【例 8-1】 某二层砖混结构宿舍楼，首层平面图如图 8-13 所示，已知内外墙厚度均为240mm，二层以上平面图除 M2 的位置为 C2 外，其他均与首层平面图相同，层高均为

3.00m，楼板厚度为130mm，女儿墙顶标高6.60m，室外设计地坪为－0.45m，混凝土地面垫层厚度为60mm，楼梯井宽度为400mm。M1、M2的洞口宽度分别为：1200mm、1500mm。门框宽为100mm，沿外墙内边线安装或内墙中心线安装。试计算以下装饰工程的工程量：（1）混凝土地面垫层；（2）地面20mm厚DS砂浆找平层；（3）60mm厚混凝土面层；（4）20mm厚DS楼梯面层；（5）DP砂浆踢脚线；（6）DS砂浆台阶面层；（7）60mm厚混凝土散水面层。

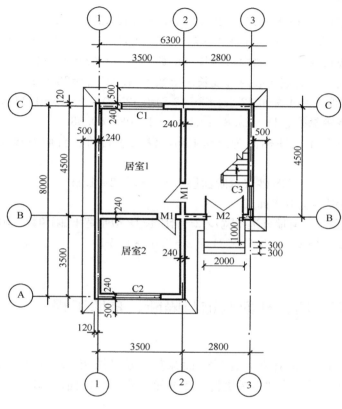

图8-13 首层平面图

【解】

（1）混凝土地面垫层

一层建筑面积 $S_1 = [(8.0+0.24)\times(3.5+0.24)+2.8\times(4.5+0.24)] = 44.09$

一层外墙中心线 $L_{中}(6.3+8.0)\times2 = 28.6m$

一层内墙净长线 $L_{内}(4.5-0.12\times2)+(3.5-2\times0.12) = 7.52m$

一层主墙间净面积 $S_{1j} = S_1 - (L_{中}\times外墙厚+L_{内}\times内墙厚)$

$$= 44.09 - (28.6\times0.24+7.52\times0.24)$$

$$= 35.42m^2$$

混凝土地面垫层工程量＝一层室内主墙间净面积×垫层厚度

$$= 35.42\times0.06$$

$$= 2.13m^3$$

（2）地面20mm厚DS砂浆找平层＝一层室内主墙间净面积＝35.42m²

（3）60mm 厚混凝土地面面层＝一层室内主墙间净面积＝35.42m²

（4）20mm 厚 DS 楼梯面层＝楼梯间净水平投影面积＝楼梯间净长×楼梯间净宽

$$＝（4.5－0.12×2）×（2.8－0.12×2）$$
$$＝10.91m²$$

（5）DP 砂浆踢脚线

因楼梯装饰定额中，已包括了踏步、休息平台和楼梯踢脚线，所以只需计算居室和首层楼梯间的踢脚即可

居室 1 墙内边线长＝(4.5－0.12×2)×2＋(3.5－0.12×2)×2－2×1.2＋0.07×4＝12.92m

居室 2 墙内边线长＝(3.5－0.12×2)×2＋(3.5－0.12×2)×2－1.2＋0.07×2＝11.98m

居室 1 踢脚线长＝居室 1 墙内边线长×层数＝12.92×2＝25.84m

居室 2 踢脚线长＝居室 2 墙内边线长×层数＝11.98×2＝23.96m

首层楼梯间的踢脚＝(4.5－0.12×2)×2＋(2.8－0.12×2)×2－1.5－1.2＋0.07×2＝11.08m

居室水泥砂浆踢脚线总长＝25.84＋23.96＋11.08＝60.88m

（6）因为室外设计地坪标高为－0.45m，设三级台阶、台阶宽度为 300mm，高度为 150mm

$$DS 砂浆台阶面层＝0.3×3×2＝1.8m²$$

（7）60mm 厚混凝土散水面层

＝[(外墙外边线长＋外墙外边线宽)×2－台阶长]×散水宽＋(阳角数－阴角数)×0.5²

＝[(8＋0.12×2＋6.3＋0.12×2)×2－2.0]×0.5＋(5－1)×0.5²

＝14.78m²

第二节　墙、柱面装饰与隔断、幕墙工程

8-1

一、说明

（一）本节包括：墙面抹灰，柱(梁)面抹灰，零星抹灰，墙面块料面层，柱(梁)面镶贴块料，镶贴零星块料，墙饰面，柱(梁)饰面，幕墙工程，隔断 10 小节共 502 个子目。

（二）墙面、柱(梁)面一般抹灰、零星抹灰均按基层处理、底层抹灰和面层抹灰分别编制，执行时按设计要求分别套用相应定额子目。装饰抹灰基层及底层抹灰执行一般抹灰相应定额子目。

（三）一般抹灰是指抹干拌砂浆（DP 砂浆、DP-G 砂浆）和现场拌合砂浆（水泥砂浆、混合砂浆、粉刷石膏砂浆、聚合物水泥砂浆）；装饰抹灰是指水刷石、干粘石、剁斧石、假面砖等。

（四）其他抹灰、找平层定额中综合了底层、面层，执行中不得调整。

（五）聚合物砂浆修补墙面设计无厚度要求时，执行基层处理相应定额子目；有厚度要求时，执行墙面底层抹灰相应定额子目。

（六）内、外墙底层抹灰单层厚度超过 12mm 时，应按底层、面层（面层按 5mm）分别套用定额。

（七）粘贴块料底层做法执行墙面一般抹灰的基层和底层相应定额子目。

（八）立面砂浆找平层适用于仅做找平层的墙面抹灰。

（九）钢板网抹灰定额子目中不包括钉钢板网，墙面钉钢板网执行定额本节第七小节墙饰面——基层衬板相应定额子目。

（十）圆形柱、异形柱抹灰执行柱（梁）面抹灰相应定额子目乘以系数1.3。

（十一）零星抹灰不分外墙、内墙，均按相应定额执行；零星装饰抹灰的底层执行零星一般抹灰相应定额子目。

（十二）成品石材是指大理石、花岗石、蘑菇石、青石板、人造石等。

（十三）墙和柱饰面的定额子目中均不包括保温层，设计要求时，执行定额第十章保温、隔热、防腐工程中的相应定额子目。

（十四）墙面、柱（梁）面装饰板定额中是按龙骨、衬板、面层分别编制，执行时应分别套用相应定额子目。

（十五）成品装饰柱，应按柱身、柱帽、柱基座分别套用相应定额子目。

（十六）墙面及柱（梁）面层涂料执行定额第十四章油漆、涂料、裱糊工程相应定额子目。

（十七）雨篷、挑檐顶面执行定额第九章屋面及防水工程相应定额子目；雨篷、挑檐底面及阳台顶面装饰执行定额第十三章天棚工程相应定额子目；阳台地面执行定额第十一章楼地面装饰工程相应定额子目。

（十八）勒脚、斜挑檐执行外墙装修相应定额子目。

（十九）阳台、雨篷、挑檐立板高度≤500mm时，执行零星项目相应定额子目；高度>500mm时，执行外墙装饰相应定额子目。

（二十）天沟的檐口、遮阳板、池槽、花池、花台等均执行零星项目相应定额子目。

（二十一）饰面板子目适用于安装在龙骨上及粘贴在衬板或抹灰面上的施工做法。

（二十二）隐框玻璃幕墙按成品安装编制；明框玻璃幕墙按成品玻璃现场安装编制。

（二十三）隔墙定额中不包括墙基，墙基按设计要求，执行定额第四章砌筑工程或定额第五章混凝土及钢筋混凝土工程相应定额子目。

（二十四）水泥制品板是指金特板、埃特板、硅酸钙板、FC板，TK板。

（二十五）龙骨式隔墙的衬板、面板子目定额中是按单面编制的，设计为双面时工程量乘以2。

（二十六）隔断门的特殊五金安装执行定额第八章门窗工程相应定额子目。

（二十七）半玻隔断不包括下部矮墙，矮墙为木龙骨、木夹板时，分别执行本节中相应定额子目，其他材料的矮墙应按设计做法另行计算。

（二十八）残疾人厕所隔断安装，套用相应的厕所隔断子目乘以系数1.2。

（二十九）定额中卫生间隔断高度是按1.8m（含支座高度）编制的，设计高度不同时，允许换算。

二、工程量量计算规则

（一）墙面抹灰及找平层按设计图示尺寸以面积计算。扣除墙裙、门窗洞口及单个>0.3m²的孔洞面积，不扣除踢脚线、挂镜线和墙与构件交接处的面积，门窗洞口和孔洞的侧壁及顶面不增加面积。附墙柱、梁、垛、烟囱侧壁并入相应的墙面面积内。

1. 外墙抹灰面积按外墙垂直投影面积计算。

飘窗凸出墙面部分并入外墙面工程量内。

2. 外墙裙抹灰面积按其长度乘以高度计算。

3. 内墙抹灰面积按其长度乘以高度计算。

（1）无墙裙的，高度按室内楼地面至天棚底面计算；

（2）有墙裙的，高度按墙裙顶至天棚底面积算；

（3）有吊顶的，其高度算至吊顶底面另加 200mm。

4. 内墙裙抹灰面积按内墙净长乘以高度计算。

（二）柱面抹灰按设计图示柱断面周长乘以高度以面积计算。

异型柱、柱上的牛腿及独立柱的柱帽、柱基座均按展开面积计算，并入相应抹灰工程量中。

（三）梁面抹灰按设计图示梁断面周长乘以长度以面积计算。

异型梁按展开面积计算，并入相应梁抹灰工程量中。

（四）零星抹灰按设计图示尺寸以面积计算。

（五）门窗套、装饰线抹灰按图示展开面积计算；内窗台抹灰按窗台水平投影面积计算。

（六）墙、柱、梁及零星镶贴块料面层按图示镶贴表面积计算。

干挂块料龙骨按设计图示尺寸以质量计算。

（七）墙面装饰板按设计图示墙净长乘以净高以面积计算。扣除门窗洞口及单个＞0.3m² 的孔洞所占面积。

装饰板墙面中的龙骨、衬板，均按图示尺寸以面积计算。

（八）柱（梁）面装饰按设计图示饰面外围尺寸以面积计算。柱帽、柱墩并入相应柱饰面工程量内。

柱的龙骨、衬板分别按图示尺寸以面积计算；附墙柱装饰做法与墙面不同时，按展开面积执行柱（梁）装饰相应定额子目。

（九）成品装饰柱按设计数量以根计算。

柱基座按座计算，柱帽按个计算。

（十）幕墙按设计图示框外围尺寸以面积计算，不扣除与幕墙同种材质的窗所占面积。

（十一）全玻（无框玻璃）幕墙按设计图示尺寸以面积计算。带肋全玻幕墙按展开面积计算。

（十二）隔断按设计图示框外围尺寸以面积计算，不扣除单个≤0.3m² 的孔洞所占面积；木隔断、金属隔断做浴厕隔断时，浴厕门的材质与隔断相同时，门的面积并入隔断面积内。

（十三）半玻璃隔断按玻璃边框的外边线图示尺寸以面积计算。

（十四）博古架墙按图示外围垂直投影面积计算。

（十五）隔墙龙骨及面板按设计图示尺寸以面积计算。

三、定额执行中应注意的问题

（一）墙、柱面装饰

墙、柱面装饰主要包括抹灰、块料面层和饰面面层，块料面层又根据材质划分为石材和普通块料。其中，石材根据施工方式，又分为粘贴、挂贴和干挂，其构造如图 8-14 所示。

注意：

1. 墙面、柱（梁）面一般抹灰、零星抹灰均按基层处理、底层抹灰和面层抹灰分别编制，执行时按设计要求分别套用相应定额子目。装饰抹灰基层及底层抹灰执行一般抹灰

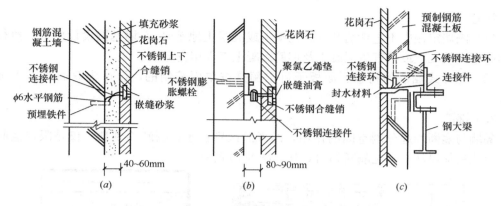

图 8-14　花岗岩石坂安装构造示意

相应定额子目。

2. 一般抹灰是指抹干拌砂浆（DP 砂浆、DP-G 砂浆）和现场拌合砂浆（水泥砂浆、混合砂浆、粉刷石膏砂浆、天然安石粉）；装饰抹灰是指干粘石、水刷石、剁斧石、假面砖、仿面砖等。

3. 粘贴块料底层做法执行墙面一般抹灰的基层和底层相应定额子目。

4. 墙和柱饰面的定额子目中均不包括保温层，设计要求时，执行定额第十章保温、隔热防腐工程中的相应定额子目。

5. 墙面及柱（梁）面层涂料执行定额十四章油漆、涂料、裱糊工程相应定额子目。

（二）隔墙与隔断

1. 隔墙

隔墙起空间分割作用，轻钢龙骨隔墙是常见的一种隔墙形式，如图 8-15 所示。

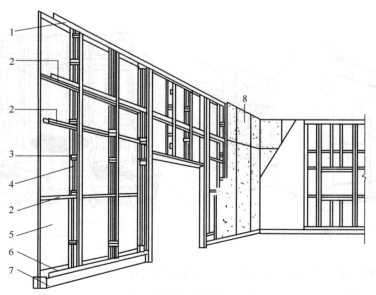

图 8-15　轻钢龙骨隔墙安装示意

1—沿顶龙骨；2—横撑龙骨；3—支撑长；4—贯通孔；5—石膏板；
6—沿地龙骨；7—混凝土踢脚座；8—石膏

注意：

（1）隔墙定额中不包括墙基（砖地垄带或混凝土地垄带），墙基按设计要求，执行定额第四章砌筑工程或第五章混凝土及钢筋混凝土工程相应定额子目。

（2）龙骨式隔墙的衬板、面板子目定额是按单面编制的，设计为双面时工程量乘以2。

2. 隔断

隔墙与隔断均起分割空间的作用，两者的区别在于，隔断不到顶，仅是限定空间范围，形式更加灵活。常见隔断如图8-16～图8-19所示。

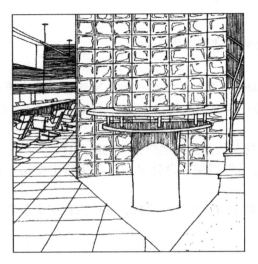
图 8-16　玻璃砖隔断

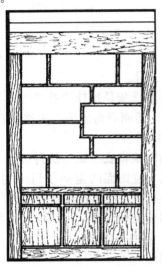
图 8-17　博古架

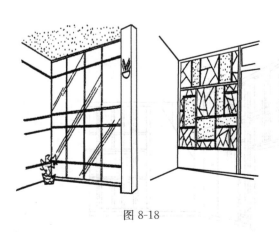
图 8-18

图 8-19

注意：隔断门的特殊五金安装执行定额第八章门窗工程相应定额子目。

（三）幕墙工程

幕墙是悬挂于主体结构上的轻质外围护墙。按幕面材料划分为玻璃、金属、陶土板幕墙等；按构造划分为框格式和墙板式幕墙；按施工和安装方式划分为元件式和单元式幕墙。其结构如图 8-20、图 8-21 所示。

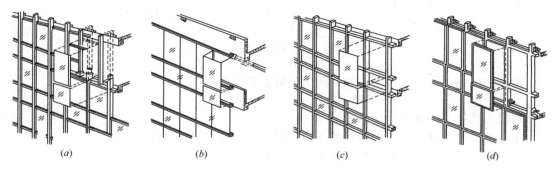

图 8-20　框格式幕墙

（a）竖框式（竖框主要受力，竖框外露）；（b）横框式（横框主要受力，横框外露）；

（c）框格式（竖框、横框外露成框格状态）；（d）隐框式（框格隐藏在幕面板后，又有包被式之称）

【例 8-2】　在例 8-1 中门窗洞口尺寸及材料见表 8-1，楼板和屋面板均为混凝土现浇板，厚度为 130mm。试求：（1）外墙抹灰工程量；（2）内墙抹灰工程量。

门窗洞口尺寸表　　　表 8-1

门窗代号	尺寸（mm）	备　注
C1	1800×1800	松木
C2	1800×1800	铝合金
C3	1200×1200	松木
M1	1000×2000	纤维板
M2	2000×2400	铝合金

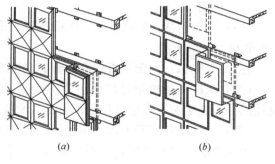

图 8-21　墙板式幕墙

（a）压型板式；（b）夹心板式

【解】　首先计算门窗洞口面积：

木 窗 C1：$1.8 \times 1.8 \times 2 = 6.48 \text{m}^2$

木 窗 C3：$1.2 \times 1.2 \times 2 = 2.88 \text{m}^2$

木窗工程量 C1＋C3＝$6.48 + 2.88 = 9.36 \text{m}^2$

铝合金窗 C2：$1.8 \times 1.8 \times (2+1) = 9.72 \text{m}^2$

纤维板门 M1：$(1.0 \times 2) \times 2 \times 2 = 8 \text{m}^2$

铝合金门 M2：$2.0 \times 2.4 = 4.8 \text{m}^2$

（1）水泥砂浆外墙抹灰

外墙外边线长＝$(6.3 + 0.12 \times 2 + 8.0 + 0.12 \times 2) \times 2 = 29.56 \text{m}$

外墙抹灰高度＝$6.6 + 0.45 = 7.05 \text{m}$（包括±0.00 至室外地坪间的抹灰）

外墙门窗面积＝C1＋C2＋C3＋M2＝$6.48 + 9.72 + 2.88 + 4.8 = 23.88 \text{m}^2$

水泥砂浆外墙抹灰工程量＝外墙外边线长×外墙抹灰高度－外墙门窗面积

$$= 29.56 \times 7.05 - 23.88$$

$$= 184.52 \text{m}^2$$

（2）水泥砂浆内墙抹灰

室内四周墙体内边线长＝居室 1 墙内边线长＋居室 2 墙内边线长＋楼梯间墙内边线长

$$=[(4.5-0.12\times2)\times2+(3.5-0.12\times2)\times2]+[(3.5-0.12\times2)\times2+(3.5-0.12\times2)\times2]+[(4.5-0.12\times2)\times2+(2.8-0.12\times2)\times2]$$

$$=15.04+13.04+13.64=41.72m$$

内墙门窗面积＝外墙门窗面积＋内墙门窗面积的 2 倍

$$=23.88+2M1=23.88+8\times2=39.88m^2$$

每层内墙抹灰高度＝$3-0.13=2.87m$

水泥砂浆内墙抹灰＝室内四周墙体内边线长×每层内墙抹灰高度

×层数－内墙门窗面积

$$=41.72\times2.87\times2-39.88=239.47-39.88=199.59m^2$$

第三节 天 棚 工 程

8-2

一、说明

（一）本节包括：天棚抹灰、天棚吊顶、采光天棚工程、天棚其他装饰 4 小节共 122 个子目。

（二）天棚抹灰内预制板粉刷石膏面层定额子目中已包括板底勾缝，不得另行计算。

（三）天棚吊顶按龙骨与面层分别编制，执行相应定额子目，格栅吊顶、吊筒吊顶、悬挂吊顶天棚定额子目中已包括了龙骨与面层，不得重复计算。

（四）天棚吊顶定额子目中不包括高低错台、灯槽、藻井等，发生时另行计算，面层执行天棚面层（含重叠部分）相应子目，龙骨按跌级高度，执行错台附加龙骨定额子目。

（五）定额中吊顶木龙骨定额子目中已包含防火涂料，不得另行计算。

（六）定额中吊顶龙骨的吊杆长度是按≤0.8m 综合编制，设计＞0.8m 时，其超过部分按吊杆材质分别执行每增加 0.1m 定额子目，不足 0.1m 的按 0.1m 计算。

（七）天棚吊顶面层材料与定额不符时，可以换算。

（八）天棚面层定额子目是按单层面板和衬板编制的，设计要求为多层板时，面层相应定额子目乘以相应层数。

（九）格栅吊顶项目中金属格栅吸声板吊顶定额子目是按三角形和六角形分别编制的，其中吸声体支架中距为 0.7m，设计不同时可按设计要求进行调整。

（十）采光天棚按中庭、门斗、悬挑雨篷分别编制，定额中不包括金属骨架，金属骨架执行定额第六章金属结构工程相应定额子目。

（十一）灯带按附加龙骨和面层分别执行相应定额子目。

（十二）风口的定额子目中已包括开孔及附加龙骨，不包括风口面板。

（十三）檐口、雨篷、阳台等底板装饰执行天棚抹灰、吊顶的相应定额子目。

（十四）天棚工程不包括天棚的保温、装饰线、腻子、涂料、油漆等装饰做法，发生时另执行相应定额子目。

二、工程量计算规则

（一）天棚抹灰按设计图示尺寸以水平投影面积计算。不扣除间壁墙、垛、柱、附墙烟囱、检查口和管道所占的面积，带梁天棚的梁两侧抹灰面积并入天棚面积内，板式楼梯底面抹灰按斜面积计算，锯齿形楼梯地板抹灰按展开面积计算。

（二）天棚吊顶

1. 吊顶天棚按设计图示尺寸以水平投影面积计算。天棚面中的灯槽及跌级、锯齿形、吊挂式、藻井式天棚面积不展开计算。不扣除间壁墙、检查口、附墙烟囱、柱垛和管道所占面积。扣除单个>0.3m² 的孔洞、独立柱及与天棚相连的窗帘盒所占的面积。

2. 天棚中格栅吊顶、吊筒吊顶、悬挂（藤条、软织物）吊顶均按设计图示尺寸以水平投影面积计算。

3. 拱形吊顶和穹顶吊顶的龙骨按拱顶和穹顶部分的水平投影面积计算；吊顶面层按图示展开面积计算。

4. 超长吊杆按其超过高度部分的水平投影面积计算。

（三）采光天棚

按框外围展开面积计算。

（四）天棚其他装饰

1. 灯带按设计图示尺寸以框外围面积计算。

灯带附加龙骨按设计图示尺寸以长度计算。

2. 高低错台（灯槽、藻井）附加龙骨按图示跌级长度计算，面层另按跌级的立面图示展开面积计算。

3. 风口、检修口等按设计图示数量计算。

4. 雨篷底吊顶的铝骨架、铝条天棚按设计图示尺寸以水平投影面积计算。

三、定额执行中应注意的问题

天棚工程分为天棚抹灰、天棚吊顶、采光天棚及天棚其他装饰，天棚抹灰综合了清理基层、底层抹灰和面层抹灰。天棚吊顶按龙骨与面层分别编制，执行相应定额子目，格栅吊顶、吊筒吊顶、悬挂吊顶天棚定额子目中已包括了龙骨与面层，不得重复计算。天棚吊顶如图 8-22、图 8-23 所示。

【例 8-3】 求例 8-1 中聚合物水泥砂浆天棚抹灰的工程量。

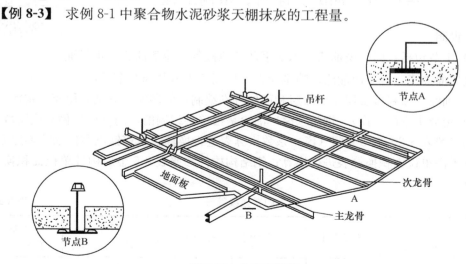

图 8-22 饰面板吊顶

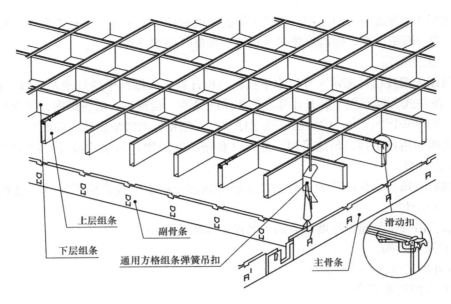

图 8-23 格栅吊顶

【解】 一层天棚抹灰的工程量＝居室主墙间净面积

＝(3.5－0.12×2)×(4.5－0.12×2)＋(3.5－0.12×2)×(3.5－0.12×2)

＝13.89＋10.63

＝24.52m²

二层天棚抹灰的工程量＝居室主墙间净面积＋楼梯间净面积＝24.52＋10.91

＝35.42m²

混凝土天棚抹灰的工程量＝一层天棚抹灰的工程量＋二层天棚抹灰的工程量

＝24.52＋35.42＝59.94m²

第四节　油漆、涂料、裱糊工程

一、说明

（一）本节包括：门、窗油漆，木扶手及其他板条、线条油漆，木材面油漆，金属面油漆，抹灰面油漆，喷刷涂料，裱糊 7 小节共 802 个子目。

（二）油漆、涂料按底层、中涂层和面层分别编制，使用时应分别套用相应定额子目。

（三）定额中木门（窗）、钢门（窗）油漆是按单层编制的，门（窗）种类或层数不同时，分别参照表 8-2～表 8-4 门（窗）系数换算表进行换算；镀锌铁皮零件油漆参照表 8-5 镀锌铁皮零件单位面积换算表进行换算；钢结构构件参照表 8-6 金属构件单位面积换算表进行换算。

木门系数换算表 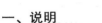   表 8-2

木门种类	单层 木门（窗）	木百叶门	厂库房大门	单层全玻门	双层 （一玻一纱）木门	双层 （单裁口）木门
系数	1.00	1.25	1.10	0.83	1.36	2.00

木窗系数换算表

表 8-3

木窗种类	木百叶窗	双层（一玻一纱）木窗	双层框扇（单裁口）木窗	双层框（二玻一纱）木窗	单层组合窗	双层组合窗	观察窗
系数	1.50	1.36	2.00	2.60	0.83	1.13	1.23

钢门窗系数换算表

表 8-4

门窗种类	单层钢门窗	一玻一纱钢门窗	百叶钢门窗	满钢板门窗	折叠钢门（卷帘门）	射线防护门
系数	1.000	1.480	2.737	1.633	2.299	2.959

镀锌铁皮零件单位面积换算表

表 8-5

名称	单位	檐沟	天沟	斜沟	烟囱泛水	白铁滴水	天窗窗台泛水	天窗侧面泛水	白铁滴水沿头	下水口	水斗	透气管泛水	漏斗
		m								个			
镀锌铁皮排水	m²	0.30	1.30	0.90	0.80	0.11	0.50	0.70	0.24	0.45	0.40	0.22	0.16

金属构件单位面积换算表

表 8-6

序号	项 目		单位面积（m²/t）
1	钢网架	螺栓球节点	17.19
		焊接球（板）节点	15.24
2	钢屋架	门式刚架	35.56
		轻钢屋架	52.85
3	钢托架		37.15
4	钢桁架		26.20
5	相贯节点钢管桁架		15.48
6	实腹式钢柱（H形）		12.12
7	实腹式钢柱	箱形	4.30
		格构式	16.25
8	钢管柱		4.85
9	实腹式钢梁（H形）		16.10
10	实腹式钢梁	箱形	4.61
		格构式	16.25
11	钢吊车梁		17.16
12	水平钢支撑		37.40
13	竖向钢支撑		16.04
14	钢拉条		44.34

序号	项 目		单位面积（m²/t）
15	钢檩条	热轧 H 形	49.33
		高频焊接口型	26.30
		冷弯 CZ 形	74.43
16	钢天窗架		52.28
17	钢挡风架		48.26
18	钢墙架	热轧 H 形	35.84
		高频焊接口型	26.30
		冷弯 CZ 形	74.43
19	钢平台		45.03
20	钢走道		43.05
21	钢梯		37.77
22	钢护栏		54.07

（四）金属结构喷（刷）防火涂料定额子目中不包括刷防锈漆。

（五）木材面油漆按以下系数进行换算：

1. 定额中木扶手以不带托板为准进行编制，带托板时按相应定额子目乘以系数 2.6。

2. 木间壁、木隔断油漆按木护墙，木墙裙相应定额子目乘以系数 2。

3. 定额中抹灰线条油漆以线条展开宽度≤100mm 为准进行编制，展开宽度≤200mm 时，按相应定额子目乘以系数 1.8；展开宽度＞200mm 时，按相应定额子目乘以系数 2.6。

4. 柱面涂料按墙面涂料相应定额子目乘以系数 1.1。

（六）满刮腻子定额子目仅适用于涂料、裱糊面层。

（七）木材面刷涂料执行第六小节喷（刷）涂料的相应定额子目。

（八）涂料墙面中的抗碱封闭底漆、底层抗裂腻子复合耐碱玻纤布、底漆刮涂光面腻子、涂刷油性封闭底漆、喷涂浮雕中层骨料套用本节第五小节抹灰面油漆相应定额子目。

（九）内墙裱糊面层中的分格带衬裱糊子目，适用于方格和条格裱糊，包括装饰分格条和胶合板底衬。

（十）整体裱糊锦缎定额子目中不包括涂刷防潮底漆。

二、工程量计算规则

（一）门、窗油漆按设计图示洞口尺寸以面积计算。

无洞口尺寸时，按设计图示框（扇）外围尺寸以面积计算。

（二）木材面油漆、涂料按设计图示尺寸以面积计算。

（三）零星木材面按设计图示油漆部分的展开面积计算。

（四）天沟、檐沟、泛水、金属缝盖板按图示展开面积计算；暖气罩按垂直投影面积计算。

（五）抹灰面油漆、刮腻子、涂料均按设计图示尺寸以面积计算。

（六）木扶手及其他板条、线条油漆，抹灰线条油漆、涂料均按设计图示尺寸以长度计算。

（七）金属结构各种构件的油漆、涂料均按设计结构尺寸以展开面积计算。

（八）木材面、混凝土面涂刷防火涂料按设计图示尺寸以面积计算。

（九）木基层涂刷防火漆按按涂刷部位的设计图示尺寸以面积计算；木基层其他油漆

按设计图示展开面积计算。

（十）木栅栏、木栏杆、木间壁、木隔断、玻璃间壁露明墙筋油漆按设计图示尺寸以单面外围面积计算。

（十一）裱糊按设计图示尺寸以面积计算。

（十二）墙面软包按设计图示展开面积计算。

（十三）木地板油漆及烫蜡按设计图示尺寸以面积计算。空洞、空圈、暖气包槽、壁龛的开口部分并入相应的工程量内。

（十四）木楼梯按水平投影面积计算。

（十五）空花格、栏杆刷涂料按设计图示尺寸以单面外围面积计算。

第五节　其他装饰工程

一、说明

（一）本节包括：柜类、货架，装饰线，扶手、栏杆、栏板装饰，暖气罩，厕浴配件，旗杆，招牌、灯箱，美术字 8 小节共 304 个子目。

（二）柜类、货架是按华北标 08BJ4-2 进行编制的，定额中未包括面板拼花及饰面板上的镶贴其他材料的花饰、造型等艺术品。设计要求涂刷油漆、防火涂料时，执行定额第十四章油漆、涂料、裱糊工程中相应定额子目。

（三）装饰线条适用于内外墙面、柱面、橱柜、天棚及设计有装饰线条的部位。

（四）装饰线按不同材质及形式分为板条、平线、角线、角花、槽线、欧式装饰线等多种装饰线（板）。

其中：

1. 板条：指板的正面与背面均为平面而无造型者。

2. 平线：指其背面为平面，正面为各种造型的线条。如图 8-24 所示。

3. 角线：指线条背面为三角形，正面有造型的阴、阳角装饰线条。如图 8-25 所示。

4. 角花：指呈直角三角形的工艺造型装饰件。

5. 槽线：指用于嵌缝的 U 形线条。

6. 欧式装饰线：指具有欧式风格的各种装饰线。

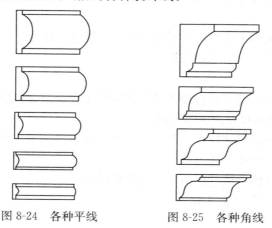

图 8-24　各种平线　　　图 8-25　各种角线

（五）空调和挑板周围栏杆（板），执行通廊栏杆（板）的相应定额子目。

（六）楼梯铁栏杆执行铁栏杆制安定额子目。

（七）暖气罩台面和窗台为一体时，应分别执行相应定额子目。

（八）定额中所标尺寸均为高×长×宽（其中高度包括支架高度，单位以 mm 为计量单位）。

（九）浴厕配件中已包括配套的五金安装。

（十）平面招牌是指安装在门前墙面的平面体，箱体招牌、竖式标箱是指固定在墙面的六面体。

（十一）各类灯箱、吸塑字等光源执行通用安装工程预算定额。

二、工程量计算规则

（一）柜类、货架

1. 柜台、存包柜、鞋架、酒吧台、收银台、试衣间、货架、服务台等按设计图示数量计算。

2. 附墙酒柜、衣柜、书柜、厨房壁柜、木壁柜、厨房低柜、厨房吊柜、矮柜、吧台背柜、酒吧吊柜、展台、书架等按设计图示尺寸以长度计算。

（二）装饰线

1. 装饰线按设计图示尺寸以长度计算。

2. 角花、圆圈线条、拼花图案、灯盘、灯圈等按数量计算；镜框线、柜橱线按设计图示尺寸以长度计算。

3. 欧式装饰线中的外挂檐口板、腰线板按图示尺寸以长度计算。

山花浮雕、拱形雕刻分规格按数量计算。

（三）扶手、栏杆、栏板装饰

1. 栏杆（板）按扶手中心线水平投影长度乘以栏杆（板）高度以面积计算。栏杆（板）高度从结构上表面算至扶手底面。

2. 旋转楼梯栏杆按图示扶手中心线长度乘以栏杆高度以面积计算。

3. 无障碍设施栏杆，按图示尺寸以长度计算。

4. 扶手（包括弯头）按扶手中心线水平投影长度计算。

5. 旋转楼梯扶手按设计图示以扶手中心线长度计算。

（四）暖气罩

1. 暖气罩按设计图示尺寸以垂直投影面积（不展开）计算。

2. 暖气罩台面按设计图示尺寸以长度计算。

（五）浴厕配件

1. 洗漱台按设计图示尺寸以台面外接矩形面积计算。不扣除孔洞、挖弯、削角所占面积，挡板、吊沿板面积并入台面面积内。

2. 晾衣架、帘子杆、浴缸拉手、卫生间扶手、毛巾杆、毛巾环、卫生纸盒、肥皂盒、镜箱安装等按设计图示数量计算。

3. 镜面玻璃按设计图示尺寸以边框外围面积计算。

（六）旗杆按设计图示数量计算

（七）招牌、灯箱

1. 平面招牌（基层）按设计图示尺寸以正立面边框外围面积计算。复杂形的凹凸造型部分不增加面积。

2. 箱式招牌和竖式标箱的基层按其外围图示尺寸以体积计算。

3. 招牌、灯箱的面层按设计图示展开面积计算。

（八）美术字

美术字、房间名牌安装按设计图示数量计算。

三、定额执行中应注意的问题

（一）装饰线条

装饰线条起装饰作用，适用于内外墙面、柱面、柜橱、天棚及设计有装饰线的地方。按不同材质和形式分为板条、平线、槽线、欧式装饰线等，如图 8-26 所示。其工程量均按设计图示尺寸以长度计算。

（二）栏杆、栏板

栏杆和栏板常见于楼梯、阳台等处，起保护安全的作用，如图 8-27、图 8-28 所示。其工程量按扶手中心线水平投影

图 8-26　天棚装饰线

长度乘以栏杆（板）高度以面积计算。栏杆（板）高度从结构上表面算至扶手底面。

图 8-27　楼梯栏杆

图 8-28　阳台栏杆

（三）暖气罩

在北方的家庭装修中，经常会看到木质暖气罩台面和窗台合为一体的现象，此时，立面执行暖气罩定额子目；平面执行暖气罩台面定额子目。暖气罩如图 8-29 所示。

图 8-29　暖气罩与窗台合二为一

第六节　工 程 水 电 费

一、说明

（一）本节包括：住宅建筑工程，公共建筑工程 2 小节共 16 个子目。

（二）单独地下工程执行檐高 25m 以下相应定额子目。

（三）单项工程中使用功能、结构类型不同时按各自建筑面积分别计算。

（四）住宅、宿舍、公寓、别墅执行住宅工程相应定额子目。

二、工程量计算规则

工程量按建筑面积计算。

三、定额执行中应注意的问题

（一）定额包括施工现场消耗的全部水、电费（包括建筑、装饰、安装等工程及安全文明施工），机械施工中所消耗的电费，夜间施工和施工场地照明所消耗的电费。不包括施工排水、降水、地基处理与边坡支护、桩基础及金属结构工程的水电费，以上工程的水电费已分别含在相应的定额子目之中。

（二）在执行定额时，除全现浇结构、框架结构的工程外，其他所有形式的结构类型工程，一律按定额"其他结构"项目的定额子目执行。

（三）水电费已综合考虑了现场施工以预拌商品混凝土（五环以内）、预拌砂浆、工厂制品构件（成品或半成品）等为主的因素。

第七节　措 施 项 目

措施项目包括脚手架工程、现浇混凝土模板及支架工程、垂直运输、超高施工增加、施工排水（或降水）工程和安全文明施工费等六部分。

一、脚手架工程

（一）说明

1. 脚手架工程包括：综合脚手架，室内装修脚手架，其他脚手架 3 小节共 43 个子目。

2. 综合脚手架包括结构（含砌体）和外装修施工期的脚手架，不包括设备安装专用脚手架和安全文明施工费中的防护架和防护网。

3. 单层建筑脚手架，檐高＞6m 时，超过部分执行檐高 6m 以上每增 1m 定额子目，不足 1m 时按 1m 计算。单层建筑内带有部分楼层时，其面积并入主体建筑面积内，执行单层建筑脚手架的定额子目。多层或高层的局部层高＞6m 时，按其局部结构水平投影面积执行每增 1m 定额子目。

4. 有地下室的建筑脚手架分别按±0.000 以下、±0.000 以上执行相应的定额子目；无地下室的建筑脚手架仅执行±0.000 以上定额子目。单独地下室工程执行±0.000 以下定额子目。

5. 室内装修脚手架，层高＞3.6m 时，执行层高 4.5m 以内的内墙装修、吊顶装修、天棚装修脚手架定额子目；＞4.5m 时超过部分执行 4.5m 以上每增 1m 的相应定额子目，不足 1m 时按 1m 计算。

6. 室内装修工程计取天棚装修脚手架后，不再计取内墙装修脚手架。

7. 独立柱装修脚手架，层高＞3.6m 时，执行内墙装修脚手架相应定额子目。

8. 不能计算建筑面积的项目按其他脚手架的相应定额子目执行。

9. 外墙装修脚手架为整体更新改造项目使用，新建工程的外墙装修脚手架已包括在综合脚手架内，不得重复计算。

10. 围墙不分高度，执行围墙脚手架定额子目。

11. 各项脚手架均不包括脚手架底座（垫木）以下的基础加固工作，费用另行计算。

（二）各项费用包括内容

1. 脚手架费用综合了施工现场为满足施工需要而搭设的各种脚手架的费用。包括脚手架与附件（扣件、卡销等）的租赁（或周转、摊销）、搭设、维护、拆除与场内外运输、脚手板、挡脚板、水平安全网的搭设与拆除以及其他辅助材料等费用。

2. 搭拆费综合了脚手架的搭设、拆除、上下翻板子、挂安全网等全部工作内容的费用。

3. 租赁费综合了脚手架周转材料每 100m² 每日的租赁费及正常施工期间的维护、调整用工等费用。

4. 摊销材料费包括脚手板、挡脚板、垫木、钢丝绳、预埋锚固钢筋、铁丝等应摊销材料的材料费。

5. 租赁材料费包括架子管、扣件、底座等周转材料的租赁费。

（三）工程量计算规则

脚手架费用包括搭拆费和租赁费；按搭拆与租赁分开列项的脚手架定额子目，应分别计算搭拆和租赁工程量。

1. 综合脚手架的搭拆按建筑面积以 100m² 计算。不计算建筑面积的架空层、设备管道层、人防通道等部分，按围护结构水平投影面积计算，并入相应主体工程量中。

2. 内墙装修脚手架的搭拆按内墙装修部位的垂直投影面积以 100m² 计算，不扣除门窗、洞口所占面积。

3. 吊顶装修脚手架的搭拆按吊顶部分水平投影面积以 100m² 计算。

4. 天棚装修脚手架的搭拆按天棚净空的水平投影面积以 100m² 计算，不扣除柱、垛、

≤0.3m² 洞口所占面积。

5. 外墙装修脚手架的搭拆按搭设部位外墙的垂直投影面积以 100m² 计算，不扣除门窗、洞口所占面积。

6. 脚手架的租赁按相应的脚手架搭拆工程量乘以使用工期以 100m²·天计算。

7. 电动吊篮按搭设部位外墙的垂直投影面积以 100m² 计算，不扣除门窗、洞口所占的面积。

8. 独立柱装修脚手架按柱周长增加 3.6m 乘以装修部位的柱高以 100m² 计算。

9. 围墙脚手架按砌体部分的设计图示长度以 10m 计算。

10. 双排脚手架按搭设部位的围护结构外围垂直投影面积以 100m² 计算，不扣除门窗、洞口所占的面积。

11. 满堂脚手架按搭设部位的结构水平投影面积以 100m² 计算。

（四）工程量计算的有关说明

有地下室的多层、高层建筑需分成±0.000 以下、±0.000 以上两部分分别计算。

1. ±0.000 以下工程

（1）±0.000 以下定额子目不分结构类型、层数综合执行定额子目 17-5～17-6。

（2）单独地下室工程执行±0.000 以下定额子目。

2. ±0.000 以上工程

（1）单项工程的±0.000 以上，由两种或两种以上结构类型组成，或层数不同：

1）无变形缝时，脚手架按建筑面积所占比重大的结构类型或层数为准，工程量按单项工程的全部面积及与其相应的使用工期计算。（不区分使用功能）

2）有变形缝时，脚手架工程量按不同结构类型、层数分别计算建筑面积和使用工期。

（2）单项工程±0.000 以上由多个不同独立部分组成：

1）无联体项目时，应分别按不同独立部分的结构类型、层数分别计算。

2）有联体项目时，联体部分的脚手架按整体计算建筑面积；联体以上独立部分按结构类型、层数分别单独计算建筑面积和相应的使用工期。

具体划分如图 8-30 所示。

（五）使用工期的计算规定

1. 脚手架的使用工期原则上应根据合同工期及施工方案进行计算确定，即按施工方案中具体分项工程的脚手架开始搭设至全部拆除期间所对应的结构工程、装修工程施工工期计算。

2. 综合脚手架的使用工期，在合同工期尚未确定前，可参照 2009 年《北京市建设工程工期定额》的单项工程定额工期乘以折算系数执行。在合同工期确定后，依据合同工期中单项工程的相应施工工期计算确定。

3. 折算系数

1）±0.000 以下有地下室工程按定额工期的 0.5～0.8 执行（扣减土石方、地基基础、室内装修等工程施工所占工期）；该定额工期不计算坑底打基础桩、顶面覆土等单独增加的工期。

2）±0.000 以上工程按±0.00 以上工程定额结构工期的 0.65～0.95 执行。

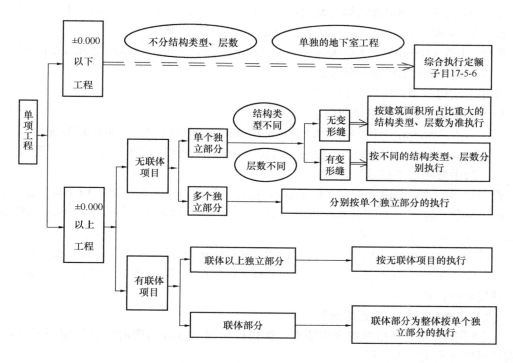

图 8-30　单项工程分步计算图

3）会议楼、影剧院、体育场馆、全钢结构的公共建筑的定额结构工期不包括外装修工期，应另增加外装修的工期。

4．室内装修脚手架的使用工期根据合同工期和施工方案确定。

5．外墙装修脚手架的使用工期，在合同工期尚未确定前，可参照 2009 年《北京市建设工程工期定额》的单项工程定额工期执行。在合同工期确定后，依据合同工期中单项工程的相应施工工期计算确定。

【例 8-4】　某综合楼工程，地上 1～3 层为联体的现浇框架剪力墙结构商场，建筑面积分别为：框架结构 10000m²、剪力墙结构 5500m²，无变形缝；联体以上为两栋全现浇结构住宅塔楼，分别为 6 层，建筑面积 9000m²；12 层，建筑面积 11000m²。试计算该工程的综合脚手架费用（不考虑地下室工程）。

【解】　1．±0.000 以上工程连体部分：

联体部分由两种结构类型组成，无变形缝，因此，脚手架按建筑面积所占比重大的结构类型为准执行定额子目，使用工期按相应结构类型定额工期计算单项工程全部定额结构工期。框架结构比重＝10000÷（10000＋5500）＝64.5%，因此，按框架结构为准执行。

（1）脚手架搭拆工程量及费用：

$$17-15:15500m² \div 100 \times 1865.59 = 289166.45 \ 元$$

（2）脚手架租赁工程量及费用：

查 2009 年《北京市建设工程工期定额》，执行 1-221、1-253 的定额结构工期为 200 天、

157

205 天，单项工程全部定额结构工期为：205×0.645＋200×0.355＝203.2 天，使用工期为：203.2×0.65～0.95＝132～193 天，取定 193 天计算。则：

7-16：155（100m²）×193 天×6.83＝29915（100m²·天）×6.83＝204319.45 元

2.±0.000 以上工程独立部分：

按相应结构类型、层数分别计算。

（1）脚手架搭拆工程量及费用：

17-9：9000m²÷100×1513.23＝90（100m²）×1513.23＝136190.70 元

17-11：11000m²÷100×1259.13＝110（100m²）×1259.13＝138504.30 元

（2）脚手架租赁工程量及费用：

查 2009 年《北京市建设工程工期定额》，执行 1-114、1-119 的定额结构工期为 260 天、300 天，使用工期为：260×0.65～0.95＝169～247 天、300×0.65～0.95＝195～285 天，取定 247 天、285 天计算。则：

17-10：90（100m²）×247 天×4.24＝22230（100m²·天）×4.24＝94255.20 元

17-12：110（100m²）×285 天×3.57＝31350（100m²·天）×3.57＝111919.50 元

费用合计：974356 元

（六）定额执行中应注意的问题

1. 脚手架费用包括搭拆费和租赁费；按搭拆与租赁分开列项的脚手架定额子目，应分别计算搭拆和租赁工程量。

2. 综合脚手架

综合脚手架是以建筑面积为计算基础，结合典型施工方案，综合相关脚手架的费用测定。无论是采取何种类型的脚手架，所有与此相关的费用均已进行了综合。包括结构工程（含砌体）及外装修工程，在施工期间所需的所有脚手架的内容。

3. 定额中外墙装修脚手架为整体更新改造项目使用，新建工程的外墙装修脚手架已包括在综合脚手架内，不得重复计算。

综合脚手架除混合结构、全现浇结构、框架结构外，定额不再细分结构类型（如滑模结构、大模结构、框剪结构、钢结构等），而是按层数划分，执行时不允许调整。

4. 室内装修脚手架

室内装修脚手架是指为完成室内装修项目（内墙装修、吊顶装修、天棚装修）而必须搭设的脚手架。无论是采取何种类型的脚手架，与此相关的内容均分别包括在相应定额子目中。

5. 室内装修工程计取天棚装修脚手架后，不再计取内墙装修脚手架。

二、现浇混凝土模板及支架工程

（一）说明

1. 现浇混凝土模板及支架工程包括：基础、柱、梁、墙、板，其他 6 小节共 101 个子目。

8-5　　　8-6

2. 柱、梁、墙、板的支模高度（室外设计地坪至板底或板面至板底之间的高度）是按 3.6m 编制的。超过 3.6m 的部分，执行相应的模板支撑高度 3.6m 以上每增 1m 的定额子目，不足 1m 按 1m 计算。

3. 带形基础肋高＞1.5m 时，肋模板执行墙定额子目，基础模板执行无梁式带形基础

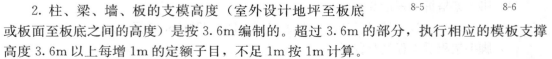

158

定额子目。

4. 满堂基础不包括反梁，反梁高度≤1.5m 时，反梁模板执行基础梁定额子目；＞1.5m 时，执行墙定额子目。

5. 箱形基础、框架式基础应分别按满堂基础、柱、墙、梁、板的有关规定计算，执行相应定额子目。

6. 斜柱模板执行异形柱定额子目。

7. 中心线为直线且截面为矩形、T、L、Z、十字形的梁模板，执行矩形梁定额子目，除此外其他截面的梁模板执行异形梁定额子目；中心线为弧线的梁模板执行弧形、拱形梁定额子目。

8. 框架主梁模板执行梁定额子目，次梁模板并入有梁板定额子目。

9. 墙及电梯井外侧模板执行墙相应子目，电梯井壁内侧模板执行电梯井壁墙定额子目。

10. 剪力墙肢截面的最大长度与厚度之比≤6 倍时，执行短肢剪力墙子目；L、Y、T、Z、十字形、一字形等短肢剪力墙的单肢中心线长≤0.4m 时，执行柱定额子目。

11. 对拉螺栓已包括在相应定额子目中；有抗渗要求的混凝土墙体模板使用止水螺栓时，另执行止水螺栓增加费定额子目。

12. 与同层楼板不同标高的飘窗板模板，执行阳台板定额子目；同标高的飘窗板，执行板定额子目。

13. 现浇混凝土板的坡度＞10°时，执行斜板定额子目。

14. 阳台、雨篷、挑檐的立板高度＞0.2m 时，立板模板及对应的平板侧模板合并后执行栏板定额子目；≤0.2m 时，阳台、雨篷、挑檐的立板模板及其平板侧模板不另计算。

15. 现浇混凝土的小型池槽、扶手、台阶两端的挡墙或花池以及定额中未列出的项目，单体体积≤0.1m³ 时，执行小型构件定额子目；＞0.1m³ 时执行其他构件定额子目。

（二）各项费用包括内容

1. 摊销材料费包括预埋锚固钢筋、铁钉、铁丝、隔离剂、海绵条等应摊销的材料费。

2. 租赁材料费包括碗扣架、钢管、扣件、支座、顶托等周转材料的租赁费。

（三）工程量计算规则

混凝土模板及支架的工程量按模板与现浇混凝土构件的接触面积计算。

1. 满堂基础

集水井的模板面积并入满堂基础工程中。

2. 柱

（1）柱模板及支架按柱周长乘以柱高以面积计算，不扣除柱与梁连接重叠部分的面积。牛腿的模板面积并入柱模板工程量中。

（2）柱高从柱基或板上表面算至上一层楼板上表面，无梁板算至柱帽底部标高。

（3）构造柱按图示外漏部分的最大宽度乘以柱高以面积计算。

3. 梁

（1）梁模板及支架按展开面积计算，不扣除梁与梁连接重叠部分的面积。梁侧的出沿按展开面积并入梁模板工程量中。

（2）梁长的计算规定：

1）梁与柱连接时，梁长算至柱侧面。

2）主梁与次梁连接时，次梁长算至主梁侧面。

3）梁与墙连接时，梁长算至墙侧面。如墙为砌块（砖）墙时，伸入墙内的梁头和梁垫的面积并入梁的工程量中。

4）圈梁：外墙按中心线，内墙按净长线计算。

（3）过梁按图示面积计算。

4. 墙

墙模板及支架按模板与现浇混凝土构件的接触面积计算，附墙柱侧面积并入墙模板工程量。单孔面积≤0.3m^{2}的孔洞不予扣除，洞侧壁模板亦不增加；＞0.3m^{2}的孔洞应予扣除，洞侧壁模板面积并入墙模板工程量中。

（1）墙模板及支架按墙图示长度乘以墙高以面积计算，外墙高度由楼板表面算至上一层楼板上表面，内墙高度由楼板上表面算至上一层楼板（或梁）下表面。

（2）暗梁、暗柱模板不单独计算。

（3）采用定型大钢模板时，洞口面积不予扣除，洞侧壁模板亦不增加。

（4）止水螺栓增加费，按设计有抗渗要求的现浇钢筋混凝土墙的两面模板工程量以面积计算。

5. 板

板模板及支架按模板与现浇混凝土构件的接触面积计算，单孔面积≤0.3m^{2}的孔洞不予扣除，洞侧壁模板亦不增加；＞0.3m^{2}的孔洞应予扣除，洞侧壁模板面积并入板模板工程量中。

（1）梁所占面积应予扣除。

（2）有梁板按板与次梁的模板面积之和计算。

（3）柱帽按展开面积计算，并入无梁板工程量中。

6. 模板支撑高度＞3.6m时，按超过部分全部面积计算工程量。

7. 后浇带按模板与后浇带的接触面积计算。

8. 其他：

（1）阳台、雨篷、挑檐按图示外挑部分水平投影面积计算。

阳台、平台、雨篷、挑檐的平板侧模按图示面积计算。

（2）楼梯按（包括休息平台、平台梁、斜梁和楼层板的连接梁）水平投影面积计算，不扣除宽度≤500mm的楼梯井所占面积，楼梯踏步、踏步板、平台梁等侧面模板面积不另计算，伸入墙内部分亦不增加。

（3）旋转式楼梯按下式计算：

$$S = \pi \times (R^2 - r^2) \times n$$

式中　R——楼梯外径；

　　　r——楼梯内径；

n——层数（或 n＝旋转角度/360）。

（4）小型构件和其他现浇构件按图示面积计算。

（5）架空式混凝土台阶按现浇楼梯计算。

混凝土台阶（不包括梯带），按图示水平投影面积计算，台阶两端的挡墙或花池另行计算并入相应的工程量中。

（四）定额执行中应注意的问题

1. 模板的分类及工程量计算

混凝土结构的模板工程，是混凝土成型施工中十分重要的组成部分。模板依其形式不同，可分为整体式模板、定型模板、工具式模板、翻转模板、滑动模板、胎模等。依其所用的材料不同，可分为木模板、钢木模板、钢模板、铝合金模板、塑料模板、玻璃钢模板等。大中城市以组合式钢模板及钢木模板为多。

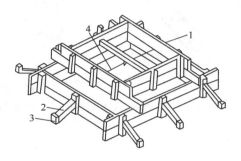

图 8-32　阶梯形基础木模板
1—拼板；2—斜撑；3—木桩；4—铁丝

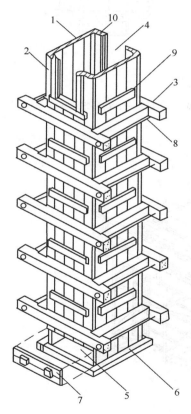

图 8-31　柱子的木模板
1—内拼板；2—外拼板；3—桩箍；4—梁缺口；5—清理孔；6—木框；7—盖板；8—拉紧螺栓；9—拼条；10—三角木条

（1）木模板

木模板多适用于小型、异型（弧形）构件，面板通常使用木板材和木方现场加工拼装组成，如图 8-31、图 8-32 所示。

（2）组合钢模板

适用于直形构件。面板通常使用 60 系列、15～30 系列、10 系列的组合钢模板，如图 8-33 所示。

（3）定型大钢模板

适用于现浇钢筋混凝土剪力墙。面板为工厂制全钢模板，集模板、支撑、对拉固定、操作平台于一体的大型模板，如图 8-34 所示。

混凝土模板工程量按模板与现浇混凝土构件的接触面积计算。

【例 8-5】　某三层砖混结构基础平面及断面图如图 8-35 所示，砖基础为一步大放脚，砖基础下部为钢筋混凝土基础。试求钢筋混凝土基础模板工程量。

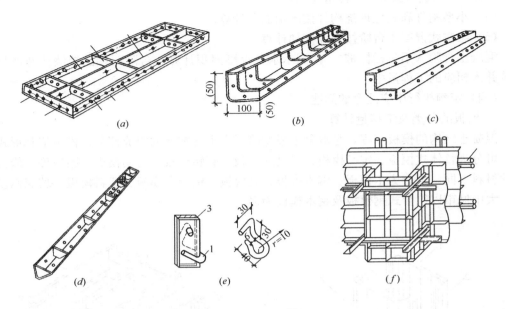

图 8-33　组合钢模板

(a) 平模；(b) 阳角模；(c) 阴角模；(d) 连接角模；(e) U形卡；(f) 附墙柱模

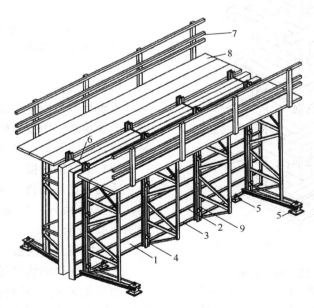

图 8-34　定型大钢模板

1—面板；2—次肋；3—支撑桁架；4—主肋；5—调整螺旋；

6—卡具；7—栏杆；8—脚手板；9—对销螺栓

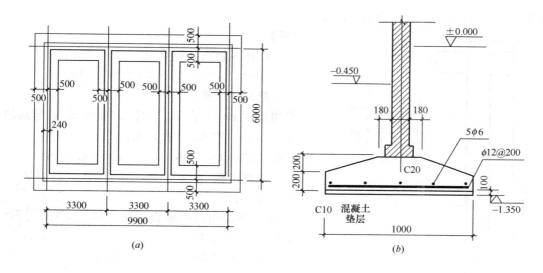

图 8-35 某三层砖混结构基础平面及剖面图

(a) 基础平面图；(b) 基础剖面图

【解】 模板工程量

外墙钢筋混凝土基础中心线长＝(9.9＋6.0)×2＝31.8m

内墙钢筋混凝土基础长＝(6.0−1÷2×2)×2＝10m

外墙钢筋混凝土基础模板工程量＝0.2×2×31.8＝12.72m²

内墙钢筋混凝土基础模板工程量＝0.2×2×10＝4m²

模板工程量＝12.72＋4＝16.72(m²)

【例 8-6】 某工程平板后浇带 HJD1，板厚 150mm，后浇带宽度 800mm，后浇带长度 15m，试计算楼板后浇带定额模板费。

【解】 后浇带模板计算如图 8-36 所示。

(1) 后浇带模板工程量：

立边(端头)：0.8×2×0.15＝0.24m²

底模：15.00×0.8＝12.00m²

后浇带模板工程量合计：0.24＋12.00＝12.24m²

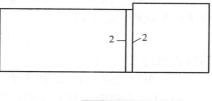

图 8-36 后浇带示意图

(2) 模板费计算：

套用定额 17-131 子目，单价 58.17 元/m²，则：

定额模板费：12.24×58.17＝712.00 元

2. 模板超高费的计算

钢筋混凝土柱、梁、墙、板的支模高度（室外设计地坪至板底或板面至板底之间的高度）是按 3.6m 编制的。超过 3.6m 的部分，执行相应的模板支撑高度 3.6m 以上每增 1m 的定额子目，不足 1m 按 1m 计算。其工程量只计算超过 3.6m 部分的面积。

【例 8-7】 某工程框架柱 KZ3，柱高 6000mm，截面 800mm×800mm，柱子高度和截面如图 8-37 所示，试计算定额模板超高费。

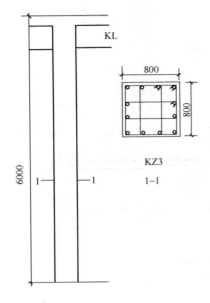

图 8-37　柱示意图

【解】

（1）柱模板超高工程量

$$4 \times 0.80 \times (6.00 - 3.60) = 7.68 \text{m}^2$$

（2）超高费计算

套用定额 17-71 子目，单价 3.32 元/m^2，超高的高度为 2.40m，按 3m 计算，则：

定额超高费为：$7.68 \times 3 \times 3.32 = 76.49$ 元

三、垂直运输

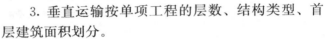

8-7

（一）说明

1. 垂直运输包括：垂直运输，其他 2 小节共 51 个子目。

2. 垂直运输费用以单项工程为单位计算。

3. 垂直运输按单项工程的层数、结构类型、首层建筑面积划分。

（1）单项工程高低跨层数不同时，按最高跨结构层数执行定额子目。

（2）单项工程计算层数时，不计算地下室，出屋面楼梯间、电梯间、水箱间及屋顶上不计算建筑面积部分的层数。

（3）单项工程±0.000 以上部分，由不同独立部分组成时，分别按独立部分的第一层建筑面积执行定额子目。

（4）单项工程±0.000 以上部分的单层建筑面积大于首层建筑面积时，按最大单层建筑面积执行定额子目。

（5）单项工程±0.000 以上为单栋建筑，由两种或两种以上结构类型组成：

1）无变形缝时，按建筑面积所占比重大的结构类型执行相应的定额子目，工程量按单项工程的全部建筑面积计算。

2）有变形缝时，工程量按不同结构类型分别计算建筑面积（含相应的地下室建筑面积），执行相应定额子目。

（6）单项工程±0.000 以上由多个不同独立部分组成：

1）无联体项目时，±0.000 以上部分应按不同独立部分的层数、结构类型分别计算建筑面积；±0.000 以下部分按整体计算建筑面积，执行 6 层以下相应定额子目。

2）有联体项目时，±0.000 以上联体部分按层数、结构类型计算建筑面积（含±0.000 以下部分的建筑面积）；联体以上独立部分按各自的层数（均含±0.000 以上联体裙房的层数）、结构类型分别计算建筑面积。

（7）单独地下室工程按 6 层以下相应定额子目执行。

4. 单项工程的首层建筑面积超过定额子目的基本划分标准后，超过部分按单项工程的全部工程量执行每增加定额子目，不足一个增加步距时按一个增加步距计算。

5. 多层钢结构厂房、预制装配式结构，执行钢结构定额子目。

6. 局部劲性钢结构工程，其建筑面积超过总建筑面积的 30%，且结构高度＞檐高的 1/3 时，执行钢结构定额子目。

7. 6 层以下（不含单层预制钢筋混凝土结构、钢结构厂房）单项工程的首层建筑面积超过 7000m² 以后，按以下规定执行：

（1）首层建筑面积在 15000m² 以内时，执行相应定额后乘以系数 0.35。

（2）首层建筑面积在 15000m² 以外时，执行相应定额后乘以系数 0.25。

（二）各项费用包括内容

1. 钢筋混凝土基础的单价包括基础土方的开挖、运输、回填，钢筋混凝土基础的钢筋、混凝土、模板的制作、安装、拆除及渣土清运费用，预埋铁件、预埋支腿（或预埋节）的摊销费用。

2. 塔式起重机的台班单价中综合了租赁费、一次性进出场及安拆费、附着、接高等费用。

（三）工程量计算规则

1. 垂直运输按建筑面积计算。

2. 泵送混凝土增加费按要求泵送的混凝土图示体积计算。

（四）定额执行中应注意的问题

垂直运输按单项工程的层数、结构类型、首层建筑面积划分子目，可根据实际情况配合使用。

【例 8-8】 某全现浇剪力墙结构住宅楼工程，地上 6 层，地下 1 层，

（1）若总建筑面积为 7000m²（其中地下建筑面积为 1000m²），首层建筑面积为 1080m²；

（2）若总建筑面积为 9000m²（其中地下建筑面积为 1200m²。），首层建筑面积为 1250m²；

（3）若总建筑面积为 22000m²（其中地下建筑面积为 3600m²），首层建筑面积为 3600m²；

试分别计算该工程的垂直运输费。

【解】 层数：地上 6 层，地下 1 层，由于单项工程计算层数时不计算地下室层数，所以执行 6 层以下子目。

建筑面积：±0.000 以下工程不单独计算，与±0.000 以上工程合并计算，所以工程量均为总建筑面积。

查定额知，工程结构为 6 层以下全现浇住宅楼工程，应执行 17-161～17-163 的定额子目，所以有：

（1）首层建筑面积 1080m²＜1200m²，应执行 17-161，则工程的垂直运输费为：
$$78.45 \times 7000 = 549150 \text{ 元}$$

（2）首层建筑面积 1200m²＜1250m²＜2500m²，应执行 17-162；则工程的垂直运输费为：
$$72.99 \times 9000 = 656910 \text{ 元}$$

（3）首层建筑面积 2500m²＜3600m²＜2500m²＋1500m²，应执行 17-162 和 17-163；则工程的垂直运输费为：

$$(72.99+17.18) \times 22000 = 1983740 \, 元$$

四、超高施工增加

（一）说明

1. 超高施工增加包括4个子目。

2. 超高施工增加费按建筑装饰工程综合编制。

（二）工程量计算规则

超高施工增加按建筑面积计算。

（三）定额执行中应注意的问题

1. 超高施工增加包括由于建筑物超高引起的人工工效降低以及由于人工工效降低引起的机械降效等；高层施工用水加压水泵的安装、拆除及工作台班等；通信联络设备的使用及摊销等。

2. 超高施工增加的费用是按建筑、装饰工程综合编制，不能分别计算此项费用。

五、施工排水、降水工程

8-8

（一）说明

1. 施工排水、降水工程包括：成井，降水，其他3小节共30个子目。

2. 定额分别按管井降水、轻型井点降水、止水帷幕、明沟排水的降水方式编制。

3. 施工排水、降水方式应根据地质水文勘察资料和设计要求确定。施工排水、降水费用应根据设计确定的降水施工方案计算。

4. 管井降水、轻型井点降水的施工排水、降水费用分别由成井和降水两部分费用组成。

5. 管井降水分别按单项管井、综合管井两种方案编制，选择两者之一执行，不得重复计算，不允许进行两种方案的费用差值调整。

6. 单项管井成井包括降水井、疏干井两种类型，按设计井深划分定额子目。疏干井成井定额子目已综合了降水、拆除、回填等工作，不得另行计算降水费用；降水井成井定额子目不包括降水费用，单独计算单项管井降水费用。

7. 综合管井成井定额子目综合了降水井成井、疏干井成井及疏干井的降水、拆除、回填等工作。

8. 综合管井成井、降水定额子目是依据典型工程进行综合测算。如地下室单层建筑面积大于首层建筑面积时，按地下室最大单层建筑面积执行相应的定额子目；基底标高不同时，按最大槽深执行相应定额子目。

9. 单项管井降水按设计井深划分定额子目。管井在自然地坪以下成井时，管井降水按室外自然地坪至设计井底标高的深度执行定额子目。

10. 反循环钻机成井适用于成井部位地层卵石粒径≤100mm并且成孔部位无地下障碍物；冲击钻机成井适用于成井部位地层卵石粒径＞100mm或成孔部位存在地下障碍物。

11. 管井成井定额子目是按设计井径600mm编制，与定额不同时可换算。

12. 成井需要人工引孔时，另按定额第三章桩基础工程人工成孔灌注桩的相应定额子目执行。

13. 槽深指室外设计地坪标高至垫层底标高；如有下反梁，应算至下反梁垫层底标高。

14. 降水周期是指正常施工条件下自开始降水之日到基础回填完毕的全部日历天数。如设计要求延长降水周期，其费用另行计算。

15. 止水帷幕子目按照单排连续旋喷桩考虑，定额中综合了疏干井的成井、降水维护、拆除、回填等。桩间止水帷幕执行定额第二章地基处理与边坡支护工程的喷旋桩相应定额子目；采取桩间止水帷幕与疏干井配合的降水施工方案时，疏干井另执行疏干井单项管井成井子目。

16. 成井、止水帷幕定额子目综合了 15km 以内的土方外运，超出 15km 时执行定额第一章土石方工程的土方运输相应子目。

17. 采用止水帷幕旋喷桩施工，遇特殊地层需要采用汽车地质钻机引孔时，另执行定额第二章地基处理与边坡支护工程的旋喷桩钻孔子目。

18. 明沟排水适用于地下潜水和非承压水的施工排水工程。

19. 定额中不包括市政排污费、水资源补偿费、成井或成桩泥浆处理及弃运费用。成井、止水帷幕的泥浆处理及弃运费用执行定额第一章土石方工程的定额子目。

（二）工程量计算规则

1. 单项管井成井（含降水井、疏干井）按设计的图示井深以长度计算。

2. 综合管井成井，按降水部位结构底板外边线（含基础底板外挑部分）的水平长度乘以槽深以面积计算。

3. 轻型井点成井按设计的图示井深以长度计算。

4. 单项管井降水按设计的井口数量乘以降水周期以口·天计算。

5. 综合管井降水按相应的成井工程量乘以降水周期以平方米·天计算。

6. 轻型井点降水按设计井点组数（每组按 25 口井计算）乘以降水周期以组·天计算。

7. 降水周期按照设计要求的降水日历天数计算。

8. 止水帷幕按降水部位的结构底板外边线（含基础底板外挑部分）的水平长度乘以槽深以面积计算。

9. 止水帷幕桩二次引孔按引孔深度以长度计算。

10. 基坑明沟排水按沟道图示长度（不扣除集水井所占长度）计算。

（三）定额执行中应注意的问题

1. 地下降水是指采用一定的施工手段，将地下水降到槽底以下一定的深度，目的是改善槽底的施工条件，稳定槽底，稳定边坡，防止塌方或滑坡以及地基承载力下降。

2. 降水周期按照设计要求的降水日历天数计算，这里的降水周期是指正常施工条件下自开始降水之日到基础回填完毕的全部日历天数。如设计要求延长降水周期，其费用另行计算。

3. 降水方法

降低地下水位的方法根据土层性质和允许降水深度的不同，包括井点降水和明沟排水，其中井点降水又分为轻型井点、喷射井点、深井井点、电渗井点。如图 8-38～图 8-40 所示。

注意：

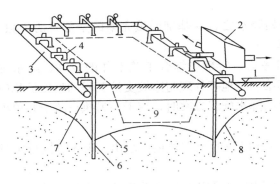

图 8-38　管井井点示意图

1—地面；2—水泵房；3—总管；4—弯联管；5—井点管；6—滤管；7—原有地下水位线；8—降低后地下水位线；9—基坑

（1）具体工程中施工排水、降水方式应根据地质水文勘察资料和设计要求确定。其费用应根据设计确定的降水施工方案计算。

（2）管井降水、轻型井点降水的费用分别由成井和降水两部分费用组成。

六、安全文明施工费

（一）说明

1. 安全文明施工费包括 10 个子目。

2. 安全文明施工费按承包全部工程（以建设工程施工合同为准）的总体建筑面积划分。

3. 安全文明施工费中的临时设施费不包括施工用地面积小于首层建筑面积 3 倍（包括建筑物的首层建筑面积）时，由建设单位负责申办租用临时用地的租金。

4. 安全文明施工费作为一项预算价，应按规定计算企业管理费、利润、税金。

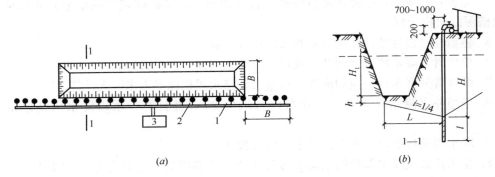

(a)

(b)

图 8-39　单排线状井点示意图

（a）平面布置；（b）高程布置

1—总管；2—井点管；3—抽水设备

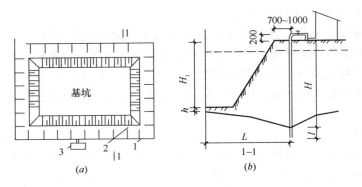

(a)

(b)

图 8-40　环状井点示意图

（a）平面布置；（b）高程布置

1—总管；2—井点管；3—泵站

（二）各项费用包括内容

安全文明施工费是指在工程施工期间按照国家、地方现行的环境保护、建筑施工安全（消防）、施工现场环境与卫生标准等法规与条例的规定，购置和更新施工安全防护用具及设施，改善现场安全生产条件和作业环境所需要的费用。包括环境保护费、文明施工费、安全施工费、临时设施费等。

1. 环境保护费：现场施工机械设备降低噪声、防扰民措施费用；水泥和其他易飞扬细颗粒建筑材料密闭存放或采取覆盖措施等费用；工程防扬尘洒水费用；土石方、建渣外运车辆冲洗、防洒漏等费用；现场污染源的控制、生活垃圾清理外运、场地排水排污措施的费用；其他环境保护措施费用。

2. 文明施工费："五牌一图"的费用；现场围挡的墙面美化（包括内外粉刷、刷白、标语等）、压顶装饰费用；现场厕所便槽刷白、贴面砖，水泥砂浆地面或地砖费用，建筑物内临时便溺设施费用；其他施工现场临时设施的装饰装修、美化措施费用；现场生活卫生设施费用；符合卫生要求的饮水设备、淋浴、消毒等设施费用；生活用洁净燃料费用；防煤气中毒、防蚊虫叮咬等措施费用；施工现场操作场地的硬化费用；现场绿化费用、治安综合治理费用；现场配备医药保健器材、物品费用和急救人员培训费用；用于现场工人的防水降温费，电风扇、空调等设备费用；其他文明施工措施费用。

3. 安全施工费：安全资料、特殊作业专项方案的编制，安全施工标志的购置及安全宣传的费用；"三宝"（安全帽、安全带、安全网），"四口"（楼梯口、电梯井口、通道口、预留洞口），"五临边"（阳台围边、楼板围边、屋面围边、槽坑围边、卸料平台两侧），水平防护架、垂直防护架、外架封闭等防护的费用；施工安全用电的费用，包括配电箱三级配电、两级保护装置要求、外电防护措施；起重机等起重设备（含井架、门架）及外用电梯的安全防护措施（含警示标志）费用及卸料平台的临边防护、层间安全门、防护棚等设施费用；建筑工地起重机械的检验检测费用；施工机具防护棚及其围栏的安全保护设施费用；施工安全防护通道的费用；工人的安全防护用品、用具购置费用；消防设施与消防器材的配置费用；电气保护、安全照明设施费；其他安全防护措施费用。

4. 临时设施费：施工现场采用彩色、定型钢板、砖、混凝土砌块等围挡的安砌、维修、拆除费或摊销费；施工现场临时建筑物、构筑物的搭设、维修、拆除或摊销费用：如临时宿舍、办公室、食堂、厨房、厕所、诊疗所、临时文化福利用房、临时仓库、加工场、搅拌台、临时简易水塔、水池等。施工现场临时设施的搭设、维修、拆除或摊销的费用，如临时供水管道、临时供电线、小型临时设施等；施工现场规定范围内的临时简易道路铺设，临时排水沟、排水设施安砌、维修、拆除；其他临时设施搭设、维修、拆除或摊销费用。

5. 建筑工人实名制管理费：是指实施建筑工人实名制管理所需费用。

（三）适用范围

1. 建筑装饰工程：除竖向土石方工程，钢结构工程，施工排水、降水工程，地基处理与边坡支护工程，桩基工程外的房屋建筑与装饰工程。

2. 钢结构工程：建筑物中的钢结构柱、梁、屋架、天窗架、平台及其他构件。

3. 其他工程：竖向土石方，地基处理与边坡支护工程，桩基工程，施工排水、降水工程。

（四）工程量计算规则

安全文明施工费：以北京市房屋建筑与装饰工程预算定额的第一章至第十七章的相应部分预算价为基数（不得重复）计算。

（五）定额执行中应注意的问题

1. 安全文明施工费按承包全部工程（以建设工程施工合同为准）的总体建筑面积划分。

2. 安全文明施工费中的临时设施费不包括施工用地面积小于首层建筑面积 3 倍（包括建筑物的首层建筑面积）时，由建设单位负责申办租用临时用地的租金。

3. 安全文明施工费作为一项预算价，应按规定计算企业管理费、利润及税金。

4. 安全文明施工费已包括财企〔2012〕31 号文件要求的有关内容，安全文明施工费不计取规费，即不作为计取规费的基数。

5. 在具体工程计价中，措施项目的内容，不仅包括定额第十七章中已经列项的内容，还包括定额中未包括实际应计取的其他措施项目，但补充的 2012 预算定额第十七章以外的措施项目不能作为安全文明施工费的计算基数，不得扩大取费基数的范围。

6. 安全文明施工费不得低于定额规定的费率标准，此费不得作为竞争性费用进行让利，报价中须单独列出。

七、施工垃圾

七、施工垃圾场外运输和消纳

（一）说明

施工垃圾场外运输和消纳作为一项预算价，应按规定计取企业管理费、利润、税金。

（二）工程量计算规则

施工垃圾场外运输和消纳费以定额第一章至第十七章的相应部分除税预算价为基数（不包括安全文明施工费）计算。具体费率见表 8-7。

施工垃圾场外运输和消纳费费率表　　　　　表 8-7

定额编号	17-240	17-241	17-242	17-243	17-244	17-245	17-246	17-247	17-248	17-249
项目	建筑装饰工程						钢结构工程		其他工程	
	建筑面积									
	20000 以内		50000 以内		50000 以外					
	五环路以内	五环路以外	五环路以内	五环路以外	五环路以内	五环路以外	五环路以内	五环路以外	五环路以内	五环路以外
计费基数	除税预算价									
费率（%）	0.58	0.43	0.45	0.36	0.38	0.32	0.26	0.23	0.25	0.22

复　习　题

1. 地面、楼面的工程量如何计算？

2. 台阶、坡道、散水、踢脚的工程量如何计算？

3. 天棚的工程量如何计算？

4. 内外墙面抹灰的工程量如何计算？

5. 隔墙、隔断的工程量如何计算？

6. 玻璃幕墙的工程量如何计算？

7. 阳台、雨罩、挑檐抹灰执行定额中的哪一项？

8. 内、外墙裙的工程量如何计算？

9. 某新建工程的外墙抹灰是否还需计算外墙脚手架费用？

10. 措施项目费包括哪些内容？如何计算？

11. 选择题：

(1)楼梯面层定额子目中不包括(　　)。

A. 楼梯踏步 　　　　　　　　　 B. 休息平台

C. 楼梯踢脚线 　　　　　　　　 D. 楼梯底面及踏步侧边装饰

(2)楼地面整体面层按设计图示尺寸以面积计算，不扣除(　　)。

A. 凸出地面构筑物 　　　　　　 B. 设备基础

C. 室内管道、地沟 　　　　　　 D. 间壁墙(墙厚≤120mm)

(3)内墙抹灰面积按其长度乘以高度计算。其高度表述错误的是(　　)。

A. 无墙裙的，高度按室内楼地面至天棚底面计算

B. 有墙裙的，高度按墙裙顶至天棚底面积算

C. 有吊顶的，其高度算至吊顶底面另加200mm

D. 有吊顶的，其高度算至吊顶底面另加100mm

(4)以下表述错误的是(　　)。

A. 天棚抹灰不扣除间壁墙、垛、柱、附墙烟囱、检查口和管道所占的面积

B. 带梁天棚的梁两侧抹灰面积并入天棚面积内

C. 板式楼梯底面抹灰按斜面积计算

D. 锯齿形楼梯地板抹灰按水平投影面积计算

(5)吊顶天棚按设计图示尺寸以水平投影面积计算，应扣除(　　)。

A. 间壁墙、检查口 　　　　　　 B. 附墙烟囱

C. 柱垛和管道 　　　　　　　　 D. 与天棚相连的窗帘盒所占的面积

(6)模板超高费的计取条件是支模高度(　　)m。

A. 大于3.6 　　　　　　　　　　 B. 大于等于3.6

C. 大于3.2 　　　　　　　　　　 D. 大于等于3.2

(7)超高施工增加费是指当檐高超过(　　)米时才计算。

A. 25 　　　　　　　　　　　　　 B. 21

C. 20 　　　　　　　　　　　　　 D. 23

(8)新建工程脚手架中的综合脚手架是指工程(　　)施工期间的脚手架使用费。

A. 主体结构 　　　　　　　　　 B. 外装修

C. 内装修 　　　　　　　　　　 D. 主体结构及外装修

(9)超高施工增加费包括(　　)。

A. 施工中的降效 　　　　　　　 B. 安全通信联络

C. 加压用水泵 　　　　　　　　 D. 材料运输增加的费用

E. 塔式起重机接高

(10)垂直运输包括(　　)。

A. 建筑材料、成品、半成品的吊装费

B. 机械进出场费

C. 机上人工费

D. 塔式起重机接高费

E. 机械安拆费

(11) 工程水电费定额中包括(　　)的费用。

A. 建筑工程消耗的水电费　　　　B. 装饰工程消耗的水电费

C. 安装工程消耗的水电费　　　　D. 机械施工中所消耗的电费

E. 安全文明施工所消耗的水电费

(12) 安全文明施工费包括(　　)。

A. 环境保护费　　　　　　　　　B. 文明施工费

C. 安全施工费　　　　　　　　　D. 临时设施费

E. 工人临时文化福利用房

第九章　建筑工程施工图预算编制

本章学习重点：单位工程施工图预算书的编制。

本章学习要求：熟悉施工图预算的编制程序、单位工程施工图预算书的编制。掌握北京市房屋建筑与装饰工程费用标准和《北京市建设工程计价依据——预算定额》的相关规定。

第一节　施工图预算的编制程序

一、施工图预算的编制依据

建筑工程一般都是由土建、采暖、给水排水、电气照明、煤气、通风等多专业单位工程所组成。因此，各单位工程预算编制要根据不同的预算定额及相应的费用定额等文件来进行。一般情况下，在进行施工图预算的编制之前应掌握以下主要文件资料：

（一）经审批的设计文件

设计文件是编制预算的主要工作对象。它包括经审批、会审后的设计施工图，设计说明书及设计选用的国标、市标和各种设备安装、构件、门窗图集、配件图集等。

（二）建筑工程预算定额及其有关文件

预算定额及其有关文件是编制工程预算的基本资料和计算标准。它包括已批准执行的预算定额、费用定额、单位估价表、该地区的材料预算价格及其他有关文件。

（三）施工组织设计（或施工方案）

经批准的施工组织设计是确定单位工程具体施工方法（如打护坡桩、进行地下降水等）、施工进度计划、施工现场总平面布置等的主要施工技术文件，这类资料在计算工程量、选套定额项目及费用计算中都有重要作用。

（四）工具书等辅助资料

在编制预算工作中，有一些工程量直接计算比较烦琐也较易出错，为提高工作效率简化计算过程，预算人员往往需要借助于五金手册、材料手册，或把常用各种标准配件预先编制成工具性图表，在编制预算时直接查用。特别对一些较复杂的工程，收集所涉及的辅助资料不应忽视。

（五）招标文件

招标文件中招标工程的范围决定了预算书的费用内容组成。

二、施工图预算的编制程序

编制施工图预算应在设计交底及会审图纸的基础上按以下步骤进行，如图9-1所示。

（一）熟悉施工图纸和施工说明书

熟悉施工图纸和施工说明书是编制工程预算的关键。因为设计图纸和设计施工说明书上所表达的工程构造、材料品种、工程做法及规格质量，为编制工程预算提供并确定了所应该套用的工程项目。施工图纸中的各种设计尺寸、标高等，为计算每个工程项目的数量

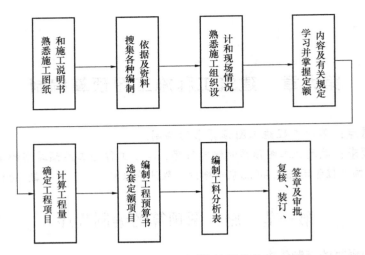

图 9-1　施工图预算编制程序

提供了基础数据。所以，只有在编制预算之前，对工程全貌和设计意图有了较全面、详尽地了解后，才能结合定额项目的划分原则，正确地划分各分部分项的工程项目，才能按照工程量计算规则正确地计算工程量及工程费用。如在熟悉设计图纸过程中发现不合理或错误的地方，应及时向有关部门反映，以便及时修改纠正。

在熟悉施工图纸和施工说明时，除应注意以上所讲的内容外，还应注意以下几点：

1. 按图纸目录检查各类图纸是否齐全，图纸编号与图名是否一致，设计选用的有关标准图集名称及代号是否明确。

2. 在对图纸的标高及尺寸审查时，建筑图与结构图之间、主体图与大样图之间、土建图与设备图之间及分尺寸与总尺寸之间这些较易发生矛盾和错误的地方要特别注意。

3. 对图纸中采用有防水、吸声、散声、防火、耐酸等特殊要求的项目要单独进行记录，以便计算项目时引起注意。如采用了防射线混凝土，中空玻璃等特殊材料的项目及采用了进口材料、新产品材料、新技术工艺、非标准构配件等项目。

4. 如在施工图纸和施工说明中遇有与定额中的材料品种和规格质量不符或定额缺项时，应及时记录，以便在编制预算时进行调整、换算，或根据规定编制补充定额及补充单价并送有关部门审批。

（二）搜集各种编制依据及资料

（三）熟悉施工组织设计和现场情况

施工组织设计是施工单位根据工程特点及施工现场条件等情况编制的工程实施方案。由于施工方案的不同则直接影响工程造价，如需要进行地下降水、打护坡桩、机械的选择、模板类型的选择或因场地狭小引起材料多次搬运等都应在施工组织设计中确定下来，这些内容与预算项目的选用和费用的计算都有密切关系。因此预算人员熟悉施工组织设计及现场情况对提高编制预算质量是十分重要的。

（四）学习并掌握预算定额内容及有关规定

预算定额、单位估价表及有关文件规定是编制预算的重要依据。随着建筑业新材料、新技术、新工艺的不断出现和推广使用，有关部门还常常对已颁布的定额进行补充和修改。因此预算人员学习和掌握所使用定额内容及使用方法，弄清楚定额项目的划分及各项目所包括的内容、适用范围、计量单位、工程量计算规则以及允许调整换算项目的条件和方法等，以便在使用时能够较快地查找并正确地应用。

另外由于材料价格的调整，各地区也需要根据具体情况调整费用内容及取费标准，这些资料将直接体现在预算文件中。因此，学习掌握有关文件规定也是搞好工程预算工作不可忽视的一个方面。

（五）确定工程项目计算工程量

根据设计图纸、施工说明书、施工组织设计和预算定额的规定要求，先列出本工程的分部工程和分项工程的项目顺序表，逐项计算，遇有未预料的项目要随时补充调整，对定额缺项需要补充换算的项目要注明，以便另作补充单位估价或换算计算表。

（六）整理工程量，套用定额并计算定额预算价和主要材料用量

把计算好的各分项工程数量和计量单位按定额分部顺序分别填写到工程预算表中，然后再从预算定额中查出相应的分项工程定额编号、单价和定额材料用量。将工程量分别与单价、材料定额用量相乘，即可得出各分项工程的预算价和主要材料用量。然后按分部工程汇总，得到分部分项工程费和主要材料用量。

预算价是由人工费、材料费、机械费之和组成，包括本书第七、八章中全部费用的总和。预算价是根据预算定额中规定的人工、材料、机械的数量，结合预算编制期的市场价格，按照定额有关规定计算出来的。这部分费用是编制预算中最核心、最关键的内容。

（七）计算其他各项费用、预算总造价和技术经济指标。

汇总得到定额分部分项工程费、措施项目费、其他项目费后，接着计算规费和税金，最后进行工程总造价的汇总。一般应遵照当地造价管理部门规定的统一计算程序表进行。总造价计算出来后，再计算出各单位工程每平方米建筑面积的造价指标。

（八）对施工图预算进行校核、填写编制说明、装订、签章及审批。

工程预算书计算完毕首先经自审校核后，可根据工程的具体情况填写编制说明及预算书封面，装订成册，经复核后加盖公章送交有关部门审批。

第二节　单位工程施工图预算书的编制

单项工程预算书是由土建工程、给水排水、采暖、煤气工程、电气设备安装工程等几个单位工程预算书组成，现仅以土建工程单位工程预算书的编制方法叙述如下。

一、填写工程量计算表

工程量计算可先列出定额编号、分项工程名称、单位、计算式等，填入表 9-1 中。

工 程 量 计 算 表　　　　　　　　　表 9-1

工程名称：　　　　　　　　　　　　　　　　第　页　共　页

序号	定额编号	项目名称	单位	数量	计算式

1. 列出分项工程名称。根据施工图纸及预算定额规定，按照一定计算顺序，列出单位工程施工图预算的分项工程项目名称。

2. 列出计量单位、计算公式。按预算定额要求，列出计量单位和分项工程项目的计算公式。计算工程量，采用表格形式进行，可使计算步骤清楚，部位明确，便于核对，减少错误。

3. 汇总列出工程数量，计算出的工程量同项目汇总后，填入工程数量栏内，作为计取直接工程费的依据。

二、编制分部分项工程人材机汇总表

以分部工程为单位，编制分部分项工程人材机汇总表(表9-2)。

按工程预算书中所列分部分项工程中的定额编号，分项工程名称、计算单位、数量及预算定额中分项工程定额编号对应栏的人材机单量填入材料分析表中，计算出各工程项目消耗的人材机用量，然后将人材机按品种、规格等分别汇总合计，从而反映出单位工程分部分项工程人材机的预算用量，以满足施工企业各项生产管理工作的需要。

分部分项工程人材机汇总表　　　　　　　　　　　表 9-2

工程名称：　　　　　　　　　　　　　　　　　　　第　页　共　页

序号	编码	名称及规格	单 位	数 量	单价	合价

三、编制分部分项工程概预算表(表9-3)

分部分项工程概预算表　　　　　　　　　　　　表 9-3

工程名称：　　　　　　　　　　　　　　　　　　　第　页　共　页

序号	定额编号	项目名称	工程量		预算价(元)		其中(元)	
			单 位	数 量	单 价	合 价	人工费	材料费

四、编制分部分项工程费汇总表(表9-4)

分部分项工程费汇总表　　　　　　　　　　　　表 9-4

工程名称：　　　　　　　　　　　　　　　　　　　第　页　共　页

序号	工程项目	预算价(元)	其中：人工费(元)
一	土石方工程		
二	地基处理与边坡支护工程		
三	桩基工程		
四	砌筑工程		
五	混凝土及钢筋混凝土工程		
六	金属结构工程		
七	木结构工程		

序号	工程项目	预算价(元)	其中：人工费(元)
八	门窗工程		
九	屋面及防水工程		
十	保隔、隔热、防腐工程		
十一	楼地面装饰工程		
十二	墙、柱面装饰与隔断、幕墙工程		
十三	天棚工程		
十四	油漆、涂料、裱糊工程		
十五	其他装饰工程		
	合 计		

五、编制措施项目计算表(表 9-5)

措施项目计算表　　　　　　　　　　　　表 9-5

工程名称：

序号	名　　称	计算基数	人工费	费用金额(元)	未计价材料费
一	单价措施				
	综合脚手架				
	现浇混凝土模板及支架				
	垂直运输				
	超高施工增加				
	施工排水、降水工程				
	工程水电费				
二	总价措施				
	安全文明施工				
	夜间施工				
	非夜间施工照明				
	二次搬运				
	冬雨期施工				
	地上、地下设施、建筑物的临时保护设施				
	已完工程及设备保护				
	合　　计				

六、编制单位工程费用表（见表9-6）

单位工程费用表   表 9-6

工程名称：

序号	费 用 名 称	费率	费用金额
1	分部分项工程费		
1.1	其中：人工费		
2	措施项目费		
2.1	其中：人工费		
2.2	其中：安全文明施工费		
3	其他项目费		
3.1	其中：总承包服务费		
3.2	其中：计日工		
3.2.1	其中：计日工人工费		
4	企业管理费		
5	利润		
6	规费		
6.1	社会保险费		
6.2	住房公积金费		
7	增值税		
8	工程造价		

　　建筑工程预算费用计算程序分为工料单价法和综合单价法。以上为工料单价法报价程序，综合单价法报价实例见二维码。

9-1

七、施工图预算的编制说明

（一）工程概况

（1）简要说明工程名称、地点（五环路以内/外）、结构类型、层数、耐火等级和抗震等级；

（2）建筑面积、层高、檐高、室内外高差；

（3）基础类型及特点；

（4）结构构件（柱、梁、板、墙、构造柱、圈梁、过梁等）的断面尺寸和混凝土标号；

（5）门窗规格及数量表（包括窗帘盒、窗帘轨和窗台板的做法）；

（6）屋面、楼地面（包括楼梯装修）、墙面（外、内、女儿墙）、天棚、散水、台阶、雨罩的工程做法；

（7）建筑配件的设置及数量；

（8）参考图集：如《建筑构造通用图集》88J1 或 88J1-X1、88J5 等。

（二）编制依据

（1）＊＊＊工程建筑施工图纸和结构施工图纸；

（2）2012 年北京市建设工程计价依据——预算定额；

（3）北京市建设工程造价管理处有关文件；

(4)其他编制依据。

(三)其他说明

八、填写建筑工程预算书的封面(表 9-7)

封　　面

表 9-7

工程概预算书

工程名称：＿＿＿＿＿＿＿＿＿＿＿＿	工程地点：＿＿＿＿＿＿＿＿＿＿＿＿
建筑面积：＿＿＿＿＿＿＿＿＿＿＿＿	结构类型：＿＿＿＿＿＿＿＿＿＿＿＿
工程造价：＿＿＿＿＿＿＿＿＿＿＿＿	单方造价：＿＿＿＿＿＿＿＿＿＿＿＿
建设单位：＿＿＿＿＿＿＿＿＿＿＿＿	设计单位：＿＿＿＿＿＿＿＿＿＿＿＿
施工单位：＿＿＿＿＿＿＿＿＿＿＿＿	编 制 人：＿＿＿＿＿＿＿＿＿＿＿＿
审 核 人：＿＿＿＿＿＿＿＿＿＿＿＿	编制日期：＿＿＿＿＿＿＿＿＿＿＿＿
建设单位：　　　　（公章）	施工单位：　　　　（公章）

第三节　北京市房屋建筑与装饰工程费用标准

一、适用范围

(一)建筑工程

1. 单层建筑：适用于单层工业厂房；锅炉房；其他各类使用功能的单层建筑；如车棚、货棚、站台等。

2. 住宅建筑：适用于各类住宅、宿舍、公寓、别墅。

3. 公共建筑：不属于单层建筑和住宅建筑的其他各类用途的公共建筑。

(二)钢结构工程：适用于定额第六章金属结构工程（除第七小节金属制品外）。

(三)独立土石方工程：适用于竖向土石方工程。

(四)施工降水工程：适用于定额第十七章措施项目中的施工排水、降水工程。

(五)边坡支护及桩基础工程：适用于定额第二章地基处理与边坡支护工程，定额第三章桩基工程。

二、有关规定

(一)多跨联合厂房应以最大跨度为依据确定取费标准。单层厂房中分隔出的多层生活间、附属用房等，均按单层厂房的相应取费标准执行。

(二)多层厂房或库房应按檐高执行公共建筑的相应取费标准。

(三)单项工程檐高不同时，应以其最高檐高为依据确定取费标准。

(四)一个单项工程具有不同使用功能时，应按其主要使用功能即建筑面积比重大的确定取费标准。

(五)独立地下车库按公共建筑 25m 以下的取费标准执行；停车楼按公共建筑相应檐高的取费标准执行。

(六)借用其他专业工程定额子目的，仍执行本专业工程的取费标准。

(七)房屋建筑与装饰工程各项取费标准见表 9-9～表 9-13。

(八)企业管理费构成比例见表 9-8。

企业管理费构成表
表 9-8

序号	内容	序号	内容
1	管理及服务人员工资	10	职工教育经费
2	办公费	11	财产保险费
3	差旅交通费	12	财务费用
4	固定资产使用费	13	税金
5	工具用具使用费	14	城市维护建设税
6	劳动保险和职工福利费	15	教育费附加
7	劳动保护费	16	地方教育附加
8	工程质量检测费	17	其他
9	工会经费		

三、计算规则

(一)预算价:由人工费、材料费、机械费之和组成。

(二)企业管理费:以相应部分的预算价为基数计算。

另外,现场管理费已包含在企业管理费中,如果项目经理部需单独核算可参照企业管理费率表中所含的费率计算。这里的现场管理费是指施工企业项目经理部在组织施工过程中所发生的费用。内容包括:现场管理及服务人员工资、现场办公费、差旅交通费、劳动保护费、低值易耗品摊销费、财产保险费及其他等内容。

(三)利润:以预算价和企业管理费之和为基数计算。

(四)规费:以人工费为基数计算。包括:

1. 社会保险费:养老保险费、医疗保险费、失业保险费、工伤保险费、生育保险费、残疾人就业保障金;

2. 住房公积金

(五)增值税。

(六)专业工程造价:由预算价、企业管理费、利润、规费、增值税组成。

(七)总承包服务费:按另行发包的专业工程造价(不含设备费)为基数计算。

总承包服务费是指施工总承包人为配合协调建设单位,在现行法律、法规允许的范围内另行发包的专业工程服务所需的费用。主要内容包括:施工现场的配合、协调、竣工资料汇总,为专业工程施工提供现有施工设施的使用。

1. 建设单位另行发包专业工程的两种服务形式:

(1)总承包人为建设单位提供现场配合、协调及竣工资料汇总等有偿服务。

(2)总承包人既为建设单位提供现场配合、协调、服务,又为专业工程承包人提供现有施工设施的使用。如:现场办公场所、水电、道路、脚手架、垂直运输及竣工资料汇总等服务内容。

2. 对建设单位自行供应材料(设备)的服务包括:材料(设备)运至指定地点后的核验、点交、保管、协调等有偿服务内容。材料(设备)价格计算按照材料(设备)预算价格计入基价中。结算时,承包人按材料(设备)预算价格的 99% 返还建设单位。不再计取总承包服务费。

企业管理费   表 9-9

序号	项目			计费基数	企业管理费率（%）	其中:	
						现场管理费率（%）	其中：工程质量检测费率（%）
1	单层建筑	厂房	跨度 18m 以内		8.74	3.75	0.45
2			跨度 18m 以外		9.94	4.17	0.47
3		其他			8.40	3.45	0.43
4	住宅建筑	檐高	25m 以下		8.88	3.62	0.46
5			45m 以下		9.69	3.88	0.47
6			80m 以下		9.90	4.09	0.48
7			80m 以上	除税预算价	10.01	4.23	0.50
8	公共建筑		25m 以下		9.25	3.73	0.46
9			45m 以下		10.38	4.25	0.48
10			80m 以下		10.76	4.54	0.50
11			120m 以下		10.92	4.71	0.51
12			200m 以下		10.96	4.84	0.52
13			200m 以上		10.99	4.96	0.52
14	钢结构				3.81	1.54	
15	独立土石方				7.10	2.63	
16	施工降水				6.74	2.67	
17	边坡支护及桩基础				6.98	2.82	

利 润   表 9-10

序号	项目	计费基数	费率（%）
	利润	预算价＋企业管理费	7.00

规 费   表 9-11

序号	项目	计费基数	规费费率（%）	其 中	
				社会保险费率（%）	住房公积金费率（%）
	规费	人工费	20.25	14.76	5.49

税 金   表 9-12

计税方法	计费基数	费率（%）
简易计税方法	税前工程造价（含进项税）	3
一般计税方法	税前工程造价（不含进项税）	9

总承包服务费			表 9-13
序　号	内　容	计费基数	费率（%）
1	配合、协调	专业工程造价 （不含设备费）	1.5～2
2	配合、协调、服务		3～5
3	招标人自行供应材料、 设备的保管	招标人供应材料、设备价值	1.0

第四节　房屋建筑与装饰工程施工图预算编制示例

附件：关于执行 2012 年《北京市建设工程计价依据——预算定额》的规定

一、2012 年《北京市建设工程计价依据——预算定额》(以下简称 2012 年预算定额)执行时间

（一）2013 年 7 月 1 日（含）起，凡在北京市行政区域内新建、扩建、整体更新改造及复建的房屋建筑与装饰工程、通用安装工程、市政工程、园林绿化工程、城市轨道交通工程、仿古建筑工程、构筑物工程，应按 2012 年预算定额执行。

（二）2013 年 7 月 1 日以前施工总承包工程、专业承包的房屋建筑和市政基础设施工程已进入招标程序或依法已签订工程施工合同的工程，仍按 2001 年《北京市建设工程预算定额》、相关配套管理文件的规定及双方签订的施工合同执行。专业分包施工合同的计价依据按总承包施工合同中计价依据的要求执行。

二、建筑安装工程费用组成

（一）定额综合单价

1. 定额综合单价应由预算单价（人工费、材料费、机械费之和）、企业管理费、利润及风险费用构成。其中预算单价应按本规定的第三条执行。

清单综合单价可由一个或几个定额综合单价组成。

2. 分部分项工程和按分部分项计价的措施项目应采用定额综合单价计价。

（二）建筑安装工程费用组成

建筑安装工程费用由分部分项工程费、措施项目费、其他项目费、规费和税金五部分组成。

1. 2012 年预算定额中的分部分项工程费是指各专业预算定额各章节（措施项目章节除外）费用合计金额。

2. 2012 年预算定额中的措施项目费是指各专业预算定额措施项目章节费用合计金额。措施项目费应根据工程具体情况，依据工程施工组织设计或施工方案合理确定相关费用，预算定额中的措施项目可作为计价的参考依据。预算定额中不包括二次搬运费、冬雨期施工增加费、夜间施工增加费、已完工程及设备保护费，发生时应另行计算。

（1）二次搬运费是指是指因施工场地条件限制而发生的材料、构配件、半成品等一次运输不能到达堆放地点，必须进行二次或多次搬运所发生的费用。

（2）冬雨期施工增加费是指在冬期或雨期施工需增加的临时设施、防滑、排除雨雪，人工及施工机械效率降低等费用。

（3）夜间施工增加费是指因夜间施工所发生的夜班补助费、夜间施工降效、夜间施工照明设备摊销及照明用电等费用。

（4）已完工程及设备保护费是指竣工验收前，对已完工程及设备采取的必要保护措施所发生的费用。

3. 其他项目费包括总承包服务费、计日工、暂估价、暂列金额等内容。

材料（设备）暂估单价应按招标人在其他项目清单中列出的单价计入定额综合单价。材料（设备）暂估价中的损耗率应按预算定额损耗率执行。

4. 规费是指按国家法律、法规规定，根据北京市政府相关部门规定必须缴纳或计取的，应计入建筑安装工程造价的费用。2012年预算定额中的规费包括：住房公积金、基本医疗保险基金、基本养老保险费、失业保险基金、工伤保险基金、残疾人就业保障金、生育保险七项费用。应按投标期人工市场价计算出的人工费作为取费基数。费率由建设行政主管部门适时发布，进行调整。

5. 税金是指国家税法规定的应计入建筑安装工程造价内的营业税、城市维护建设税、教育费附加及地方教育费附加。

（三）规费、安全文明施工费不得低于预算定额费率标准，应单独列出，不得作为竞争性费用。

三、预算单价的确定

2012年预算定额中的人工、材料、机械等价格和以"元"形式出现的费用均为定额编制期的市场预算价格，在编制建设工程招标控制价或标底、投标报价、工程预算、工程结算时，应全部实行当期市场预算价格。

四、招标控制价或标底的编制

（一）招标控制价应依据2012年预算定额和相关计价办法及《北京工程造价信息》或参照市场价格进行编制。

（二）招标人列出的暂估价应按北京市住房和城乡建设委员会"关于进一步规范北京市房屋建筑和市政基础设施工程施工发包承包活动的通知（京建发〔2011〕130号）"文件中第十条规定执行。

（三）定额综合单价中的企业管理费、利润应按现行定额费率标准执行。

（四）招标控制价应按分部分项工程费、措施项目费、其他项目费、规费和税金五部分公布相应合计金额。

（五）标底编制应合理考虑市场竞争因素，参照上述办法执行。

（六）最高投标限价视同于招标控制价。

五、投标报价编制

（一）投标人应根据企业定额或参照2012年预算定额进行报价，定额综合单价中应考虑风险费用。

（二）定额综合单价中的利润为可竞争费用，企业管理费可根据企业的管理水平和工程项目的具体情况自主报价，但不得影响工程质量、安全、成本。

六、风险范围及幅度的规定

招标文件及合同中应明确风险内容及其范围、幅度，不得采用无限风险、所有风险或类似语句规定风险范围及幅度。主要材料和机械以及人工风险幅度在±3%～±6%区间内约定。

（一）风险幅度变化确定原则

1. 基准价：招标人应在招标文件中明确投标报价的具体月份为基准期，与基准期对应的主要材料和机械以及人工市场价格为基准价。

基准价应以《北京工程造价信息》（以下简称造价信息）中的市场信息价格为依据确定。造价信息价格中有上、下限的，以下限为准；造价信息价格缺项时，应以发包人、承包人共同确认的市场价格为依据确定。

2. 施工期市场价应以发包人、承包人共同确认的价格为准。若发包人、承包人未能就施工期市场价格达成一致，可以参考施工期的造价信息价格。

3. 风险幅度的计算：

（1）当承包人投标报价中的主要材料和机械以及人工单价低于基准价时，施工期市场价的涨幅以基准价格为基础确定，跌幅以投标报价为基础确定，涨（跌）幅度超过合同约定的风险幅度值时，其超过部分按第六（二）条的规定执行。

（2）当承包人投标报价中的主要材料和机械以及人工单价高于基准价时，施工期市场价跌幅以基准价格为基础确定，涨幅以投标报价为基础确定，涨（跌）幅度超过合同约定的风险幅度值时，其超过部分按第六（二）条的规定执行。

（3）当承包人投标报价中的主要材料和机械以及人工单价等于基准价时，施工期市场价涨（跌）幅度以基准价格为基础确定，涨（跌）幅度超过合同约定的风险幅度值时，其超过部分按第六（二）条的规定执行。

（二）超过风险幅度的调整原则

1. 发包人、承包人应当在施工合同中约定市场价格变化幅度超过合同约定幅度的单价调整办法，可采用加权平均法、算术平均法或其他计算方法。

2. 主要材料和机械市场价格的变化幅度小于或等于合同中约定的价格变化幅度时，不做调整；变化幅度大于合同中约定的价格变化幅度时，应当计算超过部分的价格差额，其价格差额由发包人承担或受益。

3. 人工市场价格的变化幅度小于或等于合同中约定的价格变化幅度时，不做调整；变化幅度大于合同中约定的价格变化幅度时，应当计算全部价格差额，其价格差额由发包人承担或受益。

4. 人工费价格差额不计取规费；人工、材料、机械计算后的价格差额只计取税金。

七、竣工结算

工程竣工后，承包人应按合同约定向发包人提交竣工结算书，发包人应按合同约定进行审核。

（一）材料（设备）暂估价的调整办法

编制竣工结算时，材料（设备）暂估价若是招标采购的，应按中标价调整；若为非招标采购的，应按发、承包双方最终确认的材料（设备）单价调整。材料（设备）暂估价价格差额只计取税金。

（二）专业工程结算价

专业工程结算价中应包括专业工程施工所发生的分部分项工程费、专业施工的措施项目费、规费、税金等全部费用。

八、其他有关说明

（一）2012 年预算定额企业管理费中的职工教育经费中已包括一线生产工人教育培训费，一线生产工人教育培训费占企业管理费费率的 1.55％，在编制招标控制价或标底、投标报价、工程结算时不得重复计算。

（二）各专业定额中的现场管理费费率是施工企业内部核算的参考费率，已包括在企业管理费费率中；工程质量检测费费率是计算检测费时的参考费率，已包括在现场管理费费率中；企业内部核算或计算检测费时应以预算价（或人工费）为基数计算，在编制招标控制价或标底、投标报价、工程结算时不得重复计算。

附表一　招标控制价或标底、投标报价计算程序表（见表 5-2、表 5-3）
附表二　结算计算程序表（见表 5-4）
附表三　定额综合单价计算表（以预算单价为基数，见表 9-14）
附表四　定额综合单价计算表（以人工费为基数，见表 9-15）
附表五　材料（设备）暂估价汇总表（见表 9-16）
附表六　材料（设备）暂估价结算汇总表（见表 9-17）

附表三　定额综合单价计算程序表（以预算单价为基数）　　表 9-14

序　号	项　目	计　算　式
1	预算单价	人工费＋材料费＋机械费
2	企业管理费	1×相应费率
3	利润	（1＋2）×相应费率
4	定额综合单价	1＋2＋3

附表四　定额综合单价计算程序表（以人工费为基数）　　表 9-15

序　号	项　目	计　算　式
1	预算单价	人工费＋材料费＋机械费
1.1	其中：人工费	
2	企业管理费	1.1×相应费率
3	利润	（1.1＋2）×相应费率
4	定额综合单价	1＋2＋3

附表五　材料（设备）暂估价汇总表　　表 9-16

序号	材料（设备）名称、规格、型号	单位	数量	损耗率（％）	暂估单价（元）	合价（元）	备注

注：表中损耗率按各专业定额执行。

附表六　材料（设备）暂估价结算汇总表　　表 9-17

序号	材料（设备）名称、规格、型号	单位	数量	损耗率（％）	暂估单价（元）	确认单价（元）	单价差额（元）	合计差额（元）	备注

注：表中损耗率按各专业定额执行。

复 习 题

1. 施工图预算的编制依据有哪些?
2. 施工图预算的编制程序是什么?
3. 北京市 2012 年房屋建筑与装工程费用有哪些? 如何计算?
4. 课程设计图纸——某小区别墅建施、结施图纸。

9-2

9-3

第十章 建筑工程设计概算的编制

本章学习重点：建筑工程设计概算的编制。

本章学习要求：掌握单位工程设计概算的编制方法；熟悉设计概算的组成内容、编制依据和作用；了解单项工程综合概算和建设项目总概算的编制。

第一节 概 述

建筑工程设计概算是设计文件的重要组成部分，是设计单位根据初步设计或扩大初步设计图纸、概算定额（或地区颁发的概算指标）、各项费用定额或取费标准（指标）、设备、材料预算价格等资料或参照类似工程预算文件，编制和确定的拟建工程项目从筹建至竣工交付使用所需全部费用的文件。其特点是编制工作较为简单，但在精度上没有施工图预算准确。国家规定，初步设计必须要有概算，概算书应由设计单位负责编制。

一、设计概算的组成内容

设计概算可分为单位工程概算、单项工程综合概算和建设项目总概算三级。单位工程概算是一个独立建筑物中分专业工程计算费用的概算文件，按其工程性质分为建筑工程概算和安装工程概算两大类。建筑工程概算包括土建工程概算、给水排水采暖工程概算、电气照明工程概算、通风空调工程概算及弱电工程概算、特殊构筑物工程概算等。设备及安装工程概算包括机械设备及安装工程概算、电气设备及安装工程概算、热力设备及安装工程概算以及工器具及生产家具购置费概算等。见表10-1。

单项工程综合概算的组成内容

表 10-1

单项工程综合概算	建筑单位工程概算	一般土建工程概算
		给水排水、采暖工程概算
		通风空调工程概算
		电气照明工程概算
		弱电工程概算
		特殊构筑物工程概算
		工业管道工程概算
	设备及安装单位工程概算	机械设备及安装工程概算
		电气设备及安装工程概算
		热力设备及安装工程概算
		工器具及生产家具购置费概算
	工程建设其他费用概算（不编总概算时列入）	

单位工程概算只包括单位工程的工程费用，由人、材、机费用和企业管理费、利润、规费、税金组成。它是单项工程综合概算文件的组成部分。

若干个单位工程概算汇总后，成为单项工程综合概算。若干个单项工程综合概算、工程建设其他费用概算、预备费、资金筹措费和经营性铺底流动资金概算等汇总成为建设项目总概算。见表 10-2。综合概算和总概算仅是一种归纳汇总性文件，最基本的计算文件是单位工程概算。

建设项目总概算的组成内容　　　　　　　表 10-2

建设项目总概算	单项工程综合概算	各单位建筑工程概算
		各单位设备及安装工程概算
	工程建设其他费用概算	
	预备费	
	资金筹措费	
	经营性项目铺底流动资金	

二、设计概算的作用

1. 设计概算是制定和控制建设投资的依据。设计概算一经批准，将作为建设银行控制投资的最高限额。如果由于设计变更等原因，建设费用超过概算，必须重新审查批准。

2. 设计概算是建设项目投资和贷款的依据；

3. 设计概算是编制基本建设计划的依据；

4. 设计概算是签订工程承包合同的依据；

5. 设计概算是考核投资效果和评价建设工程项目成本的重要依据；

6. 设计概算是考核设计方案的经济合理性和控制施工图预算和施工图设计的依据。

三、设计概算的编制依据

设计概算的编制依据主要包括以下几个方面：

1. 经批准的建设项目的可行性研究报告；

2. 设计工程量；

3. 项目涉及的概算定额或指标；

4. 国家、行业和地方政府有关法律、法规或规定；

5. 资金筹措方式；

6. 常规的施工组织设计；

7. 项目涉及的设备材料供应及价格；

8. 项目管理（含监理）、施工条件；

9. 项目所在地区有关的气候、地质、水文、地貌等自然条件；

10. 项目所在地区有关的经济、人文等社会条件；

11. 项目的技术复杂程度，以及新技术、专利使用情况；

12. 有关文件、合同、协议等。

第二节　单位建筑工程设计概算的编制

单位工程概算分为建筑工程概算和设备及安装工程概算两大类。单位建筑工程设计概算的编制方法有概算定额法、概算指标法、类似工程预算法。设备及安装工程概算的编制方法有预算单价法、扩大单价法、设备价值百分比法和综合吨位法。

以下主要介绍单位建筑工程设计概算的编制。

一、概算定额法

利用概算定额编制单位建筑工程设计概算的方法，与利用预算定额编制单位建筑工程施工图预算的方法基本上相同。概算书所用表式与预算书表式亦基本相同。不同之处在于：概算项目划分较预算项目粗略，是把施工图预算中的若干个项目合并为一项。并且，所用的编制依据是概算定额，采用的是概算工程量计算规则。

利用概算定额编制设计概算的具体步骤如下：

1. 列出单位工程中分项工程或扩大分项工程项目名称，并计算其工程量

按照概算定额分部分项顺序，列出各分项工程的名称。工程量计算应按概算定额中规定的工程量计算规则进行，并将所算得各分项工程量按概算定额编号顺序，填入工程概算表内。

由于概算中的项目内容比施工图预算中的项目内容扩大，在计算工程量时，必须熟悉概算定额中每个项目所包括的工程内容，避免重算和漏算，以便计算出正确的概算工程量。

2. 确定各分部分项工程项目的概算定额单价

工程量计算完毕后，查概算定额的相应项目，逐项套用相应定额单价和人工、材料消耗指标。然后，分别将其填入工程概算表和工料分析表中。当设计图中的分项工程项目名称、内容与采用的概算定额手册中相应的项目完全一致时，即可直接套用定额进行计算；如遇设计图中的分项工程项目名称、内容与采用的概算定额手册中相应的项目有某些不相符时，则按规定对定额进行换算后方可套用定额进行计算。

3. 计算各分部分项工程的人、材、机费用

将已算出的各分部分项工程项目的工程量及在概算定额中已查出的相应定额单价和单位人工、材料消耗指标，分别相乘，即可得出各分项工程的人、材、机费用和人、材消耗量，再汇总各分项工程的人、材、机费用及人、材消耗量，即可得到该单位工程的人、材、机费用和工料总消耗量。如果规定有地区的人、材价差调整指标，计算人、材、机费用时，还应按规定的调整系数和调整方法进行调整计算。

4. 计算企业管理费、利润、规费和税金

根据人、材、机费用，结合其他各项取费标准，分别计算企业管理费、利润、规费和税金等费用。

5. 计算单位工程概算造价，其计算公式为：

单位工程概算造价＝人、材、机费用 ＋企业管理费＋利润＋规费＋税金

二、概算指标法

根据概算定额进行编制的项目其初步设计必须具备一定的深度，当用概算定额编制的条件不具备，又要求必须在短时间内编出概算造价时，可以根据概算指标进行编制。

概算指标是以整幢建筑物为依据而编制的指标。它的数据均来自各种已建的建筑物预算或竣工结算资料，用其建筑面积去除总造价及所消耗的各种人工、材料而得出每平方米

或每百平方米建筑面积表示的价值或工料消耗。

其方法常有以下两种：

1. 直接套用概算指标编制概算

如果拟编单位工程在结构特征上与概算指标中某建筑物相符，则可直接套用指标进行编制。此时即以指标中所规定的土建工程每平方米的造价或人工、主要材料消耗量，乘以拟编单位工程的建筑面积，即可得出单位工程的全部人、材、机费用和主要材料消耗量。再进行取费，即可求出单位工程的概算造价。现举例说明如下：

【例 10-1】 某全现浇结构板式住宅楼的建筑面积为 40000m²，其工程结构特征与在同一地区的概算指标中表 10-3、表 10-4 的内容基本相同。试根据概算指标，编制土建及装饰工程概算。

某地区全现浇结构板式住宅楼概算指标　　　　　　　　　表 10-3

工程名称	××住宅	结构类型	剪力墙结构	建筑层数	地上 17 层 地下 1 层
建筑面积	35000m²	施工地点	××市	竣工日期	2016 年 6 月
层 高	2.8m	檐高	48.5m		

结构特征	基础	墙体	楼板	防水	楼地面
	满堂红基础，C35 预拌	C35 预拌混凝土、陶粒空心砌块	C35 预拌混凝土	SBS 沥青防水卷材、JS-复合防水涂料	混凝土地面、地砖楼面
	屋面	门窗	装饰	电气、电梯	给排水
	焦渣找坡、聚苯乙烯泡沫板保温	塑钢双玻推拉窗、塑钢门	内墙底层刮耐水腻子、面层刷耐擦洗涂料、外墙粘贴釉面砖	照明、动力、弱电、防雷接地、电梯	镀锌钢管、PVC-U 排水管、不锈钢水箱、不含卫生洁具、消防

建安工程造价及费用组成　　　　　　　　　表 10-4

项目		平方米指标（元/m²）	其中各项费用占造价百分比（%）								
			直 接 费						企业管理费	利润	税金	合计
			人工费	材料费	机械费	临时设施费	现场经费	合计				
	工程总造价	1644.52	11.01	62.87	5.04	2.21	3.69	84.82	5.56	6.33	3.29	15.18
其中	土建及装饰工程	1209.04	11.80	61.09	5.98	2.17	3.70	84.74	5.64	6.33	3.29	15.26
	给水排水工程	66.58	10.44	67.66	1.39	2.09	3.30	84.88	5.50	6.33	3.29	15.12
	电气电梯工程	365.33	11.09	65.99	1.66	2.20	3.51	84.45	5.93	6.33	3.29	15.55
	通风工程	3.57	5.75	75.85	2.18	1.27	2.00	87.05	3.33	6.33	3.29	12.95

【解】 由于工程所在地的概算造价文件组成中新增了规费，税金的费率也增加了，故计算结果也相应调整。详见表 10-5。

某住宅土建及装饰工程概算造价计算表　　　　　　　　　表 10-5

序号	项目内容	计算式	金额（元）
1	土建及装饰工程造价	40000×1209.04＝48361600	48361600

序号	项目内容	计算式	金额（元）
2	直接费 其中：人工费 材料费 机械费 临时设施费及现场经费	$48361600 \times 84.74\% = 40981619.84$ $48361600 \times 11.80\% = 5706668.8$ $48361600 \times 61.09\% = 29544101.44$ $48361600 \times 5.98\% = 2892023.68$ $48361600 \times 5.87\% = 2838825.92$	40981619.84 5706668.8 29544101.44 2892023.68 2838825.92
3	企业管理费	$48361600 \times 5.64\% = 2727594.24$	2727594.24
4	利润	$48361600 \times 6.33\% = 3061289.28$	3061289.28
5	规费	$5706668.8 \times 38\% = 2168534.14$	2168534.14
6	税金	$(48361600 + 2168534.14) \times 3.41\%$ $= 1723077.57$	1723077.57
7	概算总造价		58042095.23

2. 换算概算指标编制概算

在实际工作中，在套用概算指标时，设计的内容不可能完全符合概算指标中所规定的结构特征。此时，就不能简单地按照类似的或最相近的概算指标套算，而必须根据差别的具体情况，对其中某一项或某几项不符合设计要求的内容，分别加以修正和换算，经换算后的概算指标，方可使用，其换算方法如下：

单位建筑面积造价换算概算指标＝原造价概算指标单价－换出结构构件单价
＋换入结构构件单价

换出（或换入）结构构件单价＝换出（或换入）结构构件工程量×相应的概算定额单价

三、类似工程预算法

当有类似工程预算文件时，可以根据类似工程预算编制概算。

用类似工程概预算编制概算就是根据当地的具体情况，用与拟建工程相类似的在建或建成的工程造价资料，快速、准确的编制概算。对于已建工程或在建工程的造价资料与拟建工程差异的部分，可以进行调整。

这些差异可分为两类，第一类是工程结构上的差异，第二类是人工、材料、机械使用费以及各种费率的差异。对于第一类差异可采用换算概算指标的方法进行换算，对于第二类差异可采用编制修正系数的方法予以解决。

在编制修正系数之前，应首先求出类似工程预算的人工、材料、机械使用费，其他费用（指企业管理费与利润之和）及综合费用（指规费和税金之和）在预算造价中所占的比重（分别用 r_1、r_2、r_3、r_4、r_5 表示）然后再求出这五种因素的修正系数（分别用 K_1、K_2、K_3、K_4、K_5 表示）最后用下式求出概算造价总修正系数：

$$概算造价总修正系数 = r_1 K_1 + r_2 K_2 + r_3 K_3 + r_4 K_4 + r_5 K_5 \tag{10-1}$$

其中 K_1、K_2、K_3、K_4、K_5 的计算公式如下：

人工费修正系数

$$K_1 = \frac{编制概算地区一级工工资标准}{类似工程所在地区一级工工资标准} \tag{10-2}$$

材料费修正系数

$$K_2 = \frac{\sum(类似工程主要材料数量 \times 编制概算地区材料预算价格)}{\sum 类似地区各主要材料费} \quad (10\text{-}3)$$

机械使用费修正系数

$$K_3 = \frac{\sum(类似工程主要机械台班量 \times 编制概算地区机械台班费)}{\sum 类似工程主要机械使用费} \quad (10\text{-}4)$$

其他费用修正系数

$$K_4 = \frac{编制概算地区其他费的费率}{类似工程所在地区其他费的费率} \quad (10\text{-}5)$$

综合费用修正系数

$$K_5 = \frac{编制概算地区综合费率}{类似工程所在地区综合费率} \quad (10\text{-}6)$$

【例 10-2】 某拟建办公楼，建筑面积为 $3000m^2$，试用类似工程预算编制概算。类似工程的建筑面积为 $2800m^2$，预算造价 3200000 元，各种费用占预算造价的比重是：人工费 6%；材料费 55%；机械费 6%；其他费用 3%；综合费 30%。

【解】 根据前面的公式计算出各种修正系数为人工费 $K_1 = 1.02$；材料费 $K_2 = 1.05$；机械费 $K_3 = 0.99$；其他费用 $K_4 = 1.04$；综合费用 $K_5 = 0.95$。

概算造价总修正系数 $= 6\% \times 1.02 + 55\% \times 1.05 + 6\% \times 0.99 + 3\% \times 1.04 + 30\%$
$\times 0.95 = 1.0143$

修正后的类似工程预算造价 $= 3200000 \times 1.0143 = 3245760$ 元

修正后的类似工程预算单方造价 $= 3245760 \div 2800 = 1159.20$ 元

由此可得：

拟建办公楼概算造价 $= 1159.20 \times 3000 = 3477600$ 元

第三节 单项工程综合概算的编制

单项工程综合概算书是确定单项工程建设费用的综合性文件，它是由各专业的单位工程概算书所组成，是建设项目总概算的组成部分。

单项工程概算书需要单独提出时，其内容应包括编制说明、综合概算汇总表、单位工程概算表和主要建筑材料表。

一、综合概算编制说明

编制说明列在综合概算表的前面，一般包括：

1. 编制依据。说明设计文件、定额、材料及费用计算的依据；

2. 编制方法。说明编制概算利用的是概算定额，还是概算指标，还是类似工程预算等；

3. 主要设备和材料的数量。说明主要机械设备及建筑安装主要材料（钢材、木材、水泥等）的数量；

4. 其他有关问题。

二、综合概算表

1. 综合概算表的项目组成

工业建筑概算包括：

（1）建筑工程：一般土建工程、给水排水、采暖、通风空调工程、电气照明工程、弱电工程、工业管道工程、特殊构筑物工程等。

（2）设备及安装工程：机械设备及安装工程、电气设备及安装工程、热力设备及安装工程、工器具及生产家具等。

民用建筑概算包括：一般土建工程、给水排水、采暖、通风空调工程、电气照明工程、弱电工程、构筑物工程等。

2. 综合概算的费用组成

综合概算的费用组成包括建筑安装工程费用、设备及工器具购置费。

当工程不编总概算时，单项工程综合概算还应有工程建设其他费用的概算、建设期利息和预备费概算、经营性项目铺底流动资金概算。

单项工程综合概算表编制示例见表10-6。

××厂机修车间综合概算表　　　　　　表10-6

序号	综合概算编号	工程或费用名称	概算价值（万元）						技术经济指标			占投资总额百分比
			建筑工程费用	安装工程费用	设备购置费用	工器具及生产用家具购置费	工程建设其他费用	合计	单位	数量	单方造价（元）	
1		一般土建工程	243.7867					243.7867	m²	2125	1147.23	
2		给水工程	8.3576					8.3576	m²	2125	39.33	
3		排水工程	2.3489					2.3489	m²	2125	11.05	
4		暖通工程	16.6788					16.6788	m²	2125	78.49	
5		电气照明工程	11.8964					11.8964	m²	2125	55.98	
6		机械设备及安装工程		34.7866	120.8654			155.6520	t	298	5223.22	
7		电气设备及安装工程		2.6842	18.6542			21.3384	kW	168	1270.14	
8		工器具及生产家具购置费				2.8875		2.8875				
9		总计	283.0684	37.4708	139.5169	2.8875		462.9463				

第四节　建设项目总概算的编制

总概算是确定整个建设项目从筹建到竣工交付使用为止的全部建设费用的文件，它是根据建设项目包括的各个单项工程综合概算及工程建设其他费用概算和预备费、建设期利息、经营性项目铺底流动资金概算等汇总编制而成的。

总概算书一般主要包括封面、编制说明和总概算表。有的还列出单项工程综合概算表、单位工程概算表等。

一、编制说明

1. 工程概况：说明建设项目的建设规模、性质、范围、建设地点、建设条件、期限、产量、品种及厂外工程的主要情况等。

2. 资金来源及投资方式。

3. 编制依据及编制原则：设计文件，概算指标、概算定额、材料概算价格及各种费用标准等编制依据。

4. 编制方法。说明编制概算是采用概算定额，还是采用概算指标。

5. 投资分析。主要分析各项投资的比例，以及与类似工程比较，分析投资高低的原因，说明该设计的经济合理性。

6. 主要材料和设备数量。说明主要机械设备、电气设备和建筑安装消耗的主要材料（钢材、木材、水泥等）的数量。

7. 其他有关问题。

二、总概算表

为了便于投资分析，总概算表中的项目，按工程性质分成四部分内容：

第一部分：工程费用，指直接构成固定资产项目的费用。包括建筑安装工程费用、设备及工器具购置费用。

第二部分：其他费用，指工程费用以外的建设项目必须支付的费用。其内容包括土地使用费、建设管理费、可行性研究费、勘察设计费、联合试运转费、生产准备费等方面的费用。

第三部分：预备费用，包括基本预备费和涨价预备费两部分费用。是在第一、二部分合计后，再计算列出第三部分预备费。

第四部分：应列入概算总投资的其他费用，包括建设期利息和铺底流动资金。

总概算表示例见表10-7。

总概算表（摘录）　　　　　　　　　表10-7

建设项目名称：＊＊＊工程

总概算价值：　　　万元　　　　　　其中回收金额：　　　万元

序号	综合概算编号	工程和费用名称	概算价值（万元）						技术经济指标			占投资总额（％）
			建筑工程费	安装工程费	设备购置费	工器具及生产家具购置费	其他费用	合计	单位	数量	单位价值（元）	
一		第一部分费用										
（一）		取水泵站	323.11	53.95	100.93			477.99				
1		取水泵房	164.90	22.84	72.49			260.23				
2		引水渠道	52.53					52.53				
3		办公及宿舍、变电室										
（二）		原水输水管网	246.89	2023.61	36.09			2306.59				
（三）		净水输水管网	121.77	294.66				416.43				

194

续表

序号	综合概算编号	工程和费用名称	概算价值（万元）						技术经济指标			占投资总额（%）
			建筑工程费	安装工程费	设备购置费	工器具及生产家具购置费	其他费用	合计	单位	数量	单位价值（元）	
（四）		配水管网	171.35	313.32				484.67				
（五）		净水厂	711.84	196.19	252.65			1160.71				
1		投药间及药库	6.09	1.40	2.97			10.46				
2		净态混合器井	0.18	0.02	0.25			0.45				
		反应沉淀间、滤站										
（六）		配水厂	202.33	45.32	81.07			328.72				
1		配水泵房	22.04	11.66	28.62			62.32				
2		输水泵房	12.64	6.28	10.63			29.55				
		变电室、吸水井										
（七）		综合调度楼	184.78	171.47	171.47			588.71				
1		综合调度楼	125.00	14.00	70.07			209.07				
2		锅炉房及浴室	7.02	2.37	3.19			12.58				
		食堂、危险品仓库										
（八）		职工住宅	225.00					225.00				
（九）		供电工程		150.00				150.00				
二		第二部分费用										
（一）		建设单位管理费					52.83	53.83				
（二）		征地占地拆迁补偿费					800.00	800.00				
（三）		工器具和备品备件购置费				12.84		12.84				
						6.14		6.14				
（四）		办公生活用家具购置费					22.10	22.10				
（五）		生产职工培训费					6.42	6.42				
（六）		联合试车费				96.10		96.10				
（七）		车辆购置费					30.95	30.95				
（八）		输配水管网三通一平					55.20	55.20				
（九）		竣工清理费					80.71	80.71				
（十）		供电补贴					92.30	92.30				
（十一）		设计费										
		第一二部分费用总计										
三		预备费										
		其中涨价预备费										
四		建设期利息										
五		铺底流动资金										
六		建设项目总概算价值										
七		其中：回收金额										
八		投资比例（%）										

195

复 习 题

1. 设计概算有几级？分别是什么？
2. 设计概算的作用是什么？
3. 设计概算编制的编制依据是什么？
4. 单位建筑工程概算有几种编制方法？单位设备及安装工程概算有几种编制方法？
5. 单项工程综合概算是如何编制的？什么时候编制两级概算？
6. 建设项目总概算表有哪几部分？各部分包括哪些费用内容？

第三篇　工程量清单计价

第十一章　工程量清单计价概述

本章学习重点：建设工程工程量清单计价基础理论知识。

本章学习要求：掌握工程量清单的编制；掌握工程量清单计价方法；了解工程量清单计价的概念和作用；了解《建设工程工程量清单计价规范》GB 50500—2013 的内容。

第一节　工程量清单计价简介

一、工程量清单计价的概念

工程量清单是载明建设工程的分部分项工程项目、措施项目、其他项目和相应数量以及规费、税金项目等内容的明细清单。在建设工程发承包及实施过程的不同阶段，又可别称为"招标工程量清单""已标价工程量清单"等。招标工程量清单是指招标人依据国家标准、招标文件、设计文件以及施工现场实际情况编制的，随招标文件发布供投标报价的工程量清单，包括对其的说明和表格。它是招标阶段供投标人报价的工程量清单，是对工程量清单的进一步具体化。已标价工程量清单是指构成合同文件组成部分的投标文件中已标明价格，经算术性错误修正（如有）且承包人已确认的工程量清单，包括对其的说明和表格。它表示的是投标人对招标工程量清单已标明价格，并被招标人接受，构成合同文件组成部分的工程量清单。

住建部于 2012 年 12 月 25 日，发布了《建设工程工程量清单计价规范》GB 50500—2013 和《房屋建筑与装饰工程工程量计算规范》GB 50854—2013、《仿古建筑工程工程量计算规范》GB 50855—2013、《通用安装工程工程量计算规范》GB 50856—2013、《市政工程工程量计算规范》GB 50857—2013、《园林绿化工程工程量计算规范》GB 50858—2013、《矿山工程工程量计算规范》GB 50859—2013、《构筑物工程工程量计算规范》GB 50860—2013、《城市轨道交通工程工程量计算规范》GB 50861—2013、《爆破工程工程量计算规范》GB 50862—2013 等规范（以下简称《13 版规范》）。

《13 版规范》适用于建设工程发承包及实施阶段的计价活动。包括工程建设招标投标到工程施工完成整个过程的工程量清单编制、工程量清单招标控制价编制、工程量清单投标报价编制、工程合同价款的约定、工程施工过程中工程计量与合同价款支付、索赔与现场签证、合同价款的调整、竣工结算的办理和合同价款争议的解决以及工程造价鉴定等活动，涵盖了工程建设发承包以及施工阶段的整个过程。

使用国有资金投资的工程建设发承包，必须采用工程量清单计价。对于非国有资金投资的工程建设项目，宜采用工程量清单方式计价。当非国有资金投资的工程建设项目确定采用工程量清单计价时，则应执行《13 版规范》；确定不采用工程量清单计价的，除不执行工程量清单计价的专门性规定外，但仍应执行《13 版规范》规定的工程价款的调整、工程计量与工程价款支付、索赔与现场签证、竣工结算以及工程造价争议处理等条文。

二、工程量清单计价的特点

工程量清单计价有以下特点：

1. 强制性。由建设主管部门按照强制性国家标准发布施行，同时规定了国有资金投资的工程建设项目，无论规模大小，均必须采用工程量清单计价。明确了工程量清单必须作为招标文件的组成部分，招标人应对其准确性和完整性负责。规定了分部分项工程量清单应包括项目编码、项目名称、项目特征、计量单位和工程量五个要素。

2. 竞争性。采用清单计价模式，没有具体的人工、材料和施工机械的消耗量，投标企业可以根据企业定额，也可以参照建设行政主管部门发布的社会平均消耗量定额，以及市场价格信息等自主报价。其价格有高有低，具有竞争性，能够反映出投标企业的技术实力和管理水平。措施项目中除安全文明施工费等非竞争费用外，由投标企业根据施工组织设计或施工方案，视具体情况进行补充和报价，因为这些项目在各个企业的施工方案中各有不同，是企业竞争项目。

3. 通用性。采用工程量清单计价将与国际惯例接轨，实现了工程量计算方法标准化、工程量计算规则统一化、工程造价确定市场化的要求。

三、工程量清单的作用

1. 工程量清单为所有投标人报价提供了一个共同平台。采用工程量清单方式招标，工程量清单必须作为招标文件的组成部分，由招标人通过招标文件提供给投标人。工程量清单的准确性和完整性由招标人负责，若工程量清单中存在漏项或错误，投标人核对后可以提出，并由招标人修改后通知所有投标人。同一个工程项目的所有投标人依据的是相同的工程量清单进行投标报价，投标人的机会是平等的。

2. 工程量清单是工程量清单计价的基础。招标人根据工程量清单，以及有关计价规定计算招标工程的招标控制价。招标文件中的工程量清单标明的工程量又是投标人投标报价的基础。投标人按照招标文件的要求，根据工程特点，并结合自身的施工技术、装备和管理水平，依据工程量清单、企业定额以及有关计价规定等计算投标报价。

3. 工程量清单是工程结算的依据。在工程施工阶段，工程量清单是发包人支付承包人工程进度款、发生工程变更时调整合同价款、新增加项目综合单价的估算、发生工程索赔事件后计算索赔费用、工程量增减幅度超过合同约定幅度时调整综合单价以及办理竣工结算等的依据。

四、实行工程量清单计价的意义

1. 有利于公开、公平、公正竞争。工程造价是工程建设的核心问题，也是建设市场运行的核心内容。实现建设市场的良性发展除了法律法规和行政监管以外，发挥市场规律中"竞争"和"价格"的作用是治本之策。过去的工程预算定额在工程发包与承包工程计价中调节双方利益，反映市场价格等方面显得滞后，特别是在公开、公平、公正竞争方面，缺乏合理完善的机制。工程量清单计价是市场形成工程造价的主要形式，有利于发挥企业自主报价的能力，实现政府定价到市场定价的转变，有利于改变招标单位在招标中盲目压价的行为。从而真正体现公开、公平、公正的原则，反映市场经济规律。

2. 有利于招标投标双方合理承担风险，提高工程管理水平。采用工程量清单方式招标投标，由于工程量清单是招标文件的组成部分，发包人必须编制出准确的工程量清单，并承担相应的风险，从而促进发包人提高管理水平。对承包人来说，采用工程量清单报价，必须对单位工程成本、利润进行分析，精心选择施工方案，并根据企业定额合理确定人工、材料、施工机械等要素的投入与配置，合理控制现场费用与施工技术措施费用，确定投标价并承担相应的风险。

3. 有利于我国工程造价管理政府职能的转变。实行工程量清单计价，按照"政府宏观调控、企业自主报价、市场形成价格、加强市场监管"的工程造价管理思路，我国工程造价管理的政府职能将发生转变，由过去根据政府控制的指令性定额编制的工程预算转变为根据工程量清单，企业自主报价，市场形成价格，由过去行政直接干预转变为政府对工程造价的宏观调控，市场监管。

4. 有利于我国工程造价计价与国际接轨。目前，我国建筑企业走出国门在海外承包工程项目日益增多，而工程量清单计价是国际通行的工程计价做法。为增强我国建筑企业的国际竞争能力，就必须与国际通行的计价方法相适应。在我国实行工程量清单计价，为建设市场主体创造一个与国际惯例接轨的市场竞争环境，才能有利于提高国内建设各方主体参与国际化竞争的能力，有利于提高工程建设的管理水平。

第二节　工程量清单的编制

采用工程量清单方式招标的工程，工程量清单必须作为招标文件的组成部分，由具有编制能力的招标人或受其委托、具有相应资质的工程造价咨询人编制。招标人应对工程量清单的准确性和完整性负责，投标人无权修改调整。

招标工程量清单应以单位（项）工程为单位编制，应由分部分项工程项目清单、措施项目清单、其他项目清单、规费和税金项目清单组成。编制招标工程量清单应依据：

1. 《13版规范》；

2. 国家或省级、行业建设主管部门颁发的计价定额和办法；

3. 建设工程设计文件及相关资料；

4. 与建设工程项目有关的标准、规范、技术资料；

5. 拟定的招标文件；

6. 施工现场情况、地勘水文资料、工程特点及常规施工方案；

7. 其他相关资料。

一、分部分项工程量清单的编制

分部分项工程量清单应包括项目编码、项目名称、项目特征、计量单位和工程量五个要素，缺一不可。分部分项工程量清单应根据现行国家计量规范中规定的统一项目编码、项目名称、项目特征、计量单位和工程量计算规则进行编制。

1. 项目编码的设置

分部分项工程清单的项目编码，采用12位阿拉伯数字表示。1至9位应按《计量规范》附录的规定设置；10至12位应根据拟建工程的工程量清单项目名称和项目特征由编制人设置，同一招标工程不得有重码。

补充项目的编码由相应规范的代码（如《房屋建筑与装饰工程工程量计算规范》GB 50854—2013（以下简称《建筑计量规范》）代码为01）与B和3位阿拉伯数字组成，应从01B001起顺序编制，同一招标工程不得有重码。

各级编码的含义：

（1）第一级表示相关工程国家计量规范代码（前二位），其中：房屋建筑与装饰工程01，仿古建筑工程02，通用安装工程03，市政工程04，园林绿化工程05，矿山工程06，构筑物工程07，城市轨道交通工程08，爆破工程09；

（2）第二级表示专业工程顺序码（第三、第四位）；

（3）第三级表示分部工程顺序码（第五、第六位）；

（4）第四级表示分项工程项目名称顺序码（第七、第八、第九位）；

（5）第五级表示清单项目名称顺序码（后三位，由编制人设置）。

项目编码结构如图11-1所示（以房屋建筑与装饰工程为例）。

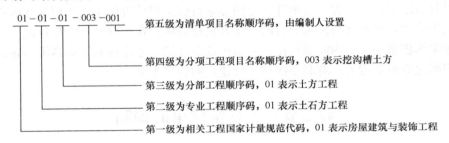

图11-1 项目编码结构图

2. 项目名称的确定

分部分项工程量清单的项目名称应按现行国家计量规范附录的项目名称结合拟建工程的实际确定。计量规范附录表中的"项目名称"为分项工程项目名称，一般以工程实体命名。编制工程量清单出现附录中未包括的项目，招标人应作补充，并报省级或行业造价管理机构备案。

3. 项目特征的描述

分部分项工程量清单项目特征应按附录中规定的项目特征，结合拟建工程项目的实际予以描述。分部分项工程量清单项目特征是确定一个清单项目综合单价的重要依据，在编制工程量清单中必须对其项目特征进行准确和全面的描述。

准确的描述清单项目的特征对于准确确定清单项目的综合单价具有决定性作用。清单项目特征的描述，应根据计量规范附录表中有关项目特征的要求，结合技术规范、标准图集、施工图纸、按照工程结构、使用材质及规格或安装位置等，予以详细而准确的表述和说明。

例如，砌筑工程砖砌体中的实心砖墙项目。按照《建筑计量规范》附录D表D.1中"项目特征"栏的规定，就必须描述砖的品种：是页岩砖还是粉煤灰砖；砖的规格：是标准砖还是非标准砖，是非标准砖应注明尺寸；砖的强度等级：是MU10、MU15还是MU20；因为砖的品种、规格、强度等级直接关系到砖的价格。还必须描述墙体类型：是混水墙还是清水墙；墙体厚度：是240mm还是370mm；因为墙体类型、厚度直接影响砌筑的工效以及砖、砂浆的消耗量。还应注明砂浆配合比、砌筑砂浆的强度等级：是 M5、M7.5 还是 M10；因为不同强度等级、不同配合比的砂浆，其价格是不同的。这些描述均不可少，因为其中任何一项都影响着实心砖墙项目综合单价的确定。

但有些项目特征用文字往往又难以准确和全面的描述清楚，为了达到规范、简捷、准确、全面描述项目特征的要求，在描述工程量清单项目特征时按以下原则进行：

（1）项目特征描述的内容按附录中规定的内容，项目特征的表述按拟建工程的实际要求，以能满足确定综合单价的需要为前提；

（2）对采用标准图集或施工图纸能够全面或部分满足项目特征描述要求的，项目特征描述可直接采用详见××图集或××图号的方式。对不能满足项目特征描述要求的部分，仍应用文字描述进行补充。

4. 计量单位的选择

分部分项工程量清单的计量单位应按计量规范附录中规定的计量单位确定。当计量单位有两个或两个以上时，应根据所编工程量清单项目的特征要求，选择最适宜表现该项目特征并方便计量的单位。

例如，《建筑计量规范》附录 H 门窗工程表 H.1 中"木质门"的计量单位为"樘/m²"，两个计量单位。实际工程中，就应该选择最适宜，最方便计量的单位来表示。

各专业有特殊计量单位的，再另外加以说明。

5. 工程量的计算

分部分项工程量清单中所列工程量应按计量规范附录中规定的工程量计算规则计算。其工程量是以形成工程实体为准，并以完成后的净值来计算。清单工程量计算不考虑施工方法而增加的工程量，这一点与前面定额工程量的计算有着本质的区别。

工程量的计算应按照各自所属工程类别对应的计量规范附录中的规则进行。

工程量的有效位数应遵守下列规定：

（1）以"吨"为计量单位的应保留小数点后三位，第四位小数四舍五入；

（2）以"立方米""平方米""米""千克"为计量单位的应保留小数点后二位，第三位小数四舍五入；

（3）以"项""个"等为计量单位的应取整数。

二、措施项目清单的编制

措施项目是指为完成工程项目施工，发生于该工程施工准备和施工过程中的技术、生活、安全、环境保护等方面的非工程实体项目。所谓非工程实体项目，一般地说，其费用的发生和金额的大小与使用时间、施工方法或者两个以上工序相关，与实际完成的实体工程量的多少关系不大。典型的有：脚手架、混凝土模板及支架、大型施工机械进出场及安拆、垂直运输、安全文明施工、施工排降水等。但有的非工程实体项目如混凝土浇筑的模板工程，与完成的工程实体有着直接关系，并且是可以精确计量的项目。

计量规范将措施项目划分为两类：一类是不能计算工程量的项目，如文明施工和安全防护、临时设施等，就以"项"计价，称为"总价项目"；另一类是可以计算工程量的项目，如脚手架、降水工程等，就以"量"计价，更有利于措施费的确定和调整，称为"单价项目"。

对于房屋建筑与装饰工程的措施项目清单，应按照《建筑计量规范》附录 S 中规定的项目编码、项目名称编制。

措施项目清单的编制需考虑多种因素，除工程本身的因素外，还涉及水文、气象、环境、安全等因素。在编制措施项目清单时，因工程情况不同，出现计量规范附录中未列出的措施项目，可根据工程实际情况进行补充。

三、其他项目清单的编制

其他项目清单是指分部分项工程量清单、措施项目清单所包含的内容以外，因招标人的特殊要求而发生的与拟建工程有关的其他费用项目和相应数量的清单。

其他项目清单宜按照下列内容列项：

（1）暂列金额；

（2）暂估价：包括材料暂估单价、专业工程暂估价、工程设备暂估单价；

（3）计日工；

（4）总承包服务费。

工程建设标准的高低、工程的复杂程度、工程的工期长短、工程的组成内容、发包人对工程管理要求等都直接影响其他项目清单的具体内容。若出现计价计量规范未列的其他项目清单项目，可根据工程实际情况补充。

1. 暂列金额。招标人在工程量清单中暂定并包括在合同价款中的一笔款项。用于施工合同签订时尚未确定或者不可预见的所需材料、设备、服务的采购，施工中可能发生的工程变更、合同约定调整因素出现时的工程价款调整，以及发生的索赔、现场签证确认等的费用。

对于任何建设工程项目，不管采用何种合同形式，其理想的标准是，承发包双方订立的合同价格就是其最终的竣工结算价格，或者两者尽可能地接近。而工程建设自身的规律决定，设计需要根据工程进展不断地进行优化和调整，发包人的需求可能会随工程建设进展出现变化，工程建设过程中还存在其他诸多不确定性因素，消化这些因素必然会影响合同价格的调整，暂列金额正是因为这类不可避免的价格调整而设立，以便合理确定工程造价的控制目标。

2. 暂估价。招标人在工程量清单中提供的用于支付必然发生但暂时不能确定价格的材料、工程设备的单价以及专业工程的金额。

一般而言，为方便合同管理和计价，需要纳入分部分项工程量清单项目综合单价中暂估价则最好只是材料费，以方便投标人组价。以"项"为计量单位给出的专业工程暂估价一般应是综合暂估价，应当包括除规费、税金以外的管理费、利润等。

3. 计日工。在施工过程中，承包人完成发包人提出的工程合同范围以外的零星项目或工作，按合同中约定的单价计价的一种方式。是为了解决现场发生的零星工作的计价而设立的。在施工过程中，完成发包人提出的施工图纸以外的零星项目或工作，按合同中约定的计日工综合单价计价。

国际上常见的标准合同条款中，大多数都设立了计日工（Dayworks）计价机制。计日工以完成零星工作所消耗的人工工时、材料数量、机械台班进行计量，并按照计日工表中填报的适用项目的单价进行计价支付。计日工适用的所谓零星工作一般是指合同约定之外的或者因变更而产生的、工程量清单中没有相应项目的额外工作，尤其是那些时间不允许事先商定价格的额外工作。计日工为额外工作和变更的计价提供了一个方便快捷的途径。但是，在以往的工程实践中，计日工常常被忽略。其主要原因是因为计日工项目的单价水平一般要高于工程量清单项目单价的水平。理论上讲，合理的计日工单价水平一定是高于工程量清单的价格水平，其原因在于计日工往往是用于一些突发性的额外工作，缺少计划性，承包人在调动施工生产资源方面难免不影响已经计划好的工作，生产资源的使用效率也有一定的降低，客观上造成超出常规的额外投入。另一方面，计日工清单往往忽略给出一个暂定的工程量，无法纳入有效的竞争，也是造成计日工单价水平偏高的原因之一。因此，为了获得合理的计日工单价，计日工清单中一定要给出暂定数量，并且根据经验，尽可能估算一个比较贴近实际的数量。并且，为防患于未然，应尽可能把项目列全。

4. 总承包服务费。总承包人为配合协调发包人进行的专业工程发包，对发包人自行采购的材料、工程设备等进行保管以及施工现场管理、竣工资料汇总整理等服务所需的费用。

该项费用是为了解决招标人在法律、法规允许的条件下进行专业工程发包以及自行采购供应材料、设备时，要求总承包人对发包的专业工程提供协调和配合服务，如分包人使用总承包人的脚手架、水电接驳等；对供应的材料、设备提供收、发和保管服务，以及对施工现场进行统一管理；对竣工资料进行统一汇总整理等发生并向总承包人支付的费用。招标人应当预计该项费用并按投标人的投标报价向投标人支付该项费用。

四、规费项目清单的编制

规费是指政府及有关权力部门规定必须交纳的费用。一般按国家有关部门规定的计算公式、计算基数及费率标准计取规费项目清单的内容同第五章第一节。

政府及有关权力部门可根据形势发展的需要，对规费进行调整。若出现《13 版规范》未列的规费项目，应根据省级政府或省级有关权力部门的规定列项。

五、税金项目清单的编制

税金项目清单的内容，同第五章第一节。

如国家税法发生变化或地方政府及税务部门依据职权对税种进行了调整，应对税金项目清单进行相应调整。若出现《13 版规范》未列的税金项目，应根据税务部门的规定列项。

第三节　工程量清单计价

一、建筑安装工程造价的组成

根据《13 版规范》规定，采用工程量清单计价，建安工程造价由分部分项工程费、措施项目费、其他项目费、规费和税金五部分组成。如图 5-2 所示。

分部分项工程量清单应采用综合单价计价。综合单价是指完成一个规定计量单位的分部分项工程量清单项目或措施清单项目所需的人工费、材料费、施工机具使用费和企业管理费与利润，以及一定范围内的风险费用。

二、工程量清单计价的基本过程

工程量清单计价过程可以分为工程量清单编制和工程量清单应用两个阶段。如图11-2所示。

三、工程量清单计价方法

（一）工程造价的计算

单位工程报价＝分部分项工程费＋措施项目费＋其他项目费＋规费＋税金

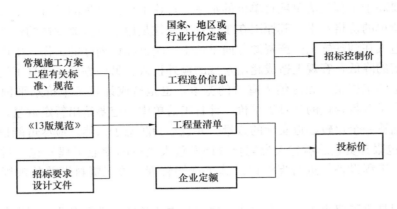

图 11-2　工程量清单计价过程

单项工程报价＝∑单位工程报价

工程总造价＝∑单项工程报价

（二）分部分项工程费计算

分部分项工程费＝∑分部分项工程量×分部分项工程综合单价

1. 分部分项工程量的确定

招标文件中的工程量清单标明的工程量是投标人投标报价的共同基础，竣工结算的工程量按发承包双方在合同中约定应予计量且实际完成的工程量确定。

《13版规范》中规定的工程量计算规则计算清单工程量，是按工程设计图示尺寸以工程实体的净量计算。这与施工中实际施工作业量在数量上会有一定的差异，因为施工作业量还要考虑因施工技术措施而增加的工程量。

例如，土方工程中的"挖基坑土方"。清单工程量计算是按设计图示尺寸以基础垫层底面积乘以挖土深度计算，而实际施工作业量是按实际开挖量计算，包括放坡及工作面所需要的开挖量。

对于挖沟槽、基坑、一般土方因工作面和放坡增加的工程量是否并入各土方工程量中，执行各省、自治区、直辖市或行业建设主管部门的规定。

2. 人工、材料和施工机具费用单价

《13版规范》中没有具体的人工、材料和施工机具的消耗量，企业可以根据企业定额，也可以参照建设行政主管部门发布的社会平均消耗量定额，确定人工、材料和施工机具的消耗量，参考市场资源价格，计算出分项工程所需的人工、材料和施工机具费用的单价。

3. 风险费用

风险是工程建设施工阶段，发承包双方在招标投标活动和合同履约及施工中所面临涉及工程计价方面的风险。采用工程量清单计价的工程，应在招标文件或合同中明确风险内容及其范围（幅度），不得采用无限风险、所有风险或类似语句规定风险内容及其范围（幅度）。在工程建设施工中实行风险共担和合理分摊原则是实现建设市场交易公平性的具体体现，是维护建设市场正常秩序的措施之一。

4. 确定分部分项工程综合单价

分部分项工程综合单价＝人工费＋材料费＋机具使用费＋企业管理费＋利润，以及一定范围内的风险费用。综合单价中需考虑施工中的各种损耗及施工技术措施需要增加的工程量。

最后，每个分部分项工程量清单项目的工程量乘以综合单价得到该分部分项工程费，将每个分部分项工程费累加就得到了分部分项工程量清单计价合价。

【例 11-1】 某建筑工程，工程采用同一断面的条形基础，基础（含垫层）断面面积为 2.0m²，基础总长度为 200m，垫层宽度 2m，厚度 200mm，挖土深度为 2.2m。土壤类别为三类土。根据工程情况，以及施工现场条件等因数确定基础土方开挖工程施工方案为人工放坡开挖、机械配合，工作面每边 300mm，自垫层上表面开始放坡，坡度系数为 1：0.33。沟边堆土用于回填，余土全部外运，弃土运距 15km 内，挖、填土方计算均按天然密实土。相关市场资源价格及定额消耗量见表 11-1。

人工、机械市场价格及定额消耗量　　　　　　　　表 11-1

人工挖沟槽			土方运输		
名称	单价	消耗量	名称	单价	消耗量
人工	80 元/工日	0.182	人工	80 元/工日	0.090
柴油	9 元/kg	0.2310	柴油	9 元/kg	1.5374
挖土机	900 元/台班	0.0010	挖土机	900 元/台班	0.0065
推土机	500 元/台班	0.0003	推土机	500 元/台班	0.0021
自卸汽车	600 元/台班	0.0028	自卸汽车	600 元/台班	0.0182
其他机具	0.6 元	—	其他机具	0.3 元	—

工程采用工程量清单计价，管理费率取 9%，利润率和风险系数取 8%，试编制挖沟槽土方工程的工程量清单及综合单价。

【解】

1. 计算挖沟槽土方清单工程量

根据《13 版规范》中工程量清单计算规则规定，挖沟槽土方工程量是按设计图示尺寸以基础垫层底面积乘以挖土深度计算。

清单工程量＝2×2.2×200＝880m³

2. 根据施工方案计算施工作业工程量

(1) 挖土方工程量＝{(2+2×0.3)×0.2+[(2+2×0.3)×2+0.33×(2.2−0.2)×2]×(2.2−0.2)÷2}×200＝(0.52+6.52)×200＝1408m³

(2) 余土外运工程量计算

基础回填土工程量＝挖土方工程量−带形基础工程量

＝1408−2×200＝1008m³

余土外运工程量＝挖土方工程量−基础回填土工程量＝1408−1008＝400m³

3. 根据定额消耗量、市场资源价格，以及管理费率、利润率和风险系数，首先编制工程量清单综合单价分析表，其次再编制分部分项工程量清单与计价表。

(1)工程量清单综合单价分析表

清单工程量没有考虑施工工作面和放坡增加的土方工程量，这与实际施工作业量差距很大，并将随着挖土深度的加大而相差更大。所以，在清单计价中应将这部分土方工程量的费用考虑到的综合单价中。

1)清单单位含量＝定额工程量/清单工程量

人工挖基础土方清单单位数量＝1408/880＝1.60m³

机械土方运输清单单位数量＝400/880＝0.45m³

2)人、料、机，以及管理费和利润单价计算

人工挖土人工费单价＝80×0.182＝14.56元/m³

合价＝14.56×1.60＝23.30元/m³

人工挖土材料费单价＝9×0.2310＝2.08元/m³

合价＝2.08×1.60＝3.33元/m³

人工挖土机械费单价＝900×0.001＋500×0.0003＋600×0.0028＋0.6＝3.33元/m³

合价＝3.33×1.60＝5.33元/m³

人工挖土管理费和利润单价＝(14.56＋2.08＋3.3)×9%＋(14.56＋2.08＋3.33)×(1＋9%)×8%＝3.54元/m³

合价＝3.54×1.60＝5.66元/m³

土方运输人工费单价＝80×0.090＝7.20元/m³

合价＝7.20×0.45＝3.24元/m³

土方运输材料费单价＝9×1.5374＝13.84元/m³

合价＝13.84×0.45＝6.23元/m³

土方运输机械费单价＝900×0.0065＋500×0.0021＋600×0.0182＋0.3＝18.12元/m³

合价＝18.12×0.45＝8.15元/m³

土方运输管理费和利润单价＝(7.20＋13.84＋18.12)×9%＋(7.20＋13.84＋18.12)×(1＋9%)×8%＝6.94元/m³

合价＝6.94×0.45＝3.12元/m³

3)工程量清单综合单价分析表

将以上计算结果写入工程量清单综合单价分析表(表11-2)。

工程量清单综合单价分析表　　　　　　　表 11-2

工程名称：某建筑工程　　　　　　标段：　　　　　　第　页　共　页

项目编码	010101003001	项目名称		挖沟槽土方		计量单位		m³

清单综合单价组成明细

定额编号	定额名称	定额单位	数量	单 价 (元)				合 价 (元)			
				人工费	材料费	机械费	管理费和利润	人工费	材料费	机械费	管理费和利润
1-16	人工挖土	m³	1.60	14.56	2.08	3.33	3.54	23.30	3.33	5.33	5.66
1-45	土方运输	m³	0.45	7.20	13.84	18.12	6.94	3.24	6.23	8.15	3.12
人工单价		小　计						26.54	9.56	13.48	8.78
80元/工日		未计价材料(元)									

206

清单项目综合单价（元）					58.36	
材料费明细	主要材料名称、规格、型号	单位	数量	单价（元）	合价（元）	暂估单价（元）	暂估合价（元）
	柴油	kg	1.062	9	9.56		
	其他材料费（元）						
	材料费小计（元）				9.56		

《13版规范》中挖沟槽土方工程内容综合了土方运输，故将以上计算的人工挖土和土方运输的人、料、机以及管理费和利润分别相加，最后得到挖沟槽土方工程清单综合单价。

（2）编制分部分项工程量清单与计价表

见表11-3。

分部分项工程和单价措施项目清单与计价表　　　　表11-3

工程名称：某建筑工程　　　　　　　　标段：　　　　　　　第　页　共　页

序号	项目编码	项目名称	项目特征描述	计量单位	工程量	金额（元）		其中
						综合单价	合价	暂估价
1	010101003001	挖沟槽土方	1. 土壤类别：三类土 2. 挖土深度：2.2m 3. 弃土运距：15km内	m³	880	58.36	51356.8	
	......							
			本页小计					
			合　计					

（三）措施项目费计算

措施项目清单计价应根据拟建工程的施工组织设计，可以计算工程量的措施项目，应按分部分项工程量清单的方式采用综合单价计价；其余的措施项目可以"项"为单位的方式计价，应包括除规费、税金外的全部费用。

可以计算工程量的措施项目，包括与分部分项工程项目类似的措施项目（如护坡桩、降水等）和与分部分项工程量清单项目直接相关的措施项目（如混凝土、钢筋混凝土模板及支架等），应采用分部分项工程量清单项目计价方式计算。不便计算工程量的措施项目费（如安全文明施工费、夜间施工费、二次搬运费等），按"项"计算。

措施项目清单中的安全文明施工费应按照国家或省级、行业建设主管部门的规定计价，不得作为竞争性费用。

（四）其他项目费计算

其他项目费包括暂列金额、暂估价、计日工和总承包服务费。

在编制招标控制价、投标报价和竣工结算时，计算其他项目费的要求是不一样的。其他项目费应根据工程特点、建设阶段和《13版规范》的规定计价。

暂列金额由招标人根据工程特点，按有关计价规定进行估算确定。结算时按照合同约定实际发生后，按实际结算。

暂估价中的材料单价应按照工程造价管理机构发布的工程造价信息或参照市场价格确定，暂估价中的专业工程金额应分不同专业，按有关计价规定估算。工程结算时按照合同约定确定其价格，进行合同价款调整。

计日工招标人应根据工程特点，按照列出的计日工项目和有关计价依据计算。施工发生时，其价款按列入已标价工程量清单中的计日工计价子目及其单价进行计算。

总包服务费招标人根据工程实际需要提出要求。投标人按照招标人提出的协调、配合与服务要求以及施工现场管理、竣工资料汇总整理等服务要求进行报价。结算时，按分包专业工程结算价（不含设备费）及原投标费率进行调整。

（五）规费和税金的计算（同第五章第三节）

第四节　工程量清单计价表格

《13版规范》中工程量清单计价表格包括工程量清单、招标控制价、投标报价、竣工结算、工程造价鉴定等各环节计价使用的封面和表格。这里仅介绍部分主要表格。

11-1

复　习　题

1. 什么是工程量清单？其作用是什么？

2. 工程量清单由哪五部分组成？

3. 如何编制分部分项工程量清单？分部分项工程量清单应包括哪五个要素？

4. 试述分部分项工程量清单项目编码的含义。

5. 编制工程量清单时，如何描述项目特征？分部分项工程量清单的工程量计算原则是什么？

6. 如何编制措施项目清单？措施项目清单中的通用措施项目包括哪些？

7. 如何编制其他项目清单？总承包服务费指的是什么？

8. 规费如何计取？

9. 什么是工程量清单计价？采用工程量清单计价时，建设工程造价由哪几项费用组成？各项费用又分别如何计算？

10. 什么是工程量清单的综合单价？投标时如何确定综合单价？

11. 合同中综合单价因工程量变更需调整时，除合同另有约定外，应按照什么办法确定？

12. 工程量清单的编制总说明一般包括哪些内容？

13. 当投标人未对工程量清单所列的个别分项工程项目进行报价时，结算如何处理？

14. 填空题

(1)工程量清单的编制人是_____或者_____。

(2)工程量清单计价表是根据清单中的工程量，由_____填报综合单价和合价。

（3）清单报价中包括了完成招标人提供的工程量清单所需的全部费用，包括分部分项工程费、_____

_____、_____、_____和税金。

（4）工程量清单计价采用综合单价，综合单价是指完成规定计量单位项目所需的人工费、_____

_____、_____、_____及_____

____，并考虑风险因素。

（5）工程量清单表应由_____、_____、_____

_____和_____、_____组成。

第十二章　建筑工程工程量清单的编制

本章学习重点：建筑工程工程量清单的编制。

本章学习要求：掌握土石方工程、地基处理与边坡支护工程、砌筑工程、混凝土及钢筋混凝土工程、屋面及防水工程的工程量计算规则；熟悉桩基工程、金属结构工程、保温、隔热、防腐工程的工程量计算规则；熟悉各分部工程清单项目的设置、项目特征描述的内容及工程内容；了解木结构工程、门窗工程的工程量计算规则，了解其他相关问题说明。

本章以《房屋建筑与装饰工程工程量计算规范》GB 50854—2013 为依据，介绍房屋建筑工程工程量清单的编制及组价。

第一节　土石方工程

一、土石方工程的工程量计算规则

(一)土方工程的工程量计算规则

1. 土方工程包括平整场地、挖土方、冻土开挖、挖淤泥、流砂、管沟土方。

2. 平整场地的工程量：按设计图示尺寸以建筑物首层面积计算。

3. 挖土方的工程量：

(1)挖一般土方的工程量：按设计图示尺寸以体积计算。

(2)挖沟槽土方、挖基坑土方的工程量：按设计图示尺寸以基础垫层底面积乘以挖土深度计算。

4. 冻土开挖的工程量：按设计图示尺寸开挖面积乘厚度以体积计算。

5. 挖淤泥、流砂的工程量：按设计图示位置、界限以体积计算。

6. 管沟土方的工程量：

(1)以米计量，按设计图示以管道中心线长度计算；

(2)以立方米计量，按设计图示管底垫层面积乘以挖土深度计算；无管底垫层按管外径的水平投影面积乘以挖土深度计算。不扣除各类井的长度，井的土方并入。

(二)石方工程的工程量计算规则

1. 石方工程包括挖一般石方、挖沟槽石方、挖基坑石方、挖管沟石方。

2. 挖一般石方的工程量：按设计图示尺寸以体积计算。

3. 挖沟槽石方的工程量：按设计图示尺寸沟槽底面积乘以挖石深度以体积计算。

4. 挖基坑石方的工程量：按设计图示尺寸基坑底面积乘以挖石深度以体积计算。

5. 挖管沟石方的工程量：按设计图示以管道中心线长度(m)或按设计图示截面积乘长度以体积(m³)计算。

（三）回填工程量计算规则

土石方的回填工程量：按设计图示尺寸以体积计算。

1. 场地回填的工程量：按回填面积乘平均回填厚度。

2. 室内回填的工程量：按主墙间净面积乘回填厚度，不扣除间隔墙。

3. 基础回填的工程量：按挖方清单项目工程量减去自然地坪以下埋设的基础体积（包括基础垫层及其他构筑物）。

4. 余土弃置的工程量：按挖方清单项目工程量减利用回填方体积（正数）计算。

二、土石方工程清单项目的设置

1. 土方工程工程量清单项目设置、项目特征描述的内容、计量单位及工程内容，按表 12-1 的规定执行。

土方工程（编码：010101） 表 12-1

项目编码	项目名称	项目特征	计量单位	工程内容
010101001	平整场地	1. 土壤类别 2. 弃土运距 3. 取土运距	m²	1. 土方挖填 2. 场地找平 3. 运输
010101002	挖一般土方	1. 土壤类别 2. 挖土厚度 3. 弃土运距	m³	1. 排地表水 2. 土方开挖 3. 围护（挡土板）及拆除 4. 基底钎探 5. 运输
010101003	挖沟槽土方			
010101004	挖基坑土方			
010101005	冻土开挖	1. 冻土厚度 2. 弃土运距		1. 爆破 2. 开挖 3. 清理 4. 运输
010101006	挖淤泥、流砂	1. 挖掘深度 2. 弃淤泥、流砂距离		开挖、运输
010101007	管沟土方	1. 土壤类别 2. 管外径 3. 挖沟深度 4. 回填要求	m/m³	1. 排地表水 2. 土方开挖 3. 围护（挡土板）、支撑 4. 运输 5. 回填

2. 石方工程工程量清单项目设置、项目特征描述的内容、计量单位及工程内容，按表 12-2 的规定执行。

石方工程（编码：010102） 表 12-2

项目编码	项目名称	项目特征	计量单位	工程内容
010102001	挖一般石方	1. 岩石类别 2. 开凿深度 3. 弃渣运距	m³	1. 排地表水 2. 凿石 3. 运输
010102002	挖沟槽石方			
010102003	挖基坑石方			

项目编码	项目名称	项目特征	计量单位	工程内容
010102004	挖管沟石方	1. 岩石类别 2. 管外径 3. 挖沟深度	m/m³	1. 排地表水 2. 凿石 3. 回填 4. 运输

3. 回填工程量清单项目设置、项目特征描述的内容、计量单位及工程内容，按表 12-3 的规定执行。

回填（编码：010103） 表 12-3

项目编码	项目名称	项目特征	计量单位	工程内容
010103001	回填方	1. 密实度要求 2. 填方材料品种 3. 填方粒径要求 4. 填方来源、运距	m³	1. 运输 2. 回填 3. 压实
010103002	余方弃置	废弃料品种、运距		余方点装料运输至弃置点

三、其他相关问题说明

1. 土壤及岩石的分类应按表 12-4 确定。如土壤类别不能准确划分时，招标人可注明为综合，由投标人根据地勘报告决定报价。

土壤及岩石分类表 表 12-4

土壤类别		土壤名称	开挖方法
一、二类土		粉土、砂土（粉砂、细砂、中砂、粗砂、砾砂）、粉质黏土、弱中盐渍土、软土（淤泥质土、泥炭、泥炭质土）、软塑红黏土、冲填土	用锹、少许用镐、条锄开挖。机械能全部直接铲挖满载者
三类土		黏土、碎石土（圆砾、角砾）混合土、可塑红黏土、硬塑红黏土、强盐渍土、素填土、压实填土	主要用镐、条锄、少许用锹开挖。机械需部分刨松方能铲挖满载者或可直接铲挖但不能满载者
四类土		碎石土（卵石、碎石、漂石、块石）、坚硬红黏土、超盐渍土、杂填土	全部用镐、条锄挖掘、少许用撬棍挖掘。机械须普遍刨松方能铲挖满载者
岩石分类		代表性岩石	开挖方法
极软岩		1. 全风化的各种岩石 2. 各种半成岩	部分用手凿工具、部分用爆破法开挖
软质岩	软岩	1. 强风化的坚硬岩或较硬岩 2. 中等风化—强风化的较软岩 3. 未风化—微风化的页岩、泥岩、泥质砂岩等	用风镐和爆破法开挖
	较软岩	1. 中等风化—强风化的坚硬岩或较硬岩 2. 未风化—微风化的凝灰岩、千枚岩、泥灰岩、砂质泥岩等	用爆破法开挖

土壤类别		土壤名称	开挖方法
硬质岩	较硬岩	1. 微风化的坚硬岩 2. 未风化—微风化的大理岩、板岩、石灰岩、白云岩、钙质砂岩等	用爆破法开挖
	坚硬岩	未风化—微风化的花岗岩、闪长岩、辉绿岩、玄武岩、安山岩、片麻岩、石英岩、石英砂岩、硅质砾岩、硅质石灰岩等	用爆破法开挖

2. 土石方体积应按挖掘前的天然密实体积计算。非天然密实土石方应按表12-5、表12-6折算。

土方体积折算系数表　　　　　　　　　　　　　　　表12-5

天然密实度体积	虚方体积	夯实后体积	松填体积
0.77	1.00	0.67	0.83
1.00	1.30	0.87	1.08
1.15	1.50	1.00	1.25
0.92	1.20	0.80	1.00

注：虚方指未经碾压、堆积时间≤1年的土壤。

石方体积折算系数表　　　　　　　　　　　　　　　表12-6

石方类别	天然密实度体积	虚方体积	松填体积	码方
石方	1.0	1.54	1.31	
块石	1.0	1.75	1.43	1.67
砂夹石	1.0	1.07	0.94	

3. 挖土方、石方平均厚度应按自然地面测量标高至设计地坪标高间的平均厚度确定。基础土方、石方开挖深度应按基础垫层底表面标高至交付施工场地标高确定，无交付施工场地标高时，应按自然地面标高确定。

4. 建筑物场地厚度≤±300mm的挖、填、运、找平，按表12-1中平整场地项目编码列项。厚度>±300mm的竖向布置挖土或山坡切土，按表12-1中挖一般土方项目编码列项。厚度>±300mm的竖向布置挖石或山坡凿石，应按表12-2中挖一般石方项目编码列项。

5. 沟槽、基坑、一般土方(或一般石方)的划分为：底宽≤7m且底长>3倍底宽为沟槽；底长≤3倍底宽且底面积≤150m² 为基坑；超出上述范围则为一般土方(或一般石方)。

6. 挖土方如需截桩头时，按桩基工程相关项目列项。桩间挖土不扣除桩的体积，并在项目特征中加以描述。

7. 弃、取土运距、弃渣运距可以不描述，但应注明由投标人根据施工现场实际情况自行考虑，决定报价。

8. 挖沟槽、基坑、一般土方因工作面和放坡增加的工程量(管沟工作面增加的工程量)是否并入各土方工程量中，应按各地建设主管部门的规定实施，如并入各土方工程量中，办理工程结算时，按经发包人认可的施工组织设计规定计算，编制工程量清单时，可按表 12-7、表 12-8、表 12-9 规定计算。

放坡系数表　　　　　　　　　　　　　　　　表 12-7

土类别	放坡起点 (m)	人工挖土	机 械 挖 土		
			在坑内作业	在坑上作业	顺沟槽在坑上作业
一、二类土	1.20	1:0.5	1:0.33	1:0.75	1:0.5
三类土	1.50	1:0.33	1:0.25	1:0.67	1:0.33
四类土	2.00	1:0.25	1:0.10	1:0.33	1:0.25

注：1. 沟槽、基坑中土类别不同时，分别按其放坡起点、放坡系数，依不同土类别厚度加权平均计算。
　　2. 计算放坡时，在交接处的重复工程量不予扣除，原槽、坑作基础垫层时，放坡自垫层上表面开始计算。

基础施工所需工作面宽度计算表　　　　　　　　　　表 12-8

基础材料	每边各增加工作面宽度 (mm)	基础材料	每边各增加工作面宽度 (mm)
砖基础	200	混凝土基础支模板	300
浆砌毛石、条石基础	150	基础垂直面做防水层	1000(防水层面)
混凝土基础垫层支模板	300		

管沟施工每侧所需工作面宽度计算表　　　　　　　　表 12-9

管沟材料 ＼ 管道结构宽(mm)	≤500	≤1000	≤2500	>2500
混凝土及钢筋混凝土管道(mm)	400	500	600	700
其他材质管道(mm)	300	400	500	600

注：管道结构宽：有管座的按基础外缘，无管座的按管道外径。

9. 挖方出现流砂、淤泥时，如设计未明确，在编制工程量清单时，其工程数量可为暂估量，结算时应根据实际情况由发包人与承包人双方现场签证确认工程量。

10. 管沟土石方项目适用于管道(给排水、工业、电力、通信)、光(电)缆沟[包括：人(手)孔、接口坑]及连接井(检查井)等。

11. 填方密实度要求，在无特殊要求情况下，项目特征可描述为满足设计和规范要求。

12. 填方材料品种可以不描述，但应注明由投标人根据设计要求验方后方可填入，并符合相关工程的质量规范要求。

13. 填方粒径要求，在无特殊要求情况下，项目特征可以不描述。

14. 如需买土回填应在项目特征"填方来源"中描述，并注明买土方数量。

【例 12-1】 计算例 7-1 中的满堂基础挖一般土方的清单工程量。

【解】 挖一般土方的清单工程量＝基础垫层底面积×挖土深度＝40×20×5.35＝4280m³

【例 12-2】 计算例 7-2 中的平整场地、挖沟槽土方的清单工程量。

【解】 平整场地的清单工程量＝建筑物首层面积＝6.54×9.84＝64.35m²

挖沟槽土方的清单工程量＝基础垫层底面积×挖土深度＝34.2×(1.5－0.2)＝44.46m³

从以上两道例题可以看出，定额工程量的计算规则中，考虑了施工时的工作面宽度和放坡土方增量的影响，而清单挖一般土方和挖沟槽土方的计算规则中不考虑这些因素，所以挖土方的定额工程量大于清单工程量。施工企业在投标报价时，应将工作面宽度和放坡土方增量造成的施工成本增加费用，包含在挖土方的清单综合单价中。例12-2中的平整场地、挖沟槽土方的工程量清单及计价表见表12-10。

分部分项工程和单价措施项目清单与计价表　　　表12-10

工程名称：某建筑工程　　　　　　　　　　标段：　　　　　　　　第　页　共　页

序号	项目编码	项目名称	项目特征描述	计量单位	工程量	综合单价	合价	其中暂估价
1	010101001001	平整场地	1. 土壤类别：三类土 2. 弃土运距：5m 3. 取土运距：5m	m²	64.35	4.00	257.40	—
2	010101003001	挖沟槽土方	1. 土壤类别：三类土 2. 挖土深度：1.3m 3. 弃土运距：40m	m³	44.46	24.50	1089.27	—

第二节　地基处理与边坡支护工程

一、地基处理与边坡支护工程的工程量计算规则

（一）地基处理的工程量计算规则

1. 换填垫层的工程量：按设计图示尺寸以体积计算。

2. 铺设土工合成材料的工程量：按设计图示尺寸以面积计算。

3. 预压地基、强夯地基、振冲密实（不填料）的工程量：按设计图示处理范围以面积计算。

4. 振冲桩（填料）的工程量：按设计图示尺寸以桩长（m）或按设计桩截面乘桩长以体积（m³）计算。

5. 砂石桩的工程量：按设计图示尺寸以桩长（包括桩尖）（m）计算或按设计桩截面乘桩长（包括桩尖）以体积（m³）计算。

6. 水泥粉煤灰碎石桩、夯实水泥土桩、石灰桩、灰土（土）挤密桩的工程量：均按设计图示尺寸以桩长（包括桩尖）（m）计算。

7. 深层搅拌桩、粉喷桩、高压喷射注浆、柱锤冲扩桩的工程量：均按设计图示尺寸以桩长（m）计算。

8. 注浆地基的工程量：按设计图示尺寸以钻孔深度（m）或按设计图示尺寸以加固体积（m³）计算。

9. 褥垫层的工程量：按设计图示尺寸以铺设面积（m²）或按设计图示尺寸以体积（m³）计算。

（二）基坑与边坡支护工程的工程量计算规则

1. 地下连续墙的工程量：按设计图示墙中心线长乘以厚度乘以槽深以体积计算。

2. 咬合灌注桩的工程量：按设计图示尺寸以桩长或按设计图示数量计算。

3. 圆木桩、预制钢筋混凝土板桩的工程量：均按设计图示桩长（包括桩尖）或按设计图示数量计算。

4. 型钢桩的工程量：按设计图示尺寸以质量或数量计算。

5. 钢板桩的工程量：按设计图示尺寸以质量，或按设计图示墙中心线长乘桩长以面积计算。

6. 锚杆（锚索）、土钉的工程量：按设计图示尺寸以钻孔深度，或按设计图示数量计算。

7. 喷射混凝土、水泥砂浆的工程量：设计图示尺寸以面积计算。

8. 钢筋混凝土支撑的工程量：设计图示尺寸以体积计算。

9. 钢支撑的工程量：设计图示尺寸以质量计算。不扣除孔眼质量，焊条、铆钉、螺栓等不另增加质量。

二、地基处理与边坡支护工程的清单项目设置

1. 地基处理工程量清单项目设置、项目特征描述的内容、计量单位及工程内容，按表 12-11 的规定执行。

地基处理（编码：010201）　　　　　　　　　　　　　表 12-11

项目编码	项目名称	项目特征	计量单位	工程内容
010201001	换填垫层	1. 材料种类及配比 2. 压实系数 3. 掺加剂品种	m³	1. 分层铺填 2. 碾压、振密或夯实 3. 材料运输
010201002	铺设土工合成材料	部位、品种、规格		1. 挖填锚固沟 2. 铺设、固定、运输
010201003	预压地基	1. 排水竖井种类、断面尺寸、排列方式、间距、深度 2. 预压方法、预压荷载、时间 3. 砂垫层厚度	m²	1. 设置排水竖井、盲沟、滤水管 2. 铺设砂垫层、密封膜 3. 堆载、卸载或抽气设备安拆、抽真空 4. 材料运输
010201004	强夯地基	1. 夯击能量、遍数、夯击点布置形式、间距 2. 地耐力要求 3. 夯填材料种类		1. 铺设夯填材料 2. 强夯 3. 夯填材料运输
010201005	振冲密实（不填料）	1. 地层情况 2. 振密深度 3. 孔距		振冲加密、泥浆运输

项目编码	项目名称	项目特征	计量单位	工程内容
010201006	振冲桩（填料）	1. 地层情况 2. 空桩长度、桩长、桩径 3. 填充材料种类	m/m³	1. 振冲成孔、填料、振实 2. 材料运输、泥浆运输
010201007	砂石桩	1. 地层情况 2. 空桩长度、桩长、桩径 3. 成孔方法 4. 材料种类、级配		1. 成孔、填充、振实 2. 材料运输
010201008	水泥粉煤灰碎石桩	1. 地层情况 2. 空桩长度、桩长、桩径 3. 成孔方法 4. 混合料强度等级		1. 成孔 2. 混合料制作、灌注、养护 3. 材料运输
010201009	深层搅拌桩	1. 地层情况 2. 空桩长度、桩长、桩截面尺寸 3. 水泥强度等级、掺量		1. 预搅下钻、水泥浆制作、喷浆搅拌提升成桩 2. 材料运输
010201010	粉喷桩	1. 地层情况 2. 空桩长度、桩长、桩径 3. 粉体种类、掺量 4. 水泥强度等级、石灰粉要求		1. 预搅下钻、喷粉搅拌提升成桩 2. 材料运输
010201011	夯实水泥土桩	1. 地层情况 2. 空桩长度、桩长、桩径 3. 成孔方法 4. 水泥强度等级 5. 混合料配比	m	1. 成孔、夯底 2. 水泥土拌合、填料、夯实 3. 材料运输
010201012	高压喷射注浆桩	1. 地层情况 2. 空桩长度、桩长、桩截面 3. 注浆类型、方法 4. 水泥强度等级		1. 成孔 2. 水泥浆制作、高压喷射注浆 3. 材料运输
010201013	石灰桩	1. 地层情况 2. 空桩长度、桩长、桩径 3. 成孔方法 4. 掺合料种类、配合比		1. 成孔 2. 混合料制作、运输、夯填
010201014	灰土（土）挤密桩	1. 地层情况 2. 空桩长度、桩长、桩径 3. 成孔方法 4. 灰土级配		1. 成孔 2. 灰土拌合、运输、填充、夯实
010201015	柱锤扩冲桩	1. 地层情况 2. 空桩长度、桩长、桩径 3. 成孔方法 4. 桩体材料种类、配合比		1. 安、拔套管 2. 冲孔、填料、夯实 3. 桩体材料制作、运输

项目编码	项目名称	项目特征	计量单位	工程内容
010201016	注浆地基	1. 地层情况 2. 空钻深度、注浆深度及间距 3. 浆液种类及配比 4. 注浆方法 5. 水泥强度等级	m/m³	1. 成孔 2. 注浆导管制作、安装 3. 浆液制作、压浆 4. 材料运输
010201017	褥垫层	厚度、材料品种及比例	m²/m³	材料拌合、运输、铺设、压实

2. 基坑与边坡支护工程量清单项目设置、项目特征描述的内容、计量单位及工程内容，按表 12-12 的规定执行。

基坑与边坡支护（编码：010202）　　　　　　表 12-12

项目编码	项目名称	项目特征	计量单位	工程内容
010202001	地下连续墙	1. 地层情况 2. 导墙类型、截面 3. 墙体厚度、成槽深度 4. 混凝土种类、强度等级 5. 接头形式	m³	1. 导墙挖填、制作、安装、拆除 2. 挖土成槽、固壁、清底置换 3. 混凝土制作、运输、灌注、养护 4. 接头处理 5. 土方、废泥浆外运 6. 打桩场地硬化及泥浆池、泥浆沟
010202002	咬合灌注桩	1. 地层情况 2. 桩长、桩径 3. 混凝土种类、强度等级 4. 部位		1. 成孔、固壁 2. 混凝土制作、运输、灌注、养护 3. 套管压拔 4. 土方、废泥浆外运 5. 打桩场地硬化及泥浆池、泥浆沟
010202003	圆木桩	1. 地层情况 2. 桩长、材质、尾径 3. 桩倾斜度	m/根	1. 工作平台搭拆 2. 桩机移位 3. 桩靴安装 4. 沉桩
010202004	预制钢筋混凝土板桩	1. 地层情况 2. 送桩深度、桩长、桩截面 3. 沉桩方法、连接方式 4. 混凝土强度等级		1. 工作平台搭拆 2. 桩机移位 3. 沉桩 4. 板桩连接

项目编码	项目名称	项目特征	计量单位	工程内容
010202005	型钢桩	1. 地层情况或部位 2. 送桩深度、桩长 3. 规格型号 4. 桩倾斜度 5. 防护材料种类 6. 是否拔出	t/根	1. 工作平台搭拆 2. 桩机移位 3. 打（拔）桩 4. 接桩 5. 刷防护材料
010202006	钢板桩	1. 地层情况 2. 桩长、板桩厚度	t/m²	1. 工作平台搭拆 2. 桩机移位 3. 打拔钢板桩
010202007	锚杆（锚索）	1. 地层情况 2. 锚杆（锚索）类型、部位 3. 钻孔深度、钻孔直径 4. 杆体材料品种、规格、数量 5. 预应力 6. 浆液种类、强度等级	m/根	1. 钻孔、浆液制作、运输、压浆 2. 锚杆（锚索）制作、安装 3. 张拉锚固 4. 锚杆（锚索）施工平台搭设、拆除
010202008	土钉	1. 地层情况 2. 钻孔深度、钻孔直径 3. 置入方法 4. 杆体材料品种、规格、数量 5. 浆液种类、强度等级		1. 钻孔、浆液制作、运输、压浆 2. 土钉制作、安装 3. 土钉施工平台搭设、拆除
010202009	喷射混凝土、水泥砂浆	1. 部位、厚度、材料种类 2. 混凝土（砂浆）类别、强度等级	m²	1. 修整边坡 2. 混凝土（砂浆）制作、运输、喷射、养护 3. 钻排水孔、安装排水管 4. 喷射施工平台搭设、拆除
010202010	钢筋混凝土支撑	1. 部位 2. 混凝土种类、强度等级	m³	1. 模板（支架或支撑）制作、安装、拆除、堆放、运输及清理模内杂物、刷隔离剂等 2. 混凝土制作、运输、浇筑、振捣、养护
010202011	钢支撑	1. 部位 2. 钢材品种、规格 3. 探伤要求	t	1. 支撑、铁件制作（摊销、租赁） 2. 支撑、铁件安装 3. 探伤、刷漆、拆除、运输

219

三、其他相关问题说明

1. 地层情况按表 12-4 的规定，并根据岩土工程勘察报告按单位工程各地层所占比例（包括范围值）进行描述。对无法准确描述的地层情况，可注明由投标人根据岩土工程勘察报告自行决定报价。

2. 项目特征中的桩长应包括桩尖，空桩长度＝孔深－桩长，孔深为自然地面至设计桩底的深度。

3. 高压喷射注浆类型包括旋喷、摆喷、定喷，高压喷射注浆方法包括单管法、双重管法、三重管法。

4. 如采用泥浆护壁成孔，工作内容包括土方、废泥浆外运，如采用沉管灌注成孔，工作内容包括桩尖制作、安装。

5. 土钉置入方法包括钻孔置入、打入或射入等。

6. 混凝土种类指清水混凝土、彩色混凝土等，如在同一地区既使用预拌（商品）混凝土，又允许现场搅拌混凝土时，也应注明（下同）。

7. 地下连续墙和喷射混凝土（砂浆）的钢筋网、咬合灌注桩的钢筋笼及钢筋混凝土支撑的钢筋制作、安装，按第五节混凝土及钢筋混凝土工程中相关项目列项。本节未列的基坑与边坡支护的排桩按第三节桩基工程相关项目列项。水泥土墙、坑内加固按表 12-11 中相关项目列项。砖、石挡土墙、护坡按第四节砌筑工程中相关项目列项。混凝土挡土墙按第五节混凝土及钢筋混凝土工程中相关项目列项。

【例 12-3】 某地基处理与边坡支护工程的清单报价表见表 12-13。

分部分项工程和单价措施项目清单与计价表 表 12-13

工程名称：某建筑工程　　　　　　　　　　标段：　　　　　　　　　　第　页　共　页

序号	项目编码	项目名称	项目特征描述	计量单位	工程量	金　额（元）		
						综合单价	合价	其中 暂估价
1	010201008001	水泥粉煤灰碎石桩	1. 地层情况：三类土 2. 空桩长度、桩长、桩径：1.5～2m、10m、400m 3. 成孔方法：振动沉管 4. 混合料强度等级：C20	m	500	112.85	56425.00	—
2	010201017001	褥垫层	1. 厚度：200mm 2. 材料品种及比例：人工级配砂石（最大粒径30mm），砂：碎石＝3：7	m²	78.50	38.90	3053.65	—
3	010301004001	截（凿）桩头	1. 桩类型：水泥粉煤灰碎石桩 2. 桩头截面、高度：400mm、0.5m 3. 混凝土强度等级：C20 4. 无钢筋	根	50	41.56	2078.00	—

序号	项目编码	项目名称	项目特征描述	计量单位	工程量	金　额（元）		其中
						综合单价	合价	暂估价
4	010202008001	土钉	1. 地层情况：三类土 2. 钻孔深度、钻孔直径：10m、90mm 3. 置入方法：钻孔置入 4. 杆体材料品种、规格、数量：1根HRB335、直径25mm的钢筋 5. 浆液种类、强度等级：M30水泥砂浆	m	3640	85.35	310674.00	
5	010202009001	喷射混凝土	1. 部位：基坑四边 2. 厚度、材料种类：120mm、喷射混凝土 3. 混凝土（砂浆）类别、强度等级：C20	m²	1644.28	91.31	150139.20	

第三节　桩　基　工　程

一、桩基工程的工程量计算规则

1. 预制钢筋混凝土方桩、预制钢筋混凝土管桩的工程量：

（1）以米计量，按设计图示尺寸以桩长（包括桩尖）计算；

（2）以立方米计量，按设计图示截面积乘以桩长（包括桩尖）以实体积计算；

（3）以根计量，按设计图示数量计算。

2. 钢管桩的工程量：按设计图示尺寸以质量（t）或按设计图示数量（根）计算。

3. 截（凿）桩头的工程量：

（1）以立方米计量，按设计桩截面乘以桩头长度以体积计算；

（2）以根计量，按设计图示数量计算。

4. 泥浆护壁成孔灌注桩、沉管灌注桩、干作业成孔灌注桩的工程量：

（1）以米计量，按设计图示尺寸以桩长（包括桩尖）计算；

（2）以立方米计量，按不同截面在桩上范围内以体积计算；

（3）以根计量，按设计图示数量计算。

5. 挖孔桩土（石）方的工程量：按设计图示尺寸（含护壁）截面积乘以挖孔深度以立方米计算。

6. 人工挖孔灌注桩的工程量：按桩芯混凝土体积（m³）或按设计图示数量（根）计算。

7. 钻孔压浆桩的工程量：按设计图示尺寸以桩长（m）或设计图示数量（根）计算。

8. 灌注桩后压浆的工程量：按设计图示以注浆孔数计算。

二、桩基工程的清单项目设置

1. 打桩工程量清单项目设置、项目特征描述的内容、计量单位及工程内容，按表12-14

的规定执行。

项目编码	项目名称	项目特征	计量单位	工程内容
010301001	预制钢筋混凝土方桩	1. 地层情况 2. 送桩深度、桩长 3. 桩截面 4. 桩倾斜度 5. 沉桩方法 6. 接桩方式 7. 混凝土强度等级	1. m 2. m³ 3. 根	1. 工作平台搭拆 2. 桩机竖拆、移位 3. 沉桩 4. 接桩 5. 送桩
010301002	预制钢筋混凝土管桩	1. 地层情况 2. 送桩深度、桩长 3. 桩外径、壁厚 4. 桩倾斜度 5. 沉桩方法 6. 桩尖类型 7. 混凝土强度等级 8. 填充材料种类 9. 防护材料种类		1. 工作平台搭拆 2. 桩机竖拆、移位 3. 沉桩 4. 接桩 5. 送桩 6. 桩尖制作安装 7. 填充材料、刷防护材料
010301003	钢管桩	1. 地层情况 2. 送桩深度、桩长 3. 材质 4. 管径、壁厚 5. 桩倾斜度 6. 沉桩方法 7. 填充材料种类 8. 防护材料种类	t/根	1. 工作平台搭拆 2. 桩机竖拆、移位 3. 沉桩 4. 接桩 5. 送桩 6. 切割钢管、精割盖帽 7. 管内取土 8. 填充材料、刷防护材料
010301004	截（凿）桩头	1. 桩类型 2. 桩头截面、高度 3. 混凝土强度等级 4. 有无钢筋	m³/根	1. 截（切割）桩头 2. 凿平 3. 废料外运

　　2. 灌注桩工程量清单项目设置、项目特征描述的内容、计量单位及工程内容，按表 12-15 的规定执行。

项目编码	项目名称	项目特征	计量单位	工程内容
010302001	泥浆护壁成孔灌注桩	1. 地层情况 2. 空桩长度、桩长 3. 桩径 4. 成孔方法 5. 护筒类型、长度 6. 混凝土种类、强度等级	1. m 2. m³ 3. 根	1. 护筒埋设 2. 成孔、固壁 3. 混凝土制作、运输、灌注、养护 4. 土方、废泥浆外运 5. 打桩场地硬化及泥浆池、泥浆沟

项目编码	项目名称	项目特征	计量单位	工程内容
010302002	沉管灌注桩	1. 地层情况 2. 空桩长度、桩长 3. 复打长度 4. 桩径 5. 沉管方法 6. 桩尖类型 7. 混凝土种类、强度等级	1. m 2. m³ 3. 根	1. 打（沉）拔钢管 2. 桩尖制作、安装 3. 混凝土制作、运输、灌注、养护
010302003	干作业成孔灌注桩	1. 地层情况 2. 空桩长度、桩长 3. 桩径 4. 扩孔直径、高度 5. 成孔方法 6. 混凝土种类、强度等级		1. 成孔、扩孔 2. 混凝土制作、运输、灌注、振捣、养护
010302004	挖孔桩土（石）方	1. 地层情况 2. 挖孔深度 3. 弃土（石）运距	m³	1. 排地表水 2. 挖土、凿石 3. 基底钎探 4. 运输
010302005	人工挖孔灌注桩	1. 桩芯长度 2. 桩芯直径、扩底直径及高度 3. 护壁厚度、高度 4. 护壁混凝土种类、强度等级 5. 桩芯混凝土种类、强度等级	m³/根	1. 护壁制作 2. 混凝土制作、运输、灌注、振捣、养护
010302006	钻孔压浆桩	1. 地层情况 2. 空钻长度、桩长 3. 钻孔直径 4. 水泥强度等级	m/根	钻孔、下注浆管、投放骨料、浆液制作、运输、压浆
010302007	灌注桩后压浆	1. 注浆导管材料、规格 2. 注浆导管长度 3. 单孔注浆量 4. 水泥强度等级	孔	1. 注浆导管制作、安装 2. 浆液制作、运输、压浆

三、其他相关问题说明

1. 地层情况按表 12-4 的规定，并根据岩土工程勘察报告按单位工程各地层所占比例（包括范围值）进行描述。对无法准确描述的地层情况，可注明由投标人根据岩土工程勘察报告自行决定报价。

2. 项目特征中的桩截面（桩径）、混凝土强度等级、桩类型等可直接用标准图代号或设计桩类型进行描述。

3. 预制钢筋混凝土方桩、预制钢筋混凝土管桩项目以成品桩编制，应包括成品桩购置费，如果用现场预制，应包括现场预制桩的所有费用。预制钢筋混凝土管桩桩顶与承台的连接构造按第五节混凝土与钢筋混凝土相关项目列项。

4. 打实验桩和打斜桩应按相应项目列项，并应在项目特征中注明实验桩和斜桩（斜率）。

5. 泥浆护壁成孔灌注桩是指在泥浆护壁条件下成孔，采用水下灌注混凝土的桩。其成孔方法包括冲击钻成孔、冲抓锥成孔、回旋钻成孔、潜水钻成孔、泥浆护壁的旋挖成孔等。

6. 沉管灌注桩的沉管方法包括锤击沉管法、振动沉管法、振动冲击沉管法、内夯沉管法等。

7. 干作业成孔灌注桩是指不用泥浆护壁和套管护壁的情况下，用钻机成孔后，下钢筋笼，灌注混凝土的桩，适用于地下水位以上的土层使用。其成孔方法包括螺旋钻成孔、螺旋钻成孔扩底、干作业的旋挖成孔等。

8. 截（凿）桩头项目适用于第二节、第三节所列桩的桩头截（凿）。

9. 混凝土灌注桩的钢筋笼制作、安装，按第五节混凝土与钢筋混凝土相关项目编码列项。

【例 12-4】 某桩基工程的清单报价表见表 12-16。

分部分项工程和单价措施项目清单与计价表　　　　表 12-16

工程名称：某建筑工程　　　　　　　　标段：　　　　　　　　第　页　共　页

序号	项目编码	项目名称	项目特征描述	计量单位	工程量	金　额（元）		
						综合单价	合价	其中 暂估价
1	010302001001	泥浆护壁成孔灌注桩（冲击钻孔）	1. 地层情况：三类土及四类土 2. 空桩长度：2m，桩长：20m 3. 桩径：800mm 4. 成孔方法：冲击钻孔 5. 护筒类型、长度：5mm 厚钢护筒、不少于3m 6. 混凝土种类、强度等级：商品混凝土、C25	m³	502.40	1046.49	525756.57	—
2	010301004001	截（凿）桩头	1. 桩类型：冲击桩 2. 桩头截面、高度：800mm、0.5m 3. 混凝土强度等级：C25 4. 有钢筋	根	50	57.68	2884.00	—

第四节 砌 筑 工 程

一、砌筑工程的工程量计算规则

（一）基础与墙（柱）身的划分

1. 基础与墙（柱）身的划分：使用同一种材料时，以设计室内地面为界（有地下室者，以地下室室内设计地面为界），以下为基础，以上为墙（柱）身。基础与墙身使用不同材料时，位于设计室内地面高度≤±300mm 时，以不同材料为分界线，高度＞±300mm 时，以设计室内地面为分界线。

2. 石基础、石勒脚与石墙身的划分：基础与勒脚应以设计室外地坪为界，勒脚与墙身应以设计室内地面为界。

3. 砖围墙基础与砖墙身的划分：以设计室外地坪为界，以下为基础，以上为墙身。

4. 石围墙基础与石墙身的划分：内外地坪标高不同时，应较低地坪标高为界，以下为基础；内外标高之差为挡土墙时，挡土墙以上为墙身。

（二）墙体高度的确定

（1）外墙的高度

斜（坡）屋面无檐口天棚者算至屋面板底；有屋架且室内外均有天棚者算至屋架下弦底另加 200mm；无天棚者算至屋架下弦底另加 300mm，出檐宽度超过 600mm 时按实砌高度计算；与钢筋混凝土楼板隔层者算至板顶。平屋顶算至钢筋混凝土板底。

（2）内墙的高度

位于屋架下弦者，算至屋架下弦底；无屋架者算至天棚底另加 100mm；有钢筋混凝土楼板隔层者算至楼板顶；有框架梁时算至梁底。

（3）女儿墙的高度：从屋面板上表面算至女儿墙顶面（如有混凝土压顶时算压顶下表面）。

（4）内、外山墙的高度：按其平均高度计算。

（5）围墙的高度：算至压顶上表面（如有混凝土压顶时算至压顶下表面）。

（三）墙长度的确定

外墙按中心线，内墙按净长计算。框架间墙不分内、外墙，按墙体净长计算。

（四）基础长度的确定

外墙按中心线，内墙按净长线计算。

（五）砖砌体、砌块砌体工程量计算规则

1. 砖基础的工程量

按设计图示尺寸以体积计算。包括附墙垛基础宽出部分体积，扣除地梁（圈梁）、构造柱所占体积，不扣除基础大放脚 T 形接头处的重叠部分及嵌入基础内的钢筋、铁件、管道、基础砂浆防潮层和单个面积≤0.3m² 的孔洞所占体积，靠墙暖气沟的挑檐不增加。

2. 砖砌挖孔桩护壁的工程量：按设计图示尺寸以立方米计算。

3. 实心砖墙、空心砖墙、多孔砖墙、砌块墙的工程量：

均按设计图示尺寸以体积计算。扣除门窗、洞口、嵌入墙内的钢筋混凝土柱、梁、圈梁、挑梁、过梁及凹进墙内的壁龛、管槽、暖气槽、消火栓箱所占体积，不扣除梁头、板头、檩头、垫木、木楞头、沿椽木、木砖、门窗走头、砖墙内加固钢筋、木筋、铁件、钢

225

管及单个面积≤0.3m² 的孔洞所占体积。凸出墙面的腰线、挑檐、压顶、窗台线、虎头砖、门窗套的体积亦不增加。凸出墙面的砖垛并入墙体体积内计算。

4. 空斗墙的工程量：按设计图示尺寸以空斗墙外形体积计算。墙角、内外墙交接处、门窗洞口立边、窗台砖、屋檐处的实砌部分体积并入空斗墙体积内。

空花墙的工程量：按设计图示尺寸以空花部分外形体积计算，不扣除空洞部分体积。

5. 填充墙的工程量：按设计图示尺寸以填充墙外形体积计算。

6. 实心砖柱、多孔砖柱、砌块柱的工程量：均按设计图示尺寸以体积计算，扣除混凝土及钢筋混凝土梁垫、梁头、板头所占体积。围墙柱并入围墙体积内。

7. 砖检查井的工程量：按设计图示数量计算。

8. 零星砌砖的工程量：

（1）以立方米计量，按设计图示尺寸截面积乘以长度计算。

（2）以平方米计量，按设计图示尺寸水平投影面积计算。

（3）以米计量，按设计图示尺寸长度计算。

（4）以个计量，按设计图示数量计算。

9. 砖散水、地坪的工程量：按设计图示尺寸以面积计算。

10. 砖地沟、明沟的工程量：以米计量，按设计图示以中心线长度计算。

（六）石砌体工程量计算规则

1. 石基础的工程量

按设计图示尺寸以体积计算。包括附墙垛基础宽出部分体积，不扣除基础砂浆防潮层及单个面积≤0.3m² 的孔洞所占体积，靠墙暖气沟的挑檐不增加体积。

2. 石勒脚的工程量：按设计图示尺寸以体积计算，扣除单个面积>0.3m² 的孔洞所占体积。

3. 石墙的工程量：同实心砖墙、空心砖墙、多孔砖墙、砌块墙的工程量计算规则。

4. 石挡土墙、石柱、石护坡、石台阶的工程量：按设计图示尺寸以体积计算。

5. 石栏杆的工程量：按设计图示以长度计算。

6. 石坡道的工程量：按设计图示尺寸以水平投影面积计算。

7. 石地沟、石明沟的工程量：按设计图示尺寸以中心线长度计算。

（七）垫层工程量计算规则

垫层的工程量：按设计图示尺寸以立方米计算。

二、砌筑工程的清单项目设置

1. 砖砌体工程量清单项目设置、项目特征描述的内容、计量单位及工程内容，按表 12-17 的规定执行。

砖砌体（编码：010401） 表 12-17

项目编码	项目名称	项目特征	计量单位	工程内容
010401001	砖基础	1. 砖品种、规格、强度等级 2. 基础类型 3. 砂浆强度等级 4. 防潮层材料种类	m³	1. 砂浆制作、运输 2. 砌砖 3. 防潮层铺设 4. 材料运输

项目编码	项目名称	项目特征	计量单位	工程内容
010401002	砖砌挖孔桩护壁	1. 砖品种、规格、强度等级 2. 砂浆强度等级		1. 砂浆制作、运输 2. 砌砖 3. 材料运输
010401003	实心砖墙	1. 砖品种、规格、强度等级 2. 墙体类型 3. 砂浆强度等级、配合比	m³	1. 砂浆制作、运输 2. 砌砖 3. 刮缝 4. 砖压顶砌筑 5. 材料运输
010401004	多孔砖墙			
010401005	空心砖墙			
010401006	空斗墙	1. 砖品种、规格、强度等级 2. 墙体类型 3. 砂浆强度等级、配合比	m³	1. 砂浆制作、运输 2. 砌砖 3. 装填充料 4. 刮缝 5. 材料运输
010401007	空花墙			
010401008	填充墙	1. 砖品种、规格、强度等级 2. 墙体类型 3. 填充材料种类及厚度 4. 砂浆强度等级、配合比		
010401009	实心砖柱	1. 砖品种、规格、强度等级 2. 柱类型 3. 砂浆强度等级、配合比		1. 砂浆制作、运输 2. 砌砖 3. 刮缝 4. 材料运输
010401010	多孔砖柱			
010401011	砖检查井	1. 井截面、深度 2. 砖品种、规格、强度等级 3. 垫层材料种类、厚度 4. 底板厚度 5. 井盖安装 6. 混凝土强度等级 7. 砂浆强度等级 8. 防潮层材料种类	座	1. 砂浆制作、运输 2. 铺设垫层 3. 底板混凝土制作、运输、浇筑、振捣、养护 4. 砌砖 5. 刮缝 6. 井池底、壁抹灰 7. 抹防潮层 8. 材料运输
010401012	零星砌砖	1. 零星砌砖名称、部位 2. 砖品种、规格、强度等级 3. 砂浆强度等级、配合比	1. m³ 2. m² 3. m 4. 个	1. 砂浆制作、运输 2. 砌砖 3. 刮缝 4. 材料运输
010401013	砖散水、地坪	1. 砖品种、规格、强度等级 2. 垫层材料种类、厚度 3. 散水、地坪厚度 4. 面层种类、厚度 5. 砂浆强度等级	m²	1. 土方挖、运、填 2. 地基找平、夯实 3. 铺设垫层 4. 砌砖散水、地坪 5. 抹砂浆面层

项目编码	项目名称	项目特征	计量单位	工程内容
010401014	砖地沟、明沟	1. 砖品种、规格、强度等级 2. 沟截面尺寸 3. 垫层材料种类、厚度 4. 混凝土强度等级 5. 砂浆强度等级	m	1. 土方挖、运、填 2. 铺设垫层 3. 底板混凝土制作、运输、浇筑、振捣、养护 4. 砌砖 5. 勾缝、抹灰 6. 材料运输

2. 砌块砌体工程量清单项目设置、项目特征描述的内容、计量单位及工程内容，按表 12-18 的规定执行。

砌块砌体（编码：010402）　　　　　　表 12-18

项目编码	项目名称	项目特征	计量单位	工程内容
010402001	砌块墙	1. 砌块品种、规格、强度等级 2. 墙体类型 3. 砂浆强度等级	m³	1. 砂浆制作、运输 2. 砌砖、砌块 3. 勾缝 4. 材料运输
010402002	砌块柱			

3. 石砌体工程量清单项目设置、项目特征描述的内容、计量单位及工程内容，按表 12-19 的规定执行。

石砌体（编码：010403）　　　　　　表 12-19

项目编码	项目名称	项目特征	计量单位	工程内容
010403001	石基础	1. 石料种类、规格 2. 基础类型 3. 砂浆强度等级	m³	1. 砂浆制作、运输 2. 吊装 3. 砌石 4. 防潮层铺设 5. 材料运输
010403002	石勒脚	1. 石料种类、规格 2. 石表面加工要求 3. 勾缝要求 4. 砂浆强度等级、配合比		1. 砂浆制作、运输 2. 吊装 3. 砌石 4. 石表面加工 5. 勾缝 6. 材料运输
010403003	石墙			
010403004	石挡土墙			1. 砂浆制作、运输 2. 吊装 3. 砌石 4. 变形缝、泄水孔、压顶抹灰 5. 滤水层 6. 勾缝 7. 材料运输

项目编码	项目名称	项目特征	计量单位	工程内容
010403005	石柱	1. 石料种类、规格 2. 石表面加工要求 3. 勾缝要求 4. 砂浆强度等级、配合比	m³	1. 砂浆制作、运输 2. 吊装 3. 砌石 4. 石表面加工 5. 勾缝 6. 材料运输
010403006	石栏杆		m	
010403007	石护坡	1. 垫层材料种类、厚度 2. 石料种类、规格 3. 护坡厚度、高度 4. 石表面加工要求 5. 勾缝要求 6. 砂浆强度等级、配合比	m³	1. 铺设垫层 2. 石料加工 3. 砂浆制作、运输 4. 砌石 5. 石表面加工 6. 勾缝 7. 材料运输
010403008	石台阶		m³	
010403009	石坡道		m²	
010403010	石地沟、明沟	1. 沟截面尺寸 2. 土壤类别、运距 3. 垫层材料种类、厚度 4. 石料种类、规格 5. 石表面加工要求 6. 勾缝要求 7. 砂浆强度等级、配合比	m	1. 土方挖、运 2. 砂浆制作、运输 3. 铺设垫层 4. 砌石 5. 石表面加工 6. 勾缝 7. 回填 8. 材料运输

4. 垫层工程量清单项目设置、项目特征描述的内容、计量单位及工程内容，按表 12-20 的规定执行。

垫层（编码：010404） 表 12-20

项目编码	项目名称	项目特征	计量单位	工程内容
010404001	垫层	垫层材料的种类、配合比、厚度	m³	1. 垫层材料的拌制 2. 垫层铺设 3. 材料运输

三、其他相关问题说明

1. 标准砖尺寸应为 240mm×115mm×53mm。标准砖墙厚度按表 12-21 计算。

标准墙计算厚度表 表 12-21

砖数（厚度）	1/4	1/2	3/4	1	$1\frac{1}{2}$	2	$2\frac{1}{2}$	3
计算厚度（mm）	53	115	180	240	365	490	615	740

2. 砌筑工程中相关项目的适用范围：

"砖基础"项目适用于各种类型砖基础——柱基础、墙基础、管道基础等。

"石基础"项目适用于各种规格（粗料石、细料石等）、各种材质（砂石、青石等）和各种类型（柱基、墙基、直形、弧形等）基础。

"石勒脚"、"石墙"项目适用于各种规格（粗料石、细料石等）、各种材质（砂石、青石、大理石、花岗岩等）和各种类型（直形、弧形等）勒脚和墙体。

"石挡土墙"项目适用于各种规格（粗料石、细料石、块石、毛石、卵石等）、各种材质（砂石、青石、石灰石等）和各种类型（直形、弧形、台阶形等）挡土墙。

"石柱"项目适用于各种规格、各种石质和各种类型的石柱。

"石栏杆"项目适用于无雕饰的一般石栏杆。

"石护坡"项目适用于各种石质和各种石料（粗料石、细料石、片石、块石、毛石、卵石等）。

3. 框架外表面的镶贴砖部分，按零星项目编码列项。

4. 附墙烟囱、通风道、垃圾道，应按设计图示尺寸以体积（扣除孔洞所占体积）计算，并入所依附的墙体体积内。当设计规定孔洞内需抹灰时，应按第十三章第二节中零星抹灰项目编码列项。

5. 空斗墙的窗间墙、窗台下、楼板下、梁头下等的实砌部分，按零星砌砖项目编码列项。

6. "空花墙"项目适用于各种类型的空花墙，使用混凝土花格砌筑的空花墙，实砌墙体与混凝土花格应分别计算，混凝土花格按第五节混凝土及钢筋混凝土工程中的预制构件相关项目编码列项。

7. 砖砌体内钢筋加固、检查井内的爬梯、砌体内加筋及墙体拉结筋的制作、安装，均按第五节混凝土及钢筋混凝土工程中的相关项目编码列项。检查井内的混凝土构件按第五节混凝土及钢筋混凝土工程中的预制构件编码列项。

8. 砖砌体勾缝按第十三章第二节中相关项目编码列项。

9. 台阶、台阶挡墙、梯带、锅台、炉灶、蹲台、池槽、池槽腿、砖胎膜、花台、花池、楼梯栏板、阳台栏板、地垄墙、≤0.3m² 的孔洞填塞等，应按零星砌砖项目编码列项。砖砌锅台与炉灶可按外形尺寸以个计算，砖砌台阶可按水平投影面积以平方米计算，小便槽、地垄墙可按长度计算，其他工程量以立方米计算。

10. 如施工图设计标注做法见标准图集时，应在项目特征中注明标注图集的编码、页号及节点大样。

11. 砌块排列应上、下错缝搭砌，如果搭错缝长度满足不了规定的压搭要求，应采取压砌钢筋网片的措施，具体构造要求按设计规定。如设计无规定时，应注明由投标人根据工程实际情况自行考虑；钢筋网片按第六节金属结构工程中相应编码列项。

12. 砌体垂直灰缝宽>30mm 时，采用C20细石混凝土灌实。灌注的混凝土应按第五节混凝土及钢筋混凝土工程中的相关项目编码列项。

13. "石台阶"项目包括石梯带（垂带），不包括石梯膀，石梯膀应按表12-19中石挡土墙项目编码列项。

14. 除混凝土垫层应按第五节混凝土及钢筋混凝土工程中的相关项目编码列项外，没有包括垫层要求的清单项目应按表12-20中的垫层项目列项。

【例 12-5】 计算例 7-5 中的砖基础、实心砖墙和垫层的清单工程量。

【解】

（1）砖基础的清单工程量

外墙砖基础＝中心线长×基础断面积－地梁（圈梁）－构造柱所占体积

$$=34.8×0.24×(1.5-0.6)-1.2=6.32m^3$$

内墙砖基础＝净长×基础断面积－地梁（圈梁）－构造柱所占体积

$$=16.08×(1.5-0.3+0.197)×0.24=5.39m^3$$

砖基础的清单工程量＝6.32＋5.39＝11.71m³

（2）实心砖墙的清单工程量

砖外墙＝中心线长×墙高×墙厚－门窗洞口－圈梁－过梁－构造柱所占体积

$$=34.8×6×0.24-12.9×0.24-2.5=44.52m^3$$

砖内墙＝净长×墙高×墙厚－门窗洞口－圈梁－过梁－构造柱所占体积

$$=13.32×2.9×2×0.24-7.2×0.24-1.5-1.2=14.11m^3$$

砖女儿墙＝中心线长×墙高×墙厚＝34.8×0.6×0.24＝5.01m³

（3）垫层的清单工程量

外墙基础垫层＝外墙基础垫层断面面积×外墙基础垫层中心线长＝0.3×0.8×34.8＝8.352m³

内墙基础垫层＝内墙基础垫层断面面积×内墙基础垫层净长＝0.3×0.6×(4.2－0.7＋6.3－0.7＋6.3－0.8)＝2.628m³

垫层的清单工程量合计＝8.352＋2.628＝10.98m³

从例题可以看出，砖基础和垫层的清单工程量与定额工程量相等，其综合单价可以参考定额报价，见表 12-22。从例题还可以看出，清单中的实心砖墙应分为砖外墙、砖内墙和砖女儿墙三个项目，且清单工程量与定额工程量相等，其相应的综合单价也可以参考定额中的砖外墙、砖内墙和砖女儿墙的子目报价，见表 12-22。

分部分项工程和单价措施项目清单与计价表 表 12-22

工程名称：某建筑工程　　　　　　　　标段：　　　　　　　　　　第　页　共　页

序号	项目编码	项目名称	项目特征描述	计量单位	工程量	综合单价	合价	其中 暂估价
1	010401001001	砖基础	1. 砖品种、规格、强度等级：页岩砖、240mm×115mm×53mm、MU7.5 2. 基础类型：条基 3. 砂浆强度等级：砌筑砂浆 DM7.5-HR	m³	11.71	660.98	7740.08	—
2	010401003001	实心砖墙（砖外墙）	1. 砖品种、规格、强度等级：页岩砖、240mm×115mm×53mm、MU7.5 2. 墙体类型：外墙 3. 砂浆强度等级、配合比：砌筑砂浆 DM5.0-HR	m³	44.52	686.00	30540.72	—

序号	项目编码	项目名称	项目特征描述	计量单位	工程量	综合单价	合价	其中 暂估价
						金　额（元）		
3	010401003002	实心砖墙（砖内墙）	1. 砖品种、规格、强度等级：页岩砖、240mm×115mm×53mm、MU7.5 2. 墙体类型：内墙 3. 砂浆强度等级、配合比：砌筑砂浆 DM5.0-HR	m³	14.11	639.97	9029.98	—
4	010401003003	实心砖墙（砖女儿墙）	1. 砖品种、规格、强度等级：页岩砖、240mm×115mm×53mm、MU7.5 2. 墙体类型：女儿墙 3. 砂浆强度等级、配合比：砌筑砂浆 DM5.0-HR	m³	5.01	653.85	3275.79	—
5	010404001001	垫层	1. 垫层材料的种类：灰土垫层 2. 配合比、厚度：3：7、300mm	m³	10.98	94.32	1035.63	—

第五节　混凝土及钢筋混凝土工程

一、混凝土及钢筋混凝土工程的工程量计算规则

（一）现浇混凝土构件的工程量计算规则

1. 垫层、带形基础、独立基础、满堂基础、设备基础、桩承台基础的工程量：均按设计图示尺寸以体积计算。不扣除伸入承台基础的桩头所占体积。

2. 矩形柱、构造柱、异形柱的工程量：按设计图示尺寸以体积计算。

其中，柱高的确定：

有梁板的柱高，应自柱基上表面（或楼板上表面）至上一层楼板上表面之间的高度计算。

无梁板的柱高，应自柱基上表面（或楼板上表面）至柱帽下表面之间的高度计算。

框架柱的柱高，应自柱基上表面至柱顶高度计算。

构造柱按全高计算，嵌接墙体部分（马牙槎）并入柱身体积。

依附柱上的牛腿和升板的柱帽，并入柱身体积计算。

3. 基础梁、矩形梁、异形梁、圈梁、过梁、弧形、拱形梁的工程量：均按设计图示尺寸以体积计算。伸入墙内的梁头、梁垫并入梁体积内。

其中，梁长的确定：梁与柱连接时，梁长算至柱侧面。主梁与次梁连接时，次梁长算至主梁侧面。

4. 直形墙、弧形墙、短肢剪力墙、挡土墙的工程量：均按设计图示尺寸以体积计算。扣除门窗洞口及单个面积＞0.3m² 的孔洞所占体积，墙垛及突出墙面部分并入墙体体积内

计算。

5. 有梁板、无梁板、平板、拱板、薄壳板、栏板的工程量：均按设计图示尺寸以体积计算，不扣除单个面积≤0.3m² 的柱、垛以及孔洞所占体积。压形钢板混凝土楼板扣除构件内压形钢板所占体积。有梁板（包括主、次梁与板）按梁、板体积之和计算，无梁板按板和柱帽体积之和计算，各类板伸入墙内的板头并入板体积内计算，薄壳板的肋、基梁并入薄壳体积内计算。

6. 天沟（檐沟）、挑檐板、其他板、后浇带的工程量：均按设计图示尺寸以体积计算。

7. 雨篷、悬挑板、阳台板的工程量：按设计图示尺寸以墙外部分体积计算，包括伸出墙外的牛腿和雨篷反挑檐的体积。

8. 空心板的工程量：按设计图示尺寸以体积计算，空心板（GBF 高强薄壁蜂巢芯板等）应扣除空心部分体积。

9. 直形楼梯、弧形楼梯的工程量：

（1）以平方米计量，按设计图示尺寸以水平投影面积计算，不扣除宽度≤500mm 的楼梯井，伸入墙内部分不计算。

（2）以立方米计量，按设计图示尺寸以体积计算。

10. 散水、坡道、室外地坪的工程量：均按设计图示尺寸以水平投影面积计算，不扣除单个≤0.3m² 的孔洞所占面积。

11. 电缆沟、地沟的工程量：按设计图示以中心线长度计算。

12. 台阶的工程量：按设计图示尺寸水平投影面积或按设计图示尺寸以体积计算。

13. 扶手、压顶的工程量：按设计图示的中心线延长米或按设计图示尺寸以体积计算。

14. 化粪池、检查井、其他构件的工程量：按设计图示尺寸以体积或按设计图示数量计算。

（二）预制混凝土构件的工程量计算规则

1. 矩形柱、异形柱、矩形梁、异形梁、过梁、拱形梁、鱼腹式吊车梁、其他梁的工程量：均按设计图示尺寸以体积或按设计图示尺寸以数量（根）计算。

2. 屋架——折线型、组合、薄腹、门式刚架、天窗架的工程量：按设计图示尺寸以体积或按设计图示尺寸以数量（榀）计算。

3. 板——平板、空心板、槽形板、网架板、折线板、带肋板、大型板的工程量：

（1）以立方米计量，按设计图示尺寸以体积计算。不扣除单个面积≤300mm×300mm 的孔洞所占体积，扣除空心板空洞体积。

（2）以块计量，按设计图示尺寸以数量计算。

4. 沟盖板、井盖板、井圈的工程量：均按设计图示尺寸以体积或按设计图示尺寸以数量计算。

5. 楼梯的工程量：

（1）以立方米计量，按设计图示尺寸以体积计算，扣除空心踏步板空洞体积。

（2）以段计量，按设计图示数量（段）计算。

6. 垃圾道、通风道、烟道、其他预制构件的工程量：

（1）以立方米计量，按设计图示尺寸以体积计算。不扣除单个面积≤300mm×300mm 的孔洞所占体积，扣除垃圾道、通风道、烟道的孔洞所占体积。

（2）以平方米计量，按设计图示尺寸以面积计算。不扣除单个面积≤300mm×300mm 的孔洞所占面积。

（3）以根计量，按设计图示尺寸以数量计算。

（三）钢筋工程的工程量计算规则

1. 现浇混凝土钢筋、预制构件钢筋、钢筋网片、钢筋笼的工程量：均按设计图示钢筋（网）长度（面积）乘单位理论质量计算。

2. 先张法预应力钢筋的工程量：按设计图示钢筋长度乘以单位理论质量计算。

3. 后张法预应力钢筋、预应力钢丝、预应力钢绞线的工程量：按设计图示钢筋（丝束、绞线）长度乘单位理论质量计算。

（1）低合金钢筋两端均采用螺杆锚具时，钢筋长度按孔道长度减 0.35m 计算，螺杆另行计算。

低合金钢筋一端采用镦头插片、另一端采用螺杆锚具时，钢筋长度按孔道长度计算，螺杆另行计算。

低合金钢筋一端采用镦头插片、另一端采用帮条锚具时，钢筋长度按孔道长度增加 0.15m 计算；两端均采用帮条锚具时，钢筋长按孔道长度增加 0.3m 计算。

低合金钢筋采用后张混凝土自锚时，钢筋长度按孔道长度增加 0.35m 计算。

低合金钢筋（钢绞线）采用 JM、XM、QM 型锚具，孔道长度≤20m 时，钢筋长度增加 1m 计算；孔道长度＞20m 时，钢筋长度增加 1.8m 计算。

（2）碳素钢丝采用锥形锚具，孔道长度≤20m 时，钢丝束长度按孔道长度增加 1m 计算；孔道长度＞20m 时，钢丝束长度按孔道长度增加 1.8m 计算。碳素钢丝采用镦头锚具时，钢丝束长度按孔道长度增加 0.35m 计算。

4. 支撑钢筋（铁马）的工程量：按钢筋长度乘单位理论质量计算。

5. 声测管、螺栓、预埋铁件的工程量：按设计图示尺寸以质量计算。

6. 机械连接的工程量：按数量计算。

二、混凝土及钢筋混凝土工程清单项目设置

1. 现浇混凝土基础工程量清单项目设置、项目特征描述的内容、计量单位及工程内容，按表 12-23 的规定执行。

现浇混凝土基础（编码：010501）   表 12-23

项目编码	项目名称	项目特征	计量单位	工程内容
010501001	垫层	1. 混凝土种类 2. 混凝土强度等级	m³	1. 模板及支撑制作、安装、拆除、堆放、运输及清理模内杂物、刷隔离剂等 2. 混凝土制作、运输、浇筑、振捣、养护
010501002	带形基础			
010501003	独立基础			
010501004	满堂基础			
010501005	桩承台基础			
010501006	设备基础	1. 混凝土种类、强度等级 2. 灌浆材料及其强度等级		

2. 现浇混凝土柱工程量清单项目设置、项目特征描述的内容、计量单位及工程内容，按表 12-24 的规定执行。

现浇混凝土柱（编码：010502）   表 12-24

项目编码	项目名称	项目特征	计量单位	工程内容
010502001	矩形柱	1. 混凝土种类 2. 混凝土强度等级	m³	1. 模板及支架（撑）制作、安装、拆除、堆放、运输及清理模内杂物、刷隔离剂等 2. 混凝土制作、运输、浇筑、振捣、养护
010502002	构造柱			
010502003	异形柱	1. 柱形状 2. 混凝土种类 3. 混凝土强度等级		

3. 现浇混凝土梁工程量清单项目设置、项目特征描述的内容、计量单位及工程内容，按表 12-25 的规定执行。

现浇混凝土梁（编码：010503）   表 12-25

项目编码	项目名称	项目特征	计量单位	工程内容
010503001	基础梁	1. 混凝土种类 2. 混凝土强度等级	m³	1. 模板及支架（撑）制作、安装、拆除、堆放、运输及清理模内杂物、刷隔离剂等 2. 混凝土制作、运输、浇筑、振捣、养护
010503002	矩形梁			
010503003	异形梁			
010503004	圈梁			
010503005	过梁			
010503006	弧形、拱形梁			

4. 现浇混凝土墙工程量清单项目设置、项目特征描述的内容、计量单位及工程内容，按表 12-26 的规定执行。

现浇混凝土墙（编码：010504）   表 12-26

项目编码	项目名称	项目特征	计量单位	工程内容
010504001	直形墙	1. 混凝土种类 2. 混凝土强度等级	m³	1. 模板及支架（撑）制作、安装、拆除、堆放、运输及清理模内杂物、刷隔离剂等 2. 混凝土制作、运输、浇筑、振捣、养护
010504002	弧形墙			
010504003	短肢剪力墙			
010504004	挡土墙			

5. 现浇混凝土板工程量清单项目设置、项目特征描述的内容、计量单位及工程内容，按表 12-27 的规定执行。

现浇混凝土板（编码：010505）   表 12-27

项目编码	项目名称	项目特征	计量单位	工程内容
010505001	有梁板	1. 混凝土种类 2. 混凝土强度等级	m³	1. 模板及支架（撑）制作、安装、拆除、堆放、运输及清理模内杂物、刷隔离剂等 2. 混凝土制作、运输、浇筑、振捣、养护
010505002	无梁板			
010505003	平板			
010505004	拱板			
010505005	薄壳板			
010505006	栏板			
010505007	天沟（檐沟）、挑檐板			
010505008	雨篷、悬挑板、阳台板			
010505009	空心板			
010505010	其他板			

6. 现浇混凝土楼梯工程量清单项目设置、项目特征描述的内容、计量单位及工程内容，按表 12-28 的规定执行。

现浇混凝土楼梯（编码：010506）   表 12-28

项目编码	项目名称	项目特征	计量单位	工程内容
010506001	直形楼梯	1. 混凝土种类 2. 混凝土强度等级	m²/m³	1. 模板及支架（撑）制作、安装、拆除、堆放、运输及清理模内杂物、刷隔离剂等 2. 混凝土制作、运输、浇筑、振捣、养护
010506002	弧形楼梯			

7. 现浇混凝土其他构件工程量清单项目设置、项目特征描述的内容、计量单位及工程内容，按表 12-29 的规定执行。

现浇混凝土其他构件（编码：010507）   表 12-29

项目编码	项目名称	项目特征	计量单位	工程内容
010507001	散水、坡道	1. 垫层材料种类、厚度 2. 面层厚度 3. 混凝土种类 4. 混凝土强度等级 5. 变形缝填塞材料种类	m²	1. 地基夯实 2. 铺设垫层 3. 模板及支架（撑）制作、安装、拆除、堆放、运输及清理模内杂物、刷隔离剂等 4. 混凝土制作、运输、浇筑、振捣、养护 5. 变形缝填塞
010507002	室外地坪	1. 地坪厚度 2. 混凝土强度等级		
010507003	电缆沟、地沟	1. 土壤类别 2. 沟截面净空尺寸 3. 垫层材料种类、厚度 4. 混凝土种类 5. 混凝土强度等级 6. 防护材料种类	m	1. 挖填、运土石方 2. 铺设垫层 3. 模板及支撑制作、安装、拆除、堆放、运输及清理模内杂物、刷隔离剂等 4. 混凝土制作、运输、浇筑、振捣、养护 5. 刷防护材料
010507004	台阶	1. 踏步高、宽 2. 混凝土种类、强度等级	m²/m³	
010507005	扶手、压顶	1. 截面尺寸 2. 混凝土种类、强度等级	m/m³	1. 模板及支架（撑）制作、安装、拆除、堆放、运输及清理模内杂物、刷隔离剂等 2. 混凝土制作、运输、浇筑、振捣、养护
010507006	化粪池、检查井	1. 部位 2. 混凝土强度等级 3. 防水、抗渗要求	m³/座	
010507007	其他构件	1. 构件类型、构件规格 2. 部位 3. 混凝土种类、强度等级	m³	

8. 后浇带工程量清单项目设置、项目特征描述的内容、计量单位及工程内容，按表 12-30 的规定执行。

后浇带（编码：010508） 表 12-30

项目编码	项目名称	项目特征	计量单位	工程内容
010508001	后浇带	1. 混凝土种类 2. 混凝土强度等级	m³	1. 模板及支架（撑）制作、安装、拆除、堆放、运输及清理模内杂物、刷隔离剂等 2. 混凝土制作、运输、浇筑、振捣、养护及混凝土交接面、钢筋等的清理

9. 预制混凝土构件工程量清单项目设置、项目特征描述的内容、计量单位及工程内容，按表 12-31 规定执行。

预制混凝土构件（编码：010509—010514） 表 12-31

项目编码	项目名称	项目特征	计量单位	工程内容
010509001	矩形柱	1. 图代号 2. 单件体积 3. 安装高度 4. 混凝土强度等级 5. 砂浆（细石混凝土）强度等级、配合比	m³/根	1. 模板制作、安装、拆除、堆放、运输及清理模内杂物、刷隔离剂等 2. 混凝土制作、运输、浇筑、振捣、养护 3. 构件运输、安装 4. 砂浆制作、运输 5. 接头灌缝、养护
010509002	异形柱			
010510001	矩形梁			
010510002	异形梁			
010510003	过梁			
010510004	拱形梁			
010510005	鱼腹式吊车梁			
010510006	其他梁			
010511001	折线型屋架		m³/榀	
010511002	组合屋架			
010511003	薄腹屋架			
010511004	门式刚架			
010511005	天窗架			
010512001	平板			
010512002	空心板			
010512003	槽形板			
010512004	网架板			
010512005	折线板		m³/块	
010512006	带肋板			
010512007	大型板			
010512008	沟盖板、井盖板、井圈	1. 单件体积 2. 安装高度 3. 混凝土强度等级 4. 砂浆强度等级、配合比	m³/块（套）	

项目编码	项目名称	项目特征	计量单位	工程内容
010513001	楼梯	1. 楼梯类型 2. 单件体积 3. 混凝土强度等级 4. 砂浆（细石混凝土）强度等级	m³/段	1. 模板制作、安装、拆除、堆放、运输及清理模内杂物、刷隔离剂等 2. 混凝土制作、运输、浇筑、振捣、养护 3. 构件运输、安装 4. 砂浆制作、运输 5. 接头灌缝、养护
010514001	垃圾道、通风道、烟道	1. 单件体积 2. 混凝土强度等级 3. 砂浆强度等级	1. m³ 2. m² 3. 根（块、套）	
010514002	其他构件	1. 单件体积 2. 构件类型 3. 混凝土强度等级 4. 砂浆强度等级		

10. 钢筋工程工程量清单项目设置、项目特征描述的内容、计量单位及工程内容，按表12-32规定执行。

钢筋工程（编码：010515）　　　　　　　表12-32

项目编码	项目名称	项目特征	计量单位	工程内容
010515001	现浇构件钢筋	钢筋种类、规格		1. 钢筋、钢筋网、钢筋笼制作、运输 2. 钢筋、钢筋网、钢筋笼安装 3. 焊接（绑扎）
010515002	预制构件钢筋			
010515003	钢筋网片			
010515004	钢筋笼			
010515005	先张法预应力钢筋	1. 钢筋种类、规格 2. 锚具种类		钢筋制作、运输、张拉
010515006	后张法预应力钢筋	1. 钢筋种类、规格 2. 钢丝种类、规格 3. 钢绞线种类、规格 4. 锚具种类 5. 砂浆强度等级	t	1. 钢筋、钢丝、钢绞线制作、运输 2. 钢筋、钢丝、钢绞线安装 3. 预埋管孔道铺设 4. 锚具安装 5. 砂浆制作、运输 6. 孔道压浆、养护
010515007	预应力钢丝			
010515008	预应力钢绞线			
010515009	支撑钢筋（铁马）	钢筋种类、规格		钢筋制作、焊接、安装
010515010	声测管	材质、规格型号		1. 检测管截断、封头 2. 套管制作、焊接 3. 定位、固定

11. 螺栓、铁件工程量清单项目设置、项目特征描述的内容、计量单位及工程内容，按表12-33的规定执行。

螺栓、铁件（编码：010516）   表 12-33

项目编码	项目名称	项目特征	计量单位	工程内容
010516001	螺栓	螺栓种类、规格	t	1. 螺栓、铁件制作、运输 2. 螺栓、铁件安装
010516002	预埋铁件	钢材种类、规格、铁件尺寸		
010516003	机械连接	1. 连接方式 2. 螺纹套筒种类 3. 规格	个	1. 钢筋套丝 2. 套筒连接

三、其他相关问题说明

1. 有肋带形基础、无肋带形基础应按表 12-23 中相关项目列项，并注明肋高。

2. 箱式满堂基础中柱、梁、墙、板按表 12-24 至表 12-27 相关项目分别编码列项；箱式满堂基础底板按表 12-23 中的满堂基础项目列项。

3. 框架式设备基础中柱、梁、墙、板按表 12-24 至表 12-27 相关项目分别编码列项；基础部分按表 12-23 中相关项目编码列项。

4. 如为毛石混凝土基础，项目特征应描述毛石所占比例。

5. 项目特征的混凝土种类是指清水混凝土、彩色混凝土等，如在同一地区既使用预拌（商品）混凝土，又允许现场搅拌混凝土时，也应注明。

6. 短肢剪力墙是指截面厚度不大于 300mm、各肢截面高度与厚度之比的最大值大于 4 但不大于 8 的剪力墙；各肢截面高度与厚度之比的最大值不大于 4 的剪力墙按柱项目编码列项。

7. 现浇挑檐、天沟板、雨篷、阳台与板（包括屋面板、楼板）连接时，以外墙外边线为分界线；与圈梁（包括其他梁）连接时，以梁外边线为分界线。外边线以外为挑檐、天沟、雨篷或阳台。

8. 整体楼梯（包括直形楼梯、弧形楼梯）水平投影面积包括休息平台、平台梁、斜梁和楼梯的连接梁。当整体楼梯与现浇楼板无梯梁连接时，以楼梯的最后一个踏步边缘加 300mm 为界。

9. 现浇混凝土小型池槽、垫块、门框等，按表 12-29 其他构件项目编码列项。

10. 架空式混凝土台阶按现浇楼梯计算。

11. 以根、榀、块、套计量的项目，在项目特征中必须描述单件体积。

12. 预制混凝土三角形屋架按表 12-31 折线型屋架项目编码列项。

13. 不带肋的预制遮阳板、雨篷板、挑檐板、拦板等，按表 12-31 平板项目编码列项。

14. 预制 F 形板、双 T 形板、单肋板和带反挑檐的遮阳板、雨篷板、挑檐板等，按表 12-31 带肋板项目编码列项。

15. 预制大型墙板、大型楼板、大型屋面板等，按表 12-31 大型板项目编码列项。

16. 预制钢筋混凝土小型池槽、压顶、扶手、垫块、隔热板、花格等，按表 12-31 其他构件项目编码列项。

17. 现浇构件中伸出构件的锚固钢筋应并入钢筋工程量内。除设计（包括规范规定）标明的搭接外，其他施工搭接不计算工程量，在综合单价中综合考虑。

18. 现浇构件中固定位置的支撑钢筋、双层钢筋用的"铁马"、螺栓、预埋铁件、机械连接等，在编制工程量清单时，如果设计未明确，其工程数量可为暂估量，结算时按现场签证数量计算。

19. 预制混凝土构件或预制钢筋混凝土构件，如施工图设计标注做法见标准图集时，项目特征注明标准图集的编码、页号及节点大样即可。

20. 现浇或预制混凝土构件和钢筋混凝土构件，不扣除构件内钢筋、螺栓、预埋铁件、张拉孔道所占体积，但应扣除劲性骨架的型钢所占体积。

21. 现浇混凝土工程项目"工作内容"中包括模板工程的内容，同时又在措施项目中单列了现浇混凝土模板工程项目。对此，招标人应根据工程实际情况选用。若招标人在措施项目清单中未编列现浇混凝土模板工程项目清单，即表示现浇混凝土模板工程项目不单列，现浇混凝土工程项目的综合单价中应包括模板工程费用。

22. 对预制混凝土构件按现场制作编制项目，"工作内容"中包括模板工程，不再单列。若采用成品预制混凝土构件时，构件成品价（包括模板、钢筋、混凝土等所有费用）应计入综合单价中。

【例 12-6】 计算例 7-2 基础混凝土垫层、外墙钢筋混凝土基础的清单工程量。

混凝土垫层的清单工程量＝混凝土垫层的定额工程量＝3.42m³

钢筋混凝土基础的清单工程量＝混凝土基础断面积×中心线长＝0.3×0.6×31.8＝5.724m³＝5.72m³

从例题可以看出，混凝土垫层、钢筋混凝土基础的清单工程量与定额工程量相等，其综合单价可以参考定额报价，见表 12-34。

【例 12-7】 计算例 7-8 的混凝土柱、梁的清单工程量。

【解】 混凝土柱的清单工程量＝混凝土柱的定额工程量＝22.75m³

混凝土梁的清单工程量＝混凝土梁的定额工程量＝37.15m³

由于混凝土柱、梁的清单工程量与混凝土柱、梁的定额工程量相等，所以混凝土柱、梁的清单综合单价可以参考预算定额的相应单价，用市场价调整人工和材料价差，再用企业定额调整混凝土的消耗量。其综合单价见表 12-34。

【例 12-8】 计算例 7-9 的钢筋工程的清单工程量。

汇总计算 2Φ22 钢筋总长＝32.624m×2＝65.248m 其重量＝194.700kg＝0.1947t

汇总计算 2Φ18 钢筋总长＝37.548m 其重量＝75.021kg＝0.0750t

汇总计算 Φ8 箍筋总长＝162.22m 其重量＝64.077kg＝0.0641t

清单中钢筋的综合单价在参考预算定额的钢筋单价的基础上，用市场价调整价差，再用企业定额调整钢筋的损耗率。其综合单价见表 12-34。

分部分项工程和单价措施项目清单与计价表 表 12-34

工程名称：某建筑工程 　　　　　　　标段： 　　　　　　　第 页 共 页

序号	项目编码	项目名称	项目特征描述	计量单位	工程量	综合单价	合价	其中 暂估价
1	010501001001	垫层	1. 混凝土种类：商品混凝土 2. 混凝土强度等级：C15	m³	3.42	452.23	1546.63	—

序号	项目编码	项目名称	项目特征描述	计量单位	工程量	综合单价	合价	其中 暂估价
2	010501002001	带形基础	1. 混凝土种类：商品混凝土 2. 混凝土强度等级：C30	m³	5.72	521.97	2985.67	—
3	010502001001	矩形柱	1. 混凝土种类：商品混凝土 2. 混凝土强度等级：C30	m³	22.75	551.47	12545.94	—
4	010503002001	矩形梁	1. 混凝土种类：商品混凝土 2. 混凝土强度等级：C30	m³	37.15	532.02	19764.54	—
5	010515001001	现浇构件钢筋	1. 钢筋种类：HPB300、光圆 2. 规格：直径8mm	t	0.064	5481.70	350.83	—
6	010515001002	现浇构件钢筋	1. 钢筋种类：HRB400、带肋 2. 规格：直径22mm	t	0.195	5521.04	1076.60	—
7	010515001003	现浇构件钢筋	1. 钢筋种类：HRB400、带肋 2. 规格：直径18mm	t	0.075	5521.04	414.08	—
8	010516003001	机械连接	1. 连接方式：直螺纹接头 2. 螺纹套筒规格：φ25以内 3. 种类：塑护套	个	8	12.75	102.00	—

第六节　金属结构工程

一、金属结构工程的工程量计算规则

1. 钢网架、钢托架、钢桁架、钢架桥、钢支撑、钢拉条、钢檩条、钢天窗架、钢挡风架、钢墙架、钢平台、钢走道、钢梯、钢护栏、钢支架、零星钢构件的工程量：均按设计图示尺寸以质量计算。不扣除孔眼的质量，焊条、铆钉、螺栓等不另增加质量。

2. 钢屋架的工程量：

（1）以榀计量，按设计图示数量计算。

（2）以吨计量，按设计图示尺寸以质量计算。不扣除孔眼的质量，焊条、铆钉、螺栓等不另增加质量。

3. 实腹钢柱、空腹钢柱的工程量：均按设计图示尺寸以质量计算。不扣除孔眼的质量，焊条、铆钉、螺栓等不另增加质量，依附在钢柱上的牛腿及悬臂梁等并入钢柱工程量内。

4. 钢管柱的工程量：按设计图示尺寸以质量计算。不扣除孔眼的质量，焊条、铆钉、螺栓等不另增加质量，钢管柱上的节点板、加强环、内衬管、牛腿等并入钢管柱工程量内。

5. 钢梁、钢吊车梁的工程量：均按设计图示尺寸以质量计算。不扣除孔眼的质量，焊条、铆钉、螺栓等不另增加质量，制动梁、制动板、制动桁架、车挡并入钢吊车梁工程量内。

6. 钢板楼板的工程量：按设计图示尺寸以铺设水平投影面积计算。不扣除单个面积≤0.3m² 柱、垛及孔洞所占面积。

7. 钢板墙板的工程量：按设计图示尺寸以铺挂展开面积计算。不扣除单个面积≤0.3m² 的梁、孔洞所占面积，包角、包边、窗台泛水等不另增加面积。

8. 钢漏斗、钢板天沟的工程量：按设计图示尺寸以质量计算。不扣除孔眼的质量，焊条、铆钉、螺栓等不另增加质量，依附漏斗或天沟的型钢并入漏斗或天沟工程量内。

9. 成品空调金属百叶护栏、成品栅栏、金属网栏的工程量：按设计图示尺寸以框外围展开面积计算。

10. 成品雨篷的工程量：按设计图示接触边以米或按设计图示尺寸以展开面积计算。

11. 砌块墙钢丝网加固、后浇带金属网的工程量：按设计图示尺寸以面积计算。

二、金属结构工程清单项目设置

1. 钢网架、钢屋架、钢托架、钢桁架和钢架桥工程量清单项目设置、项目特征描述的内容、计量单位及工程内容，按表 12-35 的规定执行。

钢网架、钢屋架、钢托架、钢桁架和钢架桥（编码：010601—010602）　　表 12-35

项目编码	项目名称	项目特征	计量单位	工程内容
010601001	钢网架	1. 钢材品种、规格 2. 网架节点形式、连接方式 3. 网架跨度、安装高度 4. 探伤要求 5. 防火要求	t	1. 拼装 2. 安装 3. 探伤 4. 补刷油漆
010602001	钢屋架	1. 钢材品种、规格 2. 单榀质量 3. 屋架跨度、安装高度 4. 螺栓种类 5. 探伤要求 6. 防火要求	榀/t	
010602002	钢托架	1. 钢材品种、规格 2. 单榀质量 3. 安装高度 4. 螺栓种类 5. 探伤要求 6. 防火要求	t	
010602003	钢桁架			
010602004	钢架桥	1. 桥类型 2. 钢材品种、规格 3. 单榀质量 4. 安装高度 5. 螺栓种类 6. 探伤要求		

2. 钢柱、钢梁、钢板楼板、墙板工程量清单项目设置、项目特征描述的内容、计量单位及工程内容，按表 12-36 的规定执行。

项目编码	项目名称	项目特征	计量单位	工程内容
010603001	实腹钢柱	1. 柱类型 2. 钢材品种、规格 3. 单根柱质量		
010603002	空腹钢柱	4. 螺栓种类 5. 探伤要求 6. 防火要求		
010603003	钢管柱	1. 钢材品种、规格 2. 单根柱质量 3. 螺栓种类 4. 探伤要求 5. 防火要求	t	1. 拼装 2. 安装 3. 探伤 4. 补刷油漆
010604001	钢梁	1. 梁类型 2. 钢材品种、规格 3. 单根质量 4. 螺栓种类 5. 安装高度 6. 探伤要求 7. 防火要求		
010604002	钢吊车梁	1. 钢材品种、规格 2. 单根质量 3. 螺栓种类 4. 安装高度 5. 探伤要求 6. 防火要求		
010605001	钢板楼板	1. 钢材品种、规格 2. 钢板厚度 3. 螺栓种类 4. 防火要求		
010605002	钢板墙板	1. 钢材品种、规格 2. 钢板厚度、复合板厚度 3. 螺栓种类 4. 复合板夹芯材料种类、层数、型号、规格 5. 防火要求	m^2	

3. 钢构件工程量清单项目设置、项目特征描述的内容、计量单位及工程内容，按表 12-37的规定执行。

钢构件（编码：010606）　　　　　　　　　　表 12-37

项目编码	项目名称	项目特征	计量单位	工程内容
010606001	钢支撑、钢拉条	1. 钢材品种、规格 2. 构件类型 3. 安装高度 4. 螺栓种类 5. 探伤要求 6. 防火要求		
010606002	钢檩条	1. 钢材品种、规格 2. 构件类型 3. 单根质量 4. 安装高度 5. 螺栓种类 6. 探伤要求 7. 防火要求		
010606003	钢天窗架	1. 钢材品种、规格 2. 单榀质量 3. 安装高度 4. 螺栓种类 5. 探伤要求 6. 防火要求		
010606004	钢挡风架	1. 钢材品种、规格 2. 单榀质量 3. 螺栓种类 4. 探伤要求 5. 防火要求	t	1. 拼装 2. 安装 3. 探伤 4. 补刷油漆
010606005	钢墙架			
010606006	钢平台	1. 钢材品种、规格 2. 螺栓种类 3. 防火要求		
010606007	钢走道			
010606008	钢梯	1. 钢材品种、规格 2. 钢梯形式 3. 螺栓种类 4. 防火要求		
010606009	钢护栏	1. 钢材品种、规格 2. 防火要求		
010606010	钢漏斗	1. 钢材品种、规格 2. 漏斗、天沟形式 3. 安装高度 4. 探伤要求		
010606011	钢板天沟			
010606012	钢支架	1. 钢材品种、规格 2. 安装高度 3. 防火要求		
010606013	零星钢构件	1. 构件名称 2. 钢材品种、规格		

4. 金属制品工程量清单项目设置、项目特征描述的内容、计量单位及工程内容，按表 12-38 的规定执行。

金属制品（编码：010607）   表 12-38

项目编码	项目名称	项目特征	计量单位	工程内容
010607001	成品空调金属百叶护栏	1. 材料品种、规格 2. 边框材质	m²	1. 安装 2. 校正 3. 预埋铁件及安螺栓
010607002	成品栅栏	1. 材料品种、规格 2. 边框及立柱型钢品种、规格		1. 安装 2. 校正 3. 预埋铁件 4. 安螺栓及金属立柱
010607003	成品雨篷	1. 材料品种、规格 2. 雨篷宽度 3. 晾衣杆品种、规格	m/m²	1. 安装 2. 校正 3. 预埋铁件及安螺栓
010607004	金属网栏	1. 材料品种、规格 2. 边框及立柱型钢品种、规格	m²	1. 安装 2. 校正 3. 安螺栓及金属立柱
010607005	砌块墙钢丝网加固	1. 材料品种、规格 2. 加固方式		铺贴、铆固
010607006	后浇带金属网			

三、其他相关问题说明

1. 实腹钢柱类型指十字、T、L、H 形等，空腹钢柱类型指箱形、格构式等。梁类型指 H、L、T 形、箱形、格构式等。钢支撑、钢拉条类型指单式、复式；钢檩条类型指型钢式、格构式；钢漏斗形式指方形、圆形；天沟形式指矩形沟或半圆形沟。

2. 型钢混凝土柱、梁浇筑钢筋混凝土和钢板楼板上浇筑钢筋混凝土，其混凝土和钢筋应按第五节混凝土及钢筋混凝土工程中相关项目编码列项。

3. 以榀计量，按标准图设计的应注明标准图代号，按非标准图设计的项目特征必须描述单榀屋架的质量。

4. 钢墙架项目包括墙架柱、墙架梁和连接杆件。

5. 加工铁件等小型构件，按表 12-37 中零星钢构件项目编码列项。

6. 抹灰钢丝网加固按表 12-38 中砌块墙钢丝网加固项目编码列项。

7. 金属构件的切边，不规则及多边形钢板发生的损耗在综合单价中考虑。

8. 防火要求指耐火极限。

9. 金属结构构件按成品编制项目，构件成品价应计入综合单价中，若采用现场制作，包括制作的所有费用。

【例 12-9】 某工程空腹钢柱、钢梁、钢板楼板的清单报价见表 12-39。

表 12-39

分部分项工程和单价措施项目清单与计价表

工程名称：某建筑工程　　　　　标段：　　　　　　　　第　页 共　页

序号	项目编码	项目名称	项目特征描述	计量单位	工程量	金　额（元）		其中
						综合单价	合价	暂估价
1	010603002001	空腹钢柱	1. 柱类型：箱形 2. 钢材品种、规格：槽钢、角钢、钢板，规格详图 3. 单根柱质量：0.45t 4. 螺栓种类：普通螺栓 5. 探伤要求：超声波探伤 6. 防火要求：耐火极限为二级	t	0.901	9113.62	8211.37	—
2	010604001001	钢梁	1. 梁类型：H形 2. 钢材品种、规格：热轧钢板，翼缘 2－400×20，腹板 1－600×16，规格详图 3. 单根质量：0.3t 4. 螺栓种类：普通螺栓 5. 安装高度：4.2m 6. 探伤要求：超声波探伤 7. 防火要求：耐火极限为二级	t	0.621	8224.43	5107.37	—
3	010605001001	钢板楼板	1. 钢材品种、规格：热轧钢板楼板，矩形，规格详图 2. 钢板厚度：6mm 3. 螺栓种类：普通螺栓 4. 防火要求：耐火极限为二级	m²	1200	406.30	487560.00	—

第七节　木结构工程

一、木结构工程的工程量计算规则

1. 木屋架的工程量：按设计图示数量以榀或按设计图示的规格尺寸以体积（m³）计算。

2. 钢木屋架的工程量：以榀计量，按设计图示数量计算。

3. 木柱、木梁的工程量：按设计图示尺寸以体积计算。

4. 木檩、其他木结构的工程量：按设计图示尺寸以体积或以长度计算。

5. 木楼梯的工程量：按设计图示尺寸以水平投影面积计算。不扣除宽度≤300mm 的楼梯井，伸入墙内部分不计算。

6. 屋面木基层的工程量：按设计图示尺寸以斜面积计算。不扣除房上烟囱、风帽底座、风道、小气窗、斜沟等所占面积。小气窗的出檐部分不增加面积。

二、木结构工程清单项目设置

木屋架、木构件、屋面木基层工程量清单项目设置、项目特征描述的内容、计量单位及工程内容，按表 12-40 的规定执行。

木屋架、木构件、屋面木基层（编码：010701—010703） 表 12-40

项目编码	项目名称	项目特征	计量单位	工程内容
010701001	木屋架	1. 跨度 2. 材料品种、规格 3. 刨光要求 4. 拉杆及夹板种类 5. 防护材料种类	榀/m³	
010701002	钢木屋架	1. 跨度 2. 木材品种、规格 3. 刨光要求 4. 钢材品种、规格 5. 防护材料种类	榀	1. 制作 2. 运输 3. 安装 4. 刷防护材料
010702001	木柱	1. 构件规格、尺寸 2. 木材种类 3. 刨光要求 4. 防护材料种类	m³	
010702002	木梁			
010702003	木檩		m³/m	
010702004	木楼梯	1. 楼梯形式 2. 木材种类 3. 刨光要求 4. 防护材料种类	m²	
010702005	其他木构件	1. 构件名称、规格、尺寸 2. 木材种类 3. 刨光要求 4. 防护材料种类	m³/m	
010703001	屋面木基层	1. 椽子断面尺寸及椽距 2. 望板材料种类、厚度 3. 防护材料种类	m²	1. 椽子制作、安装 2. 望板制作、安装 3. 顺水条和挂瓦条制作、安装 4. 刷防护材料

三、其他相关问题说明

1. 屋架的跨度应以上、下弦中心线两交点之间的距离计算。

2. 带气楼的屋架和马尾、折角以及正交部分的半屋架，按相关屋架项目编码列项。

3. 以榀计量，按标准图设计的应注明标准图代号，按非标准图设计的项目特征必须按表 12-40 的要求描述。以米计量，项目特征必须描述构件规格尺寸。

4. 木楼梯的栏杆（栏板）、扶手，按第十三章第五节其他装饰工程中的相关项目编码列项。

【例 12-10】 某工程木屋架的清单报价表见表 12-41。

分部分项工程和单价措施项目清单与计价表　　　　　　　表 12-41

工程名称：某建筑工程　　　　　　　标段：　　　　　　　　第 页 共 页

序号	项目编码	项目名称	项目特征描述	计量单位	工程量	综合单价	合价	其中 暂估价
	010701001001	木屋架	1. 跨度：9.00m 2. 材料品种、规格：方木，规格详图 3. 刨光要求：不刨光 4. 拉杆种类：φ10 圆钢 5. 防护材料种类：铁件刷防锈漆一遍	m³	1.67	4164.17	6954.16	—

第八节　门　窗　工　程

一、门窗的种类和工程量计算规则

（一）门的种类和工程量计算规则

1. 木质门应区分镶板木门、企口木板门、实木装饰门、胶合板门、夹板装饰门、木纱门和全玻门（带木质扇框）、木质半玻门（带木质扇框）。木质门、木质门带套、木质连窗门、木质防火门的工程量：均按设计图示数量以樘或设计图示洞口尺寸以面积计算。

2. 木门框的工程量：按设计图示数量以樘或设计图示框的中心线以延长米计算。

3. 门锁安装的工程量：按设计图示数量计算。

4. 金属门应区分金属平开门、金属推拉门、金属地弹门、全玻门（带金属扇框）、金属半玻门（带扇框）。金属（塑钢）门、彩板门、钢质防火门、防盗门的工程量：均按设计图示数量以樘或设计图示洞口尺寸以面积计算。

5. 金属卷帘（闸）门、防火卷帘（闸）门、金属格栅门、木板大门、钢木大门、全钢板大门、其他门（包括电子感应门、旋转门、电子对讲门、电动伸缩门、全玻自由门、镜面不锈钢饰面门和复合材料门）的工程量：均按设计图示数量以樘或设计图示洞口尺寸以面积计算。

6. 特种门应区分冷藏门、冷冻间门、保温门、变电室门、隔音门、放射线门、人防门、金库门等。特种门的工程量为：按设计图示数量以樘或设计图示洞口尺寸以面积计算。

7. 防护铁丝门、钢质花饰大门的工程量为：按设计图示数量以樘或设计图示门框或扇以面积计算。

（二）窗的种类和工程量计算规则

1. 木质窗包括木百叶窗、木组合窗、木天窗、木固定窗和木装饰空花窗。其工程量均按设计图示数量以樘或设计图示洞口尺寸以面积计算。

2. 木飘（凸）窗、木橱窗、金属（塑钢、断桥）橱窗、金属（塑钢、断桥）飘（凸）窗的工程量均按设计图示数量以樘或按设计图示尺寸以框外围展开面积计算。

3. 木纱窗、金属纱窗的工程量均按设计图示数量以樘或按框的外围尺寸以面积计算。

4. 金属窗应区分金属组合窗、防盗窗等。金属（塑钢、断桥）窗、金属防火窗、金属百叶窗、金属格栅窗的工程量：均按设计图示数量以樘或设计图示洞口尺寸以面积计算。

5. 彩板窗、复合材料窗的工程量：均按设计图示数量以樘或按设计图示洞口尺寸或框外围以面积计算。

6. 门窗套包括木门窗套、金属门窗套、石材门窗套、木筒子板、饰面夹板、筒子板和成品木门窗套。其工程量：均按设计图示数量以樘或按设计图示尺寸以展开面积或按设计图示中心以延长米计算。

7. 门窗木贴脸的工程量为：按设计图示数量以樘或按设计图示尺寸以延长米计算。

8. 窗台板包括木窗台板、铝塑窗台板、石材窗台板和金属窗台板。其工程量：均按设计图示尺寸以展开面积计算。

9. 窗帘的工程量：按设计图示尺寸以成活后长度或展开面积计算。

10. 窗帘盒、窗帘轨包括木窗帘盒、饰面夹板、塑料窗帘盒、铝合金窗帘盒和窗帘轨。其工程量均按设计图示尺寸以长度计算。

二、门窗工程清单项目设置

1. 木门工程量清单项目设置、项目特征描述的内容、计量单位及工程内容，按表12-42的规定执行。

木门（编码：010801） 表 12-42

项目编码	项目名称	项目特征	计量单位	工程内容
010801001	木质门	1. 门代号及洞口尺寸 2. 镶嵌玻璃品种、厚度	樘/m²	1. 门安装 2. 玻璃安装 3. 五金安装
010801002	木质门带套			
010801003	木质连窗门			
010801004	木质防火门			
010801005	木门框	1. 门代号及洞口尺寸 2. 框截面尺寸 3. 防护材料种类	樘/m	1. 木门框制作、安装 2. 运输 3. 刷防护材料
010801006	门锁安装	锁品种、规格	个（套）	安装

2. 金属门、金属卷帘（闸）门工程量清单项目设置、项目特征描述的内容、计量单位及工程内容按表12-43的规定执行。

金属门、金属卷帘（闸）门（编码：010802—010803）　　　　表 12-43

项目编码	项目名称	项目特征	计量单位	工程内容
010802001	金属（塑钢）门	1. 门代号及洞口尺寸 2. 门框或扇外围尺寸 3. 门框、扇材质 4. 玻璃品种、厚度	樘/m²	1. 门安装 2. 五金安装 3. 玻璃安装
010802002	彩板门	1. 门代号及洞口尺寸 2. 门框或扇外围尺寸		
010802003	钢质防火门	1. 门代号及洞口尺寸 2. 门框或扇外围尺寸 3. 门框、扇材质		门安装、五金安装
010802004	防盗门			
010803001	金属卷帘（闸）门	1. 门代号及洞口尺寸 2. 门材质 3. 启动装置品种、规格		1. 门运输、安装 2. 启动装置、活动小门、五金安装
010803002	防火卷帘（闸）门			

3. 厂库房大门、特种门工程量清单项目设置、项目特征描述的内容、计量单位及工程内容，按表12-44的规定执行。

厂库房大门、特种门（编码：010804）　　　　表 12-44

项目编码	项目名称	项目特征	计量单位	工程内容
010804001	木板大门	1. 门代号及洞口尺寸 2. 门框或扇外围尺寸 3. 门框、扇材质 4. 五金种类、规格 5. 防护材料种类	樘/m²	1. 门（骨架）制作、运输 2. 门、五金配件安装 3. 刷防护材料
010804002	钢木大门			
010804003	全钢板大门			
010804004	防护钢丝门			
010804005	金属格栅门	1. 门代号及洞口尺寸 2. 门框或扇外围尺寸 3. 门框、扇材质 4. 启动装置的品种、规格		1. 门安装 2. 启动装置、五金配件安装
010804006	钢质花饰大门	1. 门代号及洞口尺寸 2. 门框或扇外围尺寸 3. 门框、扇材质		1. 门安装 2. 五金配件安装
010804007	特种门			

4. 其他门工程量清单项目设置、项目特征描述的内容、计量单位及工程内容，按表12-45的规定执行。

项目编码	项目名称	项目特征	计量单位	工程内容
010805001	电子感应门	1. 门代号及洞口尺寸 2. 门框或扇外围尺寸 3. 门框、扇材质	樘/m²	1. 门安装 2. 启动装置、五金、电子配件安装
010805002	旋转门	4. 玻璃品种、厚度 5. 启动装置的品种、规格 6. 电子配件品种、规格		
010805003	电子对讲门	1. 门代号及洞口尺寸 2. 门框或扇外围尺寸 3. 门材质		
010805004	电动伸缩门	4. 玻璃品种、厚度 5. 启动装置的品种、规格 6. 电子配件品种、规格		
010805005	全玻自由门	1. 门代号及洞口尺寸 2. 门框或扇外围尺寸 3. 框材质 4. 玻璃品种、厚度		门安装、五金安装
010805006	镜面不锈钢饰面门	1. 门代号及洞口尺寸 2. 门框或扇外围尺寸		
010805007	复合材料门	3. 框、扇材质 4. 玻璃品种、厚度		

5. 木窗工程量清单项目设置、项目特征描述的内容、计量单位及工程内容，按表 12-46 的规定执行。

项目编码	项目名称	项目特征	计量单位	工程内容
010806001	木质窗	1. 窗代号及洞口尺寸 2. 玻璃品种、厚度	樘/m²	1. 窗安装 2. 五金、玻璃安装
010806002	木飘（凸）窗			
010806003	木橱窗	1. 窗代号 2. 框截面及外围展开面积 3. 玻璃品种、厚度 4. 防护材料种类		1. 窗制作、运输、安装 2. 五金、玻璃安装 3. 刷防护材料
010806004	木纱窗	1. 窗代号及框的外围尺寸 2. 窗纱材料品种、规格		窗安装、五金安装

6. 金属窗工程量清单项目设置、项目特征描述的内容、计量单位及工程内容，按表 12-47 的规定执行。

金属窗（编码：010807） 表 12-47

项目编码	项目名称	项目特征	计量单位	工程内容
010807001	金属（塑钢、断桥）窗	1. 窗代号及洞口尺寸 2. 框、扇材质 3. 玻璃品种、厚度		1. 窗安装 2. 五金、玻璃安装
010807002	金属防火窗			
010807003	金属百叶窗			
010807004	金属纱窗	1. 窗代号及框的外围尺寸 2. 框材质 3. 窗纱材料品种、规格		
010807005	金属格栅窗	1. 窗代号及洞口尺寸、框外围尺寸 2. 框、扇材质	樘/m²	
010807006	金属（塑钢、断桥）橱窗	1. 窗代号、框外围展开面积 2. 框、扇材质 3. 玻璃品种、厚度 4. 防护材料种类		1. 窗制作、运输、安装 2. 五金、玻璃安装 3. 刷防护材料
010807007	金属（塑钢、断桥）飘（凸）窗	1. 窗代号、框外围展开面积 2. 框、扇材质 3. 玻璃品种、厚度		1. 窗安装 2. 五金、玻璃安装
010807008	彩板窗	1. 窗代号及洞口尺寸 2. 框外围尺寸 3. 框、扇材质 4. 玻璃品种、厚度		
010807009	复合材料窗			

7. 门窗套工程量清单项目设置、项目特征描述的内容、计量单位及工程内容，按表 12-48 的规定执行。

门窗套（编码：010808） 表 12-48

项目编码	项目名称	项目特征	计量单位	工程内容
010808001	木门窗套	1. 窗代号及洞口尺寸 2. 门窗套展开宽度 3. 基层材料种类 4. 面层材料品种、规格 5. 线条品种、规格 6. 防护材料种类	樘/m²/m	1. 清理基层 2. 立筋制作、安装 3. 基层板安装 4. 面层铺贴 5. 线条安装 6. 刷防护材料
010808002	木筒子板	1. 筒子板宽度 2. 基层材料种类 3. 面层材料品种、规格 4. 线条品种、规格 5. 防护材料种类		
010808003	饰面夹板、筒子板			

项目编码	项目名称	项目特征	计量单位	工程内容
010808004	金属门窗套	1. 窗代号及洞口尺寸 2. 门窗套展开宽度 3. 基层材料种类 4. 面层材料品种、规格 5. 防护材料种类	樘/m²/m	1. 清理基层 2. 立筋制作、安装 3. 基层板安装 4. 面层铺贴 5. 刷防护材料
010808005	石材门窗套	1. 窗代号及洞口尺寸 2. 门窗套展开宽度 3. 粘结层厚度、砂浆配合比 4. 面层材料品种、规格 5. 线条品种、规格		1. 清理基层 2. 立筋制作、安装 3. 基层抹灰 4. 面层铺贴 5. 线条安装
010808006	门窗木贴脸	1. 门窗代号及洞口尺寸 2. 贴脸板宽度 3. 防护材料种类	樘/m	安装
010808007	成品木门窗套	1. 门窗代号及洞口尺寸 2. 门窗套展开宽度 3. 门窗套材料品种、规格	樘/m²/m	1. 清理基层 2. 立筋制作、安装 3. 板安装

8. 窗台板、窗帘、窗帘盒、窗帘轨工程量清单项目设置、项目特征描述的内容、计量单位及工程内容，按表12-49的规定执行。

窗台板、窗帘、窗帘盒、窗帘轨（编码：010809—010810）　　　表12-49

项目编码	项目名称	项目特征	计量单位	工程内容
010809001	木窗台板	1. 基层材料种类 2. 窗台面板材质、规格、颜色 3. 防护材料种类	m²	1. 基层清理 2. 基层制作、安装 3. 窗台板制作、安装 4. 刷防护材料
010809002	铝塑窗台板			
010809003	金属窗台板			
010809004	石材窗台板	1. 粘结层厚度、砂浆配合比 2. 窗台板材质、规格、颜色		1. 基层清理 2. 抹找平层 3. 窗台板制作、安装
010810001	窗帘	1. 窗帘材质、高度、宽度、层数 2. 带幔要求	m/m²	制作、运输、安装
010810002	木窗帘盒	1. 窗帘盒材质、规格 2. 防护材料种类	m	1. 制作、运输、安装 2. 刷防护材料
010810003	饰面夹板、塑料窗帘盒			
010810004	铝合金窗帘盒			
010810005	窗帘轨	1. 窗帘轨材质、规格、轨的数量 2. 防护材料种类		

三、其他相关问题说明

1. 木门五金应包括：折页、插销、门碰珠、弓背拉手、搭扣、木螺丝、弹簧折页（自动门）、管子拉手（自由门、地弹门）、地弹簧（地弹门）、角铁、门轧头（地弹门、自由门）等。铝合金门五金应包括：地弹簧、门锁、拉手、门插、门铰、螺钉等。金属门五金包括：L形执手插锁（双舌）、执手锁（单舌）、门轧头、地锁、防盗门扣、门眼（猫眼）、门碰珠、电子锁（磁卡锁）、闭门器、装饰拉手等。

木窗五金应包括：折页、插销、风钩、木螺钉、滑轮滑轨（推拉窗）等。金属窗五金应包括：折页、螺钉、执手、卡锁、滑轮、滑轨、铰拉、拉把、拉手、风撑、角码、牛角制等。

2. 木质门带套计量按洞口尺寸以面积计算，不包括门套的面积，但门套应计算在综合单价中。

3. 以樘计量，项目特征必须描述洞口尺寸及门窗套展开宽度，没有洞口尺寸必须描述门框或扇外围尺寸；以平方米计量，项目特征可不描述洞口尺寸及框、扇的外围尺寸、门窗套展开宽度。以平方米计量，无设计图示洞口尺寸，按门框（或窗框）、扇外围以面积计算。以米计量，项目特征必须描述门窗套展开宽度、筒子板及贴脸宽度。

4. 单独制作安装木门框按木门框项目编码列项。木门窗套适用于单独门窗套的制作、安装。

5. 木橱窗、木飘（凸）窗以樘计量，项目特征必须描述框截面及外围展开面积。金属橱窗、飘（凸）窗以樘计量，项目特征必须描述框外围展开面积。

6. 门窗（橱窗除外）按成品编制项目，门窗成品价应计入综合单价中。若采用现场制作，包括制作的所有费用。

【例 12-11】 计算例 13-1 中某混合结构办公楼的双玻平开塑钢窗 C1、松木带亮自由门 M1 和胶合板门 M2 的清单工程量和综合单价（保留小数点后两位数字）。

【解】 窗 C1 的洞口面积＝$1.5^2 \times 9 = 20.25\text{m}^2$

门 M1 的洞口面积＝$1.2 \times 2.4 \times 3 = 8.64\text{m}^2$

门 M2 的洞口面积＝$0.9 \times 2.1 \times 5 = 9.45\text{m}^2$

窗 C1 的清单工程量＝9 樘或 20.25m^2

门 M1 的清单工程量＝3 樘或 8.64m^2

门 M2 的清单工程量＝5 樘或 9.45m^2

胶合板门、松木带亮自由门（自由门）和塑钢窗的工程量清单报价见表 12-50。

分部分项工程和单价措施项目清单与计价表　　　　表 12-50

工程名称：某建筑工程　　　　　　　标段：　　　　　　　　　第　页　共　页

序号	项目编码	项目名称	项目特征描述	计量单位	工程量	金额（元）		
						综合单价	合价	其中
								暂估价
1	010807001001	双玻平开塑钢窗	1. 窗代号及洞口尺寸：C1、1500mm×1500mm 2. 框扇材质：塑钢 90 系列 3. 镶嵌玻璃品种、厚度：夹胶玻璃（6＋2.5＋6）	m²	20.25	480.13	9722.63	—

序号	项目编码	项目名称	项目特征描述	计量单位	工程量	综合单价	合价	其中暂估价
2	010801001001	自由门	门代号及洞口尺寸：M1、1200mm×2400mm	m²	8.64	300.25	2594.16	—
3	010801001002	胶合板门	门代号及洞口尺寸：M2、900mm×2100mm	m²	9.45	270.04	2551.88	—

第九节 屋面及防水工程

一、屋面及防水工程的工程量计算规则

（一）屋面工程及屋面防水工程的工程量计算规则

1. 瓦屋面、型材屋面的工程量：按设计图示尺寸以斜面积计算。不扣除房上烟囱、风帽底座、风道、小气窗、斜沟等所占面积，小气窗的出檐部分不增加面积。

2. 阳光板屋面、玻璃钢屋面的工程量：按设计图示尺寸以斜面积计算。不扣除屋面面积≤0.3 m² 孔洞所占面积。

3. 膜结构屋面的工程量：按设计图示尺寸以需要覆盖的水平投影面积计算。

4. 屋面卷材防水、屋面涂膜防水的工程量：均按设计图示尺寸以面积计算，斜屋顶（不包括平屋顶找坡）按斜面积计算，平屋顶按水平投影面积计算。不扣除房上烟囱、风帽底座、风道、屋面小气窗和斜沟等所占面积；屋面的女儿墙、伸缩缝和天窗等处的弯起部分，并入屋面工程量内。

5. 屋面刚性层的工程量：按设计图示尺寸以面积计算。不扣除房上烟囱、风帽底座、风道等所占面积。

6. 屋面排水管的工程量：按设计图示尺寸以长度计算。如设计未标注尺寸，以檐口至设计室外散水上表面垂直距离计算。

7. 屋面排（透）气管、屋面变形缝的工程量：按设计图示尺寸以长度计算。

8. 屋面（廊、阳台）泄（吐）气管的工程量：按设计图示数量计算。

9. 屋面天沟、檐沟的工程量：按设计图示尺寸以展开面积计算。

（二）墙面及楼（地）面防水、防潮工程的工程量计算规则

1. 墙面卷材防水、涂膜防水、砂浆防水（潮）的工程量：均按设计图示尺寸以面积计算。

2. 楼（地）面卷材防水、涂膜防水、砂浆防水（潮）的工程量：均按设计图示尺寸以面积计算。

（1）楼（地）面防水：按主墙间净空面积计算，扣除凸出地面的构筑物、设备基础等所占面积，不扣除间壁墙及单个面积≤0.3m² 柱、垛、烟囱和孔洞所占面积。

（2）楼（地）面防水反边高度≤300mm 算作地面防水，反边高度＞300mm 按墙面防水计算。

3. 墙面、楼（地）面变形缝的工程量：按设计图示以长度计算。

二、屋面及防水工程清单项目设置

1. 瓦、型材屋面及其他屋面工程量清单项目设置、项目特征描述的内容、计量单位及工程内容，按表 12-51 的规定执行。

瓦、型材及其他屋面（编码：010901） 表 12-51

项目编码	项目名称	项目特征	计量单位	工程内容
010901001	瓦屋面	1. 瓦品种、规格 2. 粘结层砂浆的配合比		1. 砂浆制作、运输、摊铺、养护 2. 安瓦、作瓦脊
010901002	型材屋面	1. 型材品种、规格 2. 金属檩条材料品种、规格 3. 接缝、嵌缝材料种类		1. 檩条制作、运输、安装 2. 屋面型材安装 3. 接缝、嵌缝
010901003	阳光板屋面	1. 阳光板品种、规格 2. 骨架材料品种、规格 3. 接缝、嵌缝材料种类 4. 油漆品种、刷漆遍数		1. 骨架制作、运输、安装、刷防护材料、油漆 2. 阳光板安装 3. 接缝、嵌缝
010901004	玻璃钢屋面	1. 玻璃钢品种、规格 2. 骨架材料品种、规格 3. 玻璃钢固定方式 4. 接缝、嵌缝材料种类 5. 油漆品种、刷漆遍数	m^2	1. 骨架制作、运输、安装、刷防护材料、油漆 2. 玻璃钢制作、安装 3. 接缝、嵌缝
010901005	膜结构屋面	1. 膜布品种、规格 2. 支柱（网架）钢材品种、规格 3. 钢丝绳品种、规格 4. 锚固基座做法 5. 油漆品种、刷漆遍数		1. 膜布热压胶接 2. 支柱（网架）制作、安装 3. 膜布安装 4. 穿钢丝绳、锚头锚固 5. 锚固基座、挖土、回填 6. 刷防护材料，油漆

2. 屋面防水及其他工程量清单项目设置、项目特征描述的内容、计量单位及工程内容，按表 12-52 的规定执行。

屋面防水及其他（编码：010902） 表 12-52

项目编码	项目名称	项目特征	计量单位	工程内容
010902001	屋面卷材防水	1. 卷材品种、规格、厚度 2. 防水层数 3. 防水层做法	m²	1. 基层处理 2. 刷底油 3. 铺油毡卷材、接缝
010902002	屋面涂膜防水	1. 防水膜品种 2. 涂膜厚度、遍数 3. 增强材料种类		1. 基层处理 2. 刷基层处理剂 3. 铺布、喷涂防水层
010902003	屋面刚性层	1. 刚性层厚度 2. 混凝土种类、强度等级 3. 嵌缝材料种类 4. 钢筋规格、型号		1. 基层处理 2. 混凝土制作、运输、铺筑、养护 3. 钢筋制安
010902004	屋面排水管	1. 排水管品种、规格 2. 雨水斗、山墙出水口品种、规格 3. 接缝、嵌缝材料种类 4. 油漆品种、刷漆遍数	m	1. 排水管及配件安装、固定 2. 雨水斗、山墙出水口、雨水算子安装 3. 接缝、嵌缝 4. 刷漆
010902005	屋面排（透）气管	1. 排（透）气管品种、规格 2. 接缝、嵌缝材料种类 3. 油漆品种、刷漆遍数		1. 排（透）气管及配件安装、固定 2. 铁件制作、安装 3. 接缝、嵌缝 4. 刷漆
010902006	屋面（廊、阳台）泄（吐）水管	1. 吐气管品种、规格 2. 接缝、嵌缝材料种类 3. 吐气管长度 4. 油漆品种、刷漆遍数	根（个）	1. 水管及配件安装、固定 2. 接缝、嵌缝 3. 刷漆
010902007	屋面天沟、檐沟	1. 材料品种、规格 2. 接缝、嵌缝材料种类	m²	1. 天沟材料铺设 2. 天沟配件安装 3. 接缝、嵌缝 4. 刷防护材料
010902008	屋面变形缝	1. 嵌缝材料种类 2. 止水带材料种类 3. 盖缝材料 4. 防护材料种类	m	1. 清缝 2. 填塞防水材料 3. 止水带安装 4. 盖缝制作、安装 5. 刷防护材料

3. 墙面、楼（地）面防水、防潮工程量清单项目设置、项目特征描述的内容、计量单位及工程内容，按表 12-53 的规定执行。

墙面、楼（地）面防水、防潮（编码：010903—010904）　　　　表 12-53

项目编码	项目名称	项目特征	计量单位	工程内容
010903001	墙面卷材防水	1. 卷材品种、规格、厚度 2. 防水层数 3. 防水层做法	m²	1. 基层处理 2. 刷胶粘剂 3. 铺防水卷材 4. 接缝、嵌缝
010903002	墙面涂膜防水	1. 防水膜品种 2. 涂膜厚度、遍数 3. 增强材料种类		1. 基层处理 2. 刷基层处理剂 3. 铺布、喷涂防水层
010903003	墙面砂浆防水（防潮）	1. 防水层做法 2. 砂浆厚度、配合比 3. 钢丝网规格		1. 基层处理 2. 挂钢丝网片 3. 设置分格缝 4. 砂浆制作、运输、摊铺、养护
010903004	墙面变形缝	1. 嵌缝材料种类 2. 止水带材料种类 3. 盖缝材料 4. 防护材料种类	m	1. 清缝 2. 填塞防水材料 3. 止水带安装 4. 盖缝制作、安装 5. 刷防护材料
010904001	楼（地）面卷材防水	1. 卷材品种、规格、厚度 2. 防水层数 3. 防水层做法 4. 反边高度	m²	1. 基层处理 2. 刷胶粘剂 3. 铺防水卷材 4. 接缝、嵌缝
010904002	楼（地）面涂膜防水	1. 防水膜品种 2. 涂膜厚度、遍数 3. 增强材料种类 4. 反边高度		1. 基层处理 2. 刷基层处理剂 3. 铺布、喷涂防水层
010904003	楼（地）面砂浆防水（防潮）	1. 防水层做法 2. 砂浆厚度、配合比 3. 反边高度		1. 基层处理 2. 砂浆制作、运输、摊铺、养护
010904004	楼（地）面变形缝	1. 嵌缝材料种类 2. 止水带材料种类 3. 盖缝材料 4. 防护材料种类	m	1. 清缝 2. 填塞防水材料 3. 止水带安装 4. 盖缝制作、安装 5. 刷防护材料

三、其他相关问题说明

1. 瓦屋面若是在木基层上铺瓦，项目特征不必描述粘结层砂浆的配合比，瓦屋面铺防水层，按表12-52屋面防水及其他中的相关项目编码列项。

2. 型材屋面、阳光板屋面、玻璃钢屋面的柱、梁、屋架等按第六节金属结构工程、第七节木结构工程中的相关项目编码列项。

3. 屋面刚性层无钢筋，其钢筋项目特征不必描述。

4. 屋面找平层、楼（地）面防水找平层均按第十三章第一节楼地面装饰工程"平面砂浆找平层"项目编码列项。墙面找平层按第十三章第二节墙、柱面装饰与隔断、幕墙工程"立面砂浆找平层"项目编码列项。

5. 屋面防水搭接及附加层用量、墙面防水搭接及附加层用量、楼（地）面防水搭接及附加层用量均不另行计算，在综合单价中考虑。

6. 屋面保温、找坡层按第十节保温、隔热、防腐工程"保温隔热屋面"项目编码列项。

7. 墙面变形缝，若做双面，工程量乘系数2。

【例12-12】 计算例7-19的屋面工程的清单工程量。

【解】 平屋顶屋面卷材防水的清单工程量＝水平投影面积＋屋面女儿墙处的弯起部分面积＝711m²

【例12-13】 计算例7-15的地面涂膜防水（聚氨酯防水涂料、2mm厚）的清单工程量。

地面涂膜防水的清单工程量＝主墙间净空面积＋地面防水反边部分面积＝34.86m²

屋面卷材防水、地面涂膜防水的清单报价见表12-54。

分部分项工程和单价措施项目清单与计价表 表12-54

工程名称：某建筑工程　　　　　标段：　　　　　　　　　第　页　共　页

序号	项目编码	项目名称	项目特征描述	计量单位	工程量	金额（元）		
						综合单价	合价	其中 暂估价
1	010902001001	屋面卷材防水	1. 卷材品种、规格、厚度：SBS改性沥青油毡、聚酯胎，3mm＋3mm 2. 防水层数：双层 3. 防水层做法：热熔	m²	711	112.69	80122.59	—
2	010904002001	地面涂膜防水	1. 防水膜品种：聚氨酯防水涂料 2. 涂膜厚度、遍数：2mm厚 3. 增强材料种类：无 4. 反边高度：300mm	m²	34.86	64.03	2232.09	—

第十节　保温、隔热、防腐工程

一、隔热、保温、防腐工程的工程量计算规则

1. 保温隔热屋面的工程量：按设计图示尺寸以面积计算，扣除面积>0.3m² 孔洞所占面积。

2. 保温隔热天棚的工程量：按设计图示尺寸以面积计算，扣除面积>0.3m² 柱、垛、孔洞所占面积，与天棚相连的梁按展开面积，计算并入天棚工程量内。

3. 保温隔热墙面的工程量：按设计图示尺寸以面积计算，扣除门窗洞口以及面积>0.3m² 梁、孔洞所占面积；门窗洞口侧壁以及与墙相连的柱，并入保温墙体工程量内。

4. 保温柱、梁的工程量：按设计图示尺寸以面积计算。

（1）柱按设计图示柱断面保温层中心线展开长度乘保温层高度以面积计算。扣除面积>0.3m² 梁所占面积。

（2）梁按设计图示梁断面保温层中心线展开长度乘保温层长度以面积计算。

5. 保温隔热楼地面的工程量：按设计图示尺寸以面积计算，扣除面积>0.3m² 柱、垛、孔洞所占面积。门洞、空圈、暖气包槽、壁龛的开口部分不增加面积。

6. 其他保温隔热的工程量：按设计图示尺寸以展开面积计算，扣除面积>0.3m² 孔洞所占面积。

7. 防腐混凝土面层、防腐砂浆面层、防腐胶泥面层、玻璃钢防腐面层、聚氯乙烯板面层、块料防腐面层、隔离层、防腐涂料的工程量：均按设计图示尺寸以面积计算。

（1）平面防腐：扣除凸出地面的构筑物、设备基础等以及面积>0.3m² 柱、垛、孔洞等所占面积，门洞、空圈、暖气包槽、壁龛的开口部分不增加面积。

（2）立面防腐：扣除门、窗、洞口以及面积>0.3m² 梁、孔洞等所占面积，门、窗、洞口侧壁、垛突出部分按展开面积并入墙面积内。

8. 池、槽块料防腐面层的工程量：按设计图示尺寸以展开面积计算。

9. 砌筑沥青浸渍砖的工程量：按设计图示尺寸以体积计算。

二、隔热、保温、防腐工程清单项目设置

1. 隔热、保温工程量清单项目设置、项目特征描述的内容、计量单位及工程内容，按表 12-55 的规定执行。

隔热、保温（编码：011001）　　　　　　　　　　　　　　　　表 12-55

项目编码	项目名称	项目特征	计量单位	工程内容
011001001	保温隔热屋面	1. 保温隔热材料品种、规格、厚度 2. 隔汽层材料品种、厚度 3. 粘结材料种类、做法 4. 防护材料种类、做法	m²	1. 基层清理 2. 刷粘结材料 3. 铺粘保温层 4. 铺、刷（喷）防护材料
011001002	保温隔热天棚	1. 保温隔热面层材料品种、规格、性能 2. 保温隔热材料品种、规格、厚度 3. 粘结材料种类、做法 4. 防护材料种类、做法		

项目编码	项目名称	项目特征	计量单位	工程内容
011001003	保温隔热墙面	1. 保温隔热部位 2. 保温隔热方式 3. 踢脚线、勒脚线保温做法 4. 龙骨材料品种、规格 5. 保温隔热面层材料品种、规格、性能 6. 保温隔热材料品种、规格、厚度 7. 增强网及抗裂防水砂浆种类 8. 粘结材料种类、做法 9. 防护材料种类、做法	m²	1. 基层清理 2. 刷界面剂 3. 安装龙骨 4. 填贴保温材料 5. 保温板安装 6. 粘贴面层 7. 铺设增强格网、抹抗裂防水砂浆面层 8. 嵌缝 9. 铺、刷（喷）防护材料
011001004	保温柱、梁			
011001005	保温隔热楼地面	1. 保温隔热部位 2. 保温隔热材料品种、规格、厚度 3. 隔汽层材料品种、厚度 4. 粘结材料种类、做法 5. 防护材料种类、做法		1. 基层清理 2. 刷粘结材料 3. 铺粘保温层 4. 铺、刷（喷）防护材料
011001006	其他保温隔热	1. 保温隔热部位 2. 保温隔热方式 3. 隔汽层材料品种、厚度 4. 保温隔热面层材料品种、规格、性能 5. 保温隔热材料品种、规格、厚度 6. 粘结材料种类、做法 7. 增强网及抗裂防水砂浆种类 8. 防护材料种类、做法		1. 基层清理 2. 刷界面剂 3. 安装龙骨 4. 填贴保温材料 5. 保温板安装 6. 粘贴面层 7. 铺设增强格网、抹抗裂防水砂浆面层 8. 嵌缝 9. 铺、刷（喷）防护材料

2. 防腐面层及其他防腐工程量清单项目设置、项目特征描述的内容、计量单位及工程内容，按表12-56的规定执行。

防腐面层及其他（编码：011002—011003）　　　　表 12-56

项目编码	项目名称	项目特征	计量单位	工程内容
011002001	防腐混凝土面层	1. 防腐部位 2. 面层厚度 3. 混凝土种类 4. 胶泥种类、配合比	m²	1. 基层清理 2. 基层刷稀胶泥 3. 混凝土制作、运输、摊铺、养护
011002002	防腐砂浆面层	1. 防腐部位 2. 面层厚度 3. 砂浆、胶泥种类、配合比		1. 基层清理 2. 基层刷稀胶泥 3. 砂浆制作、运输、摊铺、养护
011002003	防腐胶泥面层	1. 防腐部位 2. 面层厚度 3. 胶泥种类、配合比		1. 基层清理 2. 胶泥调制、摊铺

项目编码	项目名称	项目特征	计量单位	工程内容
011002004	玻璃钢防腐面层	1. 防腐部位 2. 玻璃钢种类 3. 贴布材料种类、层数 4. 面层材料品种	m²	1. 基层清理 2. 刷底漆、刮腻子 3. 胶浆配制、涂刷 4. 粘布、涂刷面层
011002005	聚氯乙烯板面层	1. 防腐部位 2. 面层材料品种、厚度 3. 粘结材料种类		1. 基层清理 2. 配料、涂胶 3. 聚氯乙烯板铺设
011002006	块料防腐面层	1. 防腐部位 2. 块料品种、规格 3. 粘结材料种类 4. 勾缝材料种类		1. 基层清理 2. 铺贴块料 3. 胶泥调制、勾缝
011002007	池、槽块料防腐面层	1. 防腐池、槽名称、代号 2. 块料品种、规格 3. 粘结材料种类 4. 勾缝材料种类		1. 基层清理 2. 铺贴块料 3. 胶泥调制、勾缝
011003001	隔离层	1. 隔离层部位、做法 2. 隔离层材料品种 3. 粘贴材料种类		1. 基层清理、刷油 2. 煮沥青 3. 胶泥调制 4. 隔离层铺设
011003002	砌筑沥青浸渍砖	1. 砌筑部位 2. 浸渍砖规格 3. 胶泥种类 4. 浸渍砖砌法	m³	1. 基层清理 2. 胶泥调制 3. 浸渍砖砌筑
011003003	防腐涂料	1. 涂刷部位 2. 基层材料类型 3. 刮腻子种类、遍数 4. 涂料品种、刷涂遍数	m²	1. 基层清理 2. 刮腻子 3. 刷涂料

三、其他相关问题说明

1. 保温隔热装饰面层按第十三章装饰工程工程量清单中的相关项目编码列项。仅做找平层按第十三章第一节楼地面装饰工程"平面砂浆找平层"或第二节墙、柱面装饰与隔断、幕墙工程"立面砂浆找平层"项目编码列项。

2. 柱帽保温隔热并入天棚保温隔热工程量内。池槽保温隔热按其他保温隔热项目编码列项。

3. 保温隔热方式：指内保温、外保温、夹心保温。

4. 保温柱、梁适用于不与墙、顶棚相连的独立柱、梁。

5. 防腐踢脚线按第十三章第一节楼地面装饰工程中的"踢脚线"项目编码列项。

6. 浸渍砖砌法指平砌、立砌。

【例 12-14】 计算例 7-19 的保温隔热屋面、屋面砂浆找平层、找坡层的清单工程量。

【解】 保温隔热屋面的清单工程量=设计图示尺寸=675m²

屋面砂浆找平层的清单工程量＝防水卷材的清单工程量＝711m²

屋面找坡层的清单工程量＝找坡层的定额工程量＝70.88m³

保温隔热屋面、屋面砂浆找平层、找坡层的清单报价见表12-57。

分部分项工程和单价措施项目清单与计价表 表 12-57

工程名称：某建筑工程　　　　　　　　　　标段：　　　　　　　　　第 页 共 页

序号	项目编码	项目名称	项目特征描述	计量单位	工程量	金额（元）		
						综合单价	合价	其中 暂估价
1	011001001001	保温隔热屋面	保温隔热材料品种、规格、厚度：粘贴挤塑聚苯板、50mm 厚 粘结材料：胶粘砂浆 DEA	m²	675	54.10	36517.50	—
2	011001001002	屋面找坡层	材料品种：1：1.5：4 陶粒混凝土 厚度：最低处 30mm，2％ 找坡	m³	70.88	529.62	37539.47	—
3	011101006001	屋面砂浆找平层	找平层及保护层厚度、砂浆配合比：20mm 厚 DS 砂浆找平层（防水底层）、20mm 厚 DS 砂浆保护层（防水面层）	m²	711	39.35	27977.85	—

复 习 题

1. 平整场地的工程量如何计算？挖基础土方的工程量如何计算？与定额的工程量是否相同？

2. 砌筑工程量如何计算？砌块墙体高度如何确定？基础和结构的划分界限在哪里？

3. 混凝土结构的梁、板、柱的工程量如何计算？

4. 钢筋工程的工程量如何计算？

5. 屋面工程如何计算工程量？屋面工程中的水泥砂浆找平层按什么项目编码列项？屋面工程中的隔气层按什么项目编码列项？

6. 防水工程如何计算工程量？防水工程计算工程量时应注意什么问题？

7. 保温隔热屋面、保温隔热天棚的工程量如何计算？

8. 混凝土工程中的柱高、梁长、墙高是如何规定计算尺寸的？

9. 平板、无梁板、有梁板和叠合板的清单工程量是如何计算的？

10. 柱帽的体积应并入什么工程量内？

11. 计算楼梯的混凝土工程量是否扣除梯井？

12. 现浇混凝土基础垫层和灰土垫层的项目编码是否相同？

13. 各分部分项工程的工程内容包括哪些？

14. 各分部分项工程的计量单位是否有扩大计量单位？如：10m³、100m²。

15. 门窗的工程量是否按门窗的框外围面积计算？

16. 填空题：

1）在工程量清单计价规范中，平整场地的工程量等于_____。

2）在工程量清单计价规范中，计算挖基础土方工程量时不考虑_____、_____等因素造成的实际增加的土方量。

3）在工程量清单计价规范中，计算砌体工程量时应扣减门窗的_____体积。

4）在工程量清单计价规范中，现浇混凝土构件的工程量按_____计算。

17. 按工程量清单计价规范，计算教材第七章复习题第十二题的相应清单工程量并组价。

18. 根据企业定额的相关规定、图纸及以下有关说明，计算混合结构二层办公楼的相关项目清单工程量和综合单价。（保留小数点后两位数字）

12-1

第十三章　装饰工程工程量清单和措施项目清单的编制

本章学习重点：装饰工程工程量清单和措施项目清单的编制。

本章学习要求：掌握楼地面装饰工程、墙、柱面装饰与隔断、幕墙工程、天棚工程、油漆、涂料、裱糊工程的工程量计算规则；熟悉其他装饰工程、措施项目的工程量计算规则；熟悉各分部工程清单项目设置、项目特征描述的内容及工程内容；了解其他相关问题说明。

本章以《房屋建筑与装饰工程工程量清单计价规范》GB 50854—2013 为依据，介绍装饰工程工程量清单和措施项目清单的编制及组价。

第一节　楼地面装饰工程

一、楼地面装饰工程的工程量计算规则

1. 整体面层：包括水泥砂浆楼地面、现浇水磨石楼地面、细石混凝土楼地面、菱苦土楼地面、自流平楼地面。其工程量均按设计图示尺寸以面积计算。扣除凸出地面的构筑物、设备基础、室内铁道、地沟等所占面积，不扣除间壁墙及≤0.3m² 柱、垛、附墙烟囱及孔洞所占面积。门洞、空圈、暖气包槽、壁龛的开口部分不增加面积。

2. 块料面层：包括石材楼地面、碎石材楼地面和块料楼地面。其工程量均按设计图示尺寸以面积计算。门洞、空圈、暖气包槽、壁龛的开口部分并入相应的工程量内。

3. 橡塑面层：包括橡胶板楼地面、橡胶板卷材楼地面、塑料板楼地面和塑料卷材楼地面。其工程量均按设计图示尺寸以面积计算。门洞、空圈、暖气包槽、壁龛的开口部分并入相应的工程量内。

4. 其他材料面层：包括地毯楼地面、竹、木（复合）地板、金属复合地板、防静电活动地板。其工程量均按设计图示尺寸以面积计算。门洞、空圈、暖气包槽、壁龛的开口部分并入相应的工程量内。

5. 踢脚线：包括水泥砂浆踢脚线、石材踢脚线、块料踢脚线、塑料板踢脚线、木质踢脚线、防静电踢脚线、金属踢脚线。其工程量均按设计图示长度乘高度以面积或按延长米计算。

6. 楼梯面层：包括石材楼梯面层、块料楼梯面层、拼碎块料面层、水泥砂浆楼梯面层、现浇水磨石楼梯面层、地毯楼梯面层、木板楼梯面层、橡胶板楼梯面层、塑料板楼梯面层。其工程量均按设计图示尺寸以楼梯（包括踏步、休息平台及≤500mm 的楼梯井）水平投影面积计算。楼梯与楼地面相连时，算至梯口梁内侧边沿；无梯口梁者，算至最上一层踏步边沿加 300mm。

7. 台阶装饰：包括水泥砂浆台阶面、现浇水磨石台阶面、石材台阶面、块料台阶面、拼碎块料台阶面、剁假石台阶面。其工程量均按设计图示尺寸以台阶（包括最上层踏步边沿加 300mm）水平投影面积计算。

8.零星装饰项目：包括石材零星项目、拼碎石材零星项目、水泥砂浆零星项目、块料零星项目。其工程量均按设计图示尺寸以面积计算。

9.平面砂浆找平层的工程量：按设计图示尺寸以面积计算。

二、楼地面工程清单项目设置

1.整体面层及找平层工程量清单项目设置、项目特征描述的内容、计量单位及工作内容按表 13-1 的规定执行。

整体面层及找平层（编码：011101）   表 13-1

项目编码	项目名称	项目特征	计量单位	工程内容
011101001	水泥砂浆楼地面	1. 找平层厚度、砂浆配合比 2. 素水泥浆遍数 3. 面层厚度、砂浆配合比 4. 面层做法要求	m^2	1. 基层清理 2. 抹找平层 3. 抹面层 4. 材料运输
011101002	现浇水磨石楼地面	1. 找平层厚度、砂浆配合比 2. 面层厚度、水泥石子浆配合比 3. 嵌条材料种类、规格 4. 石子种类、规格、颜色 5. 颜料种类、颜色 6. 图案要求 7. 磨光、酸洗、打蜡要求		1. 基层清理 2. 抹找平层 3. 面层铺设 4. 嵌缝条安装 5. 磨光、酸洗、打蜡 6. 材料运输
011101003	细石混凝土楼地面	1. 找平层厚度、砂浆配合比 2. 面层厚度、混凝土强度等级		1. 基层清理 2. 抹找平层 3. 面层铺设 4. 材料运输
011101004	菱苦土楼地面	1. 找平层厚度、砂浆配合比 2. 面层厚度 3. 打蜡要求		1. 清理基层 2. 抹找平层 3. 面层铺设 4. 打蜡 5. 材料运输
011101005	自流平楼地面	1. 找平层厚度、砂浆配合比 2. 界面剂材料种类 3. 中层漆材料种类、厚度 4. 面漆材料种类、厚度 5. 面层材料种类		1. 基层处理 2. 抹找平层 3. 涂界面剂 4. 涂刷中层漆 5. 打磨、吸尘 6. 镘自流平面漆（浆） 7. 拌合自流平浆料 8. 铺面层
011101006	平面砂浆找平层	找平层厚度、砂浆配合比		1. 基层清理 2. 抹找平层 3. 材料运输

2. 块料面层工程量清单项目设置、项目特征描述的内容、计量单位及工作内容按表 13-2 的规定执行。

块料面层（编码：011102）   表 13-2

项目编码	项目名称	项目特征	计量单位	工程内容
011102001	石材楼地面	1. 找平层厚度、砂浆配合比 2. 结合层厚度、砂浆配合比 3. 面层材料品种、规格、颜色 4. 嵌缝材料种类 5. 防护层材料种类 6. 酸洗、打蜡要求	m²	1. 基层清理、抹找平层 2. 面层铺设、磨边 3. 嵌缝 4. 刷防护材料 5. 酸洗、打蜡 6. 材料运输
011102002	碎石材楼地面			
011102003	块料楼地面			

3. 橡塑面层工程量清单项目设置、项目特征描述的内容、计量单位及工作内容按表 13-3 的规定执行。

橡塑面层（编码：011103）   表 13-3

项目编码	项目名称	项目特征	计量单位	工程内容
011103001	橡胶板楼地面	1. 粘结层厚度、材料种类 2. 面层材料品种、规格、颜色 3. 压线条种类	m²	1. 清理基层 2. 面层铺贴 3. 压缝条装钉 4. 材料运输
011103002	橡胶板卷材楼地面			
011103003	塑料板楼地面			
011103004	塑料卷材楼地面			

4. 其他材料面层工程量清单项目设置、项目特征描述的内容、计量单位及工作内容按表 13-4 的规定执行。

其他材料面层（编码：011104）   表 13-4

项目编码	项目名称	项目特征	计量单位	工程内容
011104001	地毯楼地面	1. 面层材料品种、规格、颜色 2. 防护材料种类 3. 粘结材料种类 4. 压线条种类	m²	1. 基层清理 2. 铺贴面层 3. 刷防护材料 4. 装钉压条 5. 材料运输
011104002	竹、木（复合）地板	1. 龙骨材料种类、规格、铺设间距 2. 基层材料种类、规格 3. 面层材料品种、规格、颜色 4. 防护材料种类		1. 基层清理 2. 龙骨铺设 3. 基层铺设 4. 面层铺贴 5. 刷防护材料 6. 材料运输
011104003	金属复合地板			
011104004	防静电活动地板	1. 支架高度、材料种类 2. 面层材料品种、规格、颜色 3. 防护材料种类		1. 基层清理 2. 固定支架安装 3. 活动面层安装 4. 刷防护材料 5. 材料运输

5. 踢脚线工程量清单项目设置、项目特征描述的内容、计量单位及工作内容按表 13-5 的规定执行。

踢脚线（编码：011105） 表 13-5

项目编码	项目名称	项目特征	计量单位	工程内容
011105001	水泥砂浆踢脚线	1. 踢脚线高度 2. 底层厚度、砂浆配合比 3. 面层厚度、砂浆配合比	m²/m	1. 基层清理 2. 底层和面层抹灰 3. 材料运输
011105002	石材踢脚线	1. 踢脚线高度 2. 粘贴层厚度、材料种类 3. 面层材料品种、规格、颜色 4. 防护材料种类		1. 基层清理 2. 底层抹灰 3. 面层铺贴、磨边 4. 擦缝 5. 磨光、酸洗、打蜡 6. 刷防护材料 7. 材料运输
011105003	块料踢脚线			
011105004	塑料板踢脚线	1. 踢脚线高度 2. 粘结层厚度、材料种类 3. 面层材料种类、规格、颜色		1. 基层清理 2. 基层铺贴 3. 面层铺贴 4. 材料运输
011105005	木质踢脚线	1. 踢脚线高度 2. 基层材料种类、规格 3. 面层材料品种、规格、颜色		
011105006	金属踢脚线			
011105007	防静电踢脚线			

6. 楼梯面层工程量清单项目设置、项目特征描述的内容、计量单位及工作内容按表 13-6 的规定执行。

楼梯面层（编码：011106） 表 13-6

项目编码	项目名称	项目特征	计量单位	工程内容
011106001	石材楼梯面层	1. 找平层厚度、砂浆配合比 2. 粘结层厚度、材料种类 3. 面层材料品种、规格、颜色 4. 防滑条材料种类、规格 5. 勾缝材料种类 6. 防护材料种类 7. 酸洗、打蜡要求	m²	1. 基层清理 2. 抹找平层 3. 面层铺贴、磨边 4. 贴嵌防滑条 5. 勾缝 6. 刷防护材料 7. 酸洗、打蜡 8. 材料运输
011106002	块料楼梯面层			
011106003	拼碎块料面层			

项目编码	项目名称	项目特征	计量单位	工程内容
011106004	水泥砂浆楼梯面层	1. 找平层厚度、砂浆配合比 2. 面层厚度、砂浆配合比 3. 防滑条材料种类、规格		1. 基层清理 2. 抹找平层 3. 抹面层 4. 抹防滑条 5. 材料运输
011106005	现浇水磨石楼梯面层	1. 找平层厚度、砂浆配合比 2. 面层厚度、水泥石子浆配合比 3. 防滑条材料种类、规格 4. 石子种类、规格、颜色 5. 颜色种类、颜色 6. 磨光、酸洗、打蜡要求		1. 基层清理 2. 抹找平层 3. 抹面层 4. 贴嵌防滑条 5. 磨光、酸洗、打蜡 6. 材料运输
011106006	地毯楼梯面层	1. 基层种类 2. 面层材料品种、规格、颜色 3. 防护材料种类 4. 粘结材料种类 5. 固定配件材料种类、规格	m²	1. 基层清理 2. 铺贴面层 3. 固定配件安装 4. 刷防护材料 5. 材料运输
011106007	木板楼梯面层	1. 基层材料种类、规格 2. 面层材料品种、规格、颜色 3. 粘结材料种类 4. 防护材料种类		1. 基层清理 2. 基层铺贴 3. 面层铺贴 4. 刷防护材料 5. 材料运输
011106008	橡胶板楼梯面层	1. 粘结层厚度、材料种类 2. 面层材料品种、规格、颜色 3. 压缝条种类		1. 基层清理 2. 面层铺贴 3. 压缝条装钉 4. 材料运输
011106009	塑料板楼梯面层			

7. 台阶装饰工程量清单项目设置、项目特征描述的内容、计量单位及工作内容按表13-7的规定执行。

台阶装饰（编码：011107）　　　　　　　　　　　　　　表13-7

项目编码	项目名称	项目特征	计量单位	工程内容
011107001	石材台阶面	1. 找平层厚度、砂浆配合比 2. 粘结材料种类 3. 面层材料品种、规格、颜色 4. 勾缝材料种类 5. 防滑条材料种类、规格 6. 防护材料种类	m²	1. 基层清理 2. 抹找平层 3. 面层铺贴 4. 贴嵌防滑条 5. 勾缝 6. 刷防护材料 7. 材料运输
011107002	块料台阶面			
011107003	拼碎块料台阶面			

项目编码	项目名称	项目特征	计量单位	工程内容
011107004	水泥砂浆台阶面	1. 找平层厚度、砂浆配合比 2. 面层厚度、砂浆配合比 3. 防滑条材料种类	m²	1. 基层清理 2. 抹找平层 3. 抹面层 4. 抹防滑条 5. 材料运输
011107005	现浇水磨石台阶面	1. 找平层厚度、砂浆配合比 2. 面层厚度、水泥石子浆配合比 3. 防滑条材料种类、规格 4. 石子种类、规格、颜色 5. 颜料种类、颜色 6. 磨光、酸洗、打蜡要求		1. 清理基层 2. 抹找平层 3. 抹面层 4. 贴嵌防滑条 5. 打磨、酸洗、打蜡 6. 材料运输
011107006	剁假石台阶面	1. 找平层厚度、砂浆配合比 2. 面层厚度、砂浆配合比 3. 剁假石要求		1. 清理基层 2. 抹找平层 3. 抹面层 4. 剁假石 5. 材料运输

8. 零星装饰项目工程量清单项目设置、项目特征描述的内容、计量单位及工作内容按表 13-8 的规定执行。

零星装饰项目（编码：011108）　　　　　　　　　　　　　　表 13-8

项目编码	项目名称	项目特征	计量单位	工程内容
011108001	石材零星项目	1. 工程部位 2. 找平层厚度、砂浆配合比 3. 贴结合层厚度、材料种类 4. 面层材料品种、规格、颜色 5. 勾缝材料种类 6. 防护材料种类 7. 酸洗、打蜡要求	m²	1. 清理基层 2. 抹找平层 3. 面层铺贴、磨边 4. 勾缝 5. 刷防护材料 6. 酸洗、打蜡 7. 材料运输
011108002	拼碎石材零星项目			
011108003	块料零星项目			
011108004	水泥砂浆零星项目	1. 工程部位 2. 找平层厚度、砂浆配合比 3. 面层厚度、砂浆厚度		1. 清理基层 2. 抹找平层 3. 抹面层 4. 材料运输

三、其他相关问题说明

1. 水泥砂浆面层处理是拉毛还是提浆压光，应在面层做法要求中描述。

2. 平面砂浆找平层只适用于仅做找平层的平面抹灰。

3. 间壁墙指墙厚≤120mm 的墙。

4. 楼地面混凝土垫层按第十二章第五节混凝土及钢筋混凝土工程中的垫层项目编码列项，除混凝土外的其他材料垫层按第十二章第四节砌筑工程中的垫层项目编码列项。

5. 在描述碎石材项目的面层材料特征时，可不用描述规格、颜色。

6. 石材、块料与粘结材料的结合面刷防渗材料的种类在防护材料种类中描述。

7. 表中工作内容的磨边指施工现场磨边。后面章节工作内容中涉及的磨边含义同。

8. 橡塑面层做法中如涉及找平层，另按表 13-1 的找平层项目编码列项。

9. 楼梯、台阶牵边和侧面镶贴块料面层、不大于 $0.5m^2$ 的少量分散的楼地面镶贴块料面层，应按表 13-8 中项目编码列项。

【例 13-1】 根据《13 版规范》、企业定额、施工图纸（图 13-1～图 13-4）等，计算某混合结构二层办公楼的楼地面工程的清单工程量和综合单价。（保留小数点后两位数字）

工程概况：同第十二章复习题第 18 题。另外，外墙面、墙裙均为抹底灰，外墙为凹凸型涂料，外墙裙为块料，墙裙高 900mm。楼地面做法为楼 8D，地面砖每块规格为 400mm×400mm；踢脚材质为地砖，高 120mm。顶棚为抹灰耐擦洗涂料（棚 6B），一层办公室内墙面为抹灰、耐擦洗涂料，二层会议室内墙面为抹灰、壁纸墙面。C1 为双玻平开塑钢窗，外窗口侧壁宽 200mm，内窗口侧壁宽 80mm，M1 为松木带亮自由门；M2 为胶合板门，门框位置居中，框宽 100mm。材料做法见表 13-9。

材料做法表 表 13-9

序　号	做　法	备　注
楼 8D	1. 8mm 厚铺地砖（400mm×400mm），稀水泥浆擦缝 2. 6mm 厚建筑胶水泥砂浆粘结层 3. 素水泥浆一道（内掺建筑胶） 4. 35mm 厚 C15 细石混凝土找平层（现场搅拌） 5. 素水泥浆一道（内掺建筑胶） 6. 钢筋混凝土楼板	地砖规格 400mm×400mm
棚 6B	1. 耐擦洗涂料 2. 2mm 厚精品粉刷石膏罩面压实赶光 3. 6mm 厚粉刷石膏打底找平，木抹子抹毛面 4. 素水泥浆一道甩毛（内掺建筑胶）	
内墙 5A	1. 喷涂白色耐擦洗涂料 2. 5mm 厚 1：2.5 水泥砂浆找平 3. 9mm 厚 1：3 水泥砂浆打底扫毛或划出纹道	
外墙 24A	1. 喷丙烯酸酯共聚乳液罩面涂料一遍 2. 喷苯丙共聚乳液厚涂料一遍 3. 喷带色的面涂料一遍 4. 喷封底涂料一遍，增强粘结力 5. 6mm 厚 1：2.5 水泥砂浆找平扫毛或划出纹道 6. 12mm 厚 1：3 水泥砂浆打底扫毛或划出纹道	

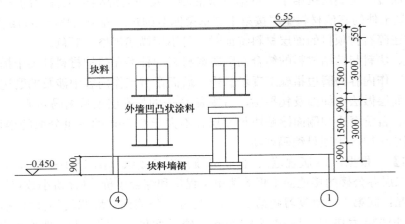

图 13-1　北立面图

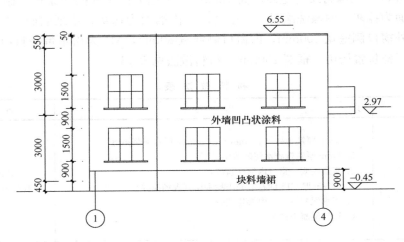

图 13-2　南立面图

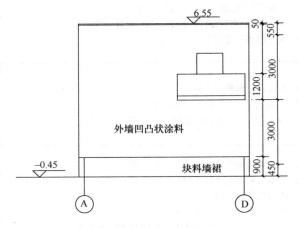

图 13-3　东立面图

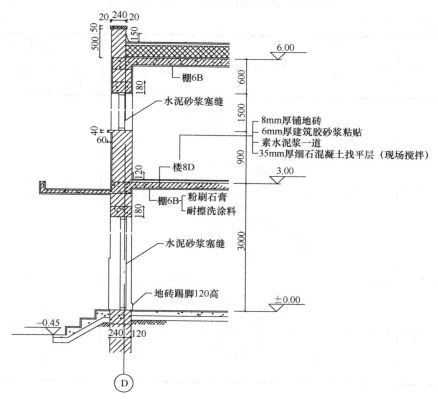

图 13-4　外墙大样详图

【解】

块料楼地面（楼 8D）的清单工程量＝图示面积

一层块料地面的清单工程量＝各房间的净面积(含楼梯间净面积)＝(2.7－0.24)(6－0.24)＋(2.7－0.24)(7.2－0.24)＋(3.6－0.24)(4.5－0.24)×2＝59.92m²

二层块料楼面的清单工程量＝各房间的净面积(不含楼梯间净面积)＝(2.7－0.24)(7.2－0.24)＋(7.2－0.24)(4.5－0.24)＝46.77m²

合计＝59.92＋46.77＝106.69 m²

块料踢脚(地砖)线的清单工程量＝图示长度

一层踢脚的清单工程量长度＝(2.7－0.24＋6－0.24)×2＋(2.7－0.24＋7.2－0.24)×2＋(3.6－0.24＋4.5－0.24)×2×2－3M1 洞口宽度－4M2 洞口宽度＋门洞口侧壁长度＝16.44＋18.84＋30.48－3.6－3.6＋1.1＝59.66m

二层踢脚的清单工程量长度＝一层踢脚的清单工程量扣减楼梯间的净长度＝18.84＋(7.2－0.24＋4.5－0.24)×2－5M2 洞口宽度－M1 洞口宽度＋门洞口侧壁长度＝18.84＋22.44－5×0.9－1.2＋0.96＝36.54m

合计＝59.66＋36.54＝96.20m

块料楼地面、块料踢脚的清单报价见表 13-10。

分部分项工程和单价措施项目清单与计价表　　　　　　　　　表 13-10

工程名称：某建筑工程　　　　　　　　　标段：　　　　　　　　　第 页 共 页

序号	项目编码	项目名称	项目特征描述	计量单位	工程量	金额（元）		
						综合单价	合价	其中
								暂估价
1	011102003001	块料楼地面	1. 找平层厚度、砂浆配合比：35mm 厚 C15 细石混凝土找平层 2. 结合层厚度、砂浆配合比：6 厚建筑胶水泥砂浆 3. 面层材料品种、规格、颜色：8mm 厚米色地砖（400mm×400mm），稀水泥浆擦缝（详见设计图纸） 4. 嵌缝材料种类：硬质合金锯片 5. 酸洗、打蜡	m²	106.69	120.56	12862.55	—
2	011105003001	块料踢脚线	1. 踢脚高度：120mm 2. 粘结层材料厚度、种类：8 厚，胶粘剂 DTA 砂浆 3. 面层材料种类：8mm 厚米色地砖，白水泥擦缝	m	96.20	28.11	2704.18	—

第二节　墙、柱面装饰与隔断、幕墙工程

一、墙、柱面装饰与隔断、幕墙工程的工程量计算规则

1. 墙面抹灰包括墙面一般抹灰、墙面装饰抹灰、墙面勾缝和立面砂浆找平。其工程量均按设计图示尺寸以面积计算。扣除墙裙、门窗洞口及单个 $>0.3m^2$ 的孔洞面积，不扣除踢脚线、挂镜线和墙与构件交接处的面积，门窗洞口和孔洞的侧壁及顶面不增加面积。附墙柱、梁、垛、烟囱侧壁并入相应的墙面面积内。

（1）外墙抹灰面积按外墙垂直投影面积计算；

（2）外墙裙抹灰面积按其长度乘以高度计算；

（3）内墙抹灰面积按主墙间的净长乘以高度计算。内墙无墙裙的，高度按室内楼地面至天棚底面计算。内墙有墙裙的，高度按墙裙顶至天棚底面计算。有吊顶天棚抹灰，高度算至天棚底。

（4）内墙裙抹灰面按内墙净长乘以高度计算。

2. 柱（梁）面抹灰包括柱（梁）面一般抹灰、柱（梁）面装饰抹灰、柱（梁）面砂浆找平和柱面勾缝。其工程量按设计图示柱（梁）断面周长乘高度（或长度）以面积计算。

3. 零星抹灰包括零星项目一般抹灰、零星项目装饰抹灰和零星项目砂浆找平。其工程量按设计图示尺寸以面积计算。

4. 墙面块料面层包括石材墙面、拼碎石材墙面和块料墙面。其工程量按镶贴表面积计算。

5. 干挂石材钢骨架的工程量按设计图示尺寸以质量计算。

6. 柱（梁）面镶贴块料包括石材柱面、拼碎块柱面、块料柱面、石材梁面和块料梁面。其工程量按镶贴表面积计算。

7. 镶贴零星块料包括石材零星项目、拼碎块零星项目和块料零星项目。其工程量按镶贴表面积计算。

8. 墙饰面指墙面装饰板和墙面装饰浮雕。其中，墙面装饰板的工程量按设计图示墙净长乘净高以面积计算，扣除门窗洞口及单个＞0.3m² 的孔洞所占面积。墙面装饰浮雕的工程量按设计图示尺寸以面积计算。

9. 柱（梁）饰面的工程量按设计图示饰面外围尺寸以面积计算。柱帽、柱墩并入相应柱饰面工程量内。

10. 成品装饰柱的工程量按设计数量或长度计算。

11. 幕墙分为带骨架幕墙和全玻（无框玻璃）幕墙两种。其中，带骨架幕墙的工程量按设计图示框外围尺寸以面积计算，与幕墙同种材质的窗所占面积不扣除。全玻（无框玻璃）幕墙的工程量按设计图示尺寸以面积计算，带肋全玻幕墙按展开面积计算。

12. 隔断的计算规则按材质分以下几种：

（1）木隔断、金属隔断的工程量按设计图示框外围尺寸以面积计算。不扣除单个≤0.3m² 的孔洞所占面积；浴厕门的材质与隔断相同时，门的面积并入隔断面积内。

（2）玻璃隔断、塑料隔断、其他隔断的工程量按设计图示框外围尺寸以面积计算。不扣除单个≤0.3m² 的孔洞所占面积。

（3）成品隔断的工程量按设计图示框外围尺寸以面积或按设计间的数量计算。

二、墙、柱面装饰与隔断、幕墙工程清单项目设置

1. 墙面抹灰工程量清单项目设置、项目特征描述的内容、计量单位及工作内容按表 13-11 的规定执行。

墙面抹灰（编码：011201）

表 13-11

项目编码	项目名称	项目特征	计量单位	工程内容
011201001	墙面一般抹灰	1. 墙体类型 2. 底层厚度、砂浆配合比 3. 面层厚度、砂浆配合比 4. 装饰面材料种类 5. 分格缝宽度、材料种类	m²	1. 基层清理 2. 砂浆制作、运输 3. 底层抹灰 4. 抹面层 5. 抹装饰面 6. 勾分格缝
011201002	墙面装饰抹灰			
011201003	墙面勾缝	勾缝类型、勾缝材料种类		1. 基层清理 2. 砂浆制作、运输 3. 勾缝
011201004	立面砂浆找平层	1. 基层类型 2. 砂浆找平层厚度、砂浆配合比		1. 基层清理 2. 砂浆制作、运输 3. 抹灰找平

2. 柱（梁）面抹灰工程量清单项目设置、项目特征描述的内容、计量单位及工作内容按表 13-12 的规定执行。

柱（梁）面抹灰（编码：011202）　　　　　　　　　　　　表 13-12

项目编码	项目名称	项目特征	计量单位	工程内容
011202001	柱、梁面一般抹灰	1. 柱（梁）体类型 2. 底层厚度、砂浆配合比 3. 面层厚度、砂浆配合比 4. 装饰面材料种类 5. 分格缝宽度、材料种类	m²	1. 基层清理 2. 砂浆制作、运输 3. 底层抹灰 4. 抹面层 5. 勾分格缝
011202002	柱、梁面装饰抹灰			
011202003	柱、梁面砂浆找平	1. 柱（梁）体类型 2. 找平的砂浆厚度、配合比		1. 基层清理 2. 砂浆制作、运输 3. 抹灰找平
011202004	柱面勾缝	勾缝类型、勾缝材料种类		1. 基层清理 2. 砂浆制作、运输 3. 勾缝

3. 零星抹灰工程量清单项目设置、项目特征描述的内容、计量单位及工作内容按表 13-13 的规定执行。

零星抹灰（编码：011203）　　　　　　　　　　　　表 13-13

项目编码	项目名称	项目特征	计量单位	工程内容
011203001	零星项目一般抹灰	1. 基层类型、部位 2. 底层厚度、砂浆配合比 3. 面层厚度、砂浆配合比 4. 装饰面材料种类 5. 分格缝宽度、材料种类	m²	1. 基层清理 2. 砂浆制作、运输 3. 底层抹灰 4. 抹面层 5. 抹装饰面 6. 勾分格缝
011203002	零星项目装饰抹灰			
011203003	零星项目砂浆找平	1. 基层类型、部位 2. 找平的砂浆厚度、配合比		1. 基层清理 2. 砂浆制作、运输 3. 抹灰找平

4. 墙面块料面层工程量清单项目设置、项目特征描述的内容、计量单位及工作内容按表 13-14 的规定执行。

墙面块料面层（编码：011204） 表 13-14

项目编码	项目名称	项目特征	计量单位	工程内容
011204001	石材墙面	1. 墙体类型 2. 安装方式 3. 面层材料品种、规格、颜色 4. 缝宽、嵌缝材料种类 5. 防护材料种类 6. 磨光、酸洗、打蜡要求	m²	1. 基层清理 2. 砂浆制作、运输 3. 粘结层铺贴 4. 面层安装 5. 嵌缝 6. 刷防护材料 7. 磨光、酸洗、打蜡
011204002	拼碎石材墙面			
011204003	块料墙面			
011204004	干挂石材钢骨架	1. 骨架种类、规格 2. 防锈漆品种、遍数	t	1. 骨架制作、运输、安装 2. 刷漆

5. 柱（梁）面镶贴块料工程量清单项目设置、项目特征描述的内容、计量单位及工作内容按表 13-15 的规定执行。

柱（梁）面镶贴块料（编码：011205） 表 13-15

项目编码	项目名称	项目特征	计量单位	工程内容
011205001	石材柱面	1. 柱截面类型、尺寸 2. 安装方式 3. 面层材料品种、规格、颜色 4. 缝宽、嵌缝材料种类 5. 防护材料种类 6. 磨光、酸洗、打蜡要求	m²	1. 基层清理 2. 砂浆制作、运输 3. 粘结层铺贴 4. 面层安装 5. 嵌缝 6. 刷防护材料 7. 磨光、酸洗、打蜡
011205002	块料柱面			
011205003	拼碎块柱面			
011205004	石材梁面	1. 安装方式 2. 面层材料品种、规格、颜色 3. 缝宽、嵌缝材料种类 4. 防护材料种类 5. 磨光、酸洗、打蜡要求		
011205005	块料梁面			

6. 镶贴零星块料工程量清单项目设置、项目特征描述的内容、计量单位及工作内容按表 13-16 的规定执行。

镶贴零星块料（编码：011206） 表 13-16

项目编码	项目名称	项目特征	计量单位	工程内容
011206001	石材零星项目	1. 基层类型、部位 2. 安装方式 3. 面层材料品种、规格、颜色 4. 缝宽、嵌缝材料种类 5. 防护材料种类 6. 磨光、酸洗、打蜡要求	m²	1. 基层清理 2. 砂浆制作、运输 3. 面层安装 4. 嵌缝 5. 刷防护材料 6. 磨光、酸洗、打蜡
011206002	块料零星项目			
011206003	拼碎块零星项目			

7. 墙饰面工程量清单项目设置、项目特征描述的内容、计量单位及工作内容按表 13-17 的规定执行。

墙饰面（编码：011207）　　　　　　　　　　　　表 13-17

项目编码	项目名称	项目特征	计量单位	工程内容
011207001	墙面装饰板	1. 龙骨材料种类、规格、中距 2. 隔离层材料种类、规格 3. 基层材料种类、规格 4. 面层材料品种、规格、颜色 5. 压条材料种类、规格	m²	1. 基层清理 2. 龙骨制作、运输、安装 3. 钉隔离层 4. 基层铺钉 5. 面层铺贴
011207002	墙面装饰浮雕	1. 基层类型 2. 浮雕材料种类、浮雕样式		1. 基层清理 2. 材料制作、运输 3. 安装成型

8. 柱（梁）饰面工程量清单项目设置、项目特征描述的内容、计量单位及工作内容按表 13-18 的规定执行。

柱（梁）饰面（编码：011208）　　　　　　　　　　表 13-18

项目编码	项目名称	项目特征	计量单位	工程内容
011208001	柱（梁）面装饰	1. 龙骨材料种类、规格、中距 2. 隔离层材料种类 3. 基层材料种类、规格 4. 面层材料品种、规格、颜色 5. 压条材料种类、规格	m²	1. 基层清理 2. 龙骨制作、运输、安装 3. 钉隔离层 4. 基层铺钉 5. 面层铺贴
011208002	成品装饰柱	柱截面、高度尺寸、柱材质	根/m	柱运输、固定、安装

9. 幕墙工程量清单项目设置、项目特征描述的内容、计量单位及工作内容按表 13-19 的规定执行。

幕墙（编码：011209）　　　　　　　　　　　　　表 13-19

项目编码	项目名称	项目特征	计量单位	工程内容
011209001	带骨架幕墙	1. 骨架材料种类、规格、中距 2. 面层材料品种、规格、颜色 3. 面层固定方式 4. 隔离带、框边封闭材料品种、规格 5. 嵌缝、塞口材料种类	m²	1. 骨架制作、运输、安装 2. 面层安装 3. 隔离带、框边封闭 4. 嵌缝、塞口 5. 清洗
011209002	全玻（无框玻璃）幕墙	1. 玻璃品种、规格、颜色 2. 粘结塞口材料种类 3. 固定方式		1. 幕墙安装 2. 嵌缝、塞口 3. 清洗

10. 隔断工程量清单项目设置、项目特征描述的内容、计量单位及工作内容按表13-20的规定执行。

隔断（编码：011210）　　　　　　　　　　　　　　表 13-20

项目编码	项目名称	项目特征	计量单位	工程内容
011210001	木隔断	1. 骨架、边框材料种类、规格 2. 隔板材料品种、规格、颜色 3. 嵌缝、塞口材料品种 4. 压条材料种类	m²	1. 骨架及边框制作、运输、安装 2. 隔板制作、运输、安装 3. 嵌缝、塞口 4. 装钉压条
011210002	金属隔断	1. 骨架、边框材料种类、规格 2. 隔板材料品种、规格、颜色 3. 嵌缝、塞口材料品种	m²	1. 骨架及边框制作、运输、安装 2. 隔板制作、运输、安装 3. 嵌缝、塞口
011210003	玻璃隔断	1. 边框材料种类、规格 2. 玻璃品种、规格、颜色 3. 嵌缝、塞口材料品种		1. 边框制作、运输、安装 2. 玻璃制作、运输、安装 3. 嵌缝、塞口
011210004	塑料隔断	1. 边框材料种类、规格 2. 隔板材料品种、规格、颜色 3. 嵌缝、塞口材料品种		1. 骨架及边框制作、运输、安装 2. 隔板制作、运输、安装 3. 嵌缝、塞口
011210005	成品隔断	1. 隔断材料品种、规格、颜色 2. 配件品种、规格	m²/间	1. 隔断运输、安装 2. 嵌缝、塞口
011210006	其他隔断	1. 骨架、边框材料种类、规格 2. 隔板材料品种、规格、颜色 3. 嵌缝、塞口材料品种	m²	1. 骨架及边框安装 2. 隔板安装 3. 嵌缝、塞口

三、其他相关问题说明

1. 立面砂浆找平项目适用于仅做找平层的立面抹灰。

2. 墙面抹石灰砂浆、水泥砂浆、混合砂浆、聚合物水泥砂浆、麻刀石灰浆、石膏灰浆等按表13-11中墙面一般抹灰列项；墙面水刷石、斩假石、干粘石、假面砖等按表13-11中墙面装饰抹灰列项。

3. 飘窗凸出外墙面增加的抹灰并入外墙工程量内。

4. 有吊顶天棚的内墙面抹灰，抹至吊顶以上部分在综合单价中考虑。

5. 柱、梁面砂浆找平项目适用于仅做找平层的柱、梁面抹灰。

6. 柱（梁）面抹石灰砂浆、水泥砂浆、混合砂浆、聚合物水泥砂浆、麻刀石灰浆、石膏灰浆等按表 13-12 中柱（梁）面一般抹灰列项；柱（梁）面水刷石、斩假石、干粘石、假面砖等按表 13-12 中柱（梁）面装饰抹灰列项。

7. 零星项目抹石灰砂浆、水泥砂浆、混合砂浆、聚合物水泥砂浆、麻刀石灰浆、石膏灰浆等按表 13-13 中零星项目一般抹灰列项；水刷石、斩假石、干粘石、假面砖等按表 13-13 中零星项目装饰抹灰列项。

8. 墙、柱（梁）面≤0.5m² 的少量分散的抹灰和镶贴块料面层，分别按表 13-13 和表 13-16 中零星抹灰项目和块料零星项目编码列项。

9. 在描述碎块项目的面层材料特征时，可不用描述规格、颜色。

10. 石材、块料与粘结材料的结合面刷防渗材料的种类在防护层材料种类中描述。

11. 墙面块料面层的安装方式可描述为砂浆或粘结剂粘贴、挂贴、干挂等，不论哪种安装方式，都要详细描述与组价相关的内容。

12. 柱（梁）面干挂石材的钢骨架、零星项目干挂石材的钢骨架、幕墙钢骨架均按表 13-14 中干挂石材钢骨架编码列项。

【例 13-2】 计算例 13-1 中某混合结构办公楼的外墙面涂料底层抹灰和办公室内墙面抹灰工程的清单工程量和综合单价。（保留小数点后两位数字）

【解】 外墙面抹灰的清单工程量＝图示面积－门窗的洞口面积

$$
\begin{aligned}
&=(9.9+0.48+7.2+0.48)\times 2\times(6.55+0.45\\
&\quad-0.9)-M1-M2-9C1\ 洞口面积\\
&=36.12\times 6.1-1.2\times 2.4-0.9\times 2.1-9\times 1.5^2\\
&=195.31m^2
\end{aligned}
$$

办公室内墙面抹灰的清单工程量＝图示面积－门窗的洞口面积

$$
\begin{aligned}
&=[(3.6-0.24+4.5-0.24)\times 2\times(3-0.12)\\
&\quad-1.5^2-0.9\times 2.1]\times 2\\
&=79.50m^2
\end{aligned}
$$

外墙面一般抹灰和办公室内墙面一般抹灰的清单报价表 13-21。

分部分项工程和单价措施项目清单与计价表　　　　　表 13-21

工程名称：某建筑工程　　　　　　　　标段：　　　　　　　　第　页　共　页

序号	项目编码	项目名称	项目特征描述	计量单位	工程量	综合单价	合价	其中 暂估价
1	011201001001	外墙面一般抹灰	1. 墙体类型：KP1 黏土空心砖 2. 底层厚度、砂浆配合比：12mm 厚 1：3 水泥砂浆打底扫毛或划出纹道 3. 面层厚度、砂浆配合比：6mm 厚 1：2.5 水泥砂浆找平扫毛或划出纹道 4. 装饰面材料种类：涂料	m²	195.31	9.47	1849.59	—

序号	项目编码	项目名称	项目特征描述	计量单位	工程量	金额（元）		
						综合单价	合价	其中
								暂估价
2	011201001002	内墙面一般抹灰	1. 墙体类型：KP1 黏土空心砖 2. 底层厚度、砂浆配合比：9mm 厚 1：3 水泥砂浆打底扫毛或划出纹道 3. 面层厚度、砂浆配合比：5mm 厚 1：2.5 水泥砂浆找平 4. 装饰面材料种类：涂料	m²	79.50	8.78	698.01	—

第三节 天 棚 工 程

一、天棚工程的工程量计算规则

1. 天棚抹灰的工程量：按设计图示尺寸以水平投影面积计算。不扣除间壁墙、垛、柱、附墙烟囱、检查口和管道所占的面积，带梁天棚的梁两侧抹灰面积并入天棚面积内，板式楼梯底面抹灰按斜面积计算，锯齿形楼梯底板抹灰按展开面积计算。

2. 天棚吊顶的工程量：按设计图示尺寸以水平投影面积计算。天棚面中的灯槽及跌级、锯齿形、吊挂式、藻井式天棚面积不展开计算。不扣除间壁墙、柱垛、附墙烟囱、检查口和管道所占的面积，扣除单个＞0.3m² 的孔洞、独立柱及与天棚相连的窗帘盒所占的面积。

3. 格栅吊顶、吊筒吊顶、藤条造型悬挂吊顶、织物软雕吊顶和装饰网架吊顶的工程量：按设计图示尺寸以水平投影面积计算。

4. 采光天棚的工程量：按框外围展开面积计算。

5. 灯带（槽）的工程量：按设计图示尺寸以框外围面积计算。

6. 送风口、回风口的工程量：按设计图示数量计算。

二、天棚工程清单项目设置

1. 天棚抹灰工程量清单项目设置、项目特征描述的内容、计量单位及工作内容按表 13-22 的规定执行。

天棚抹灰（编码：011301）   表 13-22

项目编码	项目名称	项目特征	计量单位	工程内容
011301001	天棚抹灰	1. 基层类型 2. 抹灰厚度、材料种类 3. 砂浆配合比	m²	1. 基层清理 2. 底层抹灰 3. 抹面层

2. 天棚吊顶工程量清单项目设置、项目特征描述的内容、计量单位及工作内容按表 13-23 的规定执行。

项目编码	项目名称	项目特征	计量单位	工程内容
011302001	吊顶天棚	1. 吊顶形式、吊杆规格、高度 2. 龙骨材料种类、规格、中距 3. 基层材料种类、规格 4. 面层材料品种、规格 5. 压条材料种类、规格 6. 嵌缝材料种类 7. 防护材料种类	m²	1. 基层清理、吊杆安装 2. 龙骨安装 3. 基层板铺贴 4. 面层铺贴 5. 嵌缝 6. 刷防护材料
011302002	格栅吊顶	1. 龙骨材料种类、规格、中距 2. 基层材料种类、规格 3. 面层材料品种、规格 4. 防护材料种类		1. 基层清理 2. 安装龙骨 3. 基层板铺贴 4. 面层铺贴 5. 刷防护材料
011302003	吊筒吊顶	1. 吊筒形状、规格、材料种类 2. 防护材料种类		1. 基层清理 2. 吊筒制作安装 3. 刷防护材料
011302004	藤条造型悬挂吊顶	1. 骨架材料种类、规格 2. 面层材料品种、规格		1. 基层清理 2. 龙骨安装 3. 铺贴面层
011302005	织物软雕吊顶			
011302006	装饰网架吊顶	网架材料品种、规格		1. 基层清理 2. 网架制作安装

3. 采光天棚、天棚其他装饰工程量清单项目设置、项目特征描述的内容、计量单位及工作内容按表 13-24 的规定执行。

项目编码	项目名称	项目特征	计量单位	工程内容
011303001	采光天棚	1. 骨架类型 2. 固定类型、固定材料品种、规格 3. 面层材料品种、规格 4. 嵌缝、塞口材料种类	m²	1. 清理基层 2. 面层制安 3. 嵌缝、塞口 4. 清洗
011304001	灯带（槽）	1. 灯带形式、尺寸 2. 格栅片材料品种、规格 3. 安装固定方式		安装、固定
0110304002	送风口、回风口	1. 风口材料品种、规格 2. 安装固定方式 3. 防护材料种类	个	1. 安装、固定 2. 刷防护材料

注：采光天棚的骨架不包括在本节，应单独按第十二章第六节金属结构工程的相关项目编码列项。

【例 13-3】 计算例 13-1 中某混合结构办公楼的天棚抹灰和涂料工程的清单工程量和综合单价（暂不考虑楼梯底面抹灰的斜面积，保留小数点后两位数字）。

【解】 天棚抹灰的清单工程量＝块料楼地面的清单工程量＝ 106.69m²

天棚涂料的清单工程量＝天棚抹灰的清单工程量＝块料楼地面的清单工程量＝ 106.69m²

天棚抹灰和涂料的清单报价见表 13-25。

分部分项工程和单价措施项目清单与计价表　　　　表 13-25

工程名称：某建筑工程　　　　　　　　标段：　　　　　　　　　　第　页　共　页

序号	项目编码	项目名称	项目特征描述	计量单位	工程量	金额（元）		
						综合单价	合价	其中 暂估价
1	011301001001	天棚抹灰	1. 基层类型：现浇板 2. 抹灰厚度、材料种类：8mm 厚粉刷石膏抹灰砂浆 DP-G	m²	106.69	13.97	1490.46	—
2	011407002001	天棚喷刷涂料	1. 基层类型：粉刷石膏 2. 喷刷涂料部位：天棚 3. 涂料品种、喷刷遍数：白色耐擦洗涂料，两遍	m²	106.69	9.03	963.41	—

第四节　油漆、涂料、裱糊工程

一、油漆、涂料、裱糊工程的工程量计算规则

1. 木门油漆、木窗油漆、金属门油漆、金属窗油漆的工程量：均按设计图示数量或按洞口尺寸以面积计算。

2. 木扶手油漆、窗帘盒油漆、封檐板油漆、顺水板油漆、挂衣板油漆、黑板框油漆、挂镜线油漆、窗帘棍油漆、单独木线油漆的工程量：均按设计图示尺寸以长度计算。

3. 木材面油漆分以下四种情况计算。

对木护墙、木墙裙油漆、窗台板、筒子板、盖板、门窗套、踢脚线油漆、清水板条天棚、檐口油漆、木方格吊顶天棚油漆、吸声板墙面、天棚面油漆、暖气罩油漆、其他木材面的工程量：均按设计图示尺寸以面积计算。

对木间壁、木隔断油漆、玻璃间壁露明墙筋油漆、木栅栏、木栏杆（带扶手）油漆的工程量：均按设计图示尺寸以单面外围面积计算。

对衣柜、壁柜油漆、梁柱饰面油漆、零星木装修油漆的工程量：均按设计图示尺寸以油漆部分展开面积计算。

对木地板油漆、木地板烫硬蜡面的工程量：按设计图示尺寸以面积计算。空洞、空圈、暖气包槽、壁龛的开口部分并入相应的工程量内。

4. 金属面油漆、金属构件刷防火涂料的工程量：按设计图示尺寸以质量或按设计展开面积计算。

5. 抹灰面油漆、满刮腻子、墙面和天棚刷喷涂料、墙纸裱糊、织锦缎裱糊、木材构件喷刷防火涂料的工程量：均按设计图示尺寸以面积计算。

6. 抹灰线条油漆、线条刷涂料的工程量：按设计图示尺寸以长度计算。

7. 空花格、栏杆刷涂料的工程量：按设计图示尺寸以单面外围面积计算。

二、油漆、涂料、裱糊工程清单项目设置

1. 门油漆、窗油漆工程量清单项目设置、项目特征描述的内容、计量单位及工作内容按表 13-26 的规定执行。

门油漆、窗油漆（编码：011401—011402）　　　　　表 13-26

项目编码	项目名称	项目特征	计量单位	工程内容
011401001	木门油漆	1. 门类型 2. 门代号及洞口尺寸 3. 腻子种类、刮腻子遍数 4. 防护材料种类 5. 油漆品种、刷漆遍数	樘/m²	1. 金属门窗除锈、清理基层 2. 刮腻子 3. 刷防护材料、油漆
011401002	金属门油漆			
011402001	木窗油漆	1. 窗类型 2. 窗代号及洞口尺寸 3. 腻子种类、刮腻子遍数 4. 防护材料种类 5. 油漆品种、刷漆遍数		
011402002	金属窗油漆			

2. 木扶手及其他板条、线条油漆工程量清单项目设置、项目特征描述的内容、计量单位及工作内容按表 13-27 的规定执行。

木扶手及其他板条、线条油漆（编码：011403）　　　　　表 13-27

项目编码	项目名称	项目特征	计量单位	工程内容
011403001	木扶手油漆	1. 断面尺寸 2. 腻子种类、刮腻子遍数 3. 防护材料种类 4. 油漆品种、刷漆遍数	m	1. 清理基层 2. 刮腻子 3. 刷防护材料、油漆
011403002	窗帘盒油漆			
011403003	封檐板、顺水板油漆			
011403004	挂衣板、黑板框油漆			
011403005	挂镜线、窗帘棍、单独木线油漆			

3. 木材面油漆工程量清单项目设置、项目特征描述的内容、计量单位及工作内容按表 13-28 的规定执行。

木材面油漆（编码：011404） 表 13-28

项目编码	项目名称	项目特征	计量单位	工程内容
011404001	木护墙、木墙裙油漆			
011404002	窗台板、筒子板、盖板、门窗套、踢脚线油漆			
011404003	清水板条天棚、檐口油漆			
011404004	木方格吊顶天棚油漆			
011404005	吸声板墙面、天棚面油漆			
011404006	暖气罩油漆	1. 腻子种类 2. 刮腻子遍数 3. 防护材料种类 4. 油漆品种、刷漆遍数	m²	1. 清理基层 2. 刮腻子 3. 刷防护材料、油漆
011404007	其他木材面			
011404008	木间壁、木隔断油漆			
011404009	玻璃间壁露明墙筋油漆			
011404010	木栅栏、木栏杆（带扶手）油漆			
011404011	衣柜、壁柜油漆			
011404012	梁柱饰面油漆			
011404013	零星木装修油漆			
011404014	木地板油漆			
011404015	木地板烫硬蜡面	硬蜡品种、面层处理要求		基层清理、烫蜡

4. 金属面油漆、抹灰面油漆工程量清单项目设置、项目特征描述的内容、计量单位及工作内容按表 13-29 的规定执行。

金属面油漆、抹灰面油漆（编码：011405—011406） 表 13-29

项目编码	项目名称	项目特征	计量单位	工程内容
011405001	金属面油漆	1. 构件名称 2. 腻子种类、刮腻子要求 3. 防护材料种类 4. 油漆品种、刷漆遍数	t/m²	
011406001	抹灰面油漆	1. 基层类型 2. 腻子种类、刮腻子遍数 3. 防护材料种类 4. 油漆品种、刷漆遍数 5. 部位	m²	1. 清理基层 2. 刮腻子 3. 刷防护材料、油漆
011406002	抹灰线条油漆	1. 线条宽度、道数 2. 腻子种类、刮腻子遍数 3. 防护材料种类 4. 油漆品种、刷漆遍数	m	
011406003	满刮腻子	基层类型、腻子种类、刮腻子遍数	m²	清理基层、刮腻子

5. 喷刷涂料工程量清单项目设置、项目特征描述的内容、计量单位及工作内容按表 13-30的规定执行。

喷刷涂料（编码：011407）　　　　　　　　　　　　　　表 13-30

项目编码	项目名称	项目特征	计量单位	工程内容
011407001	墙面喷刷涂料	1. 基层类型 2. 喷刷涂料部位 3. 腻子种类、刮腻子要求 4. 涂料品种、喷刷遍数	m²	1. 清理基层 2. 刮腻子 3. 刷、喷涂料
011407002	天棚喷刷涂料			
011407003	空花格、栏杆刷涂料	1. 腻子种类、刮腻子遍数 2. 涂料品种、喷刷遍数		
011407004	线条刷涂料	1. 基层清理 2. 线条宽度 3. 刮腻子遍数 4. 刷防火材料、油漆	m	
011407005	金属构件刷防火涂料	1. 喷刷防火涂料的构件名称 2. 防火等级要求 3. 涂料品种、喷刷遍数	m²/t	基层清理、刷防护材料、油漆
011407006	木材构件喷刷防火涂料		m²	基层清理、刷防火材料

6. 裱糊工程量清单项目设置、项目特征描述的内容、计量单位及工作内容按表 13-31 的规定执行。

裱糊（编码：011408）　　　　　　　　　　　　　　表 13-31

项目编码	项目名称	项目特征	计量单位	工程内容
011408001	墙纸裱糊	1. 基层类型 2. 裱糊构件部位 3. 腻子种类、刮腻子遍数 4. 粘结材料种类 5. 防护材料种类 6. 面层材料品种、规格、颜色	m²	1. 清理基层 2. 刮腻子 3. 面层铺粘 4. 刷防护材料
011408002	织锦缎裱糊			

三、其他相关问题说明

1. 木门油漆应区分木大门、单层木门、双层（一玻一纱）木门、双层（单裁口）木门、全玻自由门、半玻自由门、装饰门及有框门或无框门等项目，分别编码列项。

2. 木窗油漆应区分单层木窗、双层（一玻一纱）木窗、双层框扇（单裁口）木窗、双层框三层（二玻一纱）木窗、单层组合窗、双层组合窗、木百叶窗、木推拉窗等项目，分别编码列项。

3. 金属门油漆应区分平开门、推拉门、钢制防火门等项目，分别编码列项。金属窗油漆应区分平开窗、推拉窗、固定窗、组合窗、金属隔栅窗等项目，分别编码列项。

4. 木扶手应区分带托板与不带托板，分别编码列项。若是木栏杆带扶手，木扶手不应单独列项，应包含在木栏杆油漆中。

5. 以平方米计量，项目特征可不必描述洞口尺寸。

6. 喷刷墙面涂料部位要注明内墙或外墙。

【例 13-4】 计算例 13-1 中某混合结构办公楼的办公室内墙面涂料、外墙面涂料、木门油漆的清单工程量和综合单价（暂不考虑楼梯底面涂料的斜面积，保留小数点后两位数字）。

【解】 办公室内墙面涂料的清单工程量＝内墙面抹灰的清单工程量＋门窗洞口侧壁的面积

$$=79.50+0.07\times(2.1\times2+0.9)\times2+0.08\times1.5\times4\times2$$
$$=81.17\mathrm{m}^2$$

外墙面涂料的清单工程量＝外墙面抹灰的清单工程量＋门窗洞口侧壁的面积

$$=195.31+0.13\times(1.2+2\times2.4+0.9+2\times2.1)+9\times0.2\times1.5\times4=207.55\ \mathrm{m}^2$$

门 M1 的清单工程量＝洞口面积＝$1.2\times2.4\times3=8.64\mathrm{m}^2$

门 M2 的清单工程量＝洞口面积＝$0.9\times2.1\times5=9.45\mathrm{m}^2$

木门 M1、M2 的清单工程量合计＝$8.64+9.45=18.09\mathrm{m}^2$

内墙面刷喷涂料、外墙面刷喷涂料和木门油漆的清单报价见表 13-32。

分部分项工程和单价措施项目清单与计价表　　　　表 13-32

工程名称：某建筑工程　　　　　　　　　标段：　　　　　　　　第　页　共　页

| 序号 | 项目编码 | 项目名称 | 项目特征描述 | 计量单位 | 工程量 | 金额（元） | | 其中 |
						综合单价	合价	暂估价
1	011407001001	外墙面刷喷涂料	1. 基层类型：抹灰面 2. 喷刷涂料部位：外墙面 3. 涂料品种、喷刷遍数：喷丙烯酸酯共聚乳液罩面涂料一遍；喷苯丙共聚乳液厚涂料一遍；喷带色的面涂料一遍；喷封底涂料一遍	m²	207.55	75.81	15734.37	—
2	011407001002	内墙面刷喷涂料	1. 基层类型：抹灰面 2. 喷刷涂料部位：内墙面 3. 涂料品种、喷刷遍数：喷涂白色耐擦洗涂料，两遍	m²	81.17	7.49	607.96	—
3	011401001001	木门油漆	1. 门类型：松木门、胶合板门 2. 门代号及洞口尺寸：松木自由门 M1（1200mm×2400mm）、胶合板门 M2（900mm×2100mm） 3. 腻子种类、刮腻子遍数：木器腻子、两遍 4. 油漆品种、刷漆遍数：底油一遍，酚醛底漆一遍，酚醛调合漆面漆两遍	m²	18.09	41.37	748.38	—

第五节 其他装饰工程

一、其他装饰工程的工程量计算规则

1. 柜类、货架包括柜台、酒柜、衣柜、存包柜、鞋柜、书柜、厨房壁柜、木壁柜、厨房低柜、厨房吊柜、矮柜、吧台背柜、酒吧吊柜、酒吧台、展台、收银台、试衣间、货架、书架、服务台。其工程量按设计图示数量或按设计图示尺寸以延长米或以体积计算。

2. 压条、装饰线的工程量按设计图示尺寸以长度计算。装饰线按材质分为金属装饰线、木质装饰线、石材装饰线、石膏装饰线、镜面玻璃线、铝塑装饰线、塑料装饰线、GRC 装饰线条。

3. 扶手、栏杆、栏板装饰的工程量按设计图示以扶手中心线长度（包括弯头长度）计算。扶手、栏杆、栏板的材质有金属、硬木、塑料、GRC、玻璃等。

4. 暖气罩包括饰面板暖气罩、塑料板暖气罩、金属暖气罩。其工程量按设计图示尺寸以垂直投影面积（不展开）计算。

5. 洗漱台的工程量按设计图示数量或按设计图示尺寸以台面外接矩形面积计算。不扣除孔洞、挖弯、削角所占面积，挡板、吊沿板面积并入台面面积内。

6. 晒衣架、帘子杆、浴缸拉手、卫生间扶手、毛巾杆（架）、毛巾环、卫生纸盒、肥皂盒的工程量按设计图示数量计算。

7. 镜面玻璃的工程量按设计图示尺寸以边框外围面积计算。

8. 镜箱、金属旗杆的工程量按设计图示数量计算。

9. 雨篷吊挂饰面和玻璃雨篷的工程量按设计图示尺寸以水平投影面积计算。

10. 平面、箱式招牌的工程量按设计图示尺寸以正立面边框外围面积计算。复杂形的凸凹造型部分不增加面积。竖式标箱、灯箱、信报箱的工程量按设计图示数量计算。

11. 美术字包括泡沫塑料字、有机玻璃字、木质字、金属字、吸塑字。其工程量按设计图示数量计算。

二、其他装饰工程清单项目设置

1. 柜类、货架工程量清单项目设置、项目特征的描述、计量单位及工作内容按表 13-33 的规定执行。

柜类、货架（编码：011501） 表 13-33

项目编码	项目名称	项目特征	计量单位	工程内容
011501001	柜台	1. 台柜规格 2. 材料种类、规格 3. 五金种类、规格 4. 防护材料种类 5. 油漆品种、刷漆遍数	个/m/m³	1. 台柜制作、运输、安装（安放） 2. 刷防护材料、油漆 3. 五金件安装
011501002	酒柜			
011501003	衣柜			
011501004	存包柜			
011501005	鞋柜			
011501006	书柜			
011501007	厨房壁柜			
011501008	木壁柜			

项目编码	项目名称	项目特征	计量单位	工程内容
011501009	厨房低柜			
011501010	厨房吊柜			
011501011	矮柜			
011501012	吧台背柜	1. 台柜规格		1. 台柜制作、运输、安装
011501013	酒吧吊柜	2. 材料种类、规格		（安放）
011501014	酒吧台	3. 五金种类、规格	个/m/m³	2. 刷防护材料、油漆
011501015	展台	4. 防护材料种类		3. 五金件安装
011501016	收银台	5. 油漆品种、刷漆遍数		
011501017	试衣间			
011501018	货架			
011501019	书架			
011501020	服务台			

2. 压条、装饰线工程量清单项目设置、项目特征的描述、计量单位及工作内容按表 13-34 的规定执行。

压条、装饰线（编码：011502）　　　　　　　表 13-34

项目编码	项目名称	项目特征	计量单位	工程内容
011502001	金属装饰线			
011502002	木质装饰线			
011502003	石材装饰线	1. 基层类型		
011502004	石膏装饰线	2. 线条材料品种、规格、颜色		1. 线条制作、安装
011502005	镜面玻璃线	3. 防护材料种类	m	2. 刷防护材料
011502006	铝塑装饰线			
011502007	塑料装饰线			
011502008	GRC装饰线条	1. 基层类型 2. 线条规格、安装部位 3. 填充材料种类		线条制作、安装

3. 扶手、栏杆、栏板装饰工程量清单项目设置、项目特征的描述、计量单位及工作内容按表 13-35 的规定执行。

扶手、栏杆、栏板装饰（编码：011503）　　　　　表 13-35

项目编码	项目名称	项目特征	计量单位	工程内容
011503001	金属扶手、栏杆、栏板	1. 扶手材料种类、规格 2. 栏杆材料种类、规格		
011503002	硬木扶手、栏杆、栏板	3. 栏板材料种类、规格、颜色	m	1. 制作、运输、安装 2. 刷防护材料
011503003	塑料扶手、栏杆、栏板	4. 固定配件种类 5. 防护材料种类		

项目编码	项目名称	项目特征	计量单位	工程内容
011503004	GRC扶手、栏杆	1. 栏杆的规格、安装间距 2. 扶手类型、规格 3. 填充材料种类	m	1. 制作、运输、安装 2. 刷防护材料
011503005	金属靠墙扶手	1. 扶手材料种类、规格 2. 固定配件种类 3. 防护材料种类		
011503006	硬木靠墙扶手			
011503007	塑料靠墙扶手			
011503008	玻璃栏杆	1. 栏杆玻璃的种类、规格、颜色 2. 固定方式、固定配件种类		

4. 暖气罩工程量清单项目设置、项目特征的描述、计量单位及工作内容按表13-36的规定执行。

暖气罩（编码：011504）　　　　　　　　　　　　　　　　　　　　　　表13-36

项目编码	项目名称	项目特征	计量单位	工程内容
011504001	饰面板暖气罩	1. 暖气罩材质 2. 防护材料种类	m²	1. 暖气罩制作、运输、安装 2. 刷防护材料
011504002	塑料板暖气罩			
011504003	金属暖气罩			

5. 浴厕配件工程量清单项目设置、项目特征的描述、计量单位及工作内容按表13-37的规定执行。

浴厕配件（编码：011505）　　　　　　　　　　　　　　　　　　　　　　表13-37

项目编码	项目名称	项目特征	计量单位	工程内容
011505001	洗漱台	1. 材料品种、规格、颜色 2. 支架、配件品种、规格	m²/个	1. 台面及支架运输、安装 2. 杆、环、盒、配件安装 3. 刷油漆
011505002	晒衣架		个	
011505003	帘子杆			
011505004	浴缸拉手			
011505005	卫生间扶手			
011505006	毛巾杆（架）		套	1. 台面及支架制作、运输、安装 2. 杆、环、盒、配件安装 3. 刷油漆
011505007	毛巾环		副	
011505008	卫生纸盒		个	
011505009	肥皂盒			
011505010	镜面玻璃	1. 镜面玻璃品种、规格 2. 框材质、断面尺寸 3. 基层材料种类 4. 防护材料种类	m²	1. 基层安装 2. 玻璃及框制作、运输、安装
011505011	镜箱	1. 箱体材质、规格 2. 玻璃品种、规格 3. 基层材料种类 4. 防护材料种类 5. 油漆品种、刷漆遍数	个	1. 基层安装 2. 箱体制作、运输、安装 3. 玻璃安装 4. 刷防护材料、油漆

6. 雨篷、旗杆工程量清单项目设置、项目特征的描述、计量单位及工作内容按表13-38的规定执行。

雨篷、旗杆（编码：011506） 表 13-38

项目编码	项目名称	项目特征	计量单位	工程内容
011506001	雨篷吊挂饰面	1. 基层类型 2. 龙骨材料种类、规格、中距 3. 面层材料品种、规格 4. 吊顶（天棚）材料品种、规格 5. 嵌缝材料种类 6. 防护材料种类	m²	1. 底层抹灰 2. 龙骨基层安装 3. 面层安装 4. 刷防护材料、油漆
011506002	金属旗杆	1. 旗杆材料、种类、规格 2. 旗杆高度 3. 基础材料种类 4. 基座材料种类 5. 基座面层材料、种类、规格	根	1. 土石方挖、填、运 2. 基础混凝土浇筑 3. 旗杆制作、安装 4. 旗杆台座制作、饰面
011506003	玻璃雨篷	1. 玻璃雨篷固定方式 2. 龙骨材料种类、规格、中距 3. 玻璃材料品种、规格 4. 嵌缝材料种类 5. 防护材料种类	m²	1. 龙骨基层安装 2. 面层安装 3. 刷防护材料、油漆

7. 招牌、灯箱工程量清单项目设置、项目特征的描述、计量单位及工作内容按表13-39的规定执行。

招牌、灯箱（编码：011507） 表 13-39

项目编码	项目名称	项目特征	计量单位	工程内容
011507001	平面、箱式招牌	1. 箱体规格 2. 基层材料种类 3. 面层材料种类 4. 防护材料种类	m²	1. 基层安装 2. 箱体及支架制作、运输、安装 3. 面层制作、安装 4. 刷防护材料、油漆
011507002	竖式标箱			
011507003	灯箱			
011507004	信报箱	1. 箱体规格 2. 基层材料种类 3. 面层材料种类 4. 保护材料种类 5. 户数	个	

8. 美术字工程量清单项目设置、项目特征的描述、计量单位及工作内容按表 13-40 的规定执行。

美术字（编码：011508） 表 13-40

项目编码	项目名称	项目特征	计量单位	工程内容
011508001	泡沫塑料字	1. 基层类型 2. 镌字材料品种、颜色 3. 字体规格 4. 固定方式 5. 油漆品种、刷漆遍数	个	1. 字制作、运输、安装 2. 刷油漆
011508002	有机玻璃字
011508003	木质字
011508004	金属字
011508005	吸塑字

第六节 措 施 项 目

一、措施项目工程量计算规则

（一）脚手架工程

1. 综合脚手架的工程量按建筑面积计算。

2. 外脚手架、里脚手架、整体提升架、外装饰吊篮的工程量按所服务对象的垂直投影面积计算。

3. 悬空脚手架、满堂脚手架的工程量按搭设的水平投影面积计算。

4. 挑脚手架的工程量按搭设长度乘搭设层数以延长米计算。

（二）混凝土模板及支架（撑）

1. 基础、矩形柱、构造柱、异形柱、基础梁、矩形梁、异形梁、圈梁、过梁、弧形梁、拱形梁、直形墙、弧形墙、短肢剪力墙、电梯井壁、有梁板、无梁板、平板、拱板、薄壳板、空心板、其他板、栏板的模板及支架（撑）的工程量：均按模板与现浇混凝土构件的接触面积计算。

其中，现浇钢筋混凝土墙、板单孔面积≤0.3m² 的孔洞不予扣除，洞侧壁模板亦不增加；单孔面积＞0.3m² 时应予扣除，洞侧壁模板面积并入墙、板工程量内。

现浇框架分别按梁、板、柱有关规定计算；附墙柱、暗梁、暗柱并入墙内工程量。

柱、梁、墙、板相互连接的重叠部分，均不计算模板面积。

构造柱按图示外露部分计算模板面积。

2. 天沟、檐沟、扶手、散水、后浇带、化粪池、检查井、其他现浇构件模板及支架的工程量：按模板与现浇混凝土构件的接触面积计算。

3. 雨篷、悬挑板、阳台板模板及支架的工程量：按图示外挑部分尺寸的水平投影面积计算，挑出墙外的悬臂梁及板边不另计算。

4. 楼梯模板及支架的工程量：按楼梯（包括休息平台、平台梁、斜梁和楼层板的连接梁）的水平投影面积计算，不扣除宽度≤500mm 的楼梯井所占面积，楼梯踏步、踏步板、平台梁等侧面模板不另计算，伸入墙内部分也不增加。

5. 电缆沟、地沟模板及支架的工程量：按模板与电缆沟、地沟接触的面积计算。

6. 台阶模板及支架的工程量：按图示台阶水平投影面积计算，台阶端头两侧不另计算模板面积。架空式混凝土台阶模板及支架的工程量按现浇楼梯计算。

（三）垂直运输

垂直运输的工程量：按建筑面积或按施工工期日历天数计算。

（四）超高施工增加

超高施工增加的工程量：按建筑物超高部分的建筑面积计算。

（五）大型机械设备进出场及安拆

大型机械设备进出场及安拆的工程量：按使用机械设备的数量计算。

（六）施工排水、降水

1. 成井的工程量：按设计图示尺寸以钻孔深度计算。

2. 排水、降水的工程量：按排、降水日历天数计算。

（七）安全文明施工及其他措施项目

安全文明施工、夜间施工、非夜间施工照明、二次搬运费、冬雨期施工、地上地下设施及建筑物的临时保护设施、已完工程及设备保护等项目应根据工程实际情况计算措施项目费用，需分摊的应合理计算摊销费用。

二、措施项目工程量清单项目设置

1. 脚手架工程工程量清单项目设置、项目特征描述的内容、计量单位及工作内容按表13-41规定执行。

脚手架工程（编码：011701）　　　　　　　　　　表 13-41

项目编码	项目名称	项目特征	计量单位	工作内容
011701001	综合脚手架	1. 建筑结构形式 2. 檐口高度	m²	1. 场内、场外材料搬运 2. 搭、拆脚手架、斜道、上料平台 3. 安全网的铺设 4. 选择附墙点与主体连接 5. 测试电动装置、安全锁等 6. 拆除脚手架后材料的堆放
011701002	外脚手架	1. 搭设方式、搭设高度 2. 脚手架材质	m	1. 场内、场外材料搬运 2. 搭、拆脚手架、斜道、上料平台 3. 安全网的铺设 4. 拆除脚手架后材料的堆放
011701003	里脚手架			
011701004	悬空脚手架	1. 搭设方式 2. 悬挑宽度 3. 脚手架材质		
011701005	挑脚手架			
011701006	满堂脚手架	1. 搭设方式、搭设高度 2. 脚手架材质		
011701007	整体提升架	1. 搭设方式及启动装置 2. 搭设高度	m²	1. 场内、场外材料搬运 2. 选择附墙点与主体连接 3. 搭、拆脚手架、斜道、上料平台 4. 安全网的铺设 5. 测试电动装置、安全锁等 6. 拆除脚手架后材料的堆放
011701008	外装饰吊篮	1. 升降方式及启动装置 2. 搭设高度及吊篮型号		1. 场内、场外材料搬运 2. 吊篮的安装 3. 测试电动装置、安全锁、平衡控制器等 4. 吊篮的拆卸

2. 混凝土模板及支架（撑）工程量清单项目设置、项目特征描述的内容、计量单位及工作内容按表13-42规定执行。

混凝土模板及支架（撑）（编码：011702）　　　　　　　表13-42

项目编码	项目名称	项目特征	计量单位	工作内容
011702001	基础	基础类型	m²	1. 模板制作 2. 模板安装、拆除、整理堆放及场内外运输 3. 清理模板粘结物及模内杂物、刷隔离剂等
011702002	矩形柱			
011702003	构造柱			
011702004	异形柱	柱截面形状		
011702005	基础梁	梁截面形状		
011702006	矩形梁	支撑高度		
011702007	异形梁	梁截面形状、支撑高度		
011702008	圈梁			
011702009	过梁			
011702010	弧形、拱形梁	梁截面形状、支撑高度		
011702011	直形墙			
011702012	弧形墙			
011702013	短肢剪力墙、电梯井壁			
011702014	有梁板			
011702015	无梁板			
011702016	平板			
011702017	拱板	支撑高度		
011702018	薄壳板			
011702019	空心板			
011702020	其他板			
011702021	栏板			
011702022	天沟、檐沟	构件类型		
011702023	雨篷、悬挑板、阳台板	构件类型、板厚度		
011702024	楼梯	类型		
011702025	其他现浇构件	构件类型		
011702026	电缆沟、地沟	沟类型、沟截面		
011702027	台阶	台阶踏步宽		
011702028	扶手	扶手断面尺寸		
011702029	散水			
011702030	后浇带	后浇带部位		
011702031	化粪池	化粪池部位、规格		
011702032	检查井	检查井部位、规格		

3. 垂直运输工程量清单项目设置、项目特征描述的内容、计量单位及工作内容按表13-43规定执行。

294

项目编码	项目名称	项目特征	计量单位	工作内容
011703001	垂直运输	1. 建筑物建筑类型及结构形式 2. 地下室建筑面积 3. 建筑物檐口高度、层数	m²/天	1. 垂直运输机械的固定装置、基础制作、安装 2. 行走式垂直运输机械轨道的铺设、拆除、摊销

4. 超高施工增加工程量清单项目设置、项目特征描述的内容、计量单位及工作内容按表 13-44 规定执行。

超高施工增加（编码：011704）　　　　　　　　　表 13-44

项目编码	项目名称	项目特征	计量单位	工作内容
011704001	超高施工增加	1. 建筑物建筑类型及结构形式 2. 建筑物檐口高度、层数 3. 单层建筑物檐口高度超过20m，多层建筑物超过 6 层部分的建筑面积	m²	1. 建筑物超高引起的人工工效降低以及由于人工工效降低引起的机械降效 2. 高层施工用水加压水泵的安装、拆除及工作台班 3. 通信联络设备的使用及摊销

5. 大型机械设备进出场及安拆工程量清单项目设置、项目特征描述的内容、计量单位及工作内容按表 13-45 规定执行。

大型机械设备进出场及安拆（编码：011705）　　　　　表 13-45

项目编码	项目名称	项目特征	计量单位	工作内容
011705001	大型机械设备进出场及安拆	机械设备名称、规格、型号	台次	1. 安拆费包括施工机械、设备在现场进行安装拆卸所需人工、材料、机械和试运转费用以及机械辅助设施的折旧、搭设、拆除等费用 2. 进出场费包括施工机械、设备整体或分体自停放地点运至施工现场或由一施工地点运至另一施工地点所发生的运输、装卸、辅助材料等费用

6. 施工排水、降水工程量清单项目设置、项目特征描述的内容、计量单位及工作内容按表 13-46 规定执行。

施工排水、降水（编码：011706）　　　　　　　　表 13-46

项目编码	项目名称	项目特征	计量单位	工作内容
011706001	成井	1. 成井方式、直径 2. 地层情况 3. 井（滤）管类型、直径	m	1. 准备钻孔机械、埋设护筒、钻机就位；泥浆制作、固壁；成孔、出渣、清孔等 2. 对接上、下井管（滤管），焊接，安放，下滤料，洗井，连接试抽等
011706002	排水、降水	1. 机械规格、型号 2. 降排水管规格	昼夜	1. 管道安装、拆除，场内搬运等 2. 抽水、值班、降水设备维修等

7. 安全文明施工及其他措施项目工程量清单项目设置、工作内容及包含范围按表13-47规定执行。

安全文明施工及其他措施项目（编码：011707） 表 13-47

项目编码	项目名称	工作内容及包含范围
011707001	安全文明施工	环境保护、文明施工、安全施工、临时设施、建筑工人实名制管理费
011707002	夜间施工	1. 夜间固定照明灯具和临时可移动照明灯具的设置、拆除 2. 夜间施工时，施工现场交通标志、安全标牌、警示灯等的设置、移动、拆除 3. 包括夜间照明设备及照明用电、施工人员夜班补助、夜间施工劳动效率降低等
011707003	非夜间施工照明	为保证工程施工正常进行，在地下室等特殊施工部位施工时所采用的照明设备的安拆、维护及照明用电等
011707004	二次搬运	由于施工场地条件限制而发生的材料、成品、半成品等一次运输不能到达堆放地点，必须进行的二次或多次搬运
011707005	冬雨期施工	1. 冬雨（风）期施工时，增加的临时设施（防寒保温、防雨、防风设施）的搭设、拆除 2. 冬雨（风）期施工时，对砌体、混凝土等采用的特殊加温、保温和养护措施 3. 冬雨（风）期施工时，施工现场的防滑处理、对影响施工的雨雪的清除 4. 包括冬雨（风）期施工时增加的临时设施、施工人员的劳动保护用品、冬雨（风）期施工劳动效率降低等
011707006	地上、地下设施、建筑物的临时保护设施	在工程施工过程中，对已建成的地上、地下设施和建筑物进行的遮盖、封闭、隔离等必要保护措施
011707007	已完工程及设备保护费	对已完工程及设备采取的覆盖、包裹、封闭、隔离等必要保护措施

三、其他相关问题说明

1. 使用综合脚手架时，不再使用外脚手架、里脚手架等单项脚手架；综合脚手架适用于能够按"建筑面积计算规则"计算建筑面积的建筑工程脚手架，不适用于房屋加层、构筑物及附属工程脚手架。

2. 同一建筑物有不同檐高时，按建筑物的不同檐高，做纵向分割，分别计算建筑面积，以不同檐高编列清单项目。

3. 整体提升架已包括 2m 高的防护架体设施。

4. 脚手架材质可以不描述，但应注明由投标人根据工程实际情况按照国家现行标准《建筑施工扣件式钢管脚手架安全技术规范》JGJ 130、《建筑施工附着升降脚手架管理暂行规定》（建建〔2000〕230 号）等规范自行确定。

5. 原槽浇灌的混凝土基础，不计算模板。

6. 混凝土模板及支架（撑）项目，只适用于以平方米计量，按模板与现浇混凝土构件的接触面积计算。以立方米计量的模板及支撑（支架），按混凝土及钢筋混凝土实体项目执行，其综合单价中应包含模板及支撑（支架）。

7. 采用清水模板时，应在特征中注明。

8. 若现浇混凝土梁、板支撑高度超过 3.6m 时，项目特征应描述支撑高度。

9. 建筑物的檐口高度是指设计室外地坪至檐口滴水的高度（平屋顶系指屋面板底高度），突出主体建筑物屋顶的电梯机房、楼梯出口间、水箱间、瞭望塔、排烟机房等不计入檐口高度。单层建筑物檐口高度超过20m，多层建筑物超过6层时，可按超高部分的建筑面积计算超高施工增加。计算层数时，地下室不计入层数。

10. 垂直运输指施工工程在合理工期内所需垂直运输机械。

11. 措施项目中仅列出项目编码、项目名称，未列出项目特征、计量单位和工程量计算规则的项目，编制工程量清单时，应按本节措施项目规定的项目编码、项目名称确定。

【例13-5】 计算例13-1某混合结构办公楼，相关措施项目的清单工程量和综合单价（保留小数点后两位数字）。

【解】 一层建筑面积=(9.9+0.48)(7.2+0.48)−1.2×2.7=76.48m²

二层建筑面积=76.48+2.82×1.56/2 =78.68m²

综合脚手架的清单工程量=总建筑面积=76.48+78.68= 155.16m²

一层顶板(平板)的模板工程量=46.77m²

二层顶板(有梁板)的模板工程量=59.92 +0.25×3×(4.5−0.24)=63.12m²

楼梯的模板=楼梯的水平投影面积=(2.7−0.24)(6−0.24)=14.17m²

垂直运输的清单工程量=总建筑面积=155.16m²

相关措施项目的清单报价见表13-48。

分部分项工程和单价措施项目清单与计价表

表13-48

工程名称：某建筑工程　　　　　　　　　　标段：　　　　　　　　　　第 页 共 页

序号	项目编码	项目名称	项目特征描述	计量单位	工程量	金额（元）		
						综合单价	合价	其中
								暂估价
1	011701001001	综合脚手架	1. 建筑结构形式：混合结构 2. 檐口高度：6.45m，2层	m²	155.16	14.47	2245.17	—
2	011702016001	平板的模板	支撑高度：2.88m，复合木模板	m²	46.77	66.27	3099.45	—
3	011702014001	有梁板的模板	支撑高度：2.9m，复合木模板	m²	63.12	75.43	4761.14	—
4	011702024001	楼梯的模板	类型：直形楼梯	m²	14.17	137.94	1954.61	
5	011703001001	垂直运输	1. 建筑物建筑类型及结构形式：混合结构、办公楼 2. 檐口高度、层数：6.45m，2层	m²	155.16	69.71	10816.20	—

复 习 题

1. 什么是整体面层？如何计算整体面层的工程量？

2. 块料面层的工程量如何计算？

3. 如何计算楼梯面层的工程量？是否包括楼梯侧面和底面面层的工程量？

4. 天棚抹灰的工程量是否包括楼梯底面抹灰的面积？天棚抹灰的工程量是否包括板底梁两侧面抹灰的面积？

5. 墙柱面块料面层的工程量如何计算？

6. 油漆、涂料工程量的计算规则有哪些？

7. 装饰线的工程量是按设计图示长度以米计算吗？

8. 墙面抹灰的工程量是否等于墙面涂料的工程量？

9. 措施项目包括哪些内容？按建筑面积计算清单工程量的措施项目有哪些？

10. 同一建筑物有不同檐高时，相关的措施费用有哪些？如何计算工程量？

11. 安全文明施工费的工作内容包括哪些？

12. 用清单计价规范，计算教材第七章复习题第十二题的相应清单工程量和综合单价。

13. 某混合结构二层办公楼如下图所示，根据企业定额的相关规定及有关说明，计算该房屋建筑与装饰工程清单工程量及综合单价。（保留小数点后两位数字）

13-1

第十四章 建筑工程工程量清单计价实例

现以北京市某高层住宅楼为例，编制土建及装饰工程清单报价表。

14-1

第四篇　工程造价的管理

第十五章　建设工程承包合同价格

本章学习重点： 建设工程承包合同价格形式、建设工程招标标底与投标报价、工程量清单计价模式下的招标投标价格、工程量清单计价模式下工程合同价款的约定。

本章学习要求： 掌握工程量清单计价模式下的招标投标价格；熟悉建设工程承包合同价格形式；熟悉建设工程招标标底与投标报价。

第一节　建设工程承包合同价格形式

《建筑工程施工发包与承包计价管理办法》（住建部令第 16 号）中规定，发承包双方在确定合同价款时，可以采用单价方式、总价方式和成本加酬金方式三种计价方式。根据合同计价方式的不同，将建设工程承包合同可分为单价合同、总价合同和成本加酬金合同三种合同价格形式。

一、单价合同

单价合同是指合同当事人约定以工程量清单及其综合单价进行合同价格计算、调整和确认的建设工程施工合同。单价是相对固定，即在合同约定的条件内固定不变，超过合同约定条件时，依据合同约定对单价进行调整。工程量清单项目及工程量依据承包人实际完成且应予计量的工程量确定。

采用单价合同方式，承包人根据工程特征和估算工程量，自主确定并报出完成每项工程内容的单位价格，并据此计算出合同总价。通常发包人委托工程造价咨询人编制招标工程量清单，承包人按招标工程量清单填报价格，进行投标报价。承包人投标报价时，在研究招标文件和合同条款基础上，根据计价规范、计价定额，设计文件及相关资料，拟定的施工组织设计或施工方案，以及市场价格信息等进行成本计算和分析，考虑应承担的风险范围及其费用后，按清单工程量表逐项报价，以工程量清单和单价为基础和依据计算出投标总价。最终的结算价按照承包人完成应予计量的工程量与已标价工程量清单的单价计算，发生调整的，以确认调整的单价计算。

这类合同在工程结算时，由于允许承包人随着实际完成工程量的变化和在投标时不能合理预见的风险费用而调整工程价款，因此，较为合理地分担了合同履行过程中的风险，对合同双方都比较公平。单价合同是目前国内外工程承包中采用较多的一种合同价格形式。

单价合同适用于下列项目：

1. 合同条款采用 FIDIC 合同条款，业主委托工程师管理的项目。

2. 工程规模大、技术复杂、工期较长、不可预见的风险因数多的项目。

3. 招标时的工程设计图纸及技术资料不完整，工程内容尚不能十分明确，工程量不能精确计算的工程。

4. 实行工程量清单计价的工程。

单价合同又分为固定单价合同和可调单价合同。

（一）固定单价合同

固定单价合同是指发承包双方在合同中签订的单价，是固定不变的价格。当发包人没有提出变更的情况下，无论市场价格的变化，其合同单价都不予以调整。工程结算时，根据承包人实际完成的工程量乘以合同单价来进行计算。这类合同，承包人要承担全部市场价格上涨的费用，其风险比较大。

固定单价合同适用于工期短、工程量变化幅度小、市场价格相对稳定的工程。

（二）可调单价合同

可调单价合同是指发承包双方在合同中签订的单价，根据合同约定的调价方法可做调整。可调价格包括可调综合单价和措施费等，双方应在合同中约定调整方式和方法。因此，承包人的风险相对较小。

二、总价合同

总价合同是指合同当事人约定以施工图、已标价工程量清单或预算书及有关条件进行合同价格计算、调整和确认的建设工程施工合同。在这类合同中，工程内容和要求应事先明确，承包人在投标报价时需考虑一定的风险费用。当承包人实施的工程施工内容和要求，以及有关条件不发生变化时，发包人支付给承包人的工程总价款就不变。当工程施工内容和有关条件发生变化时，发承包双方根据变化情况和合同约定调整工程总价款。

这种合同方式要求合同当事人在专用合同条款中约定总价包含的风险范围和风险费用的计算方法，并约定风险范围以外的合同价格的调整方法。对于工程量变化引起的合同价款调整应遵循以下原则：

1. 当合同价款是依据承包人根据施工图自行计算的工程量确定时，除工程变更造成的工程量变化外，合同中各项目的工程量是承包人用于结算的最终工程量，不能以实际工程量变化调整合同价款。

2. 当合同价款是依据发包人提供的工程量清单确定时，发承包双方应依据承包人最终实际完成的工程量（包括工程变更、工程量清单错漏等）调整工程合同价款。

总价合同又分为固定总价合同和可调总价合同。

（一）固定总价合同

是指承包人按照合同约定完成全部工程承包内容后，发包人支付承包人一个事先确定的总价，没有特定情况发生总价不作调整，也称总价包死合同。这种合同在履行过程中，如果发包人没有要求变更原定的工程内容，承包人在完成承包的工程任务后，不论其实际成本如何，发包人均按合同总价支付。

显然，采用固定总价合同，承包人要承担合同履行过程中全部的工程量、价格、法律法规政策等变化的风险。因此，承包人在投标报价时，就要充分估计人工、材料、工程设备和机械台班价格上涨，以及工程量变化等价格影响因数，并将其包含在投标报价中。所以，这种合同的投标价格一般较高。显然固定总价合同的风险是偏于承包人，相对发包人有利，故常被发包人所采用。

固定总价合同的适用条件一般为：

1. 工程设计施工图纸及技术资料完备。招标时设计深度已达到施工图设计要求，技术资料详细齐全。合同履行过程中不会出现较大的设计变更，承包人依据的报价工程量与实际完成的工程量不会有较大偏差。

2. 工程规模较小、工序相对成熟、合同工期较短、风险小的中小型工程项目。施工条件变化小，承包人在报价时能够合理地预见施工中可能遇到的各种风险。

3. 招标时留给承包人投标时间相对充裕。承包人有充足的时间研究招标文件，到现场实地考察，核实相关资料，从而使投标报价更准确。

4. 工程任务、内容和范围清楚，施工要求明确。

（二）可调总价合同

是指发承包双方在合同签订时确定的合同总价，在约定的风险范围内不作调整，在约定范围以外可以调整。合同总价是一个相对固定的价格。当合同约定的工程施工内容和有关条件不发生变化时，或者变化是在可以合理预见的范围时，发包人付给承包人的工程价款总额就不会发生变化。而对于工程实施中，因发包人的原因发生工程变更、工程量增减，以及承包人无法合理预见的市场价格波动，法律法规政策等变化，合同总价可以相应调整。

这种合同价格形式与固定总价合同的区别是考虑了施工合同履行时间往往较长，合同履行过程中经常会出现，承包人在投标报价时不可能合理预见的各种影响合同价格变化的因数，而增加了因市场价格波动、法律法规政策变化等使工料成本费用增减达到某一幅度时，合同总价可以相应调整的条款。

在工程实践中，无论是单价合同，还是总价合同形式，除非极少数施工相对简单，工期较短、工程规模偏小的项目，工程结算价格一般均与签约合同价格不同。固定价格合同的价格并非永远不可调整，没有绝对的固定价格。《13版规范》中关于包干"所有风险"的条文是禁止的，而且还是强制性条文。因此，发承包双方签订合同时，对凡是可能引起合同价格变化的因数，在专用合同条款中应尽可能详细约定其价格包含的风险范围和风险费用的计算方法，以及风险范围以外的调整方法，不要使用"全部""所有"或类似的语句过于笼统地表述。同时，在合同履行过程中应当重视收集、整理和保存相关的计价资料。

三、成本加酬金合同

成本加酬金合同是指合同当事人约定以施工工程成本再加合同约定酬金进行合同价款计算、调整和确认的建设工程施工合同。发包人向承包人支付建设工程的实际成本，并按合同约定的计算方法支付承包人一定的酬金。发包人几乎承担了项目的全部风险，承包人不承担价格变化和工程量变化的风险，风险很小，当然其报酬往往也较低。

在这种合同方式下，发包人不易控制工程总造价，承包人也往往不注意降低工程成本。

成本加酬金合同适用于下列项目：

1. 时间特别紧迫，需要立即开展工作的项目，如抢险、救灾工程；

2. 新型的工程项目，或对项目工程内容及技术经济指标尚未完全确定的工程；

3. 工程特别复杂、技术方案不能预先确定，风险很大的项目。

成本加酬金合同按照酬金的计算方法不同，有成本加固定百分比酬金合同、成本加固定金额合同、成本加奖罚合同、最高限额成本加固定最大酬金合同等几种形式。

（一）成本加固定百分比酬金合同

成本加固定百分比酬金合同是指发包人对承包人支付的人工、材料和施工机械使用费、其他直接费、施工管理费等按实际直接成本全部据实补偿，同时按照实际直接成本的固定百分比付给承包人一笔酬金，作为承包人的利润。

这种合同使得建安工程总造价及付给承包人的酬金随工程成本而水涨船高，不利于鼓励承包人降低成本，很少被采用。

（二）成本加固定金额合同

成本加固定金额合同与上述成本加固定百分比酬金合同价相似。其不同之处仅在于发包人付给承包人的酬金是一笔固定金额的酬金。

采用上述两种合同方式时，为了避免承包人企图获得更多的酬金而对工程成本不加控制，往往在承包合同中规定一些"补充条款"，以鼓励承包人节约资金，降低成本。

（三）成本加奖罚合同

采用这种合同，首先要确定一个目标成本，这个目标成本是根据粗略估算的工程量和单价表编制出来的。在此基础上，根据目标成本来确定酬金的数额，可以是百分数的形式，也可以是一笔固定酬金。然后，根据工程实际成本支出情况另外确定一笔奖金，当实际成本低于目标成本时，承包人除从发包人获得实际成本、酬金补偿外，还可根据成本降低额得到一笔奖金。当实际成本高于目标成本时，承包人仅能从发包人得到成本和酬金的补偿。此外，视实际成本高出目标成本情况，若超过合同价的限额，还要处以一笔罚金。除此之外，还可设工期奖罚。

这种合同形式可以促使承包人降低成本，缩短工期，而且目标成本随着设计的进展而加以调整，发承包双方都不会承担太大风险，故应用较多。

（四）最高限额成本加固定最大酬金合同

在这种合同中，首先要确定限额成本、报价成本和最低成本，当实际成本没有超过最低成本时，承包人花费的成本费用及应得酬金等都可得到发包人的支付，并与发包人分享节约额；如果实际工程成本在最低成本和报价成本之间，承包人只能得到成本和酬金；如果实际工程成本在报价成本与最高限额成本之间，则只能得到全部成本；实际工程成本超过最高限额成本时，则超过部分发包人不予支付。

这种合同形式有利于控制工程造价，并鼓励承包人最大限度地降低工程成本。

四、工程量清单计价模式下合同价格形式的选择

工程项目选择什么样的合同价格形式进行发承包，如前面合同适用条件中所提到的，取决于建设工程的特点、业主对项目的设想和要求以及项目的复杂程度、设计的深度、施工的难易程度和进度的紧迫程度等。

《13版规范》中规定，实行工程量清单计价的工程，应采用单价合同。即合同约定的工程价款中所包含的工程量清单项目综合单价在约定条件内是固定的，不予调整，工程量允许调整。工程量清单项目综合单价在约定的条件外，允许调整。其调整方法，发承包双

方应在合同中约定。

同时规定对于建设规模较小，技术难度较低，工期较短，且施工图设计已审查批准的建设工程可采用总价合同。

实践中常见的单价合同和总价合同两种主要合同形式，均可以采用工程量清单计价。区别在于工程量清单中所填写的工程量的合同约束力。采用单价合同形式时，工程量清单是合同文件必不可少的组成内容，其中工程量的量可调。而对总价合同形式，总价包干，除工程变更外，工程量一般不予调整，工程量以施工图纸的标示内容为准。

国际上通用的国际咨询工程师联合会制订的 FIDIC 合同条件、英国的 NEC 合同条件以及美国的 AIA 系列合同条件等，主要采用固定单价合同。

第二节　建设工程招标标底与投标报价

15-1

一、建设工程招标标底与投标报价的计价方法

《建筑安装工程费用项目组成》（建标〔2013〕44 号）规定，建筑安装工程费用项目按费用构成要素组成划分为人工费、材料费、施工机具使用费、企业管理费、利润、规费和税金。其编制可以采用工料单价法和综合单价法两种计价方法。

（一）工料单价法

工料单价法采用分部分项工程量的预算单价组成预算价。预算单价由人工、材料、机械的消耗量及其相应价格确定，预算价由人工费、材料费、机械费之和组成。企业管理费、利润、规费、税金按照工程所在地造价管理部门的有关规定计取。

工料单价法根据其所含价格和费用标准的不同，又可分为以下两种计算方法：

1. 按现行预算定额的人工、材料、机械的消耗量及其预算价格确定预算价，企业管理费、利润、规费、税金按现行定额费用标准计算。

2. 按预算定额工程量计算规则和基础定额确定直接成本中的人工、材料、机械消耗量，以及市场价格信息确定预算价，各项规费费率及税金不得调整外，其他各项费用的费率参照现行定额取费标准（一般不低于现行定额取费标准的 80%）。

（二）综合单价法

分部分项工程量的单价为全费用单价。全费用单价综合计算完成分部分项工程所发生的人工费、材料费、施工机具使用费、企业管理费、利润、规费和税金。工程量乘以综合单价就直接得到分部分项工程的造价费用，再将各个分部分项工程的造价费用加以汇总就直接得到整个工程的总建造费用。

需要说明的是，《13 版规范》中规定的综合单价是指完成一个规定计量单位的分部分项工程量清单项目或措施清单项目所需的人工费、材料费、施工机械使用费和企业管理费与利润，以及一定范围内的风险费用。两者存在差异，差异之处在于后者不包括规费和税金。我国目前建筑市场存在过度竞争的情况，保障规费和税金的计取是必要的。

国际工程中所谓的综合单价，一般是指全费用综合单价。

综合单价法按其所包含项目工作内容及工程计量方法的不同，又可分为以下三种表达形式：

1. 参照现行预算定额（或基础定额）对应子目所约定的工作内容、计算规则进行

报价。

2. 按招标文件约定的工程量计算规则，以及按技术规范规定的每一分部分项工程所包括的工作内容进行报价。

3. 由投标人依据招标图纸、技术规范，按其计价习惯，自主报价，即工程量的计算方法、投标价的确定均由投标人根据自身情况决定。

一般情况下，综合单价法比工料单价法能更好地控制工程价格，使工程价格接近市场行情，有利于竞争，同时也有利于降低建设工程投资。

二、建设工程招标标底

（一）标底的概念

标底是指招标人根据招标项目的具体情况，编制的完成招标项目所需的全部费用。是根据批准的初步设计投资概算，依据国家和地方规定的计价依据（例如，2012 年《北京市建设工程计价依据－预算定额》）和计价办法，结合市场供求状况计算出来的工程造价。是招标人对建设工程的期望价格。

标底一般应控制在批准的总概算及投资包干限额内，应当反映标底编制期的市场价格水平。

（二）标底的作用

对设置标底价格的招标工程，标底价格是招标人的预期价格，对工程招标阶段的工作有着一定的作用。

1. 标底价格是招标人控制建设工程投资、确定工程合同价格的参考依据。

2. 标底价格是衡量、评审投标人投标报价是否合理的尺度和依据。

三、投标报价

工程的投标报价，是投标人按照招标文件中规定的各种因素和要求，根据本企业的实际水平和能力、各种环境条件等，对承建投标工程所需的成本、拟获利润、相应的风险费用等进行计算后提出的报价。

如果设有标底，投标报价时要研究招标文件中评标时如何使用标底：一是以靠近标底者得分最高，则报价就无需追求最低标价；二是标底价只作为招标人的期望，但仍要求低价中标。这时，投标人就要努力采取措施，使标价最具竞争力（最低价），又能使报价不低于成本，即能获得理想的利润。由于"既能中标，又能获利"是投标报价的原则，所以投标人的报价必须有雄厚的技术、管理实力作后盾，编制出有竞争力、又能盈利的投标报价。

四、评标定价

采用综合评估法评标时，标底一般不参与基准价合成。对于技术特别复杂、工艺要求比较高的招标项目，为保证工程质量，招标人也可以将标底参与基准价合成，但是应在招标文件中明确规定。

招标人可以以标底为基础，上浮合理的幅度设立拦标价，以拒绝投标中的过高报价。招标人可以将标底下浮合理的幅度，作为本工程最低工程造价的预警线（施工总承包招标的标底下浮幅度一般不超过 6%）。

《招标投标法》中规定，评标委员会应当按照招标文件确定的评标标准和方法，对投标文件进行评审和比较，设有标底的，应当参考标底。中标人的投标应符合下列两个条件之一：

1. 能够最大限度地满足招标文件中规定的各项综合评价标准；

2. 能够满足招标文件的实质性要求，并且经评审的投标价格最低，但是投标价低于成本的除外。

投标人的投标报价是评标时考虑的主要条件，也是中标后签订合同的价格依据。

所以，招标投标定价方式也是一种工程价格的定价方式。在定价的过程中，招标文件及标底价均可认为是发包人的定价意图，投标报价可认为是承包人的定价意图，中标价可认为是两方都可接受的价格。中标价中在合同中予以确定，便具有法律效力。

第三节　工程量清单计价模式下的招标投标价格

一、工程量清单计价模式下招标投标的特点

1. 工程量清单计价是一种与市场经济相适应的，由承包人自主报价，通过市场竞争确定价格，与国际惯例接轨的一种新的计价模式。

2. 工程量清单计价是各投标人根据市场的人工、材料、机械价格行情、自身技术实力和管理水平投标报价，其价格有高有低，具有多样性，其价格反映的是工程个别成本。

3. 建设工程招投标采用工程量清单计价后，其工程量的计算由原来的投标人依据招标人提供的图纸进行计算，改为由招标人公开提供工程量清单。

4. 投标人的综合单价报价中，不仅包括完成工程量清单计量单位项目所需的全部费用，还应包括工程量清单项目中没有体现而在施工中又必然发生的工作内容所需的费用，以及考虑风险因素而增加的费用等。

二、招标控制价

招标控制价是招标人根据国家或省级、行业建设主管部门颁发的有关计价依据和办法，以及拟定的招标文件和招标工程量清单，结合工程具体情况编制的招标工程的最高投标限价，有的地方亦称拦标价。当招标人不设标底时，为了有利于客观、合理的评审投标报价和避免哄抬标价，造成国有资产流失，招标人应编制招标控制价。其作用是招标人用于对招标工程发包规定的最高投标限价。

（一）招标控制价的应用。《13 版规范》规定：国有资金投资的建设工程招标，招标人必须编制招标控制价。招标控制价超过批准的概算时，招标人应将其报原概算审批部门审核。投标人的投标报价高于招标控制价的应予废标。

（二）招标控制价编制依据。招标控制价应由具有编制能力的招标人或受其委托具有相应资质的工程造价咨询人根据下列依据编制：

1. 《13 版规范》；

2. 国家或省级、行业建设主管部门颁发的计价定额和计价办法；

3. 建设工程设计文件及相关资料；

4. 拟定的招标文件及招标工程量清单；

5. 与建设项目相关的标准、规范、技术资料；

6. 施工现场情况、工程特点及常规施工方案；

7. 工程造价管理机构发布的工程造价信息，当工程造价信息没有发布时，参照市

场价；

8. 其他相关资料。

（三）招标控制价的编制

1. 分部分项工程和措施项目中的单价项目。应根据招标文件中的分部分项工程量清单项目的特征描述及有关要求，按照招标控制价编制的依据确定综合单价计算。招标文件提供了暂估单价的材料，应按招标文件确定的暂估单价计入综合单价。

综合单价应包括招标文件中要求投标人所承担的风险内容及其范围（幅度）产生的风险费用。按照国际惯例，并根据我国工程建设的特点，发承包双方对工程施工阶段的风险宜采取如下分摊原则：

（1）对于主要由市场价格波动导致的价格风险，一般材料和工程设备价格风险幅度考虑在±5％以内，施工机械使用费的风险幅度考虑在±10％以内。

（2）发包人应承担的风险：国家法律、法规、规章或政策发生变化；省级或行业建设主管部门发布的人工费调整（承包人所报人工费或人工单价高于发布的除外）；政府定价或政府指导价管理的原材料（如水、电、燃油等）等价格调整。

（3）由于承包人使用机械设备，施工技术以及组织管理水平等自身原因造成施工费用增加的（管理费超支或利润减少），应由承包人全部承担。

2. 措施项目中的总价项目。应根据拟定的招标文件和常规施工方案按照招标控制价编制的依据计价，应包括除规费、税金以外的全部费用。措施项目中的安全文明施工费必须按国家或省级、行业建设主管部门的规定计算。

3. 其他项目。应按下列规定计价：

（1）暂列金额。应按照招标工程量清单中列出的金额填写。

暂列金额由招标人根据工程的复杂程度、设计深度、工程环境条件等，按有关计价规定进行估算确定，并在招标工程量清单中列出。一般可按分部分项工程费的10％～15％作为参考。

（2）暂估价。暂估价中的材料、工程设备单价应按招标工程量清单中列出的单价计入综合单价。

材料、工程设备暂估价由发包人按工程造价管理机构发布的工程造价信息或参照市场价格确定，并在招标工程量清单中列出。

（3）暂估价中的专业工程金额应按招标工程量清单中列出的金额填写。

专业工程暂估价由发包人分不同专业，按有关计价规定估算。

（4）计日工。应按招标工程量清单中列出的项目根据工程特点和有关计价依据确定综合单价计算。

计日工包括计日工人工、材料和施工机械。编制招标控制价时，对计日工中的人工单价和施工机械台班单价应按省级、行业建设主管部门或其授权的工程造价管理机构公布的单价计算；材料应按工程造价管理机构发布的工程造价信息中的材料单价计算，工程造价信息未发布材料单价的材料，其价格应按市场调查确定的单价计算。

（5）总承包服务费。应根据招标工程量清单列出的内容和要求估算。

编制招标控制价时，总承包服务费应按照省级或行业建设主管部门的规定计算。招标人可根据招标文件中列出的服务内容和向总承包人提出的要求参照下列标准计算：

1）招标人仅要求总承包人对其发包的专业工程提供现场配合、协调及竣工资料汇总等服务时，按发包的专业工程估算造价（不含设备费）的 1.5% 左右计算；

2）招标人要求总承包人对其发包的专业工程既提供现场配合、协调及竣工资料汇总等服务，又为专业工程承包人提供现有施工设施（现场办公、水电、道路、脚手架、垂直运输）的使用时，按发包的专业工程估算造价（不含设备费）的 3%~5% 计算。

3）招标人自行供应材料、设备的，按招标人供应材料、设备价值的 1% 计算。

4. 规费和税金。规费和税金必须按国家或省级、行业建设主管部门的规定计算。

例如，2012 年《北京市建设工程计价依据——预算定额》规定，规费的计算方法：规费 = 人工费 × 规费费率。规费费率见表 15-1。

规费费率表　　　　　　　　　　　　　　　　　表 15-1

序号	工程类别	规费费率（%）	其中：	
			社会保险费费率（%）	住房公积金费率（%）
1	房屋建筑与装饰工程	20.25	14.76	5.49
2	仿古建筑工程	23.74	17.31	6.43
3	通用安装工程	19.52	14.23	5.29
4	市政工程	22.29	16.24	6.05
5	园林绿化工程	19.16	13.97	5.19
6	构筑物工程	20.25	14.76	5.49
7	城市轨道交通工程	19.34	14.10	5.24

将以上各个项目的计算结果汇总后，填入表 5-2 中就得到招标控制价。

（四）招标控制价不同于标底，无须保密。招标人应在招标文件中如实公布招标控制价，包括招标控制价各项费用（分部分项工程费、措施项目费、其他项目费、规费和税金）组成部分的详细内容，并不应上调或下浮招标控制价。

三、工程量清单招标的投标报价

投标人必须按招标工程量清单填报价格。填写的项目编码、项目名称、项目特征、计量单位、工程量必须与招标工程量清单一致。

（一）投标报价编制依据。投标报价应由投标人，或受其委托具有相应资质的工程造价咨询人根据下列依据编制：

1.《13 版规范》；

2. 国家或省级、行业建设主管部门颁发的计价办法；

3. 企业定额，国家或省级、行业建设主管部门颁发的计价定额和计价办法；

4. 招标文件、招标工程量清单及其补充通知、答疑纪要；

5. 建设工程设计文件及相关资料；

6. 施工现场情况、工程特点及投标时拟定的施工组织设计或施工方案；

7. 与建设项目相关的标准、规范等技术资料；

8. 市场价格信息或工程造价管理机构发布的工程造价信息；

9. 其他相关资料。

（二）投标前的工程询价

工程询价是投标人在投标报价前，根据招标文件的要求，对工程所需材料、工程设备等资源的质量、型号、价格、市场供应等情况进行全面系统的了解，以及调查人工市场价格和分包工程报价的工作。包括生产要素询价（材料询价、机械设备询价、人工询价）和分包询价。工程询价是投标报价的基础，为工程投标报价提供价格依据。所以，工程询价直接影响着投标人投标报价的精确性和中标后的经济收益。投标人要做好工程询价除了投标时必要的市场调查了解外，更重要的是平时要做好工程造价信息的收集、整理和分析工作。

（三）复核工程量

采用工程量清单方式招标，工程量清单由招标人通过招标文件提供给投标人，其准确性（数量不算错）和完整性（不缺项漏项）由招标人负责。若工程量清单中存在漏项或错误，投标人核对后可以提出，并由招标人修改后通知所有投标人。投标人依据工程量清单进行投标报价，对工程量清单不负有核实义务，更不具有修改和调整的权利。投标人复核清单工程量的目的主要不是为了修改工程量清单，其目的是为了：

1. 编制施工组织设计、施工方案，选择合适的施工机械设备；

2. 中标后，承包人施工准备时能够准确地加工订货和施工物资采购；

3. 投标报价时可以运用不平衡报价技巧，使中标后能够获得更理想的收益。

（四）投标报价的编制

投标人在最终确定投标报价前，可先投标估价。投标估价是指投标人在施工总进度计划、主要施工方法、分包人和资源安排确定以后，根据自身工料实际消耗水平，结合工程询价结果，对完成招标工程所需要的各项费用进行分析计算，提出承建该工程的初步价格。

投标报价是投标人投标时响应招标文件要求所报出的对已标价工程量清单汇总后标明的总价。在工程采用招标发包过程中，由投标人按照招标文件的要求和招标工程量清单，根据工程特点，投标人对于该工程的投标策略，投标估价的基础上考虑投标人在该招标工程上的竞争地位、估价准确程度、风险偏好等，并结合自身的施工技术、装备和管理水平，以及在该工程上的预期利润水平，依据有关计价规定，自主确定的工程造价。是投标人希望达成工程承包交易的期望价格，它不能高于招标人设定的最高投标限价，即招标控制价。

投标总价由分部分项工程费、措施项目费、其他项目费、规费和税金五部分合计组成。

1. 分部分项工程和措施项目中的单价项目。应根据招标文件和招标工程量清单项目中的特征描述确定综合单价计算。

分部分项工程和措施项目中的单价项目最主要的是确定综合单价。确定分部分项工程和措施项目中的单价项目综合单价的重要依据是清单项目的特征描述。投标人投标报价时应依据招标工程量清单项目的特征描述确定清单项目的综合单价，当出现招标工程量清单项目的特征描述与设计图纸不符时，投标人应以招标工程量清单的项目特征描述为准，确定投标报价的综合单价。

招标工程量清单中提供了暂估单价的材料、工程设备，按暂估的单价计入综合单价。招标文件中要求投标人承担的风险内容和范围，投标人应考虑进入综合单价。

2. 措施项目中的总价项目。应根据招标文件及投标时拟定的施工组织设计或施工方案按照规范规定自主确定。

由于各投标人拥有的施工装备、技术水平和采取的施工方法有所差别，招标人提出的措施项目清单是根据一般情况确定的，没有考虑不同投标人的"个性"。投标人投标时应根据自身编制的投标施工组织设计（或施工方案）确定措施项目，并对招标人提供的措施项目进行调整。

措施项目投标报价原则：

（1）措施项目的内容应依据招标人提出的措施项目清单和投标人拟定的施工组织设计或施工方案；

（2）措施项目的计价方式无论单价项目，还是总价项目均应采用综合单价方式报价，即包括除规费、税金以外的全部费用。

（3）措施项目由投标人自主报价。但其中的安全文明施工费必须按国家或省级、行业建设主管部门的规定计算，不得作为竞争性费用。

例如，2012年《北京市建设工程计价依据——预算定额》规定，安全文明施工费按承包全部工程（以建设工程施工合同为准）的总体建筑面积划分，以分部分项工程项目和措施项目的人工费、材料费、机械费之和为基数计算。取费标准见表15-2。

安全文明施工费费率   表15-2

项目	建筑装饰工程						钢结构工程		其他工程	
	建筑面积									
	20000以内		50000以内		50000以外					
	五环路以内	五环路以外	五环路以内	五环路以外	五环路以内	五环路以外	五环路以内	五环路以外	五环路以内	五环路以外
费率（%）	5.54	4.93	5.35	4.75	4.88	4.47	4.02	3.73	3.69	3.63

3. 其他项目。

（1）暂列金额应按招标工程量清单中列出的金额填写，不得变动；

（2）暂估价不得变动和更改。材料、工程设备暂估价应按招标工程量清单中列出的单价计入综合单价；专业工程暂估价应按招标工程量清单中列出的金额填写；

（3）计日工应按招标工程量清单中列出的项目和数量，自主确定综合单价并计算计日工金额；

（4）总承包服务费应根据招标工程量清单中列出的内容和提出的要求自主确定。投标人根据招标工程量清单中列出的分包专业工程暂估价内容和供应材料、设备情况，提出的协调、配合与服务要求和施工现场管理需要等自主确定。

4. 规费和税金。必须按国家或省级、行业建设主管部门的规定计算，不得作为竞争性费用。

将以上各个项目的计算结果汇总后，填入表5-3中就得到投标报价。

实行工程量清单计价，投标人对招标人提供的工程量清单与计价表中所列的项目均应填写单价和合价，否则，将被视为此项费用已包含在其他项目的单价和合价中，在竣工结算时，此项目不得重新组价予以调整。

投标总价应当与分部分项工程费、措施项目费、其他项目费和规费、税金的合计金额一致。不能仅对投标总价优惠（让利），投标人对投标报价的任何优惠（让利）均应反映在相应清单项目的综合单价中。

投标人的投标报价不能高于招标控制价，否则其投标作废。也不能明显低于招标控制价（一般房屋建筑为低于招标控制价的6%），投标人应合理说明并提供相关证明材料，否则就是低于工程成本，其投标作废。

（五）不平衡报价法

不平衡报价法是指一个工程项目总价（估价）基本确定后，通过调整内部分项工程的单价，使既不提高总报价，不影响中标，又能在工程结算时获得更大的收益。工程实践中，投标人采取不平衡报价法的通常作法有：

1. 能够早日结算的项目，如前期措施费、基础工程、土石方工程等可以适当提高报价。"早收钱，多收钱"，以利于资金周转，提高资金时间价值。后期工程项目如设备安装、装饰装修等的报价可适当降低。

2. 经过对清单工程量复核，预计今后工程量会增加的项目，单价可适当提高；预计今后工程量可能减少的项目，则单价可适当降低。

3. 设计图纸不明确、工程内容说明不清，预计施工过程中会发生工程变更的项目，则可以降低一些单价。

4. 对发包人在施工中有可能会取消的有些项目，或有可能会指定分包的项目，报价可低点。

5. 发包人要求有些项目采用包干报价时，宜报高价。一则这类项目多半有风险，二则这类项目在完成后可全部按报价结算。

6. 有时招标文件要求投标人对工程量大的项目报"工程量清单综合单价分析表"，投标时可将人工费和机械费报高些，而材料费报低些。因为结算调价时，一般人工费和机械费选用"综合单价分析表"中的价格，而材料则往往采用市场价。

投标人采取不平衡报价法要注意单价调整时不能畸高或畸低。一般来说，单价调整幅度不宜超过±10%，只有当对施工单位具有特别优势的分项工程，才可适当增大调整幅度。否则在评标"清标"时，所报价格就会被认为不合理，影响投标人中标。

第四节　工程量清单计价模式下工程合同价款的约定

合同价款即签约合同价，是指发承包双方在工程合同中约定的工程造价，包括了分部分项工程费、措施项目费、其他项目费、规费和税金的合同总金额。实行招标的工程合同价款应在中标通知书发出之日起30天内，由发承包双方依据招标文件和中标人的投标文件在书面合同中约定。合同约定不得违背招标、投标文件中的实质性内容。招标文件与中标人投标文件不一致的地方，以投标文件为准。

不实行招标的工程合同价款，应在发承包双方认可的工程价款基础上，由发承包双方在合同中约定。

发承包双方应在合同条款中对下列事项进行约定。合同中没有约定或约定不明的，发生争议时由双方协商确定，当协商不能达成一致的，按《13版规范》规定执行。

1. 预付工程款的数额、支付时间及抵扣方式

对工程使用的水泥、钢材等大宗材料，以及组织施工准备，可根据工程具体情况设置

工程预付款。应在合同中约定预付款的数额，可以是绝对数（如50万元，100万元），也可以是合同金额的一定比例（如10%、20%）；约定支付时间，合同签订后一个月，或开工前7天等；约定抵扣方式，在工程进度款中按比例抵扣；约定违约责任，如不按合同约定支付的利息、违约责任等。

2. 安全文明施工费的支付计划、使用要求等

安全文明施工费的预付金额为该项费用的50%；其余安全文明施工费按进度支付；使用要求，单独列项，专款专用，不得挪用等。

3. 工程计量与支付工程进度款的方式、数额及时间

工程计量时间和方式，可按月计量，可按工程形象部位分段计量；约定支付时间，计量后几天内支付；约定支付额度，已完工程量的一定比例；约定违约责任，如不按合同约定支付进度款的利率、违约责任等。

4. 工程价款的调整因素、方法、程序、支付及时间

约定工程价款的调整因素：法律法规变化，市场价格波动引起的价格调整，工程变更等；约定调整方法，随工程款支付一并调整，结算时一次调整等；约定调整程序，承包人提交调整报告给发包人（监理人），发包人（监理人）审核时间等；约定支付时间，与工程进度款同期支付等。

5. 施工索赔与现场签证的程序、金额确认与支付时间

施工索赔与现场签证的程序，承包人提出索赔通知、索赔报告的时限要求（知道索赔事件发生后28天内），发包人（监理人）审核批准时间等；各项费用的计取，金额的确认等；约定支付时间，索赔与现场签证费用与工程进度款同期支付等。

6. 承担计价风险的内容、范围以及超出约定内容、范围的调整办法

约定风险的内容范围，是全部材料，还是主要材料等；约定物价变化调整幅度，材料、工程设备价格涨跌5%内，施工机械使用费价格涨跌10%内等；超出约定内容、范围的相应工程价款的调整办法，只计算超出部分的价差还是全部价差，价格调整公式还是采用造价信息价格调整法等。

7. 工程竣工价款结算编制与核对、支付及时间

承包人编制提交竣工结算书的时间，提交竣工验收申请的同时，工程竣工验收合格后28天内等；发包人审核（审查）的时限要求，收到竣工结算文件后28天内等；以及竣工结算款的支付金额及时间，签发竣工结算支付证书后14天内完成支付，逾期支付的利率等。

8. 工程质量保证金的数额、预留方式及时间

工程质量保证金的比例为工程竣工结算价的3%；预留方式，是随工程进度款扣留，还是竣工结算一次扣留；工程质量保证金支付时间，缺陷责任期期限1年，还是2年退还等。

9. 与履行合同、支付价款有关的其他事项等

约定发生工程价款争议时，选择的协调、调解、仲裁，还是诉讼等。

合同中涉及工程价款的事项较多，能够详细约定的事项应尽可能具体约定，约定的用词应尽可能唯一，如有几种解释，最好进行定义，尽量避免因理解上的歧义造成合同纠纷。

【例 15-1】 某医院门诊楼工程，建设方采用工程量清单方式公开招标。招标文件中的评标办法规定，技术标采用合格制，商务标部分分值为 100 分。技术标合格，商务标得分最高的投标人中标。其商务标评分办法如下：

（1）商务标的评分采用"基准价"的办法来确定，即以"评标价格"与"基准价"的差额比例（偏离程度 β）来确定其得分。

（2）本工程招标控制价为 1000 万元。其中专业工程暂估价和暂列金额合计为 100 万元。

（3）投标报价低于招标控制价 6% 的投标人，应就其报价的合理性做出详细说明。评标委员会对该报价应进行详细分析及质询，对不能合理说明的作废标处理。

（4）投标人的投标报价高于招标控制价的应予废标。

（5）"评标价格"为：有效的投标报价减去专业工程暂估价和暂列金额。

（6）基准价为：各"评标价格"的算术平均值。

（7）投标人商务标得分的计算。

1）计算"评标价格"与"基准价"比较百分比 β（偏离程度）：

$$\beta = \frac{(\text{评价价格} - \text{基准价})}{\text{基准价}} \times 100\%$$

2）按"评标价格"与"基准价"的比较值 β 计算出各投标人的商务标得分。评分标准见表 15-3。

商务标评分标准　　　　　　　　　　表 15-3

项　目	标　准　分	评分标准	分　值
投标报价	100 分	$-5\% > \beta$	85
		$-4\% > \beta \geqslant -5\%$	88
		$-3\% > \beta \geqslant -4\%$	91
		$-2\% > \beta \geqslant -3\%$	94
		$-1\% > \beta \geqslant -2\%$	97
		$0 \geqslant \beta \geqslant -1\%$	100
		$+1\% \geqslant \beta > 0$	95
		$+2\% \geqslant \beta > +1\%$	90
		$+3\% \geqslant \beta > +2\%$	85
		$+4\% \geqslant \beta > +3\%$	80
		$+5\% \geqslant \beta > +4\%$	75
		$\beta > +5\%$	70

通过资格预审的 A_1、A_2、A_3 共三家施工单位参加了本工程的投标，其投标报价分别为 990 万元，980 万元和 970 万元。经评标专家评审，三家施工单位的技术标全部合格。

问题：依据本工程招标文件中的评标办法，试确定本工程的中标人及其合同价格。

【解】

三家施工单位的技术标全部合格，且其投标报价不低于招标控制价 6%，也不高于招标控制价，均为有效投标报价。按照本工程招标文件中商务标评标办法，评标专家对投标人商务标的评标分值计算及其各投标人商务标得分见表15-4。

商务标评分记录表 表 15-4

投标人名称	投标报价（万元）	专业工程暂估价和暂列金额（万元）	评标价格（万元）	基准价（万元）	β（偏离程度）	得分	备注
A_1	990		890		$+1.14\%$	90	
A_2	980	100	880	880	0	100	
A_3	970		870		-1.14%	97	

评委签字：日期： 年 月 日

A_2 施工单位得分最高，被确定为本工程的中标人，其合同价格为980万元。

复 习 题

1. 根据计价方式的不同，建设工程承包合同价格可分为哪几种形式？实行工程量清单计价的工程，应采用哪种形式合同？

2. 总价合同一般适用于哪些项目？

3. 成本加酬金合同适用于哪些项目？按照酬金的计算方式不同，又有哪几种形式？

4. 根据《建筑工程施工发包与承包计价管理办法》的规定，建设工程计价时可以采用的计价方法有哪几种？

5. 我国《招标投标法》规定了中标人的投标应符合哪两个条件？

6. 采用工程量清单方式招标时，招标控制价的编制依据有哪些？

7. 简述招标控制价的编制。

8. 招标工程量清单由招标人提供给投标人，投标人复核清单工程量的目的是什么？

9. 简述投标报价的编制。

10. 什么是不平衡报价法？其通常有哪些做法？

第十六章 建设工程价款结算

本章学习重点：工程变更、工程索赔、合同价款调整、建设工程价款结算。

本章学习要求：掌握建设工程价款结算；熟悉工程变更估价；熟悉合同价款调整的方法；了解工程费用索赔。

第一节 工 程 变 更

工程建设投资巨大，建设周期长，建设条件千差万别，涉及的经济关系和法律关系比较复杂，受自然条件和客观条件因数的影响大。所以，几乎所有工程项目在实施过程中，实际情况与招标投标时的情况都会有所变化。正是由于工程建设过程中，工程情况的变化，引起了工程变更。

1. 发包人的变更指令。发包人对工程的内容、标准、进度等提出新要求，修改项目计划，增减预算等。

2. 勘察设计问题。建设工程设计中存在问题难以避免。施工中常见的勘察设计问题主要有：地质勘察资料不准确，设计错误和漏项，设计深度不够，专业间图纸中存在矛盾，施工图纸提供不及时等。

3. 监理人的不当指令。

4. 承包人的原因。承包人的施工条件限制、施工质量出现问题、提出便于施工的要求、对设计意图理解的偏差、合理化的建议等。

5. 工程施工条件发生变化。施工周围环境条件变化、异常气候条件的影响、不可抗力事件、不利的物质条件等。

6. 新技术、新方法和新工艺改变原有设计、实施方案和实施计划。

7. 法律、法规、规章和政策发生变化提出新的要求等。

以上这些情况常常会导致工程变更，使得合同条件改变、工程量增减、工程项目变化、施工计划调整等，从而最终引起合同价款调整。

一、工程变更

合同工程实施过程中由发包人提出或由承包人提出经发包人批准的合同工程任何一项工作的增、减、取消或施工工艺、顺序、时间的改变；设计图纸的修改；施工条件的改变；招标工程量清单的错、漏从而引起合同条件的改变或工程量的增减变化。

变更指示均通过监理人发出，监理人发出变更指示前应征得发包人同意。承包人收到经发包人签认的变更指示后，方可实施变更。未经许可，承包人不得擅自对工程的任何部分进行变更。

涉及设计变更的，应由设计人提供变更后的图纸和说明。如变更超过原设计标准或批准的建设规模时，发包人应及时办理规划、设计变更等审批手续。

承包人按照监理人发出的变更指示及有关要求，进行下列需要的变更：

（1）增加或减少合同中任何工作，或追加额外的工作；

（2）取消合同中任何工作，但转由他人实施的工作除外；

（3）改变合同中任何工作的质量标准或其他特性；

（4）改变工程的基线、标高、位置和尺寸；

（5）改变工程的时间安排或实施顺序。

发包人提出变更的，变更指示应说明计划变更的工程范围和变更的内容。

监理人提出变更建议的，需要向发包人以书面形式提出变更计划，说明计划变更工程范围和变更的内容、理由，以及实施该变更对合同价格和工期的影响。

承包人提出合理化建议的，应向监理人提交合理化建议说明，说明建议的内容和理由，以及实施该建议对合同价格和工期的影响。监理人应在收到承包人提交的合理化建议后 7 天内审查完毕并报送发包人，发现其中存在技术上的缺陷，应通知承包人修改。发包人应在收到监理人报送的合理化建议后 7 天内审批完毕。合理化建议经发包人批准的，监理人应及时发出变更指示。合理化建议降低了合同价格或者提高了工程经济效益的，发包人可对承包人给予奖励。

二、工程变更估价

（一）变更估价程序

承包人应在收到变更指示后 14 天内，向监理人提交变更估价申请。监理人应在收到承包人提交的变更估价申请后 7 天内审查完毕并报送发包人，监理人对变更估价申请有异议，通知承包人修改后重新提交。发包人应在承包人提交变更估价申请后 14 天内审批完毕。发包人逾期未完成审批或未提出异议的，视为认可承包人提交的变更估价申请。

因变更引起的价格调整应计入最近一期的进度款中支付。

（二）变更估价原则

承包人收到监理人下达的变更指示后，认为不能执行，应立即提出不能执行该变更指示的理由。承包人认为可以执行变更的，应当书面说明实施该变更指示对合同价格和工期的影响。

工程变更引起已标价工程量清单（预算书）项目或其工程数量发生变化，除合同另有约定外，变更工程项目的单价按照下列规定确定，亦称变更估价三原则。

（1）已标价工程量清单或预算书有相同项目的，按照相同项目单价认定。

（2）已标价工程量清单或预算书中无相同项目，但有类似项目的，参照类似项目的单价认定。

（3）变更导致实际完成的变更工程量与已标价工程量清单或预算书中列明的该项目工程量的变化幅度超过 15% 的；或已标价工程量清单或预算书中无相同项目及类似项目单价的，按照合理的成本与利润构成的原则，由合同当事人协商确定。

（三）变更估价的确定

1. 变更估价中的相同项目是指项目采用的材料、施工工艺和方法相同，也不因此改变关键线路上工作的作业时间。

类似项目是指项目采用的材料、施工工艺和方法基本相同，也不改变关键线路上工作的作业时间。可仅就其变更后的差异部分参考类似项目的单价，由发承包双方确认新的项目单价。

比如某工程，原设计的现浇混凝土柱的强度等级为C35。施工过程中，业主要求设计将建筑层数增加一层。在通过报批手续后，设计将框架柱的混凝土强度等级变更为C40。此时，造价人员仅可用C40混凝土价格替换C35混凝土价格，其余不变，组成新的项目单价。

2. 已标价工程量清单或预算书中无相同项目及类似项目单价的，承包人可根据变更工程资料、计量规则和计价办法、工程造价管理机构发布的信息价格和承包人报价浮动率提出变更工程项目的单价，并报发包人确认后调整。

承包人报价浮动率可按下列公式计算：

招标工程　承包人报价浮动率 $L = (1 - 中标价/招标控制价) \times 100\%$

非招标工程　承包人报价浮动率 $L = (1 - 报价/施工图预算) \times 100\%$

3. 工程变更和工程量偏差导致实际完成的变更工程量与已标价工程量清单或预算书中列明的该项目工程量增加超过15%以上时，增加部分工程量的单价应予调低；当工程量减少15%以上时，减少后剩余部分工程量的单价应予调高。计算公式如下：

(1) 当 $Q_1 > 1.15Q_0$ 时　　$S = 1.15Q_0 \times P_0 + (Q_1 - 1.15Q_0) \times P_1$

(2) 当 $Q_1 < 0.85Q_0$ 时　　$S = Q_1 \times P_1$

式中　S——调整后的某一分部分项工程费结算价；

　　　Q_1——最终完成的工程量；

　　　Q_0——招标工程量清单中列出的工程量；

　　　P_1——按照最终完成工程量重新调整后的单价；

　　　P_0——承包人在工程量清单中填报的单价。

4. 已标价工程量清单或预算书中无相同项目及类似项目单价的，且工程造价管理机构发布的信息价格缺价的，由承包人根据变更工程资料、计量规则、计价办法和通过市场调查等取得有合法依据的市场价格提出变更工程项目的单价，并报发包人确认后调整。

5. 措施项目费调整

工程变更引起施工方案改变并使措施项目发生变化时，承包人提出调整措施项目费的，应事先将拟实施的方案提交发包人确认，并应详细说明与原方案措施项目相比的变化情况，拟实施的方案经发承包双方确认后执行，并应按照下列规定调整措施项目费：

(1) 安全文明施工费应按照实际发生变化的措施项目按国家或省级、行业建设主管部门的规定计算。

(2) 采用单价计算的措施项目费，应按照实际发生变化的措施项目按上述变更估价原则确定单价。

(3) 按总价（或系数）计算的措施项目费，应按照实际发生变化的措施项目调整，但应考虑承包人报价浮动因数，即调整金额按照实际调整金额乘以承包人报价浮动率 L 计算。

如果承包人未事先将拟实施的方案提交发包人确认，则应视为工程变更不引起措施项目费调整或承包人放弃调整措施项目费的权利。

工程量偏差导致实际完成的工程量与已标价工程量清单或预算书中列明的该项目工程量增减超过15%，且引起相关措施项目发生变化时，按总价（或系数）计算的措施项目费，工程量增加的措施项目费调增，工程量减少的措施项目费调减。

6. 费用和利润补偿

当发包人提出的工程变更因非承包人原因删减了合同中的某项原定工作或工程，致使承包人发生的费用或（和）得到的收益不能被包括在其他已支付或应支付的项目中，也未被包含在任何替代的工作或工程中时，承包人有权提出并应得到合理的费用及利润补偿。

（四）争议的解决

工程变更价款的计算和确定，是工程施工期中结算和工程竣工结算合同价款调整中，发承包双方经常出现争议的地方。如发承包双方对工程变更价款不能达成一致，应按照合同约定的争议解决方式处理。

三、暂估价

暂估价是指发包人在工程量清单或预算书中提供的用于支付必然发生但暂时不能确定价格的材料、工程设备的单价、专业工程以及服务工作的金额。对于暂估价的最终确定，在工程施工过程中一般按下列原则办理：

1. 对于依法必须招标的暂估价项目，可以采取以下两种方式确定。

第1种方式：由承包人组织进行招标。

（1）承包人应当根据施工进度计划，在招标工作启动前14天将招标方案通过监理人报送发包人审查，发包人应当在收到承包人报送的招标方案后7天内批准或提出修改意见。承包人应当按照经过发包人批准的招标方案开展招标工作；

（2）承包人应当根据施工进度计划，提前14天将招标文件通过监理人报送发包人审批，发包人应当在收到承包人报送的相关文件后7天内完成审批或提出修改意见；发包人有权确定招标控制价并按照法律规定参加评标；

（3）承包人与供应商、分包人在签订暂估价合同前，应当提前7天将确定的中标候选供应商或中标候选分包人的资料报送发包人，发包人应在收到资料后3天内与承包人共同确定中标人；承包人应当在签订合同后7天内，将暂估价合同副本报送发包人留存。

第2种方式：由发承包人共同招标。

由发包人和承包人共同招标确定暂估价供应商或分包人的，承包人应按照施工进度计划，在招标工作启动前14天通知发包人，并提交暂估价招标方案和工作分工。发包人应在收到后7天内确认。确定中标人后，由发包人、承包人与中标人共同签订暂估价合同。

对于依法必须招标的暂估价项目，以中标价取代暂估价调整合同价款。中标价与工程量清单或预算书中所列的暂估价的金额差以及相应的税金等计入结算价。

2. 对于不属于依法必须招标的暂估价项目，可以采取以下3种方式确定：

第1种方式：由承包人按照合同约定采购。

（1）承包人应根据施工进度计划，在签订暂估价项目的采购合同、分包合同前28天向监理人提出书面申请。监理人应当在收到申请后3天内报送发包人，发包人应当在收到申请后14天内给予批准或提出修改意见，发包人逾期未予批准或提出修改意见的，视为该书面申请已获得同意；

（2）发包人认为承包人确定的供应商、分包人无法满足工程质量或合同要求的，发包人可以要求承包人重新确定暂估价项目的供应商、分包人；

（3）承包人应当在签订暂估价合同后7天内，将暂估价合同副本报送发包人留存。

第2种方式：由承包人组织进行招标。

承包人按照上述"依法必须招标的暂估价项目"约定的第1种方式确定暂估价项目。即由承包人组织招标，发包人审批招标方案、中标候选人等方式。

第3种方式：直接委托承包人实施。

承包人具备实施暂估价项目的资格和条件的，经发包人和承包人协商一致后，可由承包人自行实施暂估价项目。合同当事人应在合同中约定实施的价格及要求等具体事项。

对于不属于依法必须招标的暂估价项目，由承包人提供，经发包人（监理人）确认的供应商、分包人的价格取代暂估价，调整合同价款。发承包双方确认的价格与工程量清单（预算书）中所列的暂估价的金额差以及相应的税金等计入结算价。

在工程实践中，暂估价项目的确定也是发承包双方经常出现争议的地方。发承包双方应在施工合同中约定暂估价项目确定的方式和程序，以及双方在暂估价项目确定中的工作分工、权利和义务等具体事项，避免实施中产生纠纷，影响工程施工的顺利进行。

四、暂列金额与计日工

1. 暂列金额是指发包人在工程量清单或预算书中暂定并包括在合同价格中的一笔款项，用于工程合同签订时尚未确定或者不可预见的所需材料、工程设备、服务的采购，施工中可能发生的工程变更、合同约定调整因素出现时的合同价格调整以及发生的索赔、现场签证等的费用。

暂列金额虽然列入合同价格，但并不属于承包人所有，相当于业主的备用金。暂列金额应按照发包人的要求使用，发包人的要求应通过监理人发出。只有按照合同约定发生后，对合同价格进行相应调整，实际发生额才归承包人所有。

2. 计日工是指合同履行过程中，承包人完成发包人提出的零星工作或需要采用计日工计价的变更工作时，按合同中约定的单价计价的一种方式。

需要采用计日工方式的，经发包人同意后，由监理人通知承包人以计日工计价方式实施相应的工作，其价款按列入已标价工程量清单或预算书中的计日工计价项目及其单价进行计算；已标价工程量清单或预算书中无相应的计日工单价的，按照合理的成本与利润构成的原则，由合同当事人协商确定计日工的单价。

采用计日工计价的任何一项工作，承包人应在该项工作实施过程中，每天提交以下报表和有关凭证报送监理人审查：

（1）工作名称、内容和数量；

（2）投入该工作的所有人员的姓名、专业、工种、级别和耗用工时；

（3）投入该工作的材料类别和数量；

（4）投入该工作的施工设备型号、台数和耗用台时；

（5）其他有关资料和凭证。

计日工由承包人汇总后，列入最近一期进度付款申请，由监理人审查并经发包人批准后列入进度付款。

五、工程变更的管理

业内有一句话，施工单位"中标靠低价，盈利靠变更"。一般的工程项目，大多数施工企业都能干。施工招标时，业主考虑更多的是要"物美价廉"。业主通过招标控制价、经济标评分办法、合同条款约定、风险转移等手段来降低工程造价。施工单位面对"僧多粥少"，竞争激烈的建设工程市场，要想中标，除了具备基本的实力、能力、资信，以及良好的沟通和服务外，更重要的一点就是投标报价不能报高，否则就中不了标。那么，施工单位承揽到项目后，要想赚到钱，除自身的成本控制外，就要依靠施工过程中的工程变更、现场签证，以及下节要讲的工程索赔。

所以，工程变更管理对施工单位能否在项目上取得好的经济效益相当重要。施工过程中，施工单位要做好工程变更与合同价款的调整工作。首先，当施工中发生变更情况时，应按照合同约定或相关规定，及时办理工程变更手续，之后尽快落实变更。其次，要做好工程变更价款的计价与确定工作，尤其新增项目的单价、甲方选用材料价格的确认，以及暂估价价格的认价工作。市场价格和造价信息价格一般都有一定"弹性"。材质、规格、型号、厂家、地点以及数量等不同，价格就不同。发承包双方尽可能要确认一个合适的价格，并及时办理有相关方（甲方、监理、施工等）签字、甚至盖章的签认手续，必要时，新增项目还应签订补充协议书。有些时候现场生产技术人员要配合造价人员使其了解变更工程的实施情况，以便全面完整地计价。同时要在合同约定或相关规定的时限内提出工程变更价款的申请报告。最后，施工单位还应做好工程变更及其价款调整确认文件资料的日常管理工作，及时收集整理设计变更文件资料包括图纸会审记录、设计变更通知单和工程洽商记录等，及时收集整理工程变更价款计价资料包括材料设备和专业工程的招投标文件、合同书、认价单、补充协议书、现场签证、变更工程价款结算书以及相关计价文件等。

六、FIDIC 施工合同条件下工程变更价款的确定方法

（一）工程变更价款确定的一般原则

1. 变更工作在合同中有同类工作内容，应以该费率或单价计算变更工程的费用；

2. 合同中有类似工作内容，则应在该费率或单价的基础上进行合理调整，推算出新的费率和单价；

3. 变更工作在合同中没有类似工作内容，应根据实际工程成本加合理利润，确定新的费率或单价。

（二）工程变更的估价

FIDIC 施工合同条件中对工程变更的估价，采用新的费率或单价，有两种情况：

1. 第一种情况

（1）该项工作实际测量的数量比工程量表中规定的数量的变化超过10%；

（2）工程量的变化与该项工作的费率的乘积超过了中标合同金额的0.01%；

（3）工程量变化直接造成该项工作的单位成本变动超过1%，而且合同中没有规定该项工作的费率固定。

2. 第二种情况

（1）该工作是按照变更和调整的指示进行的；

（2）合同中没有规定该项工作的费率或单价；

（3）该项工作在合同中没有类似的工作内容，没有一个适宜的费率或单价适用。

【例 16-1】 某办公楼装修改造工程，业主采用工程量清单方式招标与某承包商签订了工程施工合同。该合同中部分工程价款条款约定如下：

1. 本工程招标控制价为1000万元，签约合同价为950万元。

2. 当实际施工应予计量的工程量增减幅度超过招标工程量清单 15％时，调整综合单价，调整系数为 0.9（1.1）。已标价工程量清单中分项工程 B、C、D 的工程量及综合单价见表 16-1。

工程量及综合单价　　　　　　　　　　　表 16-1

分项工程	B	C	D
综合单价（元/m²）	60	70	80
清单工程量（m²）	2000	3000	4000

3. 工程变更项目若已标价工程量清单中无相同和类似项目的，其综合单价参考工程所在地计价定额的资源消耗量、费用标准，以及施工期发布的信息价格等进行计算调整。

4. 合同未尽事宜，按照《建设工程工程量清单计价规范》GB 50500—2013 的有关规定执行。

工程施工过程中，发生了以下事件：

（1）业主领导来工地视察工程后，提出局部房间布局调整的要求。由于此变更，导致分项工程 B、C、D 工程量发生变化。后经监理工程师计量确认承包商实际完成工程量见表 16-2。

实际完成工程量　　　　　　　　　　　表 16-2

分项工程	B	C	D
实际工程量（m²）	2400	3100	3300

（2）应业主要求，设计单位发出了一份设计变更通知单。其中新增加了一项分项工程 E，已标价工程量清单中无相同和类似项目。经造价工程师查工程所在地预算定额，完成分项工程 E 需要人工费 10 元/m，材料费 87 元/m，机械费 3 元/m，企业管理费率为 8％，利润为 7％。

（3）业主为了确保内墙涂料墙面将来不开裂，要求承包商选用质量更好的基层壁基布，并对工程使用的壁基布材料双方确认价格为 16 元/m²。由于承包商在原合同的内墙涂料项目报价中遗漏了基层壁基布的材料费，结算时承包商就按壁基布材料的确认价格 16 元/m² 计取了材料价差。

问题：

1. 计算分项工程 B、C、D 的分项工程费结算价。

2. 工程变更项目中若出现已标价工程量清单中无相同和类似项目的，其综合单价如何确定？

3. 计算清单新增分项工程 E 的综合单价。

4. 在事件（3）中，承包商按壁基布的全价 16 元/m² 计取材料价差是否合理？

【解】

1. 分项工程 B、C、D 的分项工程费结算价计算：

（1）分项工程 B：（实际工程量－清单工程量）/清单工程量

　　　　　＝（2400－2000）/2000＝20％，即实际工程量增加幅度超过招标工程量清单的 15%，故应按合同约定调整综合单价。

结算价 $S = 1.15Q_0 \times P_0 + (Q_1 - 1.15Q_0) \times P_1$

$\quad\quad = 1.15 \times 2000 \times 60 + (2400 - 1.15 \times 2000) \times 60 \times 0.9$

$\quad\quad = 143400 \, 元$

（2）分项工程 C：实际工程量增加 $100 m^2$，没有超过招标工程量清单的 15%，故综合单价不予调整。

结算价 $= 3100 \times 70 = 217000 \, 元$

（3）分项工程 D：$(3300 - 4000)/4000 = -17.5\%$，即实际工程量减少幅度超过招标工程量清单的 15%，故应按合同约定调整综合单价。

结算价 $S = Q_1 \times P_1$

$\quad\quad = 3300 \times 80 \times 1.1 = 290400 \, 元$

2. 已标价工程量清单中无相同项目及类似项目单价的，承包人可根据变更工程资料、计量规则和计价办法、工程造价管理机构发布的信息价格和承包人报价浮动率提出变更工程项目的单价，并报发包人确认后调整。

已标价工程量清单中无相同项目及类似项目单价的，且工程造价管理机构发布的信息价格缺价的，由承包人根据变更工程资料、计量规则、计价办法和通过市场调查等取得有合法依据的市场价格提出变更工程项目的单价，并报发包人确认后调整。

3. 工程所在地工程造价管理机构发布有此项目的价格信息。

承包商报价浮动率 $L = (1 - 中标价 / 招标控制价) \times 100\%$

$\quad\quad = (1 - 950/1000) \times 100\%$

$\quad\quad = 5\%$

分项工程 E 的综合单价 $= (人工费 + 材料费 + 机械费) \times (1 + 管理费率) \times (1 + 利润率) \times (1 - 报价浮动率)$

$\quad\quad = (10 + 87 + 3) \times (1 + 8\%) \times (1 + 7\%) \times (1 - 5\%)$

$\quad\quad = 109.78 \, 元/m$

4. 不合理。实行工程量清单计价，投标人对招标人提供的工程量清单与计价表中所列的项目均应填写单价和合价，否则，将被视为此项费用已包含在其他项目的单价和合价中。

所以，承包商在内墙涂料原合同报价中遗漏了基层壁基布的材料费，应认为该项费用已包含在了其内墙涂料或其他项目的单价和合价中。故结算时基层壁基布材料，承包商不应按确认价格 $16 \, 元/m^2$ 的来计算价差。这种情况，一般按施工期确认价格与投标报价期对应的造价信息价格，以及考虑合同约定的风险幅度，计算其超过部分的价差。

第二节　工　程　索　赔

工程索赔是指在工程合同履行过程中，合同当事人一方因非己方的原因而遭受损失，按合同约定或法律法规规定应由对方承担责任，从而向对方提出补偿的要求。在国际工程承包中，工程索赔是经常大量发生且普遍存在的管理业务。许多国际工程项目通过成功的索赔使工程利润达到了 10% ~ 20%，有的工程索赔额甚至超过了工程合同额。"中标靠低价，盈利靠索赔"，便是许多国际承包商的经验总结。

在实际工作中索赔是双向的，既包括承包人向发包人的索赔，也包括发包人向承包人的索赔。但在工程实践中，发包人索赔数量较少，而且处理方便，可以通过冲账、扣工程款、扣保证金等方式实现对承包人的索赔。通常情况下，索赔是指承包人在合同实施中，对非自己过错的责任事件造成的工程延期、费用增加，而依据合同约定要求发包人给予补偿的一种行为。按照索赔的目的将索赔分为工期索赔和费用索赔。

工程施工中，引起承包人向发包人索赔的原因一般会有：

1. 施工条件变化引起的；

2. 工程变更引起的；

3. 因发包人原因致使工期延期引起的；

4. 发包人（监理人）要求加速施工，更换材料设备引起的；

5. 发包人（监理人）要求工程暂停或终止合同引起的；

6. 物价上涨引起的；

7. 法律、法规和国家有关政策变化，以及货币及汇率变化引起的；

8. 工程造价管理部门公布的价格调整引起的；

9. 发包人拖延支付承包人工程款引起的；

10. 不利物质条件和不可抗力引起的；

11. 由发包人分包的工程干扰（延误、配合不好等）引起的；

12. 其他第三方原因（邮路延误、港口压港等）引起的；

13. 发承包双方约定的其他因素引起的等。

一、索赔成立的条件

承包人的索赔要求成立，必须同时具备以下三个条件：

1. 与合同相对照，事件已造成了承包人施工成本的额外支出或总工期延误；

2. 造成费用增加或工期延误的原因，不属于承包人应承担的责任；

3. 承包人按合同约定的程序和时限内提交了索赔意向通知和索赔报告。

二、工程索赔的证据

当合同一方向另一方提出索赔时，要有正当的索赔理由，且有索赔事件发生时的有效证据。工程施工过程中，常见的索赔证据有：

1. 工程招标文件、合同文件；

2. 施工组织设计；

3. 工程图纸、设计交底记录、图纸会审记录、设计变更通知单和工程洽商记录，以及技术规范和标准；

4. 来往函件、指令或通知；

5. 现场签证、施工现场记录以及检查、试验、技术鉴定和验收记录；

6. 会议纪要，备忘录；

7. 工程预付款、进度款支付的数额及日期；

8. 发包人应该提供的设计文件及资料、甲供材料设备的进场时间记录；

9. 工程现场气候情况记录；

10. 工程材料设备和专业分包工程的招投标文件、合同书，以及材料采购、订货、进场方面的凭据；

11. 工程照片及录像；

12. 法律、法规和国家有关政策变化文件，工程造价管理机构发布的价格调整文件；

13. 货币及汇率变化表、财务凭证等。

实践证明，承包人索赔成功与否的关键是有力的索赔证据。没有证据或证据不足，索赔要求就不能成立。索赔的证据一定要具备真实性、全面性、关联性、及时性以及法律有效性。关联性是证据应能互相说明、相互关联，不能互相矛盾。

所以，承包人在施工过程中要注意及时收集整理有关的工程索赔证据，这是索赔工作的关键。

三、工程索赔的处理程序

索赔事件发生后，承包人应持证明索赔事件发生的有效证据，依据正当的索赔理由，按合同约定的时间内向发包人提出索赔。发包人应在合同约定的时间内对承包人提出的索赔进行答复和确认。

1. 根据合同约定，承包人认为有权得到追加付款和（或）延长工期的，应按以下程序向发包人提出索赔：

（1）承包人应在知道或应当知道索赔事件发生后 28 天内，向监理人递交索赔意向通知书，并说明发生索赔事件的事由；承包人未在前述 28 天内发出索赔意向通知书的，丧失要求追加付款和（或）延长工期的权利；

（2）承包人应在发出索赔意向通知书后 28 天内，向监理人正式递交索赔报告；索赔报告应详细说明索赔理由以及要求追加的付款金额和（或）延长的工期，并附必要的记录和证明材料；

（3）索赔事件具有持续影响的，承包人应按合理时间间隔继续递交延续索赔通知，说明持续影响的实际情况和记录，列出累计的追加付款金额和（或）工期延长天数；

（4）在索赔事件影响结束后 28 天内，承包人应向监理人递交最终索赔报告，说明最终要求索赔的追加付款金额和（或）延长的工期，并附必要的记录和证明材料。

2. 对承包人索赔的处理

（1）监理人应在收到索赔报告后 14 天内完成审查并报送发包人。监理人对索赔报告存在异议的，有权要求承包人提交全部原始记录副本；

（2）发包人应在监理人收到索赔报告或有关索赔的进一步证明材料后的 28 天内，由监理人向承包人出具经发包人签认的索赔处理结果。发包人逾期答复的，则视为认可承包人的索赔要求；

（3）承包人接受索赔处理结果的，索赔款项在当期进度款中进行支付。

根据合同约定，发包人认为由于承包人的原因造成发包人的损失，也可按承包人索赔的程序进行索赔。

四、工程索赔费用的计算

1. 索赔费用的组成

索赔费用的主要组成部分，同工程价款的计价内容相似。

（1）人工费。包括变更和增加工作内容的人工费、业主或监理工程师原因的停工或工效降低增加的人工费、人工费上涨等。其中，变更工作内容的人工费应按前面讲的工程变更人工费计算；增加工作内容的人工费应按照计日工费计算；停工损失费和工作效率降低的损失费按照窝工费计算。窝工费的标准在合同中约定，若合同中未约定，由造价人员测算，合同双方协商确定。人工费上涨一般按合同约定或工程造价管理机构的有关规定计算。

（2）材料费。包括变更和增加工作内容的材料费、清单工程量增减超过合同约定幅度、由于非承包人原因工程延期时材料价格上涨、由于客观原因材料价格大幅度上涨等。变更和增加工作内容的材料费应按前面讲的工程变更材料费计算；工程量增减的材料费按照合同约定调整；材料价格上涨一般按合同约定或工程造价管理机构的有关规定计算。

（3）施工机具使用费。包括变更和增加工作内容的机械使用费和仪器仪表使用费、业主或监理工程师原因的机械停工窝工费和工作效率降低的损失费、施工机械价格上涨等。其中，变更和增加工作内容的机械费应按照机械台班费计算；窝工引起的机械闲置费补偿要视机械来源确定：如果是承包人自有机械，按台班折旧费标准补偿，如果是承包人从外部租赁的机械，按台班租赁费标准补偿，但不应包括运转操作费用。施工机械价格上涨一般按合同约定或工程造价管理机构的有关规定计算。

（4）管理费。包括承包人完成额外工作、索赔事项工作以及合同工期延长期间发生的管理费。根据索赔事件的不同，区别对待。额外工作的管理费按合同约定费用标准计算；对窝工损失索赔时，因其他工作仍然进行，可能不予计算。合同工期延长期间所增加的管理费，目前没有统一的计算方法。

在国际工程施工索赔中，对总部管理费的计算有以下几种：

①按投标书中的比例计算；

②按公司总部统一规定的管理费比率计算；

③按工期延期的天数乘以该工程每日管理费计算。

（5）利润。索赔费用中是否包含利润损失，是经常会引起争议的一个比较复杂的问题。根据《标准施工招标文件》中通用合同条款的内容，在不同的索赔事件中，可以索赔的利润是不同的。一般因发包人自身的原因：工程范围变更、提供的文件有缺陷或技术性错误、未按时提供现场、提供的材料和工程设备不符合合同要求、未完工工程的合同解除、合同变更等引起的索赔，承包人可以计算利润。其他情况下，承包人一般很难索赔利润。

索赔费用利润率的计取通常是与原报价中的利润水平保持一致。

（6）措施项目费。因非承包人原因的工程变更、招标工程量清单缺项、招标清单工程量偏差等引起措施项目发生变化。非承包人原因的工程变更和新增分部分项工程项目清单引起措施项目发生变化的按照工程变更调整措施项目费。招标工程量偏差超过合同约定调整幅度且引起相关措施项目相应发生变化时，按系数或单一总价方式计价的，工程量增加的措施项目费调增，工程量减少的措施项目费调减。

施工过程中，若国家或省级、行业建设主管部门对措施项目清单中的安全文明施工费进行调整的，应按规定调整。

（7）规费和税金。按国家或省级、行业建设主管部门的规定计算。工作内容的变更或增加，承包人可以计取相应增加的规费和税金外，其他情况一般不能索赔。暂估价价差，主要人工、材料和机械的价差只计取税金。

（8）保函手续费。工程延期时，保函手续费会增加，反之，保函手续费会折减。计入合同价中的保函手续费也相应调整。

（9）利息。发包人未按合同约定付款的，应向承包人支付延迟付款的利息。

根据我国《最高人民法院关于审理建设工程施工合同纠纷案件适用法律问题的解释》（法释〔2004〕14号）第十七条的规定：当事人对欠付工程价款利息计付标准有约定的，按照约定处理；没有约定的，按照中国人民银行发布的同期同类贷款利率计息。

2017版施工合同规定：除专用合同条款另有约定外，发包人应在签发竣工付款证书后的14天内，完成对承包人的竣工付款。发包人逾期支付的，按照中国人民银行发布的同期同类贷款基准利率支付违约金；逾期支付超过56天的，按照中国人民银行发布的同期同类贷款基准利率的两倍支付违约金。

2. 索赔费用的计算方法

每一项索赔费用的具体计算根据索赔事件的不同，会有很大区别。其基本的计算方法有：

（1）实际费用法

该法是工程费用索赔计算时最常用的一种方法。这种方法的计算原则是，按承包人索赔费用的项目不同，分别列项计算其索赔额，然后汇总，计算出承包人向发包人要求的费用补偿额。每一项工程索赔的费用，仅限于在该项工程施工中所发生的额外人材机费用，在额外人材机费用的基础上再加上相应的管理费、利润、规费和税金，即是承包人应得的索赔金额。

实际费用法所依据的是实际发生的成本记录或单据，所以，在施工中承包人系统而准确地积累记录资料是非常重要的。

（2）总费用法

即总成本法。就是当发生多次索赔事件以后，重新计算该工程的实际总费用，减去投标报价时的估算总费用，即为索赔金额。其公式为：

$$索赔金额＝实际总费用－投标报价估算总费用 \qquad (16-1)$$

该法只有在难以精确地计算索赔事件导致的各项费用增加额时才采用。因为实际发生的总费用中可能包括了承包人的原因，如施工组织不善而增加的费用，同时投标报价估算的总费用往往因为承包人想中标而过低。

（3）修正总费用法

该法是对总费用法的改进，即在总费用计算的原则上，去掉一些不合理的因素，进行修正和调整，使其更合理。修正的内容有：

①计算索赔额的时段仅限于受影响的时间，而不是整个施工期；

②只计算受影响的某项工作的损失，而不是计算该时段内的所有工作的损失；

③与该工作无关的费用不列入总费用中；

④对投标报价费用按受影响时段内该项工作的实际单价进行核算，乘以实际完成该项工作的工程量，得出调整后的报价费用。其计算公式为：

$$索赔金额＝某项工作调整后的实际总费用－该项工作调整后的报价费用 \qquad (16-2)$$

修正总费用法与总费用法相比，有了实质性的改进，它的准确程度已接近于实际费用法。

【例 16-2】 某办公楼工程，业主和承包商按照《建设工程施工合同（示范文本）》签订了工程施工合同。合同中约定的部分价款条款如下：人工费单价为 90 元/工日；税金为 3.48%；人工市场价格的变化幅度大于 10% 时，按照当地造价管理机构发布的造价信息价格进行调整，其价差只计取税金；如因业主原因造成工程停工，承包商的人员窝工补偿费为 60 元/工日，机械闲置台班补偿费为 600 元/台班，其他费用不予补偿；其他未尽事宜，按照国家有关工程计价文件规定执行。

在施工过程中，发生了如下事件：

事件 1. 工程主体施工时，由于业主确定设计变更图纸延期 1 天，导致工程部分暂停，造成人员窝工 20 个工日，机械闲置 1 个台班；由于该地区供电线路检修，全场供电中断 1 天，造成人员窝工 100 个工日，机械闲置 1 个台班；由于商品混凝土供应问题，一个施工段的顶板浇筑延误半天，造成人员窝工 15 个工日，机械闲置 0.5 个台班。

事件 2. 工程施工期间，当地造价管理部门规定，由于近期市场人工工资涨幅较大，其上涨幅度超出正常风险预测范围。本着实事求是的原则，从当月起，在施工程的人工费单价按照造价信息价格进行调整。当地工程造价信息上发布的人工费单价为 100～120 元/工日。经造价工程师审核，影响调整的人工为 10000 个工日。

事件 3. 工程装修施工时，当地造价管理部门发布，为了落实绿色施工要求，对原有的安全文明施工措施费的费率标准做出调整。对未完的工程量相应的安全文明施工措施费费率乘以 1.05 系数，承包商据此计算出本工程的安全文明施工措施费应增加 2 万元。但业主认为按照合同约定，工程没有发生变更，此项增加的措施费应由承包商自己承担。

问题：

1. 事件 1 中，承包商按照索赔程序，向业主（监理）提出了索赔报告。试分析这三项索赔是否成立？承包商可以获得的索赔费用是多少？

2. 计算事件 2 中承包商可以增加的工程费用是多少？

3. 事件 3 中，业主的说法是否正确，为什么？

【解】

1. 图纸延期和现场供电中断索赔成立，混凝土供应问题索赔不成立。因为设计变更图纸延期属于业主应承担的责任。对施工来说，现场供电中断是业主应承担的风险。商品混凝土供应问题是因为承包商自身组织协调不当。所以，承包商可以获得的索赔费用：

图纸延期索赔额＝20 工日×60 元/工日＋1 台班×600 元/台班＝1800 元

供电中断索赔额＝100 工日×60 元/工日＋1 台班×600 元/台班＝6600 元

总索赔费用＝1800＋6600＝8400 元

2. 按照当地造价管理部门发布的造价信息价格中，人工价格一般按照工程类别不同，分别会给出一个调整幅度的上限和下限。这时的人工费单价调整方法，当合同中没有约定时，一般取造价信息价格中人工费单价的下限，其差值全部计算价差。人工市场价格上涨超过 10%，故本工程人工费单价可调整为 100 元/工日。

人工费价差调整额＝10000 工日×（100－90）元/工日＝100000 元

增加的工程费用＝100000×（1＋3.48%）＝103480 元

3. 业主的说法不正确。根据《13 版规范》的规定，措施项目中的安全文明施工费必须按照国家或省级、行业建设主管部门的规定计算，不得作为竞争性费用。在施工过程中，国家或省级、行业建设主管部门对安全文明施工措施费进行调整的，措施项目费中的安全文明施工费应作相应调整。

所以，业主应支付施工单位按规定调整安全文明施工措施费所增加的费用。

五、工程索赔报告的编制

一般地讲，索赔意向通知书仅需载明索赔事件的大致情况，有可能造成的后果及承包人索赔的意思表示，无需准确的数据和详实的证明资料。而索赔报告除了详细说明索赔事件的发生过程和实际所造成的影响外，还应详细列明承包人索赔的具体项目及依据，给承包人造成的损失总额、构成明细、计算过程以及相应的证明资料。

索赔报告的具体内容，因索赔事件性质和特点的不同会有所差别，但基本内容应包括以下几个方面：

1. 索赔申请。根据施工合同条款约定，由于什么原因，承包人要求的费用索赔金额和（或）工期延长时间。工程索赔通常采取一事一索赔的单项索赔方式，即在每一件索赔事件发生后，递交索赔意向，编制索赔报告，要求单项解决支付，不与其他索赔事件综合在一起。这样可避免多项索赔的相互影响制约，所以解决起来比较容易。

2. 索赔事件。简明扼要介绍索赔事件发生的日期、过程和对工程的影响程度。目前工程进展情况，承包人为此采取的措施，承包人为此消耗的资源等。

3. 索赔依据。依据的合同具体条款以及相关文件规定。说明自己具有的索赔权利，索赔的时限性、合理性和合法性。

4. 计算部分。该部分是具体的计算方法和过程，是索赔报告的核心内容。承包人应根据索赔事件的依据，采用翔实的资料数据和合适的计算方法，计算自己应得的经济补偿数额和（或）工期延长的时间。计算索赔费用时，注意要采用合理的计价方法，详细的计算过程，切忌笼统的估计。

5. 证据部分。包括该索赔事件所涉及的一切可能的证明材料及其说明。证据是索赔成立与否的关键。一般要求证据必须是书面文件，有关记录、协议、纪要等必须是双方签署的。

六、费用索赔的审核

工程费用索赔是工程结算审核的一个重点内容。首先注意索赔费用项目的合理性，然后选用的计算方法和费率分摊方法是否合理、计算结果是否准确、费率是否正确、有无重复取费等。

（一）索赔取费的合理性

不同原因引起的索赔，承包人可索赔的具体费用内容是不完全一样的。要按照各项费用的特点、条件进行分析论证，挑出不合理的取费项目或费率。

索赔费用的主要组成，国内同国际上通行的规定不完全一致。我国按《建筑安装工程费用项目组成》（建标〔2013〕44号）的规定，建筑安装工程费用项目按费用构成要素组成划分为人工费、材料费、施工机具使用费、企业管理费、利润、规费和税金。而国际工程建筑安装工程费用基本组成一般包括工程总成本、暂列金额和盈余。

（二）索赔计算的正确性

1. 在索赔报告中，承包人常以自己的全部实际损失作为索赔额。审核时，必须扣除两个因素的影响：一是合同规定承包人应承担的风险；二是由于承包人报价失误或管理失误等造成的损失。索赔额的计算基础是合同报价，或在此基础上按合同规定进行调整。在实际中，承包人常以自己实际的工程量、生产效率、工资水平等作为索赔额的计算基础，从而过高地计算索赔额。

2. 停工损失中，不应以计日工的日工资计算，通常采用人员窝工费计算；闲置的机械费补偿，不能按台班费计算，应按机械折旧费或租赁费计算，不应包括机械运转操作费用。正确区分停工损失与因工程师临时改变工作内容或作业方法造成的工效降低损失的区别。凡可以改做其他工作的，不应按停工损失计算，但可以适当补偿降效损失。

3. 索赔额中包含利润损失，是经常会引起争议的问题。一般因发包人自身的原因引起的索赔，承包人才可以计算利润。

4. 按照国际工程惯例，索赔准备费用、索赔额在索赔处理期间的利息和仲裁费等费用不计入索赔额中。

5. 关于共同延误的处理原则

在实际施工中，工期拖延很少是只由一方，往往是两三种原因同时发生（或相互影响）而造成的，称为"共同延误"。在这种情况下，要具体分析哪一种情况延误是有效的，应依据以下原则：

（1）首先判断造成拖期的哪一种原因是先发生的，即确定"初始延误"者，他应对工程拖期负责。在初始延误发生作用期间，其他并发的延误者不承担责任。

（2）如果初始延误者是发包人原因，则在发包人原因造成的延误期内，承包人既可得到工期延长，又可得到费用补偿。

（3）如果初始延误者是客观原因，则在客观因素发生影响的延误期内，承包人可以得到工期延长，但很难得到费用补偿。

（4）如果初始延误者是承包人原因，则在承包人原因造成的延误期内，承包人既不能得到工期延长，又不能得到费用补偿。

索赔方都是从维护自身利益的角度和观点出发，提出索赔要求。索赔报告中往往夸大损失，或推卸责任，或转移风险，或仅引用对自己有利的合同条款等。

因此，审核时，对索赔方提出的索赔报告必须全面系统地研究、分析、评价，找出问题。一般审核中发现的问题有：承包人的索赔要求超过合同规定的时限；索赔事项不属于发包人（监理人）的责任，而是与承包人有关的其他第三方的责任；双方责任大小划分不清，必须重新计算；事实依据不足；合同依据不足；承包人没有采取适当措施避免或减少损失；合同中的开脱责任条款已经免除了发包人的补偿责任；索赔证据不足或不成立，承包人必须提供进一步的证据；损失计算夸大等。

【例 16-3】 某城市改造工程项目，在施工过程中，发生了以下几项事件：

事件 1. 在土方开挖中，发现了较有价值的出土文物，导致施工中断，施工单位部分施工人员窝工、机械闲置，同时施工单位为保护文物付出了一定的措施费用。在土方继续开挖中，又遇到了工程地质勘察报告中没有的旧建筑物基础，施工单位进行了破除处理。

事件 2. 在地基处理中，施工单位为了使地基夯填质量得到保证，将施工图纸的夯击处理范围适当扩大。其处理方法也得到了现场监理工程师的认可。

事件 3. 在基础施工过程中，遇到了季节性大雨后又转为罕见的特大暴风雨，造成施工现场临时道路和现场办公用房等设施以及已施工的部分基础被冲毁，施工设备损坏，工程材料被冲走。暴风雨过后，施工单位花费了很多工时进行工程清理和修复作业。

事件 4. 工程主体施工中，业主要求施工单位对某一构件做破坏性试验，以验证设计参数的正确性。该试验需修建两间临时试验用房，施工单位提出业主应支付该项试验费用和试验用房修建费用。业主认为，该试验费属建筑安装工程检验试验费，试验用房修建费属建筑安装工程措施费中的临时设施费，该两项费用已包含在施工合同价中。

事件 5. 业主提供的建筑材料经施工单位清点入库后，在专业监理工程师的见证下进行了检验，检验结果合格。其后，施工单位提出，业主应支付其所供材料的保管费和检验费。由于建筑材料需要进行二次搬运，业主还应支付该批材料的二次搬运费。

问题：

1. 事件 1 中施工单位索赔能否成立？应如何计算其费用索赔？

2. 事件 2 中施工单位将扩大范围的工程量向造价工程师提出了计量付款申请，是否合理？

3. 事件 3 中施工单位按照索赔程序，向业主（监理）提交了索赔报告。试问应如何处理？

4. 事件 4 中试验检验费用和试验用房修建费应分别由谁承担？

5. 事件 5 中施工单位的要求是否合理？

【解】

1. 施工单位索赔成立。

（1）在土方开挖中，发现了较有价值的出土文物，导致施工中断，是业主应承担的风险。

1）造成施工人员窝工，其费用补偿按降效处理，即可以考虑施工单位应该合理安排窝工人员去做其他工作，只补偿工效差。一般用工日单价乘以一个测算的降效系数（有的取 60%）计算这一部分损失，而且只计算成本费用，不包括利润。

2）造成的施工机械闲置，其费用补偿要视机械来源确定：如果是施工单位自有机械，一般按台班折旧费标准补偿；如果是施工单位租赁的机械，一般按台班租赁费标准补偿，不包括运转所需费用。

3）施工单位为保护文物而支出的措施费用，业主应按实际发生额支付。

（2）土方开挖中遇到了工程地质勘察报告中没有的旧建筑物基础，这种情况在地基与基础工程施工中经常会碰到。是由于地质勘察报告的资料数据不详的原因，很难避免。从施工角度来说，是业主应该承担的风险，所以应给予施工单位相应的费用补偿。

在工程施工中，类似这种隐蔽工程：地下障碍物的清除处理、新增项目回填土、局部拆除改造、楼地面修整等的工程费用。结算时，发包人（监理人）与承包人之间经常会对工程量计算中的厚度、体积、尺寸大小，以及施工条件难易程度等有争议。对于这些主要依靠施工现场准确记录计量的、不可追溯的工程项目，施工时发包人（监理人）与承包人要及时计量，并办理签证手续。不要在结算时，依靠施工人员"回忆"当时情况来结算。

2. 不合理。该部分的工程量超出了施工图纸的范围，一般地讲，也就超出了工程合同约定的工程范围。监理工程师认可的只是施工单位为保证施工质量而采取的技术措施。在没有设计变更情况下，技术措施费已包含在施工合同价中。故该项费用应由施工单位自己承担。

3. （1）对于前期的季节性大雨，这是一个有经验的承包商能够合理预见的因数，是施工单位应承担的风险。故由此造成的损失不能给予补偿。

（2）对于后期罕见的特大暴风雨，是一个有经验的承包商不能够合理预见的，应按不可抗力事件处理。根据不可抗力事件的处理原则（详见本章第三节），被冲毁现场临时道路、业主的现场办公室等设施，以及已施工的部分基础，被冲走的工程材料，工程清理和修复作业等经济损失应由业主承担。施工设备损坏、人员窝工、机械设备闲置，以及被冲毁的施工现场办公用房等经济损失由施工单位承担。

4. 两项费用均应由业主承担。依据《建筑安装工程费用项目组成》（建标［2013］44号）的有关规定，建筑安装工程费中的检验试验费是施工单位进行一般鉴定、检查所发生的费用。不包括新构件、新材料的试验费，对构件做破坏性试验及其他特殊要求检验试验的费用和建设单位委托检测机构进行检测的费用，由建设单位在工程建设其他费用中列支。

同样建筑安装工程费中的临时设施费也不包括该试验用房的修建费用。

5. 施工单位要求业主支付材料保管费和检验费合理。依据 2017 版施工合同的有关规定，发包人供应的材料和工程设备，承包人清点后由承包人妥善保管，保管费由发包人承担。发包人供应的材料和工程设备使用前，由承包人负责检验，检验费用由发包人承担。

但已标价工程量清单或预算书，在总包服务费中已经列支甲供材料保管费，在企业管理费中已经包含该项检验费的除外。

要求业主支付二次搬运费不合理。其二次搬运费已包含在施工单位的措施项目费报价中。

第三节　合同价款调整

由于影响建设工程产品价格的因数繁多，而且随着时间的变化，这些价格因数也会发生变化，最终将会导致工程产品价格的变化。工程建设过程中，发承包双方在签订建设工程施工合同时，都会从维护自身经济利益的角度，在合同中对合同价款调整作出约定。

在合同履行过程中，当合同约定的调整因素发生时，发承包双方应当按照合同约定对合同价款进行调整。

一、调整因素

发承包双方应当在合同中约定，发生下列情形时调整合同价款：

（1）法律法规变化；

（2）工程变更；

（3）项目特征不符；

（4）工程量清单缺项；

（5）工程量偏差；

（6）计日工；

（7）市场价格波动；

（8）暂估价；

（9）不可抗力；

（10）提前竣工（赶工补偿）；

（11）误期赔偿；

（12）索赔；

（13）现场签证；

（14）暂列金额；

（15）发承包双方约定的其他调整事项。

二、调整程序

合同价款调整报告应由受益方在合同约定时间内向合同的另一方提出，经对方确认后调整合同价款。受益方未在合同约定时间内提出工程价款调整报告的，视为不涉及合同价款的调整。当合同没有约定或约定不明时，可按下列程序办理：

1. 调整因素情况发生后 14 天内，由受益方向对方递交包括调整原因、调整金额的调整合同价款报告及相关资料。受益方在 14 天内未递交调整合同价款报告的，视为不调整合同价款。

2. 收到合同价款调整报告及相关资料的一方应在收到之日起 14 天内予以确认或提出修改意见，如在 14 天内未作确认也未提出修改意见，视为已经认可该项调整。

3. 收到修改意见的一方也应在收到之日起 14 天内予以核实或确认。如在 14 天内未作确认也未提出不同意见的，视为已经认可该修改意见。

发承包双方如不能就合同价款调整达成一致，应按照合同约定的争议解决方式处理。

经发承包双方确认调整的合同价款，作为追加（减）合同价款与工程进度款同期支付。

三、合同价款调整

在合同履行过程中，涉及合同价款调整的具体事项往往很多，总结起来主要有以下几方面：

（一）国家有关法律、法规、规章和政策变化引起的价款调整

招标工程以投标截止日前 28 天，非招标工程以合同签订前 28 天为基准日，其后因国家的法律、法规、规章和政策发生变化引起工程造价增减变化的，发承包双方应按照省级或行业建设主管部门或其授权的工程造价管理机构据此发布的规定调整合同价款。

工程建设过程中，发承包双方都是国家法律、法规、规章和政策的执行者。因此，在发承包双方履行合同的过程中，当国家的法律、法规、规章和政策发生变化，国家或省级、行业建设主管部门或其授权的工程造价管理机构据此发布工程造价调整文件，工程价款应当进行调整。

比如，措施项目中的安全文明施工费，以及计价中的规费和税金必须按照国家或省级、行业建设主管部门的规定计算，不得作为竞争性费用。在合同履行过程中，国家或省级、行业建设主管部门发布对其进行调整的，应作相应调整。计算基础和费率按照工程所在地省级人民政府或行业建设主管部门或其授权的工程造价管理部门的规定执行。

对政府定价或政府指导价管理的原材料如：水、电、燃油等价格应按照相关文件规定进行合同价款调整，不应在合同中违规约定。

需要注意的是，由于承包人原因导致工期延误的，按不利于承包人的原则调整合同价款，即在合同原定竣工时间之后，合同价款调增的不予调整，合同价款调减的予以调减。

（二）市场价格波动引起的价款调整

合同履行期间，因人工、材料和工程设备、机械台班价格波动影响合同价款，超过合同当事人约定的范围时，应根据合同约定的价格调整方法对合同价款进行调整。具体调整方法详见本节第四部分"物价变化合同价款调整方法"。

需要说明的是，发生合同工期延误的，应按照下列规定调整合同履行期的价格：

1. 因非承包人原因导致工期延期的，计划进度日期后续工程的价格，应采用计划进度日期与实际进度日期两者的较高者。

2. 因承包人原因导致工期延误的，计划进度日期后续工程的价格，应采用计划进度日期与实际进度日期两者的较低者。

（三）工程变更引起的价款调整

合同履行期间，工程变更引起已标价工程量清单或预算书中工程项目或其工程数量发生变化的，按合同约定确定变更工程项目的单价。出现设计图纸（含设计变更）与招标工程量清单项目特征描述不符的，且该变化引起工程造价变化的，按实际施工的项目特征确定相应工程量清单项目的单价，以此调整合同价款。

由于招标工程量清单缺项，新增分部分项工程清单项目；实际应予计量的工程量与招标工程量清单偏差超过合同约定幅度；发包人通知实施的零星工作，已标价工程量清单没有该类计日工单价等事项发生，涉及合同价款调整的，参照本章第一节"工程变更"进行处理。

招标工程量清单中给定的材料、工程设备和专业工程暂估价，经发承包双方招标或确认的供应商、分包人的价格取代暂估价，调整合同价款。

施工过程中发生现场签证事项时，在现场签证工作完成后 7 天内，承包人应按照签证内容计算价款，报送发包人和监理人审核批准，调整合同价款。

（四）工程索赔引起的价款调整

合同履行过程中，当索赔事件发生时，合同当事人应按照双方确定的索赔费用额调整合同价款。详见本章第二节"工程索赔"。这里重点介绍不可抗力事件的合同价款调整。

不可抗力是指合同当事人在签订合同时不可预见，在合同履行过程中不可避免且不能克服的自然灾害和社会性突发事件，如地震、海啸、瘟疫、骚乱、戒严、暴动、战争和合同中约定的其他情形。不可抗力发生后，发包人和承包人应收集证明不可抗力发生及不可抗力造成损失的证据，并及时认真统计所造成的损失。

1. 不可抗力的通知

合同一方当事人遇到不可抗力事件，使其履行合同义务受到阻碍时，应立即通知合同另一方当事人和监理人，书面说明不可抗力和受阻碍的详细情况，并提供必要的证明。

不可抗力持续发生的，合同一方当事人应及时向合同另一方当事人和监理人提交中间报告，说明不可抗力和履行合同受阻的情况，并于不可抗力事件结束后 28 天内提交最终报告及有关资料。

2. 不可抗力后果的承担原则

不可抗力事件导致的人员伤亡、财产损失及其费用增加，合同当事人应按下列原则分别承担并调整合同价款：

（1）合同工程本身的损害、因工程损坏造成的第三方人员伤亡和财产损失，以及已运至施工现场的材料和工程设备的损坏，由发包人承担；

（2）发包人和承包人承担各自人员伤亡和财产的损失；

（3）承包人的施工机械设备损坏及停工损失，由承包人承担；

（4）因不可抗力影响承包人履行合同约定的义务，已经引起或将引起工期延误的，应当顺延工期，由此导致承包人停工的费用损失，由发包人和承包人合理分担，停工期间必须支付的工人工资由发包人承担；

（5）发包人要求赶工的，由此增加的赶工费用由发包人承担；

（6）承包人在停工期间按照发包人要求照管、清理和修复工程的费用由发包人承担。

不可抗力发生后，合同当事人均应采取措施尽量避免和减少损失的扩大，任何一方当事人没有采取有效措施导致损失扩大的，应对扩大的损失承担责任。

因合同一方迟延履行合同义务，在迟延履行期间遭遇不可抗力的，不免除其违约责任。

3. 因不可抗力解除合同

因不可抗力导致合同无法履行连续超过 84 天或累计超过 140 天的，发包人和承包人均有权解除合同。合同解除后，由双方当事人协商确定发包人应支付的款项，该款项包括：

（1）合同解除前承包人已完成工作的价款；

（2）承包人为工程订购的并已交付给承包人，或承包人有责任接受交付的材料、工程设备和其他物品的价款；

（3）发包人要求承包人退货或解除订货合同而产生的费用，或因不能退货或解除合同而产生的损失；

（4）承包人撤离施工现场以及遣散承包人员的费用；

（5）按照合同约定在合同解除前应支付给承包人的其他款项；

（6）扣减承包人按照合同约定应向发包人支付的款项；

（7）双方确定的其他款项。

除合同另有约定外，合同解除后，发包人应在双方确定上述款项后 28 天内完成上述款项的支付。发承包双方不能就解除合同后的结算达成一致的，按照合同约定的争议解决方式处理。

四、物价变化合同价款调整方法

（一）采用价格指数进行价格调整

在物价波动的情况下，用价格指数调整合同价款的方法，在国际上和国内一些专业工程中广泛应用。

（1）价格调整公式。因人工、材料和工程设备、施工机械台班等价格波动影响合同价格时，根据合同中约定的数据，应按下式计算价格差额并调整合同价款：

$$\Delta P = P_0 \left[A + \left(B_1 \times \frac{F_{t1}}{F_{01}} + B_2 \times \frac{F_{t2}}{F_{02}} + B_3 \times \frac{F_{t3}}{F_{03}} + \cdots + B_n \times \frac{F_{tn}}{F_{0n}} \right) - 1 \right]$$

式中 ΔP——需调整的价格差额；

       P_0——约定的付款证书中承包人应得到的已完成工程量的金额。此项金额应不包括价格调整、不计质量保证金的扣留和支付、预付款的支付和扣回。约定的变更及其他金额已按现行价格计价的，也不计在内；

       A——定值权重（即不调部分的权重）；

$B_1；B_2；B_3\cdots\cdots B_n$——各可调因子的变值权重（即可调部分的权重），为各可调因子在签约合同价中所占的比例；

$F_{t1}；F_{t2}；F_{t3}\cdots\cdots F_{tn}$——各可调因子的现行价格指数，指约定的付款证书相关周期最后一天的前 42 天的各可调因子的价格指数；

$F_{01}；F_{02}；F_{03}\cdots\cdots F_{0n}$——各可调因子的基本价格指数，指基准日期的各可调因子的价格指数。

以上价格调整公式中的各可调因子、定值和变值权重，以及基本价格指数及其来源在投标函附录价格指数和权重表中约定，非招标订立的合同，由合同当事人在合同中约定。价格指数应首先采用工程造价管理机构发布的价格指数，无前述价格指数时，可采用工程造价管理机构发布的价格代替。

一般工程所在地的工程造价管理部门会定期发布价格指数，以便于发承包双方办理工程结算。

（2）暂时确定调整差额

在计算调整差额时无现行价格指数的，合同当事人同意暂用前次价格指数计算。实际价格指数有调整的，合同当事人进行相应调整。

（3）权重的调整

因变更导致合同约定的权重不合理时，由发承包双方协商后进行调整。

（4）因承包人原因工期延误后的价格调整

因承包人原因未按期竣工的，对合同约定的竣工日期后继续施工的工程，在使用价格调整公式时，应采用计划竣工日期与实际竣工日期的两个价格指数中较低的一个作为现行价格指数。

（二）采用造价信息进行价格调整。

在物价波动的情况下，用造价信息调整合同价款的方法，是目前国内建筑安装工程使用较多的。

合同履行期间，因人工、材料、工程设备和机械台班价格波动影响合同价格时，人工、机械使用费按照国家或省、自治区、直辖市建设行政管理部门、行业建设管理部门或其授权的工程造价管理机构发布的人工成本信息、机械台班单价或机械使用费系数进行调整；需要进行价格调整的材料，其单价和采购数量应由发包人复核，发包人确认需调整的材料单价及数量，作为调整合同价款差额的依据。

（1）人工单价发生变化且符合省级或行业建设主管部门发布的人工费调整规定，合同当事人应按省级或行业建设主管部门或其授权的工程造价管理机构发布的人工成本文件调整合同价格，但承包人对人工费或人工单价的报价高于发布价格的除外。

（2）材料、工程设备价格变化的价款调整按照发包人提供的基准价格，按以下风险范围规定调整合同价款：

①承包人在已标价工程量清单或预算书中载明材料单价低于基准价格的：除合同另有约定外，合同履行期间材料单价涨幅以基准价格为基础超过5%时，或材料单价跌幅以在已标价工程量清单或预算书中载明材料单价为基础超过5%时，其超过部分据实调整。

②承包人在已标价工程量清单或预算书中载明材料单价高于基准价格的：除合同另有约定外，合同履行期间材料单价跌幅以基准价格为基础超过5%时，材料单价涨幅以在已标价工程量清单或预算书中载明材料单价为基础超过5%时，其超过部分据实调整。

③承包人在已标价工程量清单或预算书中载明材料单价等于基准价格的：除合同另有约定外，合同履行期间材料单价涨跌幅以基准价格为基础超过±5%时，其超过部分据实调整。

④承包人应在采购材料前将采购数量和新的材料单价报发包人核对，确认用于工程时，发包人应确认采购材料的数量和单价。发包人在收到承包人报送的确认资料后5天内不予答复的视为认可，作为调整合同价格的依据。未经发包人事先核对，承包人自行采购材料的，发包人有权不予调整合同价格。发包人同意的，可以调整合同价格。

前述基准价格是指由发包人在招标文件或合同中给定的材料、工程设备的价格，该价格原则上应当按照省级或行业建设主管部门或其授权的工程造价管理机构发布的信息价格编制。

（3）施工机械台班单价或施工机械使用费发生变化超过省级或行业建设主管部门或其授权的工程造价管理机构规定的范围时，按其规定调整合同价格。

（三）其他价格调整方式。除了按照价格指数和造价信息价格两种方式调整合同价款外，合同当事人也可以在合同中约定其他价格调整方式。

有些工程施工合同中约定工程使用的部分主要材料的价格，在结算时按照市场价格进行调整，即按承包人实际购买的材料价格结算。这种合同条件下，承包人使用的主要工程材料价格是按实结算，因而承包人对降低价格不感兴趣。另外，这些材料的现场确认价格有时比实际价格高很多。为了避免这些问题，合同中应约定发包人和监理人有权参与材料询价，并要求承包人选择满足工程要求的价廉的材料，或由发包人（监理人）和承包人共同以招标的方式选择供应商。一般工程所在地的工程造价管理部门发布的造价信息价格，是结算的最高限价。

发包人在招标文件中列出需要调整价差的主要材料及其暂估价。工程结算时，若是招标采购的，应按中标价调整；若为非招标采购，按施工期发承包双方确认的价格调整。其价格与招标文件中材料暂估价价格的差额及其相应税金等计入结算价。若发承包双方未能就共同确认价格达成一致，可以参考当时当地工程造价管理部门发布的造价信息价格，造价信息价格中有上、下限的，以下限为准。

五、依据的规范、标准和文件

目前，国内工程变更、工程索赔、法律法规政策变化、价格波动等引起的合同价款调整，以及后面讲的建设工程价款结算，所依据的主要规范、标准和文件有：《建筑工程施工发包与承包计价管理办法》（住建部令第16号）、《建筑安装工程费用项目组成》

（建标〔2013〕44 号）、《标准施工招标文件》（2007 年版）、《建设工程施工合同（示范文本）》GF-2017—0201、《建设工程工程量清单计价规范》GB 50500—2013、《房屋建筑与装饰工程工程量计算规范》GB 50854—2013、《建设工程价款结算暂行办法》（财建〔2004〕369 号）、《最高人民法院关于审理建设工程施工合同纠纷案件适用法律问题的解释》（法释〔2004〕14 号），《建设工程造价鉴定规范》GB/T 51262—2017 以及相关定额和工程造价管理机构发布的工程造价文件等。

【例 16-4】 某土石方工程，合同总价为 1000 万元，合同价款采用价格调整公式进行动态结算。人工费、材料费和机械费占工程价款的 80%，人工、材料和机械费中各项费用比例分别为人工费 20%，柴油 40%，机械费 40%。投标报价基准日期为 2011 年 3 月，2011 年 10 月完成的工程价款占合同总价的 25%。工程所在地有关部门发布的 2011 年相关月份的价格指数如下表 16-3。

2011 年价格指数 表 16-3

名称、规格	时间（月份）			备 注
	3	……	9	
人工	122.8		135.3	
燃油	109.8		115.5	
机械台班	100		100	
……				

问题：试按价格调整公式，计算 2011 年 10 月应调整的合同价款差额。

【解】

不调部分的费用占工程价款的比例为 20%，则可调部分的各项费用占工程价款的比例：

人工费 80%×20%＝16%

柴油 80%×40%＝32%

机械费 80%×40%＝32%

$$\Delta P = P_0 [A + (B_1 \times F_{t1}/F_{01} + B_2 \times F_{t2}/F_{02} + B_3 \times F_{t3}/F_{03} + \cdots + B_n \times F_{tn}/F_{0n}) - 1]$$

$$= 1000 \times 25\% \times [0.20 + (0.16 \times 135.3/122.8 + 0.32 \times 115.5/109.8$$

$$+ 0.32 \times 100/100) - 1]$$

$$= 8.225 \text{ 万元}$$

本月应增加的合同价款为 8.225 万元。

【例 16-5】 某教学楼装修改造工程。合同中有关价款调整部分条款的约定如下：采用造价信息进行价格调整；主要材料的价格风险幅度为 5%；材料价差仅计取税金，税金为 3.48%；材料数量按施工图和 2012 年预算定额的消耗量计算；材料基准单价为投标报价期当地工程造价管理部门发布的造价信息价格，以及主要材料投标价见表 16-4。

施工过程中，经甲方确认的材料施工单价为：地砖 90 元/m²，乳胶漆 7.3 元/kg，铝合金窗 600 元/m²，木门 400 元/m²。

问题：试计算应调整的合同价款差额。

工程名称：某教学楼装修改造工程　　　　　　标段：　　　　　　第 1 页　共 1 页

序号	名称、规格、型号	单位	数量	风险系数（%）	基准单价（元）	投标单价（元）	发承包人确认单价（元）	备注
1	地砖 600×600	m²	2000	≤5	78	65	73.1	
2	乳胶漆	kg	1700	≤5	7.1	7.1	7.1	
3	铝合金窗（平开）	m²	500	≤5	450	440	567.5	
4	木门	m²	180	≤5	200	250	387.5	

【解】

1. 地砖：投标单价低于基准价，按基准价计算，$(90-78)/78=15.38\%>5\%$，应予调整。

$$65+(90-78\times1.05)=73.1 \text{ 元/m}^2$$

2. 乳胶漆：投标单价等于基准价，按基准价计算，$(7.3-7.1)/7.1=2.82\%<5\%$，未超过约定的风险系数，不予调整。

3. 铝合金窗：投标单价低于基准价，按基准价计算，$(600-450)/450=33.33\%>5\%$，应予调整。

$$440+(600-450\times1.05)=567.5 \text{ 元/m}^2$$

4. 木门：投标单价高于基准价，按投标价计算，$(400-250)/250=60\%>5\%$，应予调整。

$$250+(400-250\times1.05)=387.5 \text{ 元/m}^2$$

5. 主要材料价差：$(73.1-65)\times2000+(567.5-440)\times500+(387.5-250)\times180=104700$ 元

6. 应调整的合同价款差额为：$104700\times(1+3.48\%)=108343.56$ 元

即应增加的合同价款为 108343.56 元。

第四节　建设工程价款结算

建设工程价款结算是指对建设工程的发承包合同价款进行约定和依据合同约定进行工程预付款、工程进度款、工程竣工价款结算（计算、调整和确认）的活动。包括期中结算、终止结算和竣工结算。

工程价款结算应按合同约定办理，合同没有约定或约定不明的，按照国家有关规定执行。

一、预付款

在开工前，发包人按照合同约定，预先支付给承包人用于购买合同工程施工所需的材料、工程设备以及组织施工机械和人员进场等的款项。

（一）预付款的用途

预付款是发包人为解决承包人在施工准备阶段资金周转问题而提供的协助。承包人应将预付款专用于合同工程的材料、工程设备、施工设备的采购及修建临时工程、组织施工队伍进场等方面。

（二）预付款的比例

预付工程款按照合同价款或者年度工程计划额度的一定比例确定。

（三）预付款的支付

预付工程款按照合同约定的支付比例在开工通知载明的开工日期 7 天前支付。

发包人逾期支付预付款超过 7 天的，承包人有权向发包人发出要求预付的催告通知。发包人收到通知后 7 天内仍未支付的，承包人有权暂停施工。

（四）预付款的抵扣

预付款在工程进度款中同比例扣回，在颁发工程接收证书前提前解除合同的，尚未扣完的预付款应与合同价款一并结算。

（五）预付款担保

发包人要求承包人提供预付款担保的，承包人应在发包人支付预付款 7 天前提供预付款担保。预付款担保可采用银行保函、担保公司担保等形式，具体由合同当事人在合同中约定。

在预付款完全扣回之前，承包人应保证预付款担保持续有效。发包人在工程款中逐期扣回预付款后，预付款担保额度应相应减少，但剩余的预付款担保金额不得低于未被扣回的预付款金额。

二、工程计量

工程计量即工程量计算。承包人应当按照合同约定向发包人提交已完成工程量报告，发包人收到工程量报告后，应当按照合同约定及时核对并确认。

1. 计量原则

工程量计量按照合同约定的工程量计算规则、工程设计图纸及变更指示等进行计量。工程量计算规则应以相关的国家标准、行业标准等为依据，由合同当事人在合同中约定。因承包人原因造成的超出合同工程范围施工或返工的工程量，发包人不予计量。

2. 计量周期

工程计量可选择按月或按工程形象进度分段进行，具体计量周期应在合同中约定。

3. 单价合同的计量

工程量以承包人实际完成合同工程应予计量的工程量计算。按月计量支付的单价合同，按照下列程序进行计量：

（1）承包人应于每月 25 日向监理人报送上月 20 日至当月 19 日已完成的工程量报告，并附具进度付款申请单、已完成工程量报表和有关资料。

（2）监理人应在收到承包人提交的工程量报告后 7 天内完成对承包人提交的工程量报表的审核并报送发包人，以确定当月实际完成的工程量。监理人对工程量有异议的，有权要求承包人进行共同复核或抽样复测。承包人应协助监理人进行复核或抽样复测，并按监理人要求提供补充计量资料。承包人未按监理人要求参加复核或抽样复测的，监理人复核或修正的工程量视为承包人实际完成的工程量。

（3）监理人未在收到承包人提交的工程量报表后的 7 天内完成审核的，承包人报送的工程量报告中的工程量视为承包人实际完成的工程量。

4. 总价合同的计量

（1）采用工程量清单方式招标形成的总价合同，按照上述单价合同的计量规定计算。

（2）采用经审定批准的施工图纸及其预算方式发包形成的总价合同，除按照工程变更规定的工程量增减外，总价合同中各项目的工程量应为承包人用于结算的最终工程量。工程计量以合同工程经审定批准的施工图纸为依据，按照发承包双方在合同中约定工程计量的形象目标或时间节点进行计量。按月计量支付的，按照上述计量程序和时间进行计量。

5. 成本加酬金合同的计量

成本加酬金合同的计量方式和程序，可按照上述单价合同的计量规定计量。

三、进度款

在合同工程施工过程中，发包人按照合同约定对付款周期内承包人完成的合同价款给予支付的款项，即合同价款期中结算支付。

发承包双方应当按照合同约定，定期或者按照工程进度分段进行工程款结算和支付。

（一）进度款结算方式

工程进度款结算方式有以下两种：

1. 按月结算与支付。即实行按月支付进度款，竣工后结算的办法。合同工期在两个年度以上的工程，在年终进行工程盘点，办理年度结算。

2. 分段结算与支付。即当年开工、当年不能竣工的工程按照工程形象进度，划分不同阶段支付工程进度款。具体工程分段划分应在合同中明确。

（二）进度款支付

发承包双方应按照合同约定的时间、程序和办法，根据工程计量结果，办理期中价款结算，支付工程进度款。

1. 付款周期

付款周期应与计量周期保持一致，可选择按月或按工程形象进度分段支付。

2. 进度付款申请单的编制

进度付款申请单一般应包括下列内容：

（1）截至本次付款周期已完成工作对应的金额；

（2）根据工程变更应增加和扣减的变更金额；

（3）根据预付款约定应支付的预付款和扣减的返还预付款；

（4）根据质量保证金约定应扣减的质量保证金；

（5）根据工程索赔应增加和扣减的索赔金额；

（6）对已签发的进度款支付证书中出现错误的修正，应在本次进度付款中支付或扣除的金额；

（7）根据合同约定应增加和扣减的其他金额，甲供材料金额按照发包人签约提供的单价和数量从进度款中扣除；

（8）本次付款周期实际应支付的金额。

3. 进度付款申请单的提交

（1）单价合同进度付款申请单的提交

单价合同的进度付款申请单，按照单价合同的计量约定的时间向监理人提交，并附上已完成工程量报表和有关资料。单价合同中的总价项目按付款周期进行支付分解，并汇总列入当期进度付款申请单。

（2）总价合同进度付款申请单的提交

总价合同按月计量支付的，承包人按照总价合同计量约定的时间按月向监理人提交进度付款申请单，并附上已完成工程量报表和有关资料。

总价合同按支付分解表支付的，承包人应按照支付分解表及进度付款申请单编制的约定向监理人提交进度付款申请单。

（3）成本加酬金合同的进度付款申请单的提交

成本加酬金合同的进度付款申请单，按照成本加酬金合同的计量约定时间向监理人提交。

4. 进度款审核和支付

除合同另有约定外，发承包双方应按照下列程序和时间，审核和支付工程进度款：

（1）监理人应在收到承包人进度付款申请单以及相关资料后 7 天内完成审查并报送发包人，发包人应在收到后 7 天内完成审批并签发进度款支付证书。发包人逾期未完成审批且未提出异议的，视为已签发进度款支付证书。

发包人和监理人对承包人的进度付款申请单有异议的，有权要求承包人修正和提供补充资料。监理人应在收到承包人修正后的进度付款申请单及相关资料后 7 天内完成审查并报送发包人。发包人应在收到监理人报送的进度付款申请单后 7 天内，向承包人签发无异议部分的临时进度款支付证书。存在争议的部分，按合同约定的争议解决方式处理。

（2）发包人应在进度款支付证书或临时进度款支付证书签发后 14 天内完成支付，进度款的支付比例按照合同约定。按期中结算价款总额计，不低于 60%，不高于 90%。

发包人应在工程开工后 28 天内预付不低于当年施工进度计划的安全文明施工费总额的 60%，其余部分应按照提前安排的原则进行分解，并应与进度款同期支付。承包人应在财务账目中单独列出安全文明施工费，并专款专用。

发包人逾期未支付进度款的，承包人可催告发包人支付，并有权获得延迟支付的利息。发包人在付款期满后的 7 天内仍未支付的，承包人有权暂停施工。发包人应承担由此增加的费用和延误的工期，向承包人支付合理利润，并应承担违约责任。

5. 进度付款的修正

在对已签发的进度款支付证书进行阶段汇总和复核中发现错误、遗漏或重复的，发包人和承包人均有权提出修正申请。经发包人和承包人同意的修正，应在下期进度付款中支付或扣除。

6. 支付分解表

总价项目或总价合同应由承包人根据施工进度计划和总价构成、费用性质、计划发生时间和相应工程量等因素，按计量周期进行分解，形成进度款支付分解表。

（1）其支付分解方法有下列几种：

①按计量周期平均支付；

②以计量周期内完成金额的百分比分摊支付；

③按总价构成及其发生随进度支付；

④其他方式分解支付。

（2）支付分解表的编制要求

①支付分解表中所列的每期付款金额，应为进度付款申请单编制中的估算金额；

②实际进度与施工进度计划不一致的，合同当事人可协商修改支付分解表；

③不采用支付分解表的，承包人应向发包人和监理人提交按季度编制的支付估算分解表，用于支付参考。

（3）总价合同支付分解表的编制与审批

①除合同另有约定外，承包人应根据施工进度计划约定的进度计划、签约合同价和工程量等因素对总价合同按月进行分解，编制支付分解表。承包人应当在收到监理人和发包人批准的施工进度计划后7天内，将支付分解表及编制支付分解表的支持性资料报送监理人。

②监理人应在收到支付分解表后7天内完成审核并报送发包人。发包人应在收到经监理人审核的支付分解表后7天内完成审批，经发包人批准的支付分解表为有约束力的支付分解表。

③发包人逾期未完成支付分解表审批的，也未及时要求承包人进行修正和提供补充资料的，则承包人提交的支付分解表视为已经获得发包人批准。

（4）单价合同中的总价项目支付分解表的编制与审批

除合同另有约定外，单价合同中的总价项目，由承包人根据施工进度计划和总价项目的构成、费用性质、计划发生时间和相应工程量等因素按月进行分解，形成支付分解表。其编制与审批参照总价合同支付分解表的编制与审批。

四、竣工结算

工程竣工结算是指发承包双方根据国家有关法律、法规和标准规定，按照合同约定，对合同工程完工后进行的合同总价款计算、调整和确认活动。双方确认的竣工结算价是承包人按照合同约定完成全部承包工作后，发包人应付给承包人的合同总金额。

（一）竣工结算方式

工程竣工结算分为单位工程竣工结算、单项工程竣工结算和建设项目竣工总结算。

（二）竣工结算编制

工程完工后，发承包双方必须在合同约定时间内办理工程竣工结算。工程竣工结算应由承包人或受其委托具有相应资质的工程造价咨询人编制，并应由发包人或受其委托具有相应资质的工程造价咨询人核对。

单位工程竣工结算由承包人编制，发包人审核；实行总承包的工程，由具体承包人编制，在总承包人审核的基础上，发包人审核。单项工程竣工结算或建设项目竣工总结算由总承包人编制，发包人可直接进行审核，也可以委托具有相应资质的工程造价咨询人进行审核。政府投资项目，由同级财政部门审核。

1. 竣工结算编制和审核的依据

（1）国家有关法律、法规、规章和相关的司法解释；

（2）工程造价计价方面的规范、规程、标准，以及工程造价管理机构发布的文件；

（3）工程合同，包括施工承包合同，专业分包合同及补充合同，有关材料、工程设备采购合同；

（4）发承包双方已确认的工程量及其结算的合同价款；

（5）发承包双方已确认调整后追加（减）的合同价款；

（6）工程设计文件及相关资料，包括工程竣工图纸或施工图、施工图会审记录、工程变更和相关会议纪要；

（7）招标投标文件，包括招标答疑文件、投标承诺、投标报价书；

（8）经批准的开、竣工报告或停、复工报告；

（9）其他依据。

2. 竣工结算的编制内容

采用工程量清单计价的工程，工程竣工结算的编制内容应包括工程量清单计价表所包含的各项费用内容：

（1）分部分项工程和措施项目中的单价项目应依据发承包双方确认的工程量与已标价工程量清单的综合单价计算；发生调整的，以发承包双方确认调整的综合单价计算。

（2）措施项目中的总价项目应依据已标价工程量清单的项目和金额计算；发生调整的，以发承包双方确认调整的金额计算。其中安全文明施工费按照国家或省级、行业建设主管部门的规定计算。施工过程中，国家或省级、行业建设主管部门对安全文明施工费进行调整的，措施项目费中的安全文明施工费应作相应调整。

（3）其他项目应按下列规定计算：

1）计日工的费用应按发包人实际签证确认的数量和合同约定的相应单价计算。

2）暂估价中的材料是招标采购的，其单价按中标价在综合单价中调整；暂估价中的材料是非招标采购的，其单价按发承包双方最终确认的价格在综合单价中调整。

暂估价中的专业工程是招标采购的，其金额按中标价调整；暂估价中的专业工程是非招标采购的，其金额按发承包双方与分包人最终确认的价格调整。

3）总承包服务费应依据已标价工程量清单金额计算；发生调整的，以发承包双方确认调整的金额计算。竣工结算时，总承包服务费应按分包专业工程结算造价（不含设备费）及原投标费率进行调整。

4）索赔费用应依据发承包双方确认的索赔事项和金额计算。

5）现场签证费用应依据发承包双方签证资料确认的金额计算。

6）暂列金额结算时按照合同约定实际发生后，按实结算。暂列金额减去合同价款调整（包括索赔、现场签证）金额后，如有余额归发包人。

（4）规费和税金应按国家或省级、行业建设主管部门对规费和税金的计取标准计算。施工过程中，国家或省级、行业建设主管部门对规费和税金进行调整的，应作相应调整。

将以上各项结算费用汇总填入表 5-4。

3. 发承包双方在合同工程实施过程中已经确认的工程计量结果和合同价款，在竣工结算办理中应直接进入结算。

（三）竣工结算文件的提交

1. 工程完工后，承包人应在经发承包双方确认的工程期中价款结算的基础上汇总编制完成竣工结算文件，并应在合同约定期限内提交。

合同当事人可以根据工程性质、规模等情况在合同专用条款中约定承包人提交竣工结算文件，以及发包人审核竣工结算的期限要求。如合同中没有约定，承包人应在工程竣工验收合格后 28 天内向发包人提交竣工结算文件。

2. 承包人未在合同约定期限内提交竣工结算文件，经发包人催告后 14 天内仍未提交或没有明确答复的，发包人有权根据已有资料编制竣工结算文件，作为办理竣工结算和支付结算款的依据，承包人应予以认可。

施工过程中，承包人应做好工程结算资料的日常整理归档工作，以便于为编制竣工结算文件提供基础资料，避免因资料缺失，产生争议，影响工程价款的结算。

（四）竣工结算审核期限及要求

1. 发包人在收到承包人提交的竣工结算文件后，应在合同约定期限内核对。

合同中对审核期限没有约定的，发包人应在收到承包人提交的竣工结算文件后的28天内完成核对。发包人经核实，认为承包人应进一步补充资料和修改结算文件，应在上述时限内提出。

2. 承包人在收到核实意见后的28天内应按照发包人提出的合理要求补充资料，修改竣工结算文件，并应再次提交发包人复核批准。

3. 发包人应在收到承包人再次提交的竣工结算文件后的28天内予以复核，将复核结果通知承包人。

（1）发承包人对复核结果无异议的，双方应在7天内在竣工结算文件上签字确认，竣工结算办理完毕。

（2）发承包人对复核结果有异议的，无异议部分可办理不完全竣工结算；有异议部分双方协商解决，协商不成的，按合同约定的争议解决方式处理。

4. 发包人在收到承包人提交的竣工结算文件后的28天内，不核对竣工结算或未提出核对意见的，应视为发包人认可承包人提交的竣工结算文件，竣工结算办理完毕。

承包人在收到发包人提出的审核意见后的28天内，不确认也未提出异议的，应视为承包人认可发包人的审核意见，竣工结算办理完毕。

5. 发包人委托具有相应资质的工程造价咨询人核对竣工结算的，工程造价咨询人也应按照对发包人的审核期限及审核要求，提出审核意见。

6. 同一工程竣工结算核对完成，发承包双方签字确认后，发包人不得要求承包人与另一个或多个工程造价咨询人重复核对竣工结算。

7. 发包人对工程质量有异议，拒绝办理工程竣工结算的，已竣工验收或已竣工未验收但实际投入使用的工程，其质量争议应按工程保修合同执行，竣工结算应按合同约定办理；已竣工未验收且未实际投入使用的工程以及停工、停建工程的质量争议，双方应按合同中质量争议解决方式处理后办理竣工结算，无争议部分的竣工结算应按合同约定办理。

竣工结算办理完毕，发包人应将竣工结算文件报工程所在地工程造价管理机构备案。

（五）结算审核方法

1. 审核的原则

工程竣工结算审核时应坚持"实事求是，有理有据"的原则。

2. 审核的方法

（1）逐项审核法

又称全面审核法，即对各项费用组成、工程细目、价格逐项全面审核的一种方法。其优点是全面、细致、审查质量高、效果好。缺点是工作量大。这种方法适合于审核时间充裕，或工程量小，或工艺简单，或工程结算编制的问题较多的工程。

（2）标准预算审核法

是指对利用标准图纸或通用图纸施工的工程，以收集整理编制的标准预算为准来审核工程结算，对局部修改部分单独审核的一种方法。其优点是时间短、效果好、易定案。缺点是适用范围小，仅适用于采用标准图纸的工程（或其中的部分）。

（3）分组计算审核法

是把结算中有关项目按类别划分若干组，利用同组中的一组相互关联数据或计算基础审核分项工程量的一种方法。如一般建筑工程中将底层建筑面积编为一组，先计算建筑面积或楼地面面积，从而得出楼面找平层、天棚抹灰等的工程量。其优点是审核速度快、工作量小，因而造价人员常常采用。

（4）对比审核法

是用已建成工程的预算或虽未建成但已审核修正的工程预算对比审核拟建类似工程预算的一种方法。使用这种方法时，要注意工程之间应具有可比性。

（5）筛选审核法

是统筹法的一种，也是一种对比方法。建筑工程虽然有面积和高度的不同，但是它们各个分部分项工程的单位建筑面积指标变化不大，归纳为工程量、造价、用工三个单方基本指标，并注明其适用条件。用基本指标来筛选各分部分项工程，筛下去的就不审核了，没有筛下去的就意味着此分部分项工程的单位建筑面积数值不在基本指标范围之内，应对该分部分项工程进行详细审核。其优点是简单易懂，便于掌握，审核速度快，便于发现问题。但要解决差错，分析其原因还需继续核对。因此，此方法适用于审查住宅工程，或不具备全面审核条件的工程。

（6）重点审核法

就是抓住结算中的重点进行审核。审核重点一般是工程量大或造价高的分部分项工程，新增项目，工程变更，工程索赔，暂估价项目，主要材料、工程设备和机械价格的调整等。其优点是重点突出，审核时间短、效果好。

一般可将以上几种方法结合起来使用，这样既能提高审核质量，又能提高工作效率。比如某大型住宅小区项目，我们可以先采用筛选审核法，将结算书中有问题项目筛出来，再采用重点审核法，对其中工程量大或造价高的问题项目（外墙装饰、门窗工程、防水工程等）进行重点审核，其他有些问题项目可以采用逐项审核法。

3．审核中的问题

工程结算审核中，一般常出现的问题有：招标文件中项目标段和招标范围的划分不合理，不利于造价控制；招标控制价没有合理考虑承包人应承担的风险；招标文件与施工合同内容衔接得不好；合同签订滞后；合同中变更价款调整、新增项目计价的条款表述太笼统，可操作性差；分包工程合同划界不清；合同工程内容与结算工程内容不一致；总包服务费所包含的服务内容不具体；工程量计算规则不熟悉漏算；应扣除的工程量不扣除多算；应合并计算的工程量分开重复计算；汇总计算错误；套错定额，高套定额，重复套定额；随意提高材料消耗量；多算钢筋调整量；定额换算不合规定；没有扣除甲供材料款，或没有全部扣除；结算材差系数、计算基数与造价管理部门发布的文件不一致；材料设备价格确认单不全，结算资料收集整理不齐全、不准确，后补结算资料；工程洽商和现场签证内容含糊不清楚，重复签证，签证内容与实际情况不符；设计变更文件没有签字或签字不全；隐蔽工程没有现场记录；竣工图没有全面反映施工实际情况；费用的计算基础或取费标准不符合合同约定，或费用定额，或造价管理部门的文件规定；在县城的却套用市区的税率；承包人不能按合同约定或有关规定期限内提交结算文件；发包人没有在合同约定或有关规定期限内审核结算等。

这些问题可以分为两部分。一是错误部分，属于纯数学计算问题，包括承包人故意留的审核余量，只要审核双方按照合同约定和有关规定，花费一定时间去详细计算核对即可，一般能够达成一致。另一是争议部分，审核双方由于站的角度不同，对合同或有关文件中的部分条款或规定理解上往往会存在异议，容易产生扯皮，这类问题解决起来比较费劲。因此，第二类问题是工程结算审核中协调解决的重点。

工程结算审核中，工程变更费用、暂估价价格调整、材料设备价差、费用索赔、新增隐蔽项目计量、现场签证价款等最易产生异议。要避免结算中出现这些问题，首先发承包双方要加强合同管理。在工程招投标阶段，通过合同条款对有些结算中易扯皮的事项：工程变更项目的估价、暂估价价格的确认与调整、材料价格差额的计取、新增项目的计价依据和组价方法、总承包服务费所包含的服务项目和内容、费用索赔的价格及计算、甲方分包工程的划界以及工程价格风险承担的方式等进行预控。在合同中提前约定好，能够细化的就尽量不要笼统表述。

其次，在施工过程中，发承包双方要及时办理工程价款方面的确认手续，如：工程变更估价的确定、新增隐蔽项目的计量、暂估价认价单、甲方指定材料认价单、费用索赔与现场签证价款的确认等。必要时双方应签订补充协议，做到"先签字后干活"。

对承包人来说，应安排有一定工程施工经验的专职经营人员管理合同，尤其大型工程项目和情况复杂的工程项目，使施工技术与经营管理配合密切。施工中还要及时准确收集整理有关计价方面的资料和文件，做到资料及时、准确、齐全，结算有理有据，避免工程结算审核时资料缺失、依据不足，影响工程结算。

（六）竣工结算款的支付

1. 支付申请

承包人应根据办理的竣工结算文件向发包人提交竣工结算款支付申请。一般竣工结算款支付申请包括以下内容：

（1）竣工结算合同价款总额；

（2）发包人已实际支付承包人的合同价款；

（3）应扣留的质量保证金；

（4）应支付的竣工结算款金额。

2. 竣工结算款的支付

发包人应当按照竣工结算文件及时支付竣工结算款。

（1）发包人应在收到承包人提交竣工结算款支付申请后 7 天内予以核实，向承包人签发竣工结算支付证书。发包人签发竣工结算支付证书后的 14 天内，应按照竣工结算支付证书列明的金额向承包人支付结算款。

（2）发包人在收到承包人提交竣工结算款支付申请后 7 天内不予核实，不向承包人签发竣工结算支付证书的，视为发包人认可承包人提交的竣工结算款支付申请；发包人应在收到承包人提交的竣工结算支付申请 7 天后的 14 天内，按照承包人提交的竣工结算款支付申请列明的金额向承包人支付结算款。

（3）发包人逾期未支付竣工结算款的（拖欠工程款），承包人可催告发包人支付，并有权获得延迟支付的利息（按照中国人民银行发布的同期同类贷款基准利率计算）。发包人在竣工结算支付证书签发后或者在收到承包人提交的竣工结算款支付申请7天后的56天内仍未支付的，除法律另有规定外，承包人可与发包人协商将该工程折价，也可直接向人民法院申请将该工程依法拍卖，承包人就该工程折价或者拍卖的价款优先受偿。

五、质量保证金

发承包双方在工程合同中约定，从应付合同价款中预留，用于保证承包人在缺陷责任期内履行缺陷修复义务的金额。发包人应按合同约定的质量保证金比例从结算款中预留质量保证金，一般为工程结算合同价的3%。

1. 缺陷责任期

《建设工程质量保证金管理暂行办法》（建质〔2005〕第7号）规定：缺陷责任期一般为六个月、十二个月或二十四个月，具体可由发、承包双方在合同中约定。缺陷责任期的期限应自实际竣工日期起计算，最长不超过24个月。

2. 承包人提供质量保证金有以下三种方式：

（1）质量保证金保函；

（2）相应比例的工程款；

（3）双方约定的其他方式。

3. 质量保证金的扣留有以下三种方式：

（1）在支付工程进度款时逐次扣留，在此情形下，质量保证金的计算基数不包括预付款的支付、扣回以及价格调整的金额；

（2）工程竣工结算时一次性扣留质量保证金；

（3）双方约定的其他扣留方式。

发包人累计扣留的质量保证金不得超过结算合同价格的3%，如承包人在发包人签发竣工付款证书后28天内提交质量保证金保函，发包人应同时退还扣留的作为质量保证金的工程价款。

4. 质量保证金的退还

承包人未按合同约定履行属于自身责任的工程缺陷修复义务的，发包人有权从质量保证金中扣除用于缺陷修复的各项支出。

在合同约定的缺陷责任期终止后，发包人应按最终结清的约定退还（剩余）质量保证金。

六、最终结清

1. 最终结清申请单

（1）缺陷责任期终止后，承包人可按照合同约定向发包人提交最终结清申请单，并提供相关证明材料。申请单中应列明质量保证金、应扣除的质量保证金、缺陷责任期内发生的增减费用等。

（2）发包人对最终结清申请单内容有异议的，有权要求承包人进行修正和提供补充资料，承包人应向发包人提交修正后的最终结清申请单。

2. 最终结清证书

发包人应在收到承包人提交的最终结清申请单后14天内完成审批，并向承包人颁发最终结清证书。发包人逾期未完成审批，又未提出修改意见的，视为发包人同意承包人提交的最终结清申请单，且自发包人收到承包人提交的最终结清申请单后 15 天起视为已颁发最终结清证书。

3. 最终结清支付

发包人应在颁发最终结清证书后 14 天内支付最终结清款。发包人逾期支付的，承包人可催告发包人支付，并有权获得延迟支付的利息（按照中国人民银行发布的同期同类贷款基准利率计算）。

承包人对发包人支付的最终结清款有异议的，按合同约定的争议解决方式处理。

七、FIDIC 施工合同条件下工程费用的结算

（一）预付款

当承包商按照合同约定提交保函后，业主应支付一笔预付款，作为用于动员的无息贷款。预付款的总额、分期预付的次数和时间安排，以及使用的币种和比例，应按投标书附录中的规定。

预付款通过付款证书中按百分比扣减的方式付还。

（二）工程费用的支付

1. 工程费用支付的条件

（1）质量合格是工程支付的必要条件；

（2）符合合同条件；

（3）变更工程必须有工程师的变更通知；

（4）支付金额必须大于中期支付证书规定的最小限额；

（5）承包商的工作使工程师满意。

2. 工程期中付款的支付

承包商提出期中付款申请。承包商应在每个月末后，按工程师指定的格式向工程师递交月报表，详细说明自己认为有权得到的款额，以及按照进度报告编制的相关进度报告在内的证明文件。

工程师对承包商提出的付款申请进行审核，确认期中付款金额。若期中付款金额小于合同规定的期中付款证书最低限额时，则工程师不需签发付款证书。工程师应在收到承包商月报表和证明文件 28 天内向业主递交期中付款证书，并附详细的说明资料。

在工程师收到承包商报表和证明文件后 56 天内，业主应向承包商支付工程师期中付款证书确认的金额。

3. 竣工报表

承包商在收到工程的接收证书后 84 天内，应向工程师提交竣工报表，并附有按工程师指定格式编写的证明文件。

工程师应在收到承包商竣工报表和证明文件 28 天内，对承包商其他支付要求进行审核，确认应支付尚未支付的金额，并上报业主支付。

4. 最终报表和结清证明

承包商完成了施工和竣工缺陷修补工作后，工程师颁发履约证书。同时业主应将履约保证退还给承包商。

承包商应在收到履约证书后 56 天内，向工程师提交按照工程师指定格式编制的最终报表草案并附证明文件，详细列出：

（1）根据合同应完成的所有工作的价值；

（2）承包商认为根据合同或其他规定应支付的任何其他款额。

在与工程师达成一致意见后，承包商可向工程师提交正式的最终报表。同时向业主提交一份结清证明，说明按照合同约定业主应支付承包商的结算总金额。

如承包商与工程师未能就最终报表草案达成一致，则争议部分由裁决委员会裁决。

5. 工程最终付款的支付

工程师在收到正式最终报表和结清证明后 28 天内，应向业主提交最终付款证书，说明：

（1）工程师认为按照合同最终应支付给承包商的款额；

（2）业主以前已付款额、尚需支付承包商或承包商尚需付给业主的款额。

业主应在收到最终付款证书 56 天内，向承包商支付最终付款证书确认的金额。否则应按投标书附录中的规定，支付延误付款的利息。

（三）保留金

保留金一般为合同总价的 5%。当已颁发工程接收证书时，工程师应确认将保留金的前一半支付给承包商。在各缺陷通知期限的最后一个期满日期后，工程师应立即确认承包商未付保留金的余额给予支付。

【例 16-6】 某混凝土工程，发承包双方签订的施工合同中，工程价款部分条款约定如下：

（1）混凝土工程计划工程量 5000m³，以实际完成工程量结算。实际完成工程量以监理工程师计量的结果为准。

（2）采用全费用综合单价计价。结算价以实际完成工程量乘以全费用综合单价计算，其他费用不计。混凝土工程的全费用综合单价为 570 元/m³。

（3）若混凝土工程实际工程量增减幅度超过计划工程量的 15% 时，则工程完工当月结算时，混凝土工程全费用综合单价的调整系数为 0.95（1.05），其他不予调整。

（4）合同工期 5 个月。

（5）工程预付款为合同价的 20%。在开工前 7 天支付，在第 2、3 两个月平均扣回。

（6）工程进度款按月支付。每月按实际完成工程价款的 90% 支付工程进度款。

总监理工程师每月签发进度款的最低额度为 30 万元。

（7）质量保证金为结算合同总价款的 5%。工程完工结算时扣留，工程完工一年后结清。

（8）其他未尽事宜，按照国家有关工程计价文件规定执行。

工程施工过程中，由于工程变更，发包人取消了部分混凝土分项工程，使得承包人实际完成工程量比合同计划工程量减少，同时承包人也将工期缩减到 4 个月完成。

该混凝土工程每月实际完成，并经监理工程师计量确认的工程量如表 16-5。

每月实际完成的工程量　　　　　　　　　　　　　　　　表 16-5

月　份	1	2	3	4	累计
工程量（m³）	500	1300	1200	1200	4200

问题：

1. 该工程合同价为多少？发包人应支付的预付款为多少？

2. 计算该混凝土工程调整后全费用综合单价。

3. 每月应支付承包人的工程进度款，以及总监理工程师每月应签发的实际付款金额是多少？

4. 工程完工当月，该混凝土工程结算合同总价款，发包人应扣留的质量保证金，以及应支付承包人的工程结算款各为多少？

【解】

1. 工程合同价＝5000×570＝285 万元

$$预付款＝285×20\%＝57 万元$$

2. 混凝土工程调整后全费用综合单价计算如下表 16-6。

全费用综合单价　　　　　　　　　　　　　　　表 16-6

序　号	项　　　目	工程量增加超 15%时	工程量减少超 15%时
①	投标报价综合单价（元/m³）	570	570
②	调整系数	0.95	1.05
③	计算式①×②	570×0.95＝541.5	570×1.05＝598.5
④	调整后综合单价（元/m³）	541.5	598.5

3. 每月应支付承包人的工程进度款以及总监理工程师签发的实际付款金额

（1）第 1 个月完成的工程价款 500×570＝285000 元

应支付承包人的工程进度款 285000×90%＝256500 元

256500 元<300000 元，本月总监理工程师不签发付款，转下月支付。

（2）第 2 个月完成的工程价款 1300×570＝741000 元

应扣回的预付款＝570000÷2＝285000 元

应支付承包人的工程进度款 741000×90%－285000＝381900 元

累计应支付承包人的工程进度款＝256500＋381900＝638400 元

638400 元>300000 元，本月应签发的实际付款金额为 638400 元。

（3）第 3 个月完成的工程价款 1200×570＝684000 元

应扣回的预付款＝570000÷2＝285000 元

应支付承包人的工程进度款 684000×90%－285000＝330600 元

330600 元>300000 元，本月应签发的实际付款金额为 330600 元。

4. 第 4 个月完工结算，最终累计实际完成工程量 4200m³

（4200－5000）/5000×100%＝－16%

即承包人实际完成工程量较计划工程量减少了 16%，减少幅度超过 15%，应按调整后全费用综合单价计算。

（1）结算合同总价款＝4200×598.5＝2513700 元

（2）累计已实际支付的合同价款＝638400＋330600＋570000＝1539000 元

（3）应扣留的质量保证金＝2513700×5%＝125685 元

（4）应支付的工程结算款＝2513700－1539000－125685＝849015 元

第五节 合同价款争议的解决

《13 版规范》中给出了以下几种合同价款争议解决的方式：

一、监理或造价工程师暂定

1. 若发承包人之间就合同价款发生争议，首先应根据合同约定，提交给合同约定职责范围内的总监理工程师或造价工程师解决，并应抄送另一方。总监理工程师或造价工程师收到后 14 天内应将暂定结果通知发承包人。发承包双方对暂定结果认可的，应以书面形式予以确认，暂定结果成为最终决定。

2. 发承包双方在收到总监理工程师或造价工程师的暂定结果通知后 14 天内未对暂定结果予以确认，也未提出不同意见的，应视为发承包双方已认可该暂定结果。

3. 发承包双方或一方不同意暂定结果的，应以书面形式向总监理工程师或造价工程师提出，说明自己认为正确的结果，同时抄送另一方，此时该暂定结果成为争议。在暂定结果对合同当事人履约不产生实质影响的前提下，发承包双方应实施该结果，直到按照发承包双方认可的争议解决办法被改变为止。

二、管理机构的解释或认定

1. 合同价款争议发生后，发承包双方可就工程计价依据的争议，以书面形式提请工程造价管理机构对争议以书面文件进行解释或认定。

2. 工程造价管理机构应在收到申请后的 10 个工作日内，就发承包双方提请的争议问题进行解释或认定。

3. 发承包双方或一方在收到工程造价管理机构书面解释或认定后，仍可按照合同约定的争议解决方式提请仲裁或诉讼。除工程造价管理机构的上级管理部门作出了不同的解释或认定，或在仲裁裁决，或在法院判决中不予采信的外，工程造价管理机构作出的书面解释或认定应为最终结果，并对发承包双方均有约束力。

三、协商和解

合同价款争议发生后，发承包双方任何时候都可以进行协商。协商达成一致的，双方应签订书面和解协议，该协议对发承包双方均有约束力。如果协商不能达成一致，发承包人都可以按照合同约定的其他方式解决争议。

四、调解

1. 发承包双方应在合同中约定或在合同签订后共同约定争议调解人，负责双方在合同履行过程中发生争议的调解。

2. 合同履行期间，发承包双方可协议调换或终止任何调解人，但发包人或承包人都不能单独采取行动。除非双方另有协议，在最终结清支付证书生效后，调解人的任期即终止。

3. 如果发承包双方发生了争议，任何一方可将该争议以书面形式提交调解人，并将副本抄送另一方，委托调解人调解。

4. 发承包双方应按调解人提出的要求，给调解人提供所需的资料、现场进入权及相应设施。调解人应被视为不是在进行仲裁人的工作。

5. 调解人应在收到调解委托书后 28 天内，或由调解人建议并经发承包双方认可的其他期限内提出调解书。发承包双方接受该调解书的，经双方签字后作为合同补充文件。该合同补充文件对发承包双方均具有约束力。

6. 当发承包双方中任何一方对调解人的调解书有异议时，应在收到调解书后 28 天内向另一方发出异议通知，并应说明争议的事项和理由。但除非并直到调解书在协商和解，或仲裁裁决，或诉讼判决中作出修改，或合同已经解除，承包人应继续按照合同实施工程。

7. 调解人就争议事项向发承包双方提交了调解书，双方在收到调解书后 28 天内均未发出表示异议的通知时，调解书对发承包双方均具有约束力。

五、仲裁、诉讼

1. 发承包双方的协商和解或调解均未达成一致意见，其中的一方已就此争议事项根据合同约定的仲裁协议申请仲裁，应同时通知另一方。

2. 仲裁可在竣工之前或之后进行，但发包人、承包人、调解人各自的义务不得因在工程实施期间进行仲裁而有所改变。当仲裁是在仲裁机构要求停止施工的情况下进行时，承包人应对合同工程采取保护措施，由此增加的费用应由败诉方承担。

3. 在暂定或和解协议或调解书已经有约束力的情况下，当发承包双方中的一方未能遵守暂定或和解协议或调解书时，另一方可在不损害他可能具有的任何其他权利的情况下，将未能遵守暂定或不执行和解协议或调解书达成的事项提交仲裁。

4. 发承包人在履行合同时发生争议，双方不愿和解、调解，或者和解、调解不成，又没有达成仲裁协议的，可依法向人民法院提起诉讼。

复 习 题

1. 工程变更估价三原则是什么？

2. 工程变更项目中，若出现已标价工程量清单中无相同和类似项目的，其综合单价如何确定？

3. 对于依法必须招标的暂估价项目，应如何确定？

4. 施工单位在施工过程中应如何作好工程变更管理？

5. 简述 FIDIC 施工合同条件下工程变更价款的确定方法。

6. 工程施工中，引起承包人向发包人索赔的原因一般有哪些？

7. 索赔成立的条件是什么？试述索赔处理的程序。

8. 工程施工过程中，常见的索赔证据有哪些？

9. 工程索赔费用的计算方法有哪些？费用索赔计算中应注意哪些问题？

10. 简述合同价款调整的程序。

11. 物价变化合同价款的调整方法有哪几种？

12. 工程进度款的结算方式有哪几种？

13. 简述单价合同按月计量支付的计量程序。

14. 工程竣工结算编制和审核的依据有哪些？

15. 简述工程竣工结算的审核方法及各方法的适用范围。

16. FIDIC 施工合同条件下，工程费用支付的条件是什么？

17. 发包人扣留质量保证金的方式有哪些？

18. 合同价款争议的解决方式有哪几种？

参 考 文 献

［1］ 《建设工程工程量清单计价规范》编制组. 2013 建设工程计价计量规范辅导. 北京：中国计划出版社，2013.

［2］ 编委会. 建设工程施工合同（示范文本）GF-2017—0201 使用指南. 北京：中国建筑工业出版社，2013.

［3］ 北京市建设工程造价管理处. 北京市《建设工程工程量清单计价规范》应用指南. 北京：2013.

［4］ 全国一级建造师执业资格考试用书编写委员会. 建设工程经济（第三版）. 北京：中国建筑工业出版社，2011.

［5］ 全国造价工程师执业资格考试培训教材编审组. 工程造价计价与控制（第三版）. 北京：中国计划出版社，2009.

［6］ 国际咨询工程师联合会，中国工程咨询协会. F1D1C 施工合同条件. 北京：机械工业出版社，2010.

［7］ 杨静，孙震. 建设工程概预算与工程量清单计价. 北京：中国建筑工业出版社，2012.